Meisen

—

Die Charakterisierung der Tiere in Buffons *Histoire naturelle*

EPISTEMATA

WÜRZBURGER WISSENSCHAFTLICHE SCHRIFTEN

Reihe Literaturwissenschaft

Band 623 — 2008

Lydia Meisen

Die Charakterisierung der Tiere in Buffons *Histoire naturelle*

Königshausen & Neumann

Bibliografische Information der Deutschen Bibliothek

Die Deutsche Bibliothek verzeichnet diese Publikation in der Deutschen Nationalbibliografie; detaillierte bibliografische Daten sind im Internet über <http://dnb.ddb.de> abrufbar.

D 38

Gedruckt auf säurefreiem, alterungsbeständigem Papier
Umschlag: Hummel / Lang, Würzburg
Umschlagabbildungen unter Verwendung von Stichen von de Sève: *Le Paon, L'Éléphant*
Bindung: Buchbinderei Diehl+Co. GmbH, Wiesbaden

Printed in Germany
ISBN 978-3-8260-3735-1
www.koenigshausen-neumann.de
www.buchhandel.de
www.buchkatalog.de

Die vorliegende Arbeit wurde 2007 von der Philosophischen Fakultät der Universität zu Köln als Dissertation angenommen.

Mein besonderer Dank gilt Herrn Prof. Dr. Peter-Eckhard Knabe, der diese Arbeit angeregt und mit großem Interesse zuletzt trotz schwerer Krankheit betreut hat.

Ich danke Herrn Prof. Dr. Edgar Mass für die Weitervermittlung an Herrn Prof. Dr. Georg Roellenbleck nach dem Tode Herrn Knabes.

Ganz ausdrücklich möchte ich mich bei Herrn Roellenbleck bedanken, der die Betreuung dieser Arbeit mit sehr viel Engagement und Interesse übernommen hat.

Ebenfalls möchte ich mich bedanken bei Herrn Prof. Dr. Wolfram Nitsch, dem Zweitreferenten der Arbeit.

Schließlich danke ich den weiteren Mitgliedern des Prüfungsausschusses, Herrn Prof. Dr. Dietrich Kämper, Herrn Prof. Dr. Peter Blumenthal, Frau Prof. Dr. Isolde Burr und Frau Prof. Dr. Katharina Niemeyer.

Inhaltsverzeichnis

1 Einleitung

Die *Histoire naturelle, générale et particulière, avec la description du Cabinet du Roi* von Georges-Louis Leclerc, Comte de Buffon ist eines der größten Werke der französischen Aufklärung. Die meisten Bände der *Histoire naturelle* behandeln die landlebenden Säugetiere und die Vögel. Buffon will nicht nur sämtliches Wissen über diese Tiere zusammenstellen, sondern legt auch großen Wert auf die stilistische Ausgestaltung der Artikel.

In der Buffonliteratur des 18. und 19. Jahrhunderts steht zunächst oft der stilistische Aspekt der *Histoire naturelle* im Vordergrund. Im 20. Jahrhundert stellt insbesondere Jacques Roger die inhaltlichen Aspekte in den Mittelpunkt seiner Untersuchungen.[1] Zu Beginn des 21. Jahrhunderts beschäftigt sich Jeff Loveland mit den rhetorischen Aspekten der *Histoire naturelle*.[2] In der Literatur wird oft mehr auf die theoretischeren Überlegungen Buffons eingegangen, weniger auf die Vielzahl von Monographien. Dies gilt zum Beispiel für Amor Cherni.[3]

In der vorliegenden Arbeit stehen die Artikel zu den Tieren im Zentrum der Untersuchungen. Es wird sowohl auf stilistische wie auch auf inhaltliche Gesichtspunkte eingegangen.[4] Dabei kann es sich nicht um einen systematischen Vergleich mit Erkenntnissen der heutigen Biologie handeln, da ein solcher Vergleich Buffon nicht gerecht werden kann. Selbstverständlich enthält eine Naturgeschichte des 18. Jahrhunderts zahlreiche Fehler aus heutiger Sicht. Es ist im Gegenteil bemerkenswert, dass in der *Histoire naturelle* trotz der großen zeitlichen Differenz und der damit verbundenen Differenz an Vorwissen einige gute Beobachtungen und interessante Ideen zu finden sind.

In der vorliegenden Arbeit werden zunächst inhaltliche und organisatorische Voraussetzungen der Entstehung der *Histoire naturelle* beschrieben, dann stilistische. Nach der Beschreibung des Aufbaus der *Histoire naturelle* wird auf die Charakterisierung der Tiere eingegangen. Sie wird in einem ersten Schritt verstanden als Darstellung von Aspekten, die bei der Beschreibung der Tiere eine wichtige Rolle spielen. Hierbei ist nicht nur entscheidend, welche Gegenstände

---

1 Jacques Roger, *Buffon. Un philosophe au Jardin du Roi*, Paris 1989.

2 Jeff Loveland, *Rhetoric an natural history. Buffon in polemical and literary context*, Oxford 2001 (Studies on Voltaire and the Eighteenth Century 2001: 03).

3 Amor Cherni, *Buffon. La nature et son histoire*, Paris 1998.

4 Diese Thematik interessiert mich, da Französisch und Biologie (neben Mathematik) meine Studienfächer sind. Meine erste Examensarbeit schrieb ich über *Aspekte der Darstellung bei Buffon und Montbeillard*, so dass ich mich dort schon mit der *Histoire naturelle des oiseaux* beschäftigte. Die Examensarbeit schrieb ich bei Herrn Prof. Dr. Peter-Eckhard Knabe, der damit letztlich auch die diese Arbeit anregte. Nach Herrn Knabes Tod übernahm durch Vermittlung von Herrn Prof. Dr. Edgar Mass Herr Prof. Dr. Georg Roellenbleck die Betreuung der vorliegenden Arbeit.

beschrieben werden, sondern auch auf welche Weise diese dargestellt werden. Die Charakterisierung der Tiere wird in einem zweiten Schritt im engeren Sinne verstanden als die Darstellung des Charakters der Tiere. Hierbei ergibt sich die Frage, ob die Tiere in der *Histoire naturelle* einen Charakter haben und wie dieser gegebenenfalls beschrieben wird. Bei einzelnen Artikeln werden exemplarisch Stil, dargestellte Gegenstände und Charakter der Tiere analysiert. Schließlich wird auf Rezeption und Wirkungsgeschichte der *Histoire naturelle* eingegangen.

Georges-Louis Leclerc, der spätere Comte de Buffon, wird am 7. September 1707 in Montbard im Burgund geboren. Sein Vater ist Anwalt. Die Familie zieht um nach Dijon, und Buffon absolviert dort Jesuitenschule und Jurastudium, das er 1726 abschließt. Er begeistert sich schon seit seiner Schulzeit für die Mathematik, und nach seinem Jurastudium wendet er sich ganz der Mathematik und den Naturwissenschaften zu. Er lebt eine Zeit lang in Angers und reist durch Frankreich, nach Genf und durch Italien. Nur kurzfristig kehrt er nach Dijon zurück. Er erwirbt das Land zurück, das sein Vater in Montbard verkauft hatte, und ab 1732 lebt er abwechselnd in Montbard und in Paris. In Montbard führt er Versuche zur Beschaffenheit des Holzes durch. 1734 wird er Mitglied der *Académie des Sciences*, der er sein *Mémoire sur le jeu de franc-carreau* vorgelegt hatte. Im *Essai d'arithmétique morale* greift er 1777 diesen Text wieder auf. In dem *Essai* beschäftigt er sich besonders mit dem nach ihm benannten Buffonschen Nadelproblem. Er übersetzt ein Buch von Stephen Hales aus dem Englischen. 1735 wird diese *Statique des végétaux et l'analyse de l'air* veröffentlicht. 1740 erscheint seine Übersetzung eines Werkes von Newton, *La Méthode des fluxions et des suites infinies*. 1739 wird er Mitglied der Royal Society in London. Im gleichen Jahr wird er schließlich Intendant des *Jardin du Roi* in Paris. Er verfasst noch mehrere Abhandlungen für die *Académie des Sciences*, unter anderem über die „fusées volantes" und einen „miroir ardent". Durch spektakuläre Versuche hierzu wird er bekannt. Er beteiligt sich an einer aktuellen Debatte mit seinen „Réflexions sur la loi d'attraction". 1749 erscheinen die drei ersten Bände der *Histoire naturelle* und machen Buffon berühmt. Er heiratet 1752. 1753 wird Buffon Mitglied der *Académie française*. Seine Antrittsrede ist der *Discours sur le style*. Die 1758 geborene Tochter stirbt schon 1759. 1764 kommt sein Sohn zur Welt. Ab 1767 beschäftigt er sich mit dem Projekt einer Schmiede, die er baut. 1769 stirbt seine Frau. 1772 wird er Comte de Buffon. Am 16. April 1788 stirbt Buffon.[5]

Als Intendant des *Jardin du Roi* soll Buffon eine *Description du Cabinet du Roi*,[6] einen Katalog der naturwissenschaftlichen königlichen Sammlung,[7] schreiben.

---

5 Roger, *Buffon*, S. 17–96, 248–300, 463–499, 559–571.

6 Muséum National d'Histoire Naturelle (Hg.), *Buffon*, Paris 1952, S. 25.

7 David Goodman, *Buffon's Natural History*, Stony Stratford 1980, S. 10.

Buffon entschließt sich jedoch, die ganze Natur zu beschreiben. 1748 veröffentlicht das *Journal des Savants* seinen Plan, in 15 Bänden die ganze Natur von den Mineralien bis zum Menschen darzustellen.[8]

Obwohl die *Histoire naturelle* schließlich 36 Bände umfasst, erweist sich dieses Vorhaben als nicht realisierbar. Buffon kann nur einen Teil der Natur beschreiben.

1749 erscheinen die ersten drei Bände der *Histoire naturelle, générale et particulière, avec la description du Cabinet du Roi* über die Erde und den Menschen. Von 1753 bis 1767 folgen zwölf Bände über die *quadrupèdes*, in denen die Landsäugetiere beschrieben werden. 1770 bis 1783 erscheinen die neun Bände der *Histoire naturelle des oiseaux*. Parallel dazu werden ab 1774 sieben Supplementbände über die Erde, die Vierfüßler und den Menschen veröffentlicht. Der bekannteste dieser Supplementbände ist *Des Epoques de la nature* von 1778. 1783 bis 1788 erscheinen fünf Bände über die Mineralien. Der letzte Band der Supplementbände wird 1789, ein Jahr nach Buffons Tod, veröffentlicht. Die *Histoire naturelle* wird von Lacépède weitergeführt.[9]

Die Tierbeschreibungen bilden also den größten Teil der *Histoire naturelle*. „[...] l'*Histoire naturelle* de Buffon rassemble d'abord la description de plus de quatre cents espèces ou genres de quadrupèdes et d'oiseaux. Cela représente des milliers de pages".[10]

Im 18. Jahrhundert, in dem alle Naturwissenschaften und insbesondere die Wissenschaften des Lebens[11] in Mode sind[12], kommt der *Histoire naturelle* eine herausragende Bedeutung zu. Das Werk ist der *Encyclopédie* vergleichbar[13] und wird angesehen als „one of the great intellectual monuments of the French Enlightenment"[14] und als „institution du siècle"[15].

Mit dem Begriff *histoire naturelle* bezeichnet das 18. Jahrhundert keine Geschichte der Natur im evolutionsbiologischen Sinne, sondern eine Naturgeschichte, die die Natur beschreibt. Erst Anfang des 19. Jahrhunderts geht man

---

8 Jaques Roger, *Les Sciences de la vie dans la pensée française du XVIIIe siècle*, Paris ^{2}1971, S. 528.

9 Georges-Louis Leclerc, comte de Buffon, *Œuvres philosophiques*, hg. von Jean Piveteau, Paris 1954, S. 522–524. Schreibungen und Typographie der Ausgaben werden beibehalten.

10 Roger, *Buffon*, S. 352.

11 Jean-Marie Goulemot/Michel Launy, „Nature des lois et lois de la nature: Montesquieu et Buffon", in: Dies.: *Le siècle des lumières*, Paris 1968, S. 44–72, hier S. 63.

12 Louis Dimier, *Buffon*, Paris 1919, S. 231.

13 Paul Janssen/Peter-Eckhard Knabe, „Naturwissenschaften", in: *Frankreich im Zeitalter der Aufklärung*, hg. v. Peter-Eckhard Knabe, Köln 1985, S. 105–139, hier S. 131.

14 Paul Lawrence Farber, „Buffon and Daubenton: Divergent traditions within the *Histoire naturelle*", in: *Isis* 66 (1975), S. 63–74, Zitat S. 63.

15 Dimier, a.a.O., S. 33.

von einer Geschichte der Natur aus. Zu diesem Zeitpunkt taucht auch erst der Begriff der Biologie auf.[16]

Im Gegensatz zur Situation in Deutschland ist im Frankreich des 18. Jahrhunderts die Verknüpfung von Naturgeschichte und Literatur noch die Regel.[17]

> Jeder französische Wissenschaftler ist auch Autor, und es entsteht die Frage, wo seine Stärke zu suchen ist, im Bereich der Literatur oder der Wissenschaft. In Frankreich wird bis zum Ende des 18. Jahrhunderts und noch darüber hinaus der Stil mehr bewundert als der wissenschaftliche Gehalt.[18]

Auch Buffon ist Wissenschaftler und Schriftsteller.[19] Dargestellte Gegenstände und Stil der Darstellung sind also für ihn gleichermaßen wichtig.

---

16 Wolf Lepenies, *Das Ende der Naturgeschichte*, München/Wien 1976, S. 29f.

17 Lepenies, *Ende*, S. 136–140.

18 Peter-Eckhard Knabe, *Die Rezeption der französischen Aufklärung in den „Göttingischen Gelehrten Anzeigen“ (1739–1777)*, Frankfurt a.M. 1978, S. 260.

19 Janssen/Knabe, a.a.O., S. 133.

2 Die Entstehung der *Histoire naturelle*

2.1 Frühere Tierbeschreibungen und zeitgleiche Werke

Aristoteles und Plinius sind die beiden antiken Autoren, die für Buffon wichtig sind. Aristoteles gilt als der Begründer der modernen Zoologie.[20] Er legt Wert darauf, die Tiere zu beobachten und zu sezieren, eine Klassifikation ist ihm nicht so wichtig.[21] Aristoteles erwähnt nur etwa 550 Tierarten.[22] Er glaubt, dass „Hybridisation zwischen verschiedenen Arten häufig sei".[23] Die Vorstellung einer Kette der Wesen, die auf Demokrit und Platon zurückgeht, wird von Aristoteles deutlich ausgeführt.[24] Er geht davon aus, dass die Lebewesen nach wachsender Perfektion geordnet werden können.[25] Dabei ist der Affe für ihn Zwischenglied zwischen dem Menschen und den Vierfüßlern, die Fledermaus zwischen den Vögeln und den Tieren, die laufen, und der Strauß zwischen den Vögeln und den Vierfüßlern.[26]

Schon in der Antike ist bekannt, dass „es nicht überall auf der Welt die gleiche Flora und Fauna gibt".[27]

Plinius übernimmt viele Informationen von Aristoteles, fügt jedoch oft nicht überprüfte oder wundersame Behauptungen hinzu.[28] Er beschreibt neue Tierarten, aber nicht alle Arten, die Aristoteles schon kannte.[29] Plinius teilt die Tiere ein in Landtiere, Wassertiere, fliegende Tiere und Insekten.[30] Aber noch weniger als bei Aristoteles gibt es bei ihm eine konsequente Systematik.[31] Insgesamt sind die Fortschritte der Zoologie bei Plinius im Vergleich zu Aristoteles gering.[32]

Im Mittelalter beschäftigen sich die wenigsten Autoren mit den Naturwissenschaften. Eine Ausnahme hiervon ist Albertus Magnus. Sein Werk bleibt jedoch

---

20 Pascal Duris/Gabriel Gohau, *Histoire des sciences de la vie*, Paris 1997, S. 20.

21 Duris/Gohau, a.a.O., S. 20f.

22 Ernst Mayr, *Die Entwicklung der biologischen Gedankenwelt*, aus dem Englischen übers., Berlin 1984, S. 110.

23 Mayr, a.a.O., S. 204.

24 Duris/Gohau, a.a.O., S. 47.

25 Duris/Gohau, a.a.O., S. 47.

26 Duris/Gohau, a.a.O., S. 47.

27 Mayr, a.a.O., S. 110.

28 Duris/Gohau, a.a.O., S. 22.

29 Ilse Jahn (Hg.), *Geschichte der Biologie*, Jena [3]1998, S. 80.

30 Jahn, *Geschichte*, S. 79f.

31 Jahn, *Geschichte*, S. 79f.

32 Jahn, *Geschichte*, S. 80.

isoliert, so dass im Mittelalter in der Naturgeschichte kaum Fortschritte gemacht werden.[33]

Im 16. Jahrhundert dann erlebt die Naturgeschichte eine Blüte. In dieser Zeit faszinieren der Reichtum und die Formenvielfalt der Natur, besonders die exotischen Arten, die mit der Entdeckung der Neuen Welt bekannt werden.[34] Es gibt eine „Tradition der moralisierenden Tierbücher“, die sich mit den „Gewohnheiten der Tiere“ befassen.[35] Damit liegt das Gewicht „auf dem, was wir heute Verhalten und Ökologie nennen würden“.[36] Außerdem werden klassische Autoren zitiert und Tiernamen analysiert.[37] In den Büchern von Gesner, Belon, Rondelet und Aldrovandi werden reale und imaginäre Wesen beschrieben.[38] In den Artikeln werden die Verwendung eines Tieres in der Heraldik und in der Medizin und Rezepte für die Küche angegeben.[39]

Ein für die Charakterisierung der Tiere wichtiges Werk ist die *Historia Animalium*, die Gesner 1551 zu publizieren beginnt. Dabei handelt es sich um eine gewaltige

> Enzyklopädie mit einem Umfang von mehr als 4000 Seiten, in denen er alles zusammengetragen hatte, was er in der Literatur über die verschiedenen Tierarten finden konnte. Sein Vorbild war offensichtlich eher Plinius als Aristoteles. Gesner war bei weitem zu stark beschäftigt, um viele eigene Beobachtungen über Tiere beitragen zu können, aber seine zahlreichen Korrespondenten versorgten ihn mit Originalmaterial. Trotz seines starken Interesses an allem und jedem, was er über Tiere lernen konnte, lag ihm offensichtlich nichts an der Klassifikation. „Um die Benutzung des Werkes zu erleichtern“, sind die Arten in jedem Band in alphabetischer Reihenfolge aufgeführt.[40]

Die Beschreibung der Tiere erfolgt bei Gesner entsprechend einem festen Schema in acht Punkten: der Name des Tieres in antiken und modernen Sprachen, seine geographische Verbreitung, sein Verhalten, sein Charakter, sein Nutzen für den Menschen als Nahrung und die Heilmittel, die man aus ihm gewinnen kann, Fabeln, Sprichwörter und Symbole, die sich auf das Tier beziehen.[41]

> Sans rompre véritablement avec la science médiévale, Gesner propose néanmoins des moyens inédits pour acquérir les connaissances scientifiques. Il encourage ses nombreux correspondants dans toute l'Europe à

[33] Duris/Gohau, a.a.O., S. 22f.

[34] Roger, *Buffon*, S. 102.

[35] Mayr, a.a.O., S. 134.

[36] Mayr, a.a.O., S. 134.

[37] Mayr, a.a.O., S. 134.

[38] Roger, *Buffon*, S. 102.

[39] Roger, *Buffon*, S. 102.

[40] Mayr, a.a.O., S. 135.

[41] Duris/Gohau, a.a.O., S. 23.

> voyager, décrire et disséquer, et met en doute l'existence de certains monstres et animaux fabuleux comme l'hydre à sept têtes. Mais sa vaste synthèse de tous les savoirs ne contient aucune découverte importante.[42]

Das 17. Jahrhundert war das Jahrhundert der Geometer.[43] Die Biologie steht „weitgehend im Schatten der Physik und der exakten Wissenschaften".[44] Die Natur wird als gigantische Maschine verstanden und als unveränderlich angenommen.[45] Durch seinen Verstand und mit der Hilfe Gottes wird der Mensch als der Mittelpunkt der Welt angesehen.[46] Der Mensch kann die Natur nicht nur verstehen, sondern hat auch das Recht, sie zu nutzen.[47]

> In der geistigen Atmosphäre der Mechanisierung wurden zahlreiche neue Instrumente entwickelt, deren wichtigstes für die Biologen das Mikroskop war. Die Mikroskopie eröffnete dem Biologen eine neue Welt. [...].
>
> Die beiden hervorragenden Wissenschaftler aus den Anfängen der Mikroskopie waren Anton van Leeuwenhoek (1632–1723) und Marcello Malpighi (1628–1694). [...]. Charakteristisch für diese frühe Mikroskopie war die Freude am Entdecken. Ohne bestimmtes Ziel untersuchten diese Forscher nahezu jedes vergrößerbare Objekt und beschrieben, was sie sahen; biologische Theorie findet man in ihren Schriften sehr wenig. Nebenbei gesagt, war dreihundert Jahre später eine ähnliche Einstellung auch für die ersten Anwendungen des Elektronenmikroskops bezeichnend.[48]

Nicht nur das Mikroskop öffnet den Blick in eine unbekannte Welt. Auch schon Lupen machen die Insekten interessant. Seit Aristoteles wurde vorausgesetzt, dass die Anatomie des Menschen die perfekteste ist. Nun werden die Insekten mehr bewundert. Von 1734 bis 1742 erscheinen in sechs Bänden Réaumurs *Mémoires pour servir à l'histoire des insectes*.[49]

Die Naturwissenschaften insgesamt kommen im 18. Jahrhundert in Mode.[50] „Das neu auflebende Interesse an der Natur" kommt „nicht nur in den Schriften Rousseaus zum Ausdruck, sondern auch in den Werken der Mehrheit der ‚philosophes' der Aufklärung."[51] Experimente werden durchgeführt.[52] Außerdem gibt es eine Faszination des Exotischen.[53] Im 18. Jahrhundert beginnt die „Ära der

---

42 Duris/Gohau, a.a.O., S. 23f.
43 Roger, *Buffon*, S. 99.
44 Mayr, a.a.O., S. 84.
45 Roger, *Buffon*, S. 100f.
46 Roger, *Buffon*, S. 101.
47 Roger, *Buffon*, S. 101.
48 Mayr, a.a.O., S. 82f.
49 Roger, *Buffon*, S. 104f.
50 Roger, *Buffon*, S. 103.
51 Mayr, a.a.O., S. 144f.
52 Roger, *Buffon*, S. 103.
53 Roger, *Buffon*, S. 103.

großen Seereisen" wie die von Bougainville und Cook.[54] Von den Expeditionen wird eine Fülle an exotischen Pflanzen und Tieren mitgebracht, und es werden riesige Sammlungen angelegt.[55]

Durch das Wachsen der Sammlungen entsteht ein Bedürfnis der Klassifikation.[56] Besonders in der Botanik steht die Klassifikation der Pflanzen im Mittelpunkt.[57] Im 18. Jahrhundert suchen die Botaniker nach einem Kompromiss aus einer praktischen, aber arbiträren, und einer schwierigeren, aber natürlichen Klassifikation.[58] Zu Beginn des Jahrhunderts ist die bekannteste Klassifikation die von Tournefort (1656–1708).[59] Ab 1735 setzt sich die Klassifikation Linnés durch, die eine künstliche Klassifikation ist, jedoch nicht deutlich als solche präsentiert wird.[60] Doch nicht nur in der Botanik, auch in der Zoologie wird klassifiziert. „La classification des plantes répondait, du moins en partie, à un besoin pratique et servait à la médecine. La classification des animaux répond à une exigence purement intellectuelle."[61]

1735 erscheint die 1. Auflage von Linnés *Systema Naturae*.[62] Linnés Werk zeichnet sich hauptsächlich durch die Wichtigkeit der Klassifikation und die „Erfindung der binominalen Nomenklatur" aus.[63]

> Allerdings bedauerten nach-linnaeische Verfasser, Botaniker wie Zoologen, daß das Werk von Linnaeus eine Überbewertung der Klassifikation und Nomenklatur zur Folge hatte und daß daneben fast alle anderen Aspekte der Naturgeschichte zu kurz kamen. Vor allem die Erforschung des lebenden Tieres geriet völlig in Vergessenheit; [...].[64]
>
> Buffon und Linnaeus wurden 1707 geboren; die beiden Männer hätten nicht gegensätzlicher sein können. Das galt zunächst auch für ihre Schüler. Die Anhänger von Linnaeus betonten alle jene Aspekte des taxonomischen Verfahrens, die die Identifikation erleichterten, wohingegen Buffon und die französische Schule ihre Aufmerksamkeit vordringlich auf das Verstehen der organismischen Vielgestaltigkeit konzentrierten. Die Linnaeus-Schüler unterstrichen Diskontinuität, Buffon dagegen Kontinuität. Linnaeus vertrat die platonische Philosophie und thomistische Logik, während Buffon von Newton, Leibniz und dem Nominalismus beeinflußt war. Linnaeus konzentrierte sich auf „essentielle" Merkmale, recht oft auf ein einzelnes entscheidendes Merkmal, da, wie er behauptete, die Beschäftigung mit beschreibenden Details das Erkennen der essentiellen Merkma-

---

54 Mayr, a.a.O., S. 111.
55 Mayr, a.a.O., S. 83.
56 Mayr, a.a.O., S. 83.
57 Roger, *Buffon*, S. 105f.
58 Roger, *Buffon*, S. 106.
59 Roger, *Buffon*, S. 106.
60 Roger, *Buffon*, S. 106.
61 Roger, *Buffon*, S. 403.
62 Mayr, a.a.O., S. 143.
63 Mayr, a.a.O., S. 138f.
64 Mayr, a.a.O., S. 139.

le verhindern würde. Buffon dagegen bestand darauf, daß wir „alle Teile des Objekts benutzen müssen, das wir studieren", einschließlich seiner inneren Anatomie, seines Verhaltens und seiner Verbreitung.

Für die Darstellung der Säugetiere war Buffons Methode hervorragend geeignet, sie war lediglich eine Fortsetzung der Tradition früherer Klassifikationen (etwa Gesner). Die Zahl der Säugetierarten war begrenzt und die Identifikation selten ein Problem. Nur Botaniker, wie Ray und Linnaeus, hatten die Prinzipien der Logik auf die Klassifikation von Tieren angewandt. Als Buffon Säugetiere in Haustiere und wildlebende Tiere unterteilte, rechtfertigte er diese Aufteilung damit, daß sie „die natürlichste sei". Für ihn bedeutete „natürlich" dasselbe wie praktisch, und nicht „die Essenz ausdrückend", wie für Linnaeus.[65]

Wenn auch von entgegengesetzten Polen ausgehend, näherten sich Linnaeus und Buffon mit dem Fortschreiten ihrer Arbeit in ihren Vorstellungen zunehmend einander an. Linnaeus liberalisierte seine Vorstellungen über die Unveränderlichkeit der Arten, und Buffon gestand (entgegen den Ansichten der Nominalisten) zu, daß es möglich sei, Arten nichtwillkürlich als Fortpflanzungsgemeinschaften zu definieren (*Hist. nat.* 1753, IV, S. 384–386). Allerdings übernahm Buffon niemals Linnaeus' Ansichten über das Wesen der Gattung, d.h. die Vorstellung, daß sie die objektivste aller Kategorien sei. Zudem waren seine Kriterien für die Anerkennung höherer Taxa völlig anders als die, die Linnaeus zu benutzen behauptete (Gesamtheit aller charakteristischen äußerlich erkennbaren Merkmale gegenüber einzelnen unterscheidenden Merkmalen als Ausdruck der Essenz).

Gegen Ende ihres Lebens, etwa in den siebziger Jahren des 18. Jahrhunderts, unterschieden sich die taxonomischen Methoden von Linnaeus und Buffon so wenig, daß bei ihren Schülern die beiden Traditionen miteinander verschmolzen.[66]

Ein Unterschied in der Klassifikation der Tiere, bei dem Linné Recht behält, besteht bezüglich der Einordnung der Wale. 1758 ersetzt Linné in der zehnten Ausgabe des *Systema Naturae* die Klasse der Vierfüßler durch die Klasse der *Mammalia*, die die Wale einschließt.[67]

Solution tout à fait raisonnable, puisqu'elle permettait de rassembler des animaux effectivement proches par quelques caractères essentiels de leur physiologie, mais aussi riche d'avenir, parce qu'elle attirait l'attention sur une unité structurale que la diversité des formes extérieures ne permettait pas de voir immédiatement. Solution, enfin, que Buffon devait connaître, puisqu'il lui arrive de citer cette dixième édition du *Systema Naturae*.[68]

---

65 Mayr, a.a.O., S. 145f.

66 Mayr, a.a.O., S. 146.

67 Roger, *Buffon*, S. 379.

68 Roger, *Buffon*, S. 379.

Buffon verwendet diese Einteilung jedoch nicht. Er will alle Merkmale der Tiere berücksichtigen. „Réunir les cétacés aux quadrupèdes pour créer la classe des mammifères, c'est privilégier indûment un caractère, la viviparité."[69]

Buffon hat die *Statique des végétaux* von Hales übersetzt. Hales beschäftigt sich nicht wie seine Zeitgenossen mit der botanischen Klassifikation, sondern interessiert sich für die Lebensprozesse der Pflanzen. Buffon übernimmt diese Sichtweise für sein Werk.[70] Allgemein wird jedoch im 18. Jahrhundert davon ausgegangen, dass man zuerst die „Geschichte" der Natur schreiben muss, bevor man eine „Physik" entwirft, also die Phänomene beschreiben muss, bevor man die Gründe für diese Phänomene sucht.[71] In der ersten Hälfte des 18. Jahrhunderts beschäftigen sich die meisten Naturalisten also mit der Beschreibung oder der Klassifikation der Lebewesen.[72] Sie interessieren sich nicht für die Physiologie.[73] Die Welt wurde von Gott geschaffen, der dafür gesorgt hat, dass sie funktioniert.[74] Die Natur dient als Beweis für die Existenz Gottes.[75] Diese Naturtheologie ist im 18. Jahrhundert weit verbreitet.[76] In Frankreich ist der große Repräsentant dieser Apologetik der Abbé Noël Pluche.[77] Er geht davon aus, dass die Natur für den Menschen geschaffen ist.[78] Einer der größten literarischen Erfolge des Jahrhunderts ist sein *Spectacle de la Nature*.[79] Diese neun Bände erschienen von 1732 bis 1750.[80]

> L'ouvrage de Pluche se présente comme une conversation de gens du monde pendant des vacances à la campagne, dans un château confortable, loin du fracas des villes et de leurs amusements frivoles. Sous couleur d'enseigner à découvrir la Nature, il prêche une philosophie de la vie.[81]

Auch Linnés und Réaumurs Werke sind eine Hymne an die große Weisheit des Schöpfers.[82]

Obwohl die Ornithologie als eine der ersten zoologischen Disziplinen während der Aufspaltung der Naturgeschichte entsteht[83] und auch der Begriff der Orni-

---

69 Roger, *Buffon*, S. 380.
70 Roger, *Buffon*, S. 50.
71 Roger, *Buffon*, S. 103.
72 Roger, *Buffon*, S. 106.
73 Roger, *Buffon*, S. 107.
74 Roger, *Buffon*, S. 107.
75 Roger, *Buffon*, S. 108.
76 Mayr, a.a.O., S. 115.
77 Roger, *Buffon*, S. 109.
78 Loveland, a.a.O., S. 73.
79 Roger, *Buffon*, S. 109.
80 Roger, *Buffon*, S. 109.
81 Roger, *Buffon*, S. 109.
82 Duris/Gohau, a.a.O., S. 35–37.

thologie schon im 18. Jahrhundert auftaucht[84], gibt es vor Buffon nur wenig Literatur zur Naturgeschichte der Vögel[85]. Die Werke antiker Autoren wie Plinius und Aristoteles und die der Renaissanceautoren enthalten noch viele Fabeln. Im 18. Jahrhundert gibt es zunächst nur einige Studien lokaler Faunen, Bildbände und taxonomische Arbeiten, deren Ergebnisse wenig beeindruckend sind. Die von Ray posthum 1676 herausgegebene Ornithologie Willughbys bleibt für fast 100 Jahre das beste vogelkundliche Werk, obwohl darin nur etwa 500 Arten beschrieben werden.[86] Erst 1760 beginnt mit der Vogelkunde Brissons die Entwicklung der Ornithologie zur wissenschaftlichen Disziplin.[87] Brisson beschreibt die Vogelsammlung Réaumurs[88] und seine Ornithologie ist ein gutes Beispiel für den Zugang zur Naturgeschichte durch den Katalog einer Sammlung[89]. Brisson sah seine Hauptaufgabe in der Klassifikation der Vögel.[90]

Für die Beschreibung der Vögel ist Buffons Ausgangssituation der Brissons vergleichbar. Auch der *Histoire naturelle* dient eine Sammlung als Ausgangspunkt. Das *Cabinet du Roi* verfügt zunächst nur über eine geringe Anzahl von Vögeln. Buffon bekommt jedoch Réaumurs Sammlung nach dessen Tod für das *Cabinet du Roi*. Es ist erstaunlich, wie verschieden trotz dieser gleichen Voraussetzungen die *Histoire naturelle des oiseaux* von der Ornithologie Brissons ist.[91] Brisson und Buffon sind Vertreter zweier verschiedener Traditionen der Zoologie. Brisson ist Systematiker und Buffon Naturalist.[92]

Die Charakterisierung der Vogelarten bei Buffon geht weit über die Beschreibung des Aussehens und die Taxonomie hinaus. „Buffon's encyclopedia attempted to examine all the available knowledge of birds and to subsume these facts and relations under some general laws of nature.“[93] Buffon will die komplette Naturgeschichte jeder Spezies schreiben.[94]

Dies gilt sowohl für die Vögel als auch für die Vierfüßler: „[...] tous les êtres sont là, dans leur complexité propre et dans la complexité des relations qui les lient à leur milieu physique et aux autres êtres vivants. La description est indispensable, mais ce n'est que la première étape de la recherche.“[95]

---

83 Paul Lawrence Farber, *The emergence of ornithology as a scientific discipline: 1760–1850*, Dordrecht/Boston/London 1982, S. XX.

84 Farber, *emergence*, S. 162.

85 Farber, *emergence*, S. 4.

86 Farber, *emergence*, S. 4–6.

87 Farber, *emergence*, S. 6–8.

88 Farber, *emergence*, S. 8f.

89 Farber, *emergence*, S. 25.

90 Farber, *emergence*, S. 26.

91 Farber, *emergence*, S. 17–19.

92 Farber, *emergence*, S. 68.

93 Farber, *emergence*, S. 26.

94 Farber, *emergence*, S. 124.

95 Roger, *Buffon*, S. 563.

Zu Beginn des 18. Jahrhunderts gilt allgemein die Sichtweise: „[...] il n'y a pas d'histoire de la Nature: entre la Création et la fin des temps, l'univers est aussi immuable que celui d'Aristote".[96]

> [...] l'opposition entre la permanence de la Nature et *„l'inconstance"* de l'homme est un lieu commun poétique, que le XVIIe siècle baroque a élevé à la dignité de thème philosophique et théologique. Pour les êtres vivants autres que l'homme, l'individu ne compte pas et l'espèce représente la permanence: c'est un lieu commun depuis Aristote.[97]

Im 18. Jahrhundert werden dann die Fossilien verstärkt beachtet.[98] Erst Ende des 18. Jahrhunderts findet der Begriff der Geschichte Eingang in die Naturwissenschaften.[99] Buffon gilt als einer der Hauptakteure dieser Transformation der Naturwissenschaften.[100]

Buffon hat die vor der *Histoire naturelle* erschienenen Tierbeschreibungen und Reiseberichte genutzt.

> Comparaison entre les auteurs, d'abord. Mais surtout, si possible, vérification par l'observation directe. Chaque fois que Buffon n'a pas pu voir un animal exotique, il le signale. Souvent il n'a vu que l'animal naturalisé, mais il a vu aussi un très grand nombre d'animaux vivants et, quand il l'a pu, il les a gardés pour les observer en captivité [...].[101]

Buffon beobachtet lebende Säugetiere und Vögel[102] an verschiedenen Orten. In Montbard hat er eine Menagerie, im *Jardin du Roi* hält er einige kleine Tiere, in Versailles ist die *Ménagerie du Roi* und exotische Tiere werden auf der *Foire Saint-Germain* gezeigt. Außer den lebenden Tieren gibt es die Sammlung des *Cabinet du Roi*.[103]

> Comme Buffon prend presque toujours la peine de le préciser, nous savons quand il décrit d'après nature et quand il rapporte les descriptions d'autrui. Très souvent, il préfère citer textuellement ces descriptions faites par d'autres, en choisissant celles qu'il considère comme les plus exactes, et en donnant ses références. Il est assez fier d'avoir découvert la première bonne description de l'hippopotame, celle qu'avait donnée en 1603 un chi-

---

96 Jean Gayon (Hg.), *Buffon 88. Actes du Colloque international pour le bicentenaire de la mort de Buffon*, Paris/Lyon 1992, S. 196.

97 Gayon, a.a.O., S. 194.

98 Mayr, a.a.O., S. 114.

99 Gayon, a.a.O., S. 193.

100 Gayon, a.a.O., S. 193.

101 Roger, *Buffon*, S. 357.

102 Gayon, a.a.O., S. 573f.

103 Roger, *Buffon*, S. 358f.

> rurgien de Narni en Italie, Federico Zerenghi: il la traduit et la cite presque entièrement [...].[104]

Auch über den Hamster, den Buffon selbst beobachtet hat[105], gibt es lange Zitate (Bd. V, S. 319–328). „Ainsi, la vanité d'être original passe après le souci d'être exact".[106]

2.2 Die Illustrationen der Vierfüßler und die *Planches enluminées* der Vögel

In der *Histoire naturelle* hat die Illustration zum ersten Mal einen wirklich wissenschaftlichen Wert.[107]

In der *Histoire des animaux quadrupèdes* gibt es schwarzweiße Abbildungen der Vierfüßler, die hauptsächlich das Werk von Jacques de Sève sind.[108]

> Des planches représentent des bêtes, enserrées dans le texte, marquant les bornes de chaque monographie, scandant le déroulement des volumes. Le texte commande l'image, et le déroulement des gravures (le cheval, puis l'âne et le bœuf, puis la brebis, la chèvre, le cochon...) appuie le texte en retour. Buffon et Daubenton savent ou connaissent avant de voir. Le texte est plus et autre chose que la simple description des planches.[109]

Die Illustrationen sind für Buffon also eine Ergänzung zur Beschreibung der Tiere. Sie entlasten diese. Im Artikel über die Giraffe schreibt er nämlich:

> En sommes-nous en effet plus avancés, après nous être ennuyés à lire une énumération de petits caractères équivoques, inutiles? [...] C'est aux figures à suppléer à tous ces petits caractères, et le discours doit être réservé pour les grands. Un seul coup-d'œil sur une figure en apprendroit plus qu'une pareille description, qui devient d'autant moins claire qu'elle est plus minutieuse. (Bd. V, S. 147)

Dies bedeutet aber nicht, dass bei der Charakterisierung der Vierfüßler eine Beschreibung des Aussehens grundsätzlich ausgespart wird. Buffon legt Wert auf

---

104 Roger, *Buffon*, S. 365. – Georges-Louis Leclerc, comte de Buffon, *Œuvres complètes*, hg. v. P. Bernard, Paris 1804, Bd. VI, S. 223–226. Die im Text folgenden Band- und Seitenangaben beziehen sich auf diese Ausgabe. Die Schreibung der Ausgabe wird beibehalten.

105 Roger, *Buffon*, S. 365.

106 Roger, *Buffon*, S. 365.

107 Alain-Marie Bassy, „À l'heure des grandes sythèses. L'œuvre de Buffon à l'Imprimerie royale, 1749–1789", in: *L'art du livre à l'Imprimerie nationale*, hg. v. Julien Cain/Georges Bonnin, Paris 1973, S. 170–189, hier S. 176.

108 Gayon, a.a.O., S. 634.

109 Thierry Hoquet, „Une animalité en pièces. Spécimens empaillés et bocaux d'organes dans les planches de l'*Histoire naturelle* de Buffon (1749–1767)", in: *Revue d'esthétique* 40 (2001), S. 15–23, Zitat S. 15.

die Darstellung des Gesamteindrucks und auffallender Merkmale. Die Charakterisierung des Zebras beginnt er beispielsweise folgendermaßen:

> LE Zèbre est peut-être de tous les animaux quadrupèdes le mieux fait et le plus élégamment vêtu; il a la figure et les grâces du cheval; la légèreté du cerf, et la robe rayée de rubans noirs et blancs, disposés alternativement avec tant de régularité et de symétrie, qu'il semble que la Nature ait employé la règle et le compas pour la peindre [...]. (Bd. V, S. 167)

Hier findet man auch einen pädagogischen Aspekt der Darstellungsweise bei Buffon:

> While literarily ornamental to a degree, many of Buffon's final causes also have pedagogical value. Evoking nature for the uninitiated meant capturing its appearance as well as a possibly deeper reality, and this led Buffon to emphasise apparent design, regardless of its credibility to him or to others. In the case of the zebra, never seen by most readers, external teleology allowed him to recreate a probable spontaneous impression [...].[110]

Buffon fährt folgendermaßen mit der Beschreibung des Zebras fort:

> [...] ces bandes alternatives de noir et blanc sont d'autant plus singulières qu'elles sont étroites, parallèles et très-exactement séparées, comme dans une étoffe rayée; que d'ailleurs elles s'étendent non-seulement sur le corps, mais sur la tête, sur les cuisses et les jambes, et jusque sur les oreilles et la queue; en sorte que de loin cet animal paroît comme s'il étoit environné partout de bandelettes, qu'on auroit pris plaisir et employé beaucoup d'art à disposer régulièrement sur toutes les parties de son corps; elles en suivent les contours et en marquent si avantageusement la forme, qu'elles en dessinent les muscles en s'élargissant plus ou moins sur les parties plus ou moins charnues et plus ou moins arrondies. (Bd. V, S. 167)

Bei der Beschreibung der Vögel taucht für Buffon ein Problem auf, das bei den Vierfüßlern nicht bestand: „[...] car malheureusement les différences les plus apparentes entre les Oiseaux portent sur les couleurs encore plus que sur les formes“ (Bd. VII, S. 4). Buffon betrachtet die Sprache als unzulänglich für die Beschreibung von Farben:

> [...] mais cela seroit impossible, ou du moins supposeroit une immensité de paroles et de paroles très-ennuyeuses pour la description des couleurs dans les Oiseaux; il n'y a pas même de termes en aucune langue pour en exprimer les nuances, les teintes, les reflets et les mélanges; et néanmoins les couleurs sont ici des caractères essentiels, et souvent les seuls par lesquels on puisse reconnoître un oiseau et le distinguer de tous les autres. (Bd. VII, S. 5)

---

110 Loveland, a.a.O., S. 68.

Buffon beschließt deshalb, handkolorierte Kupferstiche der Vögel anfertigen zu lassen.[111] Über die Papageien schreibt er: „[...] pour exprimer leur incroyable variété aussi bien que le brillant de leurs couleurs et toute leur beauté, il faudroit quitter la plume et prendre le pinceau" (Bd. VIII, S. 21).

Buffon hofft, aufgrund der *planches enluminées* die Beschreibungen abkürzen zu können: „[...] cela abrège les descriptions plus de moitié."[112]

Buffon will zunächst die *Histoire naturelle des oiseaux* als eine Reihe von Kommentaren zu den *planches enluminées* schreiben:[113] „Je donnerai une explication assez étendue de chacune des planches"[114]. Aber schließlich entsteht doch ein der *Histoire des animaux quadrupèdes* vergleichbares Werk.[115]

Trotzdem legt Buffon Wert darauf, dass im Text auf die *planches enluminées* Bezug genommen wird, denn er erinnert seinen Mitarbeiter Bexon daran, sie zu erwähnen.[116]

Die *planches enluminées*, an denen 80 Künstler gearbeitet haben,[117] zeigen über 1000 Vögel, zu dieser Zeit ein „project without equal".[118] Ein Teil der Stiche ist von Martinet, der schon für Brisson gearbeitet hat.[119]

Neben der kolorierten Luxusausgabe der *Histoire naturelle des oiseaux*[120] lässt Buffon auch preiswertere Editionen mit Schwarzweißstichen[121] von de Sève[122] herstellen. Diese Tatsache zeigt, dass er an einem möglichst breiten Publikum für sein Werk interessiert ist.

Trotz dieses großen Aufwands für die Kupferstiche gibt es Kritik daran. Die *Göttingischen Anzeigen von gelehrten Sachen* beanstanden, dass „die Vögel eben nicht sehr in ihrer natürlichen Stellung abgebildet" seien.[123] Einerseits bieten die Kupferstiche die Möglichkeit, Vogelarten festzuhalten in einer Zeit, in der die Sammlungen noch nicht so gut präpariert werden können und durch Licht, Insekten und andere Einflüsse zerstört werden,[124] andererseits ist Buffon selbst

---

111 Lepenies, *Ende*, S. 73.

112 Georges-Louis Leclerc, comte de Buffon, *Correspondance générale*, hg. v. Henri Nadault de Buffon, 2 Bde., Genf 1971 [[1]1885], Bd. I, S. 146.

113 Roger, *Buffon*, S. 299.

114 Buffon, *Correspondance*, Bd. I, S. 146.

115 Roger, *Buffon*, S. 500.

116 Buffon, *Correspondance*, Bd. I, S. 146.

117 Pierre Gascar, *Buffon*, Paris 1983, S. 182.

118 Farber, *emergence*, S. 22.

119 Farber, *emergence*, S. 18.

120 Muséum, a.a.O., S. 35.

121 Farber, *emergence*, S. 23.

122 Muséum, a.a.O., S. 237.

123 *Göttingische Anzeigen von gelehrten Sachen*, 1779, Bd. II, S. 698–701, Zitat S. 698.

124 Farber, *emergence*, S. 23.

nicht immer mit den Farben der Kupferstiche zufrieden.[125] Daher und wegen der Ausgaben mit schwarzweißen Stichen wird in den Artikeln auf die Farben eingegangen, nicht unbedingt im Sinne einer langen Auflistung der Verteilung der Farben, sondern in einem oft poetisch präsentierten Gesamteindruck, wie zum Beispiel am Anfang des Artikels über den *oiseau-mouche*:

> DE tous les êtres animés, voici le plus élégant pour la forme et le plus brillant pour les couleurs. Les pierres et les métaux polis par notre art, ne sont pas comparables à ce bijou de la Nature; elle l'a placé dans l'ordre des oiseaux, au dernier degré de l'échelle de grandeur, *maximè miranda in minimis*. Son chef-d'œuvre est le petit Oiseau-Mouche; elle l'a comblé de tous les dons qu'elle n'a fait que partager aux autres oiseaux; légéreté, rapidité, prestesse, grâce et riche parure, tout appartient à ce petit favori. L'émeraude, le rubis, la topaze brillent sur ses habits [...]. (Bd. VIII, S. 279)

Buffon legt auch nur Wert darauf, dass die Kupferstiche exakt sind. „Buffon se soucie peu que ces oiseaux [...] manquent de vie. C'est au texte à la leur restituer."[126] Ebenso wie Montbeillard ist er der Meinung, dass alle Vögel besprochen werden sollen, gleichgültig ob von ihnen ein Kupferstich gemacht wird oder nicht.[127] Auch wenn die Stiche ihnen nicht unwichtig sind, sehen Buffon und Montbeillard also den entscheidenden Teil der Charakterisierung der Vögel in den Texten.

2.3 Die Beschreibungen der Anatomie der Vierfüßler und des *Cabinet du Roi*

Die *Histoire des quadrupèdes* schreibt Buffon gemeinsam mit Louis-Jean-Marie Daubenton. Daubenton lebt von 1716 bis 1799.[128] Er ist Arzt in Montbard, bis Buffon ihn zu seinem Mitarbeiter macht.[129] Daubenton erhält den Titel „Garde et Démonstrateur du Cabinet d'Histoire naturelle".[130]

Buffon verfasst den naturgeschichtlichen Teil der Artikel über die Vierfüßler, und Daubenton liefert im Anschluss daran detaillierte anatomische Beschreibungen[131] sowie Deskriptionen der entsprechenden Teile des *Cabinet du Roi*[132]. Die Illustrationen der Anatomie und der Skelette sind von Buvée l'Américain.[133]

---

125 Gascar, a.a.O., S. 183.

126 Gascar, a.a.O., S. 183.

127 Buffon, *Correspondance*, Bd. I, S. 176.

128 Georges-Louis Leclerc, comte de Buffon, *Des Manuscrits*, hg. v. Pierre-Jean-Marie Flourens, Genf 1971, [¹1860], S. 181, 194.

129 Roger, *Buffon*, S. 20f.

130 Roger, *Buffon*, S. 94.

131 Buffon, *Œuvres philosophiques*, S. IX.

132 Buffon, *Œuvres philosophiques*, S. 522f.

133 Dimier, a.a.O., S. 85.

Auch im naturgeschichtlichen Teil der Monographien verweist Buffon auf Ausführungen Daubentons (Bd. IV, S. 89). Gelegentlich führt Buffon auch anatomische Aspekte an (Bd. IV, S. 86). Sowohl in der *Histoire naturelle des animaux quadrupèdes* (Bd. V, S. 93) als auch in der *Histoire naturelle des oiseaux* (Bd. IX, S. 90) gibt es manchmal Verweise auf Teile des *Cabinet du Roi*.

Aus mehreren Gründen arbeitete Daubenton an der *Histoire naturelle des oiseaux* nicht mehr mit. Einerseits weigerte er sich, „weiter an der *Histoire naturelle* mitzuarbeiten, weil Buffon seinem Verleger Panckoucke eine Ausgabe ohne die beschreibenden und anatomischen Partien, die von Daubenton stammten, gestattet hatte“[134], andererseits war auch Buffon an einer Zusammenarbeit nicht mehr interessiert, weil er schnell weiterarbeiten wollte[135] und weil die Beschreibungen Daubentons seiner Meinung nach schwerfällig waren[136].

Mit dem Ausscheiden Daubentons ändert sich auch die Gestalt der Artikel. Die Anatomie der Vögel wird nicht in einem gesonderten Teil beschrieben, sondern in die naturgeschichtlichen Artikel eingebaut. Gleichzeitig wird der Anteil der anatomischen Beschreibungen enorm verringert. Die Anatomie ist jetzt nur noch ein Thema unter vielen.

2.4 Die Mitarbeiter und Korrespondenten

Von den zahlreichen Mitarbeitern und Korrespondenten Buffons sind Daubenton und Philibert Guéneau de Montbeillard[137] hervorzuheben. Montbeillard ist nicht nur ein Zeitgenosse Buffons – er lebt von 1720 bis 1785 -, sondern auch sein Freund.[138] Montbeillard ist Jurist und Literat[139] und schreibt unter anderem für die *Encyclopédie* Diderots und d'Alemberts[140], bevor er zahlreiche Monographien der *Histoire naturelle des oiseaux* verfasst.

Buffon und Montbeillard schreiben die *Histoire naturelle des oiseaux* jedoch nicht alleine. Buffon hat

> immer die Mitarbeit anderer Fachgelehrter gesucht [...], doch wird der Zwang zur Kooperation in der *Histoire naturelle des oiseaux* besonders deutlich. [...] Hier wird sichtbar, daß zur Bewältigung des Informations-

[134] Lepenies, *Ende*, S. 157.

[135] Roger, *Buffon*, S. 299f.

[136] Farber, „Buffon and Daubenton“, S. 65.

[137] Es gibt auch die Schreibweise „Montbéliard“.

[138] Buffon, *Manuscrits*, S. 195.

[139] Félix Hémon, „Buffon“, in: *Histoire de la langue et de la littérature française des origines à 1900*, hg. v. L. Petit de Julleville, Paris ^{4}1909, Bd. VI, S. 207–251, hier S. 217.

[140] Buffon, *Manuscrits*, S. 196.

zuwachses auch Veränderungen innerhalb der Wissenschaftsorganisation notwendig werden.[141]

Trotzdem ist es Buffon und seinen Mitarbeitern noch möglich, fast alle früher erschienenen Werke über Vögel zu lesen und in der *Histoire naturelle des oiseaux* zu verarbeiten.[142] Insbesondere ist Buffon auch die Ornithologie Brissons bekannt.[143] Allerdings hält Buffon nicht viel von früheren Autoren außer großen antiken Schriftstellern wie Aristoteles. Er legt mehr Wert auf sein Netz von Korrespondenten und die zahlreichen Reiseberichte.[144]

Buffon selbst unternimmt keine naturwissenschaftlichen Reisen[145] wie später Darwin im 19. Jahrhundert. „L'histoire naturelle du XVIIIe siècle ne se fait pas sur le terrain. Elle se fait au ‚Cabinet du Roi' et dans des institutions analogues."[146] Auch dass Buffon kaum Bücher in fremden Sprachen liest, ist im 18. Jahrhundert kein Nachteil. Er profitiert nur vom Führungsanspruch der französischen Sprache.[147] Buffon nutzt ein längeres Zitat von Caëtani, um die französischen Autoren zu kritisieren:

> Je terminerai cet article par l'extrait d'un mémoire qui contient, au sujet du Buffle, de très-bonnes informations que j'ai reçues de la part de monsignor Caëtani de Rome; les occasions fréquentes qu'il a eues de voir, d'observer et d'examiner de près un très-grand nombre de buffles dans les terres de sa maison, l'ont mis à portée de faire l'histoire de leurs habitudes naturelles, beaucoup mieux que moi qui n'avois jamais vu de ces animaux que dans mon voyage en Italie et à la ménagerie de Versailles où j'en ai fait la description. Je n'ai presque rien changé à son style parce qu'il est très-bon, et que nous avons beaucoup d'auteurs françois qui n'écrivent pas si bien dans leur langue que ce savant étranger écrit dans la nôtre. (Bd. V, S. 107)

Bereits 1760 beginnt Buffon mit den Vorbereitungen für die *Histoire naturelle des oiseaux*.[148] Seine anfängliche Begeisterung[149] lässt jedoch mit der Zeit nach. Da er im gleichen Zeitraum an den Supplementbänden, den Bänden über die Mineralien und denen über die Vögel arbeitet, setzt Buffon schließlich Prioritäten. Im *Avertissement* des 1775 erschienenen dritten Bandes der *Histoire naturelle*

---

[141] Lepenies, *Ende*, S. 74.

[142] Muséum, a.a.O., S. 64.

[143] Buffon, *Correspondance*, Bd. I, S. 417.

[144] Farber, *emergence*, S. 21.

[145] Lepenies, *Ende*, S. 139f.

[146] Roger, *Buffon*, S. 120.

[147] Wolf Lepenies, „Die Speicherung wissenschaftlicher Traditionen in der Literatur. Buffons Nachruhm", in: Ders., *Autoren und Wissenschaftler im 18. Jahrhundert*, München/Wien 1988, S. 63–89, hier S. 64.

[148] Roger, *Buffon*, S. 299.

[149] Louis Roule, *L'Histoire de la nature vivante d'après l'œuvre des grands naturalistes français*, Bd. I: *Buffon et la description de la nature*, Paris 1924, S. 156f., 161.

des oiseaux[150] teilt er seinen Lesern mit, dass er aufgrund seiner vorhergehenden Krankheit gezwungen sei, sich zwischen der *Histoire naturelle des oiseaux* und der *Histoire des minéraux* zu entscheiden.[151] Buffon wählt die Mineralien, die er in einem Brief an Montbeillard als „mes chers minéraux“[152] bezeichnet.

Dies bedeutet aber nicht, dass sich Buffon von diesem Zeitpunkt an nicht mehr um die *Histoire naturelle des oiseaux* kümmert.[153] Vielmehr leitet er die Arbeit an der *Histoire naturelle des oiseaux* als „chef d'équipe“[154] und gibt seinen Mitarbeitern in seinen Briefen Anweisungen. Er schickt ihnen Arbeitsmaterial, gibt den Plan des Werkes vor und korrigiert ihre Arbeit[155] oder diskutiert mit ihnen[156]. Er arbeitet so viel an der *Histoire naturelle des oiseaux*, dass er 1779 schreibt: „[...] je désire [...] de ne plus travailler sur des plumes.“[157]

Buffons Mitarbeiter teilen seine Ansichten über die Natur[158] und passen sich dem Stil seiner Beschreibungen an[159]. Für sie hat der Erfolg Buffons nicht nur Vorteile. „Because the Histoire naturelle has become identified as Buffon's collected works, the recognition of contributions – often substantial – made by his collaborators has become obscured with time.“[160]

Hauptmitarbeiter an der Naturgeschichte der Vögel ist zuerst Montbeillard.[161] Er ist auch der einzige Mitarbeiter an der *Histoire naturelle des oiseaux*, dessen Artikel unter seinem eigenen Namen veröffentlicht werden. Seine Mitarbeit beginnt bereits im ersten Band der *Histoire naturelle des oiseaux*. Er bleibt aber zunächst anonym. Erst im *Avertissement* des dritten Bandes schreibt Buffon über Montbeillard:

> [...] car ayant voulu se faire juger du Public sans se faire connoître, il a imprimé, sous mon nom, tous les chapitres de sa composition, depuis l'Autruche jusqu'à la Caille, sans que le Public ait paru s'apercevoir du changement de main; & parmi les morceaux de sa façon, il en est, tel que celui du

---

150 Buffon, *Œuvres philosophiques*, S. 523.

151 Georges-Louis Leclerc, comte de Buffon, *Œuvres d'histoire naturelle,* Bern 1792, Bd. 27, S. V.

152 Buffon, *Correspondance*, Bd. II, S. 37.

153 Buffon, *Correspondance*, Bd. II, S. 15.

154 Georges-Louis Leclerc, comte de Buffon, „Cinq lettres inédites“, hg. v. W.F. Falls, in: *The Romanic Review* XXIV (1933), S. 336–340, Zitat S. 336.

155 Buffon, *Correspondance*, Bd. I, S. 376.

156 Buffon, *Correspondance*, Bd. I, S. 360.

157 Buffon, *Correspondance*, Bd. I, S. 448.

158 Ernst Höhne, *Der Stil Buffons*, Marburg 1914, S. 45.

159 Otis E. Fellows/Stephen F. Milliken, *Buffon*, New York 1972, S. 59.

160 Farber, „Buffon and Daubenton“, S. 64.

161 Lepenies, *Ende*, S. 74.

> Paon, qui ont été vivement applaudis & par le Public & par les Juges les plus sévères.[162]

Diese Tatsache zeigt, wie gut Montbeillard Buffons Stil imitieren kann[163] und dass er selbst ein hervorragender Schriftsteller ist. Ab dem dritten Band der *Histoire naturelle des oiseaux* erscheinen nun Montbeillards Artikel unter seinem eigenen Namen.[164]

Montbeillard ist ein „zoologue sans réelle formation scientifique“[165], und Buffon hat ihn wegen seines literarischen Talents um die Mitarbeit an der *Histoire naturelle des oiseaux* gebeten.[166] In einem Brief Buffons an Montbeillard wird die Art ihrer Zusammenarbeit deutlich. Buffon gibt Montbeillard die Unterlagen, Montbeillard verfasst anhand dieser Informationen einen Artikel, und Buffon korrigiert diesen. Danach korrigiert Montbeillard Buffons Fassung. Diese wechselseitige Korrektur findet statt, bis Buffon mit dem Artikel zufrieden ist.[167]

Montbeillards Frau hilft ihm bei der Arbeit an der *Histoire naturelle des oiseaux*.[168] Sie spricht zum Beispiel mehrere Sprachen und kann ihm ausländische Werke übersetzen.[169]

Die Zusammenarbeit Buffons und Montbeillards dauert bis zum sechsten Band der *Histoire naturelle des oiseaux*, der 1779 erscheint.[170] Im *Avertissement* des siebten Bandes teilt Buffon mit, dass Montbeillard sich nun mit der Naturgeschichte der Insekten befasse.[171] Diese ist jedoch nie erschienen.

Montbeillards Frau ist nicht die einzige Frau, die zur *Histoire naturelle des oiseaux* beiträgt. Auch Buffons Schwester arbeitet mit daran.[172]

Der zweite wichtige Mitarbeiter ist der Abbé Bexon, der nur von 1748 bis 1784 lebt. Buffon schreibt 1780 im *Avertissement* des siebten Bandes, dass Bexon an den letzten drei Bänden der *Histoire naturelle des oiseaux* Anteil habe.[173] Tatsächlich arbeitet Bexon schon seit 1776 für Buffon,[174] und nicht nur an den Artikeln

---

162 Buffon, *Œuvres d'histoire naturelle*, Bd. 27, S. VI.
163 Gascar, a.a.O., S. 171.
164 Buffon, *Œuvres d'histoire naturelle*, Bd. 27, S. VIf.
165 Gascar, a.a.O., S. 171.
166 Buffon, *Manuscrits*, S. 199f.
167 Buffon, *Correspondance*, Bd. I, S. 291.
168 Lepenies, *Ende*, S. 74.
169 Buffon, *Manuscrits*, S. 217f.
170 Buffon, Œuvres philosophiques, S. 523.
171 Buffon, *Correspondance*, Bd. II, S. 8.
172 Buffon, *Correspondance*, Bd. I, S. 342.
173 Buffon, *Correspondance*, Bd. II, S. 8.
174 Buffon, „Cinq lettres“, S. 336.

der letzten drei, sondern der letzten sechs Bände der *Histoire naturelle des oiseaux*.[175]

Bexon hat sich bei Buffon vorgestellt. Wissenschaftlich ist er besser ausgebildet als Montbeillard.[176] Seine Arbeit ist der Montbeillards vergleichbar. Zunächst korrigiert Buffon ihn häufig, dann werden die Korrekturen weniger.[177] Bexons Artikel werden jedoch nicht unter dessen Namen veröffentlicht.

Sonnini de Manoncourt arbeitet einige Zeit bei Buffon. Außerdem ist er einer der zahlreichen Korrespondenten und gibt Buffon viele Informationen, besonders über die Vögel Südamerikas.[178]

Buffon hat so viele Korrespondenten, weil er Ludwig XV. dazu gebracht hat, den Ehrentitel *Correspondant du Cabinet du Roi* einzuführen. Paul Lawrence Farber hat die wichtigsten Korrespondenten zusammengestellt:

> Among Buffon's most valuable sources of information were M. Hébert (Dijon), Lefevre Deshayes (Saint-Domingue), Dr. Lottinger (Saarburg), M. Pierre-Augustin Guys (Marseille), Dr. Artur (Cayenne), M. de la Borde (Cayenne), Philippe Commerson (Madagascar), Pierre Poivre (Ile Bourbon), Michel Adanson (Senegal), and M. Baillon (Picardie). Charles-Nicolas Sigisbert Sonnini de Manoncourt (1751–1812) presented Buffon with a large collection of specimens and notes on South American birds, James Bruce (1730–1794) shared with him his knowledge and accounts of his adventures in Ethiopia, and Pierre Sonnerat (1749–1814) supplied him with a large number of exotics.[179]

In den Monographien der *Histoire naturelle* werden die Korrespondenten teilweise namentlich genannt und inhaltlich oder wörtlich zitiert. Auch durch die namentliche Nennung werden die Korrespondenten dazu animiert, Buffon weitere Informationen zu schicken.[180] Im Artikel über den *coucou* steht beispielsweise: „[...] cependant Lottinger a observé, non que les pères et mères donnent des soins a leurs petits, mais qu'ils s'en approchent a une certaine distance en chantant [...]" (Bd. VII, S. 358) und in dem über den *courlis rouge*: „‚J'en ai élevé un, dit M. de la Borde, que j'ai gardé pendant plus de deux ans [...]'" (Bd. IX, S. 241). Hier folgt ein längeres Zitat. Über die Lamantine schreibt Buffon: „Adanson rapporte que les plus grands de ceux qu'il a vus au Sénégal n'avoient que huit pieds de longueur [...]" (Bd. VI, S. 338). In der Monographie über das Schwein schreibt Buffon: „M. Colinson, de la société royale de Londres m'a écrit qu'un cochon engraissé et tué à Cougleton en Chester-Shire, pesoit huit cent

[175] Buffon, *Manuscrits*, S. 222.
[176] Hémon, „Buffon", S. 221.
[177] Hémon, „Buffon", S. 220.
[178] Roger, *Buffon*, S. 502.
[179] Farber, *emergence*, S. 18f.
[180] Roger, *Buffon*, S. 365.

cinquante livres [...]". Buffon schreibt über die Hyäne: „[...] son cri ressemble [...] au mugissement du veau, comme le dit Kœmpfer, témoin auriculaire" (Bd. V, S. 296). Auch bekannte Reiseberichte werden genutzt. Buffon sagt zum Beispiel über die *becassine*: „Bougainville l'a vue aux îles Malouines [...]" (Bd. IX, S. 267).

Oft wird ein Korrespondent aber auch nur ganz vage bezeichnet als „voyageur" (Bd. IV, S. 222. – Bd. VII, S. 306), „observateur" (Bd. V, S. 100. – Bd. VIII, S. 55), „témoin oculaire" (Bd. VI, S. 247. – Bd. IX, S. 335), „relateur" (Bd. VI, S. 162), „un homme digne de foi" (Bd. IX, S. 22) oder eben einfach als „correspondant" (Bd. VI, S. 43. – Bd. IX, S. 331).

Die eigenen Beobachtungen der Autoren der *Histoire naturelle* werden dagegen hervorgehoben durch Formulierungen wie „j'ai vu" (Bd. IV, S. 131. – Bd. VII, S. 160), „je me suis ensuite assuré" (Bd. IV, S. 213), „j'ai observé" (Bd. IV, S. 258. – Bd. VIII, S. 203), „j'ai été témoin" (Bd. IV, S. 260), „comme je l'ai remarqué" (Bd. VIII, S. 198), „nous nous en sommes convaincus" (Bd. VI, S. 80), „nous avons vu nous-mêmes" (Bd. VIII, S. 36) oder „nous avons fait nourrir un couple sous nos yeux" (Bd. IX, S. 343).

Die zahlreichen Informationsquellen liefern viele Fakten, sind aber auch mögliche Fehlerquellen, obwohl Buffon durchaus bemüht ist, nur vertrauenswürdige Beobachter zu berücksichtigen[181]:

> Nous tâcherons de ne citer que des témoins judicieux, irréprochables, et nous ne donnerons pour certains que les faits sur lesquels ils s'accordent: moins portés peut-être que quelques-uns d'entre eux à l'admiration, nous nous permettrons le doute et même la critique, sur tout ce qui nous paroîtra trop difficile à croire. (Bd. VI, S. 237)

2.5 Die Korrekturen Buffons

Bei den wechselseitigen Korrekturen Buffons, Montbeillards und Bexons erhebt sich die Frage, ob diese eher inhaltlicher oder eher stilistischer Natur sind.

Beispiele für inhaltliche Korrekturen sind selten. Es kommt vor, dass Buffon von Bexon vorgeschlagene Vogelnamen ablehnt[182] oder die Anzahl der Arten einer Gattung Vögel reduziert[183].

Stilistische Korrekturen sind dagegen häufig. Buffon hat auch die von ihm selbst verfassten Artikel mehrmals überarbeitet. Ein Beispiel hierfür ist die Monographie über den *jabiru*. Dort schreibt Buffon zunächst:

---

[181] Gayon, a.a.O., S. 574.

[182] Buffon, *Correspondance*, Bd. II, S. 22.

[183] Buffon, *Correspondance*, Bd. I, S. 378f.

> La nature, en multipliant sur ces plages noyées de l'Amazone et de l'Orénoque le genre des reptiles, y conduisit bientôt les oiseaux destructeurs de ces productions de la première fange de la terre; elle proportionna leur force à celle des espèces qu'elle leur livrait à combattre, et leur taille à la profondeur du limon sur lequel elle les envoyait errer.

Dann schreibt er:

> En multipliant les reptiles sur ces plages noyées de l'Amazone et de l'Orénoque, la nature semble avoir produit en même temps les oiseaux destructeurs de cette fange vivante, dont toutes les espèces sont hideuses et nuisibles; elle paraît même avoir proportionné leur force à celle de ces énormes serpents qu'ils avaient à combattre.

Schließlich schreibt er:

> En multipliant les reptiles sur les plages noyées de l'Amazone et de l'Orénoque, la nature semble avoir produit en même temps les oiseaux destructeurs de ces espèces nuisibles; elle paraît même avoir proportionné leur force à celle des énormes serpents qu'elle leur donnait à combattre et leur taille à la profondeur du limon sur lequel elle les envoyait errer.[184]

Auffallend ist hierbei, dass sich Ausdruck und Wortwahl ändern, nicht aber der gedankliche Aufbau.[185]

Bei Montbeillard bestehen Buffons Korrekturen hauptsächlich darin, dass er Passagen, die ihm zu lang erscheinen, kürzt oder ganz streicht.[186]

Bei Bexon korrigiert Buffon auch den Ausdruck. Er ändert einzelne Wörter oder ganze Perioden. Manchmal ergänzt er auch ganze Absätze, wie zum Beispiel am Anfang der Monographie über die Gans. Bexon schreibt hier:

> L'oie est parmi le peuple de la basse-cour un habitant de distinction: sa grande taille, son port droit, sa démarche grave, sa plume nette et lustrée, et plus encore son humeur sociale, son instinct courageux, l'espèce d'intelligence qui la rend susceptible d'un fort attachement et d'une longue reconnaissance, dont nous donnerons des exemples, sa vigilance enfin pour laquelle les anciens l'ont rendue si célèbre: tout concourt à nous présenter l'oie comme l'un de nos domestiques les plus intéressants, comme il est un des plus utiles pour les usages multipliés auxquels elle sert, morte ou vivante. Son corps fournit une chair abondante [...].[187]

Buffon ergänzt einen Vergleich mit dem Schwan:

> Dans chaque genre, les espèces premières ont emporté nos éloges, et n'ont laissé aux espèces secondes que le mépris tiré de leur comparaison. L'oie, par rapport au cygne, est dans le même cas que l'âne vis-à-vis du cheval;

---

184 Buffon, *Manuscrits*, S. 27.

185 Buffon, *Manuscrits*, S. 28.

186 Buffon, *Correspondance*, Bd. I, S. 290f.

187 Buffon, *Manuscrits*, S. 14f.

> tous deux ne sont pas prisés à leur juste valeur: le premier degré de l'infériorité paraissant être une vraie dégradation, et rappelant en même temps l'idée d'un modèle plus parfait, n'offre, au lieu des attributs réels de l'espèce secondaire, que ses contrastes désavantageux avec l'espèce première.[188]

Erst dann folgt der der Beschreibung Bexons entsprechende Absatz:

> Éloignant donc pour un moment celle du cygne, nous trouverons que l'oie est, parmi le peuple de la basse-cour, un habitant de distinction: sa corpulence, son port droit, sa démarche grave, son plumage net et lustré, et plus encore son naturel social qui la rend susceptible d'un fort attachement et d'une longue reconnaissance, enfin sa vigilance très anciennement célébrée, tout concourt à nous présenter l'oie comme l'un des plus intéressants et même des plus utiles de nos oiseaux domestiques; car, indépendamment de la bonne qualité de sa chair et de sa graisse, dont aucun autre oiseau n'est plus abondamment pourvu [...].[189]

Dieser Absatz ist Bexons Fassung sehr ähnlich. Teilweise sind nur einzelne Wörter ausgetauscht, zum Beispiel „grande taille" gegen „corpulence" und „plume" gegen „plumage". Dies zeigt, wie wichtig Buffon die Wortwahl ist. Die folgenden poetischen Ausführungen sind wieder ganz von ihm:[190] „[...] l'oie nous fournit cette plume délicate sur laquelle la mollesse se plaît à reposer, et cette autre plume, instrument de l'esprit, avec laquelle nous écrivons ici son éloge."[191]

Diese Fassung überarbeitet Buffon noch einmal. Im letzten Satz zum Beispiel ändert er „cette autre plume, instrument de l'esprit" in „cette autre plume, instrument de nos pensées"[192], wodurch eine engere Beziehung zum Leser entsteht.

Diese wiederholten stilistischen Korrekturen zeigen, wie viel Wert Buffon auf den literarischen Aspekt der Charakterisierung der Tiere legt.

---

[188] Buffon, *Manuscrits*, S. 15.
[189] Buffon, *Manuscrits,* S. 16.
[190] Buffon, *Correspondance*, Bd. II, S. 40.
[191] Buffon, *Manuscrits*, S. 16.
[192] Buffon, *Manuscrits*, S. 16.

3 Die Wichtigkeit des Stils für den Naturwissenschaftler Buffon

3.1 Der *Discours sur le style*

Wie wichtig die Frage des Stils für Buffon ist, wird auch deutlich durch die Tatsache, dass er 1753 als Antrittsrede bei der *Académie française* anstelle der üblichen langen Lobreden auf seinen Vorgänger und den König und ähnlichen Phrasen[193] „quelques idées sur le style" vorträgt.[194] Diese Rede wird als *Discours sur le style* bekannt. Buffon setzt sich also nicht nur praktisch in der *Histoire naturelle*, sondern auch theoretisch mit der Frage des Stils auseinander.[195]

Auch wenn Buffon im *Discours sur le style* seine „philosophie du style scientifique"[196] darlegt, bedeutet dies nicht, dass er seine eigenen Vorschriften in der *Histoire naturelle* immer streng befolgt.[197]

Style bedeutet im 18. Jahrhundert ganz allgemein die Art zu schreiben.[198] Buffon beschäftigt sich also in dieser Rede mit dem „problème de la forme que l'écrivain donne à sa pensée"[199].

Im *Discours sur le style* definiert Buffon den Stil folgendermaßen: „Le style n'est que l'ordre & le mouvement qu'on met dans ses pensées."[200] Der Zusammenhang von Kenntnis des Gegenstandes, Anordnung des Materials und Wahl des Ausdrucks, mit dem Buffon auf die rhetorischen Disziplinen der inventio, dispositio und elocutio zurückgreift[201], wird mehrmals in der Rede thematisiert. Indem er den Stil als untrennbar vom Denken präsentiert, eher als Gegenstand von inventio und dispositio denn als simples Ornament, antizipiert Buffon hier moderne Auffassungen von Stil.[202] Über die „principales idées"[203] sagt er: „[...] c'est en marquant leur place sur ce premier plan qu'un sujet sera circonscrit [...]. Ce plan n'est pas encore le style, mais il en est la base."[204] Der Schriftsteller, der sich ei-

---

193 Buffon, *Œuvres philosophiques*, S. 492.

194 Buffon, *Œuvres philosophiques*, S. 500–504, Zitat S. 500.

195 Dimier, a.a.O., S. 247.

196 Henri Lebasteur, *Buffon*, Paris 1889, S. 188.

197 Lepenies, *Ende*, S. 141.

198 Lepenies, *Ende*, S. 141.

199 Buffon, *Œuvres philosophiques*, S. 493.

200 Buffon, *Œuvres philosophiques*, S. 500.

201 Christoph Strosetzki, „Die geometrische Anordnung des Wissens. Von Pascals ‚esprit de géométrie' zu Diderots und d'Alemberts Enzyklopädie und Buffons Naturgeschichte", in: Ders.: *Konversation und Literatur. Zu Regeln der Rhetorik und Rezeption in Spanien und Frankreich*, Frankfurt a.M. 1988, S. 95–128, hier S. 127.

202 Loveland, a.a.O., S. 38.

203 Buffon, *Œuvres philosophiques*, S. 503.

204 Buffon, *Œuvres philosophiques*, S. 501.

nen Plan gemacht hat, „n'aura même que du plaisir à écrire“ und „le style deviendra intéressant & lumineux“.[205] „Le style doit graver des pensées“, dies ist nach Buffon die Aufgabe des Stils und er folgert daraus: „Pour bien écrire, il faut donc posséder pleinement son sujet, il faut y réfléchir assez pour voir clairement l'ordre de ses pensées, & en former une suite, une chaîne continue, dont chaque point représente une idée“.[206]

> La théorie de Buffon s'inscrit dans le cadre d'un déplacement opéré au XVIIIe siècle du propos rhétorique: privilégiant la disposition (alors que la rhétorique baroque place le travail de la pensée essentiellement dans la figure ou le développement figural) et la pensant à partir de Descartes comme méthode. Pour le philosophe l'enchaînement des raisons se fait pas à pas et ce mouvement indéfini débouche sur quelque chose de toujours nouveau par rapport à ses origines successives. Les savants philosophes du XVIIIe siècle s'interrogent sur les rapports entre l'ordre de la genèse de la pensée, l'ordre de la démonstration, et l'ordre de la transmission qui permettent au lecteur de se faire une juste idée de la matière. La progression du texte décide de la situation locale de chaque pensée et de leur succession, de la perspective qui se dessine. Pour Buffon, l'éloquence tient tout entière dans cet ordre du texte [...].[207]

Später präzisiert Buffon, was er unter „bien écrire“ versteht: „[...] bien écrire, c'est tout-à-la-fois bien penser, bien sentir & bien rendre [...]; les idées seules forment le fond du style, l'harmonie des paroles n'en est que l'accessoire“.[208] Wie wichtig Sprache und Wortwahl jedoch für Buffon sind, zeigt sich durch die häufigen stilistischen Korrekturen der Manuskripte.

„Stil ist für Buffon Darstellungsweise und mit den dargestellten Gegenständen aufs engste verbunden.“[209] Er definiert: „Le ton n'est que la convenance du style à la nature du sujet“.[210] Condorcet, der 1788 nach Buffons Tod dessen Lobrede vor der *Académie des sciences* hält, sagt über ihn: „[...] son style prend le caractère des objets“ und nennt als Beispiele hierfür „la fureur du tigre, la majesté du cheval, la fierté et la rapidité de l'aigle, les couleurs brillantes du colibri, la légèreté de l'oiseau-mouche“.[211] Buffon beschreibt den Adler folgendermaßen: „[...] sa figure répond à son naturel: indépendamment de ses armes, il a le corps robuste et compacte, les jambes et les ailes très-fortes, les os fermes, la chair

---

205 Buffon, *Œuvres philosophiques*, S. 502.

206 Buffon, *Œuvres philosophiques*, S. 502.

207 Jean-Paul Sermain, „La *disposition* est l'homme même, Marivaux, Buffon, et l'éloquence du for intérieur au XVIIIe siècle“, in: *Éloquence et vérité intérieure*, hg. v. Carole Dornier/Jürgen Siess, Paris 2002, S. 131–140, Zitat S. 138f.

208 Buffon, *Œuvres philosophiques*, S. 503.

209 Lepenies, *Ende*, S. 141.

210 Buffon, *Œuvres philosophiques*, S. 503.

211 Marie Jean Antoine Nicolas de Caritat, Marquis de Condorcet, „Éloge de M. le comte de Buffon“ [1788], in: Ders.: *Œuvres*, hg. v. A. Condorcet O'Connor/M.F. Arago, Stuttgart-Bad Cannstatt 1968, Bd. III, S. 327–371, Zitat S. 349.

dure, les plumes rudes, l'attitude fière et droite, les mouvemens brusques et le vol très-rapide." (Bd. IX, S. 16). Während der Stolz durch die Wortwahl bei „l'attitude fière et droite" ausgedrückt wird, wird stilistisch Schnelligkeit erreicht durch die mit der Aufzählung verbundenen Ellipsen. Außerdem wird das Adjektiv „rapide" durch das Adverb „très" verstärkt.

Über die Entsprechung von Sprache und dargestellten Gegenständen sagt Buffon außerdem im *Discours sur le style*: „Le sublime ne peut se trouver que dans les grands sujets". Zu diesen „grands sujets" zählt er „l'Homme & la Nature".[212] Die Aufgabe der Philosophie im 18. Jahrhundert beschreibt Buffon folgendermaßen: „La philosophie décrit & dépeint la Nature.[213] Daraus folgert er: „Le ton du Philosophe pourra devenir sublime toutes les fois qu'il parlera des loix de la Nature, des êtres en général, [...]".[214] Literatur und Wissenschaft lassen sich also bei Buffon nicht trennen, alles ist hier Literatur.[215] Bei Buffon sind „l'ordre et l'écriture, le plan et le style indissolublement liés. L'écrivain ne peut être séparé du chercheur; l'homme de lettres renvoie au naturaliste".[216]

Eine inhaltliche Einheit soll nach Buffon auch sprachlich als Einheit dargestellt werden: „Cependant tout sujet est un, & quelque vaste qu'il soit, il peut être renfermé dans un seul Discours; les interruptions, les repos, les sections ne devroient être d'usage que quand on traite des sujets différens [...]."[217]

Innerhalb eines Themas unterscheidet Buffon zwischen „idées principales" und „idées accessoires & moyennes", die die Hauptideen ausfüllen sollen.[218] Diesen Forderungen entspricht Buffon in der *Histoire naturelle* dadurch, dass er neben kurzen Sätzen auch viele lange Sätze verwendet.

> Au lieu de la phrase hachée, du trait jaillissant de Montesquieu, au lieu de la parole ailée de Voltaire, on retrouve l'ample phrase des anciens, aux larges et harmonieuses périodes, [...] ce sont les idées des temps nouveaux exprimées avec l'accent solennel du XVIIe siècle et de l'antiquité romaine.[219]

Dies bedeutet aber nicht, dass die langen Sätze Buffons kompliziert sind. „The devices of classical rhetoric were designed to produce prose which was impressively ornate but which, at the same time, could be followed with ease by either a listener or a reader."[220] Dies entspricht Buffons Interesse an einem möglichst

---

212 Buffon, *Œuvres philosophiques*, S. 503.

213 Buffon, *Œuvres philosophiques*, S. 503.

214 Buffon, *Œuvres philosophiques*, S. 504.

215 Lepenies, *Ende*, S. 142.

216 Georges-Louis-Leclerc, comte de Buffon, *Un autre Buffon*, hg. v. Jacques-Louis Binet/ Jacques Roger, Paris 1977, S. 19.

217 Buffon, *Œuvres philosophiques*, S. 501.

218 Buffon, *Œuvres philosophiques*, S. 501.

219 Henri Martin, „Buffon", in: *Histoire de France depuis les temps les plus reculés jusqu'en 1789*, Paris ⁴1855–1865, Bd. XVI, S. 22–41, Zitat S. 25.

220 Fellows/Milliken, a.a.O., S. 156.

großen Leserkreis. Der lange Satz in der *Histoire naturelle* ist in der Regel kein „Schachtelsatz", sondern

> eine in sich geschlossene Satzgruppe, die aus lauter kurzen und klaren Hauptsätzen besteht. Diese selbständigen Sätzchen sind durch Semikolon oder Komma voneinander getrennt. Erst, wenn der Hauptgedanke [...] vollkommen zu Ende geführt ist, erhält das Satzganze einen Punkt.[221]

„Buffon's favour for periods matches his preference for ‚linear' prose in general, his ideas advancing sequentially under the direction of connecting words rather than piling up in cognitively difficult suspensions and hypotaxes."[222]

> Eine nähere Betrachtung zeigt, daß eine einzige Hauptidee, die meist thematisch vorangestellt ist, den ganzen Satz durchzieht. Um diese Hauptidee gruppieren sich nun die vielen Nebenideen, die zur weiteren Behandlung und zur Erklärung des jeweils obwaltenden Sachverhalts in großer Zahl angeführt sind. [...] Jede Satzgruppe behandelt nur eine Idee und bildet somit eine in sich abgeschlossene gedankliche Einheit.[223]

In der *Histoire naturelle* wird diese Vorgehensweise immer wieder deutlich. Buffon schreibt beispielsweise über das vom Hund gejagte Tier:

> Intimidé, pressé, désespérant de trouver son salut dans la fuite, l'animal se sert aussi de toutes ses facultés; il oppose la ruse à la sagacité: jamais les ressources de l'instinct ne furent plus admirables: pour faire perdre sa trace, il va, vient et revient sur ses pas; il fait des bonds; il voudroit se détacher de la terre et supprimer les espaces; il franchit d'un saut les routes, les haies; passe à la nage les ruisseaux, les rivières; mais toujours poursuivi, et ne pouvant anéantir son corps, il cherche à en mettre un autre à sa place; il va lui-même troubler le repos d'un voisin plus jeune et moins expérimenté, le faire lever, marcher, fuir avec lui; et lorsqu'ils ont confondu leurs traces, lorsqu'il croit l'avoir substitué à sa mauvaise fortune, il le quitte plus brusquement encore qu'il ne l'a joint, afin de le rendre seul l'objet et la victime de l'ennemi trompé. (Bd. IV, S. 196)

Die Hauptidee ist in diesem Fall der Fluchtversuch des Beutetieres. Als erklärende Nebenideen werden die dabei von ihm verwendeten Strategien dargestellt. Dieser Satz besteht aus 153 Wörtern, was in der *Histoire naturelle* keine Ausnahme ist. In der Monographie über die Taube findet man einen Satz, der sogar aus 402 Wörtern besteht (Bd. VII, S. 156–158).

Im *Discours sur le style* begründet Buffon auch, warum der Schriftsteller an diesen sprachlichen und gedanklichen Einheiten festhalten soll:

> Pourquoi les ouvrages de la Nature sont-ils si parfaits? c'est que chaque ouvrage est un tout, & qu'elle travaille sur un plan éternel dont elle ne

---

221 Johannes Rödiger, *Darstellung der geographischen Naturbetrachtung bei Fontenelle, Pluche und Buffon in methodischer und stilistischer Hinsicht*, Leipzig 1935, S. 92.

222 Loveland, a.a.O., S. 41.

223 Rödiger, a.a.O., S. 92f.

s'écarte jamais; elle prépare en silence les germes de ses productions, elle ébauche par un acte unique la forme primitive de tout être vivant: elle la développe, elle la perfectionne par un mouvement continu & dans un temps prescrit.[224]

Der Schriftsteller soll dem Beispiel der Natur folgen: „[...] s'il imite la Nature dans sa marche & dans son travail [...], il établira [...] des monuments immortels."[225]

Weiterhin soll der Stil gemäß Buffon „précis & simple, égal & clair, vif & suivi"[226] sein. Dies ergebe sich letztendlich aus der genauen Kenntnis der Fakten.[227] Dass die hier geforderte Präzision nicht so ohne weiteres in der *Histoire naturelle* erreicht wird, ist aus den zahlreichen Korrekturen Buffons ersichtlich. Klarheit ergibt sich hier oft durch Erklärung und Präzisierung einzelner Wörter. Das Ziel ist dabei, die Tiere möglichst genau und anschaulich zu charakterisieren. Über die Flügel der Fledermaus schreibt Buffon: „[...] ce sont des espèces d'ailerons, ou, si l'on veut des pattes ailées" (Bd. IV, S. 386). Der *guillemot* „ne peut voleter ou plutôt sauter de pointe en pointe sur la roche" (Bd. IX, S. 410). Die Geier sind „presque les seuls oiseaux de proie qui volent en nombre; c'est-à-dire, plus de deux ensemble" (Bd. IX, S. 65). Die Seeotter „nagent avec une très-grande célérité et comme il leur plaît, c'est-à-dire, sur le ventre, sur le dos, sur les côtes, et même dans une situation presque perpendiculaire" (Bd. VI, S. 265). Missverständnisse sollen vermieden werden: „Les deux autres espèces, je veux dire la litorne et le mauvis [...]" (Bd. VIII, S. 186). Gelegentlich werden Fachtermini durch Synonyme erklärt, zum Beispiel „verrat, ou cochon domestique mâle" (Bd. IV, S. 188) und „oiseaux vermivores ou mangeurs de vers" (Bd. IX, S. 277).

Hier wird deutlich, dass sich Buffon in der *Histoire naturelle* nicht immer absolut an die im *Discours sur le style* aufgestellten Regeln hält. Dort fordert er: „scrupule sur le choix des expressions" und damit zusammenhängend: „attention à ne nommer les choses que par les termes les plus généraux."[228] Dies bedeutet in der Praxis der *Histoire naturelle* aber nicht, dass nur Periphrasen und abstrakte Begriffe verwendet werden. Die „termes les plus généraux" „are for the most part nothing more than words that are immediately familiar to everybody"[229]. Buffon benutzt diese allgemeinverständliche Sprache, weil er nicht nur von einem kleinen Kreis Gelehrter, sondern von einem großen Leserkreis verstanden

224 Buffon, *Œuvres philosophiques*, S. 501.
225 Buffon, *Œuvres philosophiques*, S. 501.
226 Buffon, *Œuvres philosophiques*, S. 502.
227 Buffon, *Œuvres philosophiques*, S. 502.
228 Buffon, *Œuvres philosophiques*, S. 503.
229 Fellows/Milliken, a.a.O., S. 158.

werden will. Er will die Tiere vorstellen und bekannt machen.[230] Daher wird in der *Histoire naturelle* auch nicht die binäre Nomenklatur Linnés verwendet.[231] Hier wird der Gegensatz „entre la langue de la vulgarisation et la langue du laboratoire"[232] deutlich. Trotzdem ist Buffon nicht prinzipiell gegen den Gebrauch von Fachtermini und Neologismen.[233] Dies wäre auch nicht zu vereinbaren mit seiner Forderung nach Klarheit.[234] Insbesondere, aber nicht ausschließlich zur Beschreibung der Anatomie der Tiere, werden häufig die präzisen Begriffe verwendet, zum Beispiel „abdomen" (Bd. VII, S. 77), „anus" (Bd. IV, S. 212, Bd. VII, S. 270), „bourses" (Bd. IV, S. 146), „cæcum" (Bd. IX, S. 51), „carnivores" (Bd. VI, S. 69), „castration" (Bd. IV, S. 146), „chyle" (Bd. IV, S. 305), „clitoris" (Bd. IV, S. 210), „cloaque" (Bd. VII, S. 91), „coccix" (Bd. VI, S. 164), „colon" (Bd. IV, S. 129, Bd. VII, S. 91), „conception" (Bd. VI, S. 124), „conque" (Bd. IV, S. 386), „copulation" (Bd. VI, S. 328), „corps caverneux" (Bd. IV, S. 210), „croupion" (Bd. IX, S. 354), „épiploon" (Bd. IV, S. 154), „érection" (Bd. IV, S. 210), „fœtus" (Bd. IV, S. 102, Bd. VIII, S. 321), „frugivores" (Bd. V, S. 253), „gésier" (Bd. IX, S. 68), „humeur vitrée" (Bd. IX, S. 13), „iléon" (Bd. VII, S. 91), „insectivores" (Bd. VIII, S. 335), „intromission" (Bd. VII, S. 56), „jabot" (Bd. IX, S. 68), „larynx" (Bd. IX, S. 193), „mamelles" (Bd. IV, S. 388), „mamelon" (Bd. VI, S. 123), „matrice" (Bd. IV, S. 269), „moële" (Bd. VII, S. 77), „occiput" (Bd. VIII, S. 29), „os pubis" (Bd. VI, S. 58), „ovaires" (Bd. IV, S. 172), „oviductus" (Bd. VII, S. 91), „ovipares" (Bd. IV, S. 172), „pancréas" (Bd. VI, S. 164), „prépuce" (Bd. V, S. 131), „rectum" (Bd. IV, S. 212, Bd. VII, S. 91), „scrotum" (Bd. VI, S. 300), „sternum" (Bd. V, S. 63), „tétine" (Bd. VI, S. 121), „testicules" (Bd. IV, S. 120), „thorax" (Bd. IV, S. 358), „tympan" (Bd. IV, S. 302), „vagin" (Bd. IV, S. 269), „vaisseaux ombilicaux" (Bd. VII, S. 76), „vaisseaux spermatiques" (Bd. V, S. 291), „verge" (Bd. IV, S. 210), „vertèbres lombaires et sacrées" (Bd. VI, S. 164), „vivipares" (Bd. IV, S. 172) und „vulve" (Bd. IV, S. 120). Auch die zu dieser Zeit neuen Begriffe „ornithologie" und „ornithologue" werden benutzt (Bd. VII, S. 4f.).[235]

Im *Discours sur le style* wird auch deutlich, dass Buffon darauf Wert legt, dass sein Werk nicht nur von seinen Zeitgenossen, sondern auch von späteren Generationen gelesen wird. Dies erreiche der Schriftsteller durch seinen Stil: „[...] s'il est élevé, noble, sublime, l'auteur sera également admiré dans tous les temps"[236].

---

230 Ferdinand Brunot, „Les Résistances", in: Ders.: *Histoire de la langue française des origines à 1900*, Paris 1930, Bd. VI: *Le XVIIIe siècle*, 1. Teil, 2. Fasz., S. 587–596, hier S. 594.

231 Jean-Pierre Seguin, *La langue française au XVIIIe siècle*, Paris/Brüssel/Montréal 1972, S. 207.

232 Brunot, a.a.O., S. 594.

233 Brunot, a.a.O., S. 594.

234 Höhne, a.a.O., S. 75.

235 Brunot, a.a.O., S. 589.

236 Buffon, *Œuvres philosophiques*, S. 503.

„Les ouvrages bien écrits seront les seuls qui passeront à la postérité."[237] „Connoissances", „faits" und „découvertes"[238] sind dafür nur zweitrangig: „Ces choses sont hors de l'homme, le style est l'homme même"[239]. „La découverte scientifique seule ne suffit pas à immortaliser un savant: elle tombe dans le domaine public et appartient à tout le monde. Au contraire, ‚le style est l'homme même'. C'est dans l'œuvre scientifique, ce que personne ne pourra emprunter."[240]

Aus der Definition „le style n'est que l'ordre & le mouvement qu'on met dans ses pensées"[241] ergibt sich, dass sich der Ausspruch „le style est l'homme même" bezieht „auf die organisierende Leistung, die der Mensch vollbringen muß, um seine Gedanken zu ordnen und sie vernünftig darzustellen."[242]

3.2 Das Fragment *De l'art d'écrire*

Es ist nicht bekannt, wann und zu welchem Zweck Buffon das Fragment *De l'art d'écrire* geschrieben hat.[243]

Auffallend ist, dass einige Vorstellungen mit denen des *Discours sur le style* übereinstimmen,[244] zum Beispiel: „Le style qui n'est que l'ordre et le mouvement qu'on donne à ses pensées [...]"[245] und „Selon les différents sujets, la manière d'écrire doit donc être très-différente"[246].

Insbesondere erklärt Buffon im Fragment *De l'art d'écrire*, worin für ihn der Unterschied zwischen „peindre" und „décrire" liegt: „Peindre ou décrire sont deux choses différentes [...]. La description présente successivement et froidement toutes les parties de l'objet [...]. La peinture au contraire, ne saisissant d'abord que les traits les plus saillants, garde l'empreinte de l'objet et lui donne de la vie."[247]

> Buffon's solution to the problem of how to convey coherent, lively images to the reader using successive language is to stipulate that the writer must begin by giving a rapid overview of the object's most distinctive traits [...].

---

[237] Buffon, *Œuvres philosophiques*, S. 503.
[238] Buffon, *Œuvres philosophiques*, S. 503.
[239] Buffon, *Œuvres philosophiques*, S. 503.
[240] Roger, *Buffon*, S. 568.
[241] Buffon, *Œuvres philosophiques*, S. 500.
[242] Lepenies, *Ende*, S. 141.
[243] Buffon, *Œuvres philosophiques*, S. 491, S. 510f.
[244] Buffon, *Œuvres philosophiques*, S. 500, 502f.
[245] Buffon, *Œuvres philosophiques*, S. 511.
[246] Buffon, *Œuvres philosophiques*, S. 510.
[247] Buffon, *Œuvres philosophiques*, S. 510.

> By initially limiting himself to a few essential traits, the painting writer avoids the dulling and distortive effect of excessive detail, thereby preserving the vitality of his object, and successfully rivaling the unity and simultaneity of pictorial representation.[248]

„Pour bien décrire, il suffit de voir froidement; mais pour peindre, il faut l'emploi de tous les sens. Voir, entendre, palper, sentir, ce sont autant de caractères que l'écrivain doit sentir et rendre par des traits énergiques."[249] „This emphasis on the complex sensitivity required of the writer reflects the sensationist principles at work in the *Histoire naturelle*, according to which knowledge is acquired through empirical observation."[250]

> [...] Buffon's claim that description is purely visual means that it reduces the complexity of empirical observation, cutting the reader off from the sensory combinations experienced in nature. The superiority of ‚painting', on the contrary, lies in its capacity for synesthesia, the simultaneous blending and stimulation of multiple senses. By incorporating the full range of senses into his text, the painting writer brings the reader closer to his own experience of first-hand observation. In doing so, he infuses his text and his reader with the warmth and life of the natural world.[251]

Der Schriftsteller „doit joindre la finesse des couleurs à la vigueur du pinceau; les nuancer, les condenser ou les fondre".[252] „In keeping with the sensory blending of synesthesia, the painted text blends colors subtly in order to transform the disjointed pieces of description into an organic whole".[253] Das Ziel der Darstellung ist „un ensemble vivant, dont la description ne peut présenter que des parties mortes et détachées"[254].

Unter anderem sollen also auch die Tiere so charakterisiert werden, dass der Leser sie sich lebhaft vorstellen kann.

Im 18. Jahrhundert spielt das *ut-pictura-poesis*-Problem eine große Rolle.[255] Für Buffon liegt ein Vergleich zwischen Maler und Schriftsteller nahe. „Est-il possible, dira-t-on, de tracer un dessin avec des phrases et de présenter des couleurs avec des mots? Oui, et même, si l'écrivain a du génie, du tact et du goût, son

---

248 Joanna Stalnaker, „Painting life, describing death. Problems of representation and style in the *Histoire naturelle*", in: *Studies in eighteenth-century culture* XXXII (2003), S. 193–227, Zitat S. 218f.

249 Buffon, *Œuvres philosophiques*, S. 510.

250 Stalnaker, a.a.O., S. 217f.

251 Stalnaker, a.a.O., S. 218.

252 Buffon, *Œuvres philosophiques*, S. 510.

253 Stalnaker, a.a.O., S. 219.

254 Buffon, *Œuvres philosophiques*, S. 510.

255 Peter-Eckhard Knabe, *Schlüsselbegriffe des kunsttheoretischen Denkens in Frankreich von der Spätklassik bis zum Ende der Aufklärung*, Düsseldorf 1972, S. 463–471.

style, ses phrases et ses mots feront plus d'effet que le pinceau et les couleurs du peintre."[256]

In der *Histoire naturelle* wird jedoch deutlich, dass der Schriftsteller nicht unbedingt dem Maler überlegen ist. Allein die Tatsache, dass schwarzweiße Illustrationen der Vierfüßler und farbige der Vögel angefertigt werden, zeigt dies. Manchmal können weder Wort noch Bild das Beobachtete hinreichend wiedergeben. Montbeillard schreibt bezüglich des Flugs der Schwalben: „[...] le plan trop compliqué pour être représenté aux yeux par l'art du dessin, peut à peine être indiqué à l'imagination par le pinceau de la parole" (Bd. VIII, S. 318). Allerdings bleibt nach Buffon dem Schriftsteller ein Vorteil: „A génie égal, l'écrivain a sur le peintre le grand avantage de disposer du temps et de faire succéder les scènes".[257]

Im Fragment *De l'art d'écrire* führt Buffon einen weiteren Vergleich an, nämlich den zwischen Prosa und Poesie. Buffon will wenig von Poesie wissen, weil er es ablehnt, „sich nach Regeln zu verhalten, die lediglich den Kaprizen der Menschen" entstammen.[258] „La mesure et la rime gênent la liberté du pinceau; pour une syllabe de moins ou de trop, les mots faisant image sont à regret rejetés par le poète et avantageusement employés par l'écrivain en prose."[259] Die Prosa eignet sich also besser zur Charakterisierung als die Poesie.

Entsprechend ist auch die *Histoire naturelle* in Prosa abgefasst. Im Gegensatz zu seinen Mitarbeitern Montbeillard (Bd. XI, S. 394–399) und Bexon[260] schreibt Buffon keine Poesie. Trotzdem sind interessanterweise vereinzelt Alexandriner in der *Histoire naturelle* zu finden. Pierre Gascar nennt als Beispiel die Beschreibung des Eisvogels: „[...] tout le milieu du dos avec le dessus de la queue est d'un bleu clair et brillant, qui aux rayons du soleil *a le jeu du saphir et l'œil de la turquoise*" (Bd. VIII, S. 363).[261] Der Artikel über den Eisvogel ist von Bexon entworfen und von Buffon korrigiert.[262]

---

256 Buffon, *Œuvres philosophiques*, S. 510.

257 Buffon, *Œuvres philosophiques*, S. 511.

258 Lepenies, *Ende*, S. 143.

259 Buffon, *Œuvres philosophiques*, S. 511.

260 Muséum, a.a.O., S. 38.

261 Gascar, a.a.O., S. 174.

262 Gascar nennt dieses Beispiel im Zusammenhang mit Montbeillard. Alle anderen von mir verwendeten Quellen zeigen aber, dass der Artikel von Bexon und Buffon ist: (Bd. VIII, S. 361). – Buffon, *Manuscrits*, S. 31–33. – Buffon, *Correspondance*, Bd. I, S. 373, 386–388, 391f. – Buffon,: „Cinq lettres", S. 336. – Buffon, *Œuvres philosophiques*, S. 523.

4 Zum Aufbau der *Histoire naturelle*

4.1 Der *Premier Discours: De la manière d'étudier et de traiter l'Histoire naturelle*

Der 1749 erschienene erste Band der *Histoire naturelle* beginnt mit dem *Premier discours: De la manière d'étudier et de traiter l'Histoire naturelle*.[263] Während der *Discours sur le style* die sprachlichen und stilistischen Voraussetzungen des Werkes Buffons beschreibt, gibt der *Premier discours* an, welche Gegenstände in der *Histoire naturelle* dargestellt und in welcher Reihenfolge sie behandelt werden sollen (Bd. II, S. 1–51). Die im *Premier Discours* angeführten Prämissen haben zum Teil für die ganze *Histoire naturelle* Gültigkeit, zum Teil sind sie schon innerhalb der *Histoire des animaux quadrupèdes* oder bis zur Entstehung der *Histoire naturelle des oiseaux* überholt.

Dass Buffon sein Werk mit einer Abhandlung über die Ziele und Methoden beginnt, ist nicht ungewöhnlich. Auch Réaumur beginnt seine *Mémoires pour servir à l'histoire des insectes* mit einem „Premier Mémoire".[264]

> Il y a d'ailleurs des points communs entre le „Premier Discours" de Buffon et le „Premier Mémoire" de Réaumur: tous deux commencent par évoquer l'immensité décourageante de la tâche qui attend le naturaliste, et tous deux évoquent l'histoire de la discipline. Mais, dès les premières pages, les divergences apparaissent, et l'on comprend très vite que Buffon ne va pas se contenter de répéter des lieux communs. Son véritable sujet, c'est la connaissance que l'homme peut avoir de la Nature.[265]

Bei der Vielfalt der Gegenstände der Naturgeschichte nennt Buffon im *Premier discours* zwei Voraussetzungen, die der Wissenschaftler für die Beschäftigung mit der Natur haben soll: „les grandes vues d'un génie ardent qui embrasse tout d'un coup d'œil, et les petites attentions d'un instinct laborieux qui ne s'attache qu'à un seul point" (Bd. II, S. 2). Hier liegt ein methodologischer Dualismus vor.[266]

> La méthode proposée par Buffon, et adoptée par Diderot, recommande donc deux procédés apparemment contraires mais qui, afin d'atteindre au mieux le but de la recherche scientifique, doivent être traités de complémentaires. Le fonctionnement *„double"* de cette méthode permet de s'emparer de la vérité, comme d'un objet pris entre la pression inverse de deux pinces, par deux mouvements opposés mais conjoints: l'empirico-inductif

[263] Buffon, *Œuvres philosophiques*, S. 522.
[264] Roger, *Buffon*, S. 118.
[265] Roger, *Buffon*, S. 118.
[266] Gayon, a.a.O., S. 122.

> et l'hypothético-déductif, ce dernier étant superposé sur le premier. Au lieu de l'image baconienne de l'abeille qui, à elle seule, ramasse et structure les matériaux de sa ruche, la dichotomie entre philosophie expérimentale et philosophie rationnelle reste, pour Buffon et Diderot, fondamentale et, paraît-il, permanente, dont il résulte que la répartition de rôles entre deux catégories de naturalistes est, à la différence de Bacon, un thème capital dans leurs exposés. Cette dualité méthodologique et épistémologique, quoique préfigurée par Bacon, a acquis une toute autre portée et signification lorsque Buffon et Diderot l'ont invoquée à propos de l'état contemporain des sciences. Car le contexte, et donc le sens, de l'application qu'ils en ont faite, a des particularités qui n'existaient pas un siècle auparavant. La distinction, vers 1750, entre science expérimentale et science rationnelle demande à être comprise à la lumière de l'histoire encore récente des controverses en France entre Newtoniens et Cartésiens, auxquelles la génération de Buffon et de Diderot a assisté ou participé. Il faut aussi juger de la question relativement aux tentatives, dans les mêmes années, de fonder une science de la vie qui n'aurait plus été soumise au paradigme régnant de la physique mécaniste. On voulait, en plus, expliquer non seulement les formes et les relations déjà constituées, mais encore les vicissitudes passées, ou l'*histoire*, des phénomènes naturels. C'est pour ces diverses raisons que la composante „rationnelle" de la méthode buffonienne et diderotienne a mis en avant les procédés hypothético-déductif et la valeur heuristique des „systèmes" basés, certes, sur l'expérience, mais la dépassant largement.[267]

Buffon erklärt, was er unter der „histoire" eines Lebewesens versteht: „tout ce qui a rapport à la naissance, à la production, à l'organisation, aux usages" (Bd. II, S. 3).

Die genaue Beobachtung der einzelnen Objekte bildet den Ausgangspunkt wissenschaftlicher Erkenntnis: „On doit donc commencer par voir beaucoup et revoir souvent" (Bd. II, S. 3). Erst anschließend sind „des vues plus générales" (Bd. II, S. 3) möglich. Die Vorgehensweise ist also induktiv.[268] „En préconisant un dualisme de la méthode, Buffon a accentué, bien sûr, l'empirisme expérimental issu de Bacon, vraisemblablement parce que c'était surtout cette exigence qui manquait à la science de son époque".[269] Buffon warnt davor, voreingenommen zu sein und vorschnelle Schlüsse zu ziehen (Bd. II, S. 4).[270] Ein verbreiteter Fehler ist es, vorauszusetzen, dass die Phänomene einer Regelmäßigkeit und Einfachheit gehorchen, die es in der wirklichen Welt nicht gibt:[271] „Nous sommes naturellement portés à imaginer en tout une espèce d'ordre et d'uniformité, et quand on n'examine que légèrement les ouvrages de la Nature, il paroît à cette première vue qu'elle a toujours travaillé sur un même plan" (Bd. II, S. 7). Daraus

---

[267] Gayon, a.a.O., S. 127f.

[268] Strosetzki, a.a.O., S. 121.

[269] Gayon, a.a.O., S. 123.

[270] Gayon, a.a.O., S. 121.

[271] Gayon, a.a.O., S. 123.

folgt, dass man verführt wird zu falschen Analogien und unbegründeten Theorien:[272] „[...] on bâtit des systèmes sur des faits incertains, dont l'examen n'a jamais été fait" (Bd. II, S. 8). Buffon legt also Wert darauf, dass Theorien auf gesicherten Beobachtungen aufbauen.[273]

„[...] il semble que tout ce qui peut être, est" (Bd. II, S. 8). Durch diese Vielfalt der Natur wird der Mensch sie nie ganz verstehen:

> [...] les premières causes nous seront à jamais cachées [...]; tout ce qui nous est possible, c'est d'apercevoir quelques effets particuliers, de les comparer, de les combiner, et enfin d'y reconnoître plutôt un ordre relatif à notre propre nature, que convenable à l'existence des choses que nous considérons. (Bd. II, S. 9)

„Ces considérations amènent Buffon à une prise de position anti-systématique et prudemment réservée."[274]

Ein großer Teil des *Premier discours* beschäftigt sich mit den Methoden der Klassifikation der Lebewesen. Das 18. Jahrhundert hat „la passion des classifications".[275] Buffon ist gegen diese modernen Methoden, weil sie – oft aufgrund eines einzigen Merkmals (Bd. II, S. 12) – die Natur auf arbiträre Weise unterteilen (Bd. II, S. 6), während die Natur diese Unterteilungen nicht kennt: „[...] on peut descendre par des degrés presqu'insensibles, de la créature la plus parfaite jusqu'à la matière la plus informe" (Bd. II, S. 10). In der Natur liegt also die ununterbrochene Kette der Wesen vor.[276] Diese angenehme Vorstellung verschönt und erhebt die *Histoire naturelle*.[277] Die *scala naturae* ist keine Erfindung Buffons, sondern hat „während des 16., 17. und 18. Jahrhunderts einen dominierenden Einfluß auf das Denken".[278] Buffon benutzt die Kette der Wesen als Argument gegen die Taxonomie.[279] Schon vor Buffon wurde dieses Argument benutzt, besonders aber nach seinem *Premier Discours*.[280] Die Klassifikationen lassen nach Buffon die falsche Idee entstehen, dass diese künstlichen Gruppierungen, die auf willkürlich gewählten Merkmalen beruhen, wahre Verhältnisse der Natur wiedergeben könnten. „Ce n'est donc pas au nom du goût, c'est au nom de la science même que Buffon condamne les nouvelles nomenclatures scientifiques".[281] Nach Buffon gibt es bei jedem System Lebewesen, die zwischen zwei Gruppen stehen (Bd. II, S. 10). Außerdem verkomplizieren die neuen

---

272 Gayon, a.a.O., S. 123.
273 Gayon, a.a.O., S. 213.
274 Gayon, a.a.O., S. 123.
275 Roger, *Buffon*, S. 405.
276 Roger, *Buffon*, S. 127.
277 Loveland, a.a.O., S. 95.
278 Mayr, a.a.O., S. 165.
279 Loveland, a.a.O., S. 82f.
280 Loveland, a.a.O., S. 98.
281 Brunot, a.a.O., S. 590.

Bezeichnungen nach Buffons Meinung die Wissenschaft unnötig: „[...] la langue de la science" werde „plus difficile que la science elle-même" (Bd. II, S. 7).

Insbesondere die Kritik an Linné ist „sans mesure ni ménagement".[282]

> La condamnation buffonienne des systèmes avait pour cible, parmi d'autres, certains „méthodistes", ou taxonomistes, qui, comme Linné, croyaient pouvoir, en isolant tel ou tel élément de l'anatomie animale ou végétale, orchestrer tous les êtres vivants selon un schéma cohérent et harmonieux; mais le résultat en était souvent des parentés arbitraires et des définitions absurdes.[283]

Buffon kritisiert also, dass bei Linné sehr verschiedene Lebewesen zusammengefasst werden: „Il faut bien avoir la manie de faire des classes, pour mettre ensemble des êtres aussi différens que l'homme et le paresseux, ou le singe et le lézard écailleux" (Bd. II, S. 33). Buffon macht mit seinem Zynismus die Klassifikation Linnés lächerlich: „Ne seroit-il pas plus simple, plus naturel et plus vrai de dire qu'un âne est un âne, et un chat un chat, que de vouloir, sans savoir pourquoi, qu'un âne soit un cheval, et un chat un loup-cervier?" (Bd. II, S. 35). Das ist auch nicht das, was Linné sagen will. Linné benennt die Gattung nach einer Art, die in dieser Gattung enthalten ist. Die Art wird durch eine zusätzliche Präzisierung angegeben. Diese Haltung ist logisch, wenn man die Gattung als die grundlegende Einheit begreift.[284] Buffon wirft Linné die Willkürlichkeit der Klassifikation vor: „[...] il n'existe réellement dans la Nature que des individus; et [...] les genres, les ordres et les classes n'existent que dans notre imagination" (Bd. II, S. 33). Buffon zeigt sich hier als Vertreter des Nominalismus, nach dessen Doktrin Universalien keine reale Existenz außer ihrem Status als Namen haben.[285] Buffon ist in Frankreich der Hauptgegner der Ideen Linnés.[286] 1749 zeugt es von einiger Courage, Linné zu attackieren, dessen *Systema Naturae* schon in der siebten Auflage erschienen ist.[287] Andererseits ist zu erwarten, dass die Kritik an der Taxonomie beim breiten Publikum auf Zustimmung stößt, was wahrscheinlich zu einer Verschärfung der Rhetorik Buffons geführt hat.[288] Außerdem dienen die Provokationen des *Premier Discours* auch dazu, Aufmerksamkeit zu erregen: „Buffon's provocative over-confidence would continue through the series, but it was nowhere so striking as in the ‚Premier discours', the best site strategically for making an impression".[289]

---

282 Daniel Mornet, *Les Sciences de la nature en France au XVIIIe siècle*, Paris 1911, S. 128.

283 Gayon, a.a.O., S. 124.

284 Roger, *Buffon*, S. 419.

285 Loveland, a.a.O., S. 153f.

286 Duris/Gohau, a.a.O., S. 44.

287 Roger, *Buffon*, S. 407.

288 Loveland, a.a.O., S. 178.

289 Loveland, a.a.O., S. 179f.

Buffon unterscheidet zwischen dem Konkret-Realen und dem Abstrakt-Idealen,[290] denn trotz aller Kritik sieht er einen gewissen praktischen Nutzen der Klassifikationen. „[...] elles abrègent le travail, elles aident la mémoire" (Bd. II, S. 6) und sie können dienen als „signes dont on est convenu pour s'entendre" (Bd. II, S. 20). Er hält die Systeme aber nicht für notwendig (Bd. II, S. 20).

Buffon verwirft nicht alle Klassifikationen. „What Buffon opposed was the construction of artificial systems based on a single characteristic, not the construction of a natural system resulting from a study of the entire organism."[291] Er stellt sich solch ein System folgendermaßen vor:

> Si les individus ont une ressemblance parfaite, ou des différences si petites qu'on ne puisse les apercevoir qu'avec peine, ces individus seront de la même espèce; si les différences commencent à être sensibles, et qu'en même temps il y ait toujours beaucoup plus de ressemblance que de différence, les individus seront d'une autre espèce, mais du même genre que les premiers [...]. (Bd. II, S. 17f.)

So wird fortgefahren bei der Gattung und der Klasse. Zwar bemerkt Buffon sehr richtig, dass bei solchen Vergleichen das ganze Lebewesen berücksichtigt werden muss und nicht nur ein Teil (Bd. II, S. 18), doch ist seine Vorstellung eines Systems nur eine theoretische Überlegung und weit von einer möglichen praktischen Anwendung entfernt. Die Namensgebung bei einer solchen natürlichen Klassifikation soll auf die folgende Art geschehen:

> [...] si un individu, de quelque nature qu'il soit, est d'une figure assez singulière pour être toujours reconnu au premier coup-d'œil, on ne lui donnera qu'un nom; mais si cet individu a de commun avec un autre la figure, et qu'il en diffère constamment par la grandeur, la couleur, la substance, ou par quelqu'autre qualité très-sensible, alors on lui donnera le même nom, en y ajoutant un adjectif pour marquer cette différence, et ainsi de suite, en mettant autant d'adjectifs qu'il y a de différences, on sera sûr d'exprimer tous les attributs différens de chaque espèce [...]. (Bd. II, S. 18)

Auch hier ist es schwierig, sich die Praxis vorzustellen, da sich Namen mit zahlreichen Adjektiven ergeben würden.

Für Buffon ist ohnehin eine andere Vorgehensweise, die nichts mit Klassifikationen zu tun hat, die richtige: „la vraie méthode, qui est la description complète et l'histoire exacte de chaque chose en particulier" (Bd. II, S. 21). Es gibt nur eine Möglichkeit, die Lebewesen zu definieren: „[...] il n'y a rien de bien défini que ce

---

290 Mayr, a.a.O., S. 166.

291 Paul Lawrence Farber, „Buffon and the Concept of Species", in: *Journal of the History of Biology* 5 (1972), S. 259–284, Zitat S. 261.

qui est exactement décrit“ (Bd. II, S. 21). „Anstelle der diskursiven Methode tritt die deskriptive.“[292]

Buffon äußert sich im *Premier discours* auch über den Stil, den die Beschreibung haben soll:

> Le style même de la description doit être simple, net et mesuré; il n'est pas susceptible d'élévation, d'agrémens, encore moins d'écarts, de plaisanterie ou d'équivoque; le seul ornement qu'on puisse lui donner, c'est de la noblesse dans l'expression, du choix et de la propriété dans les termes. (Bd. II, S. 22)

Buffon definiert hier die naturgeschichtliche Beschreibung in Abgrenzung zu schwülstigen Beschreibungen in Romanen, was nicht bedeutet, dass die Frage des Stils aus der wissenschaftlichen Prosa verbannt wird.[293]

> Représenter naïvement et nettement les choses, sans les changer ni les diminuer, et sans y rien ajouter de son imagination, est un talent d'autant plus louable qu'il est moins brillant, et qu'il ne peut être senti que d'un petit nombre de personnes capables d'une certaine attention nécessaire pour suivre les choses jusque dans les petits détails [...]. (Bd. II, S. 22)

In diesem Sinne unternimmt Buffon die Arbeit an der *Histoire naturelle*.[294]

Buffon will nicht, dass bei der Charakterisierung der Tiere Fabeln erzählt werden (Bd. II, S. 24). „[...] la seule et vraie science est la connoissance des faits“ (Bd. II, S. 25).

Er gibt an, welchen Inhalt eine exakte Beschreibung haben soll:

> Dans la description l'on doit faire entrer la forme, la grandeur, le poids, les couleurs, les situations de repos et de mouvemens, la position des parties, leur rapports, leur figure, leur action, et toutes les fonctions extérieures: si l'on peut joindre à tout cela l'exposition des parties intérieures, la description n'en sera que plus complète [...]. (Bd. II, S. 26)

Andererseits solle man sich auch nicht zu lange mit unwichtigen Details aufhalten (Bd. II, S. 26).

Auch für die Geschichte erklärt Buffon, welche Gegenstände dargestellt werden sollen:

> L'histoire doit suivre la description, et doit uniquement rouler sur les rapports que les choses naturelles ont entre elles et avec nous; l'histoire d'un animal doit être, non pas l'histoire de l'individu, mais celle de l'espece entière de ces animaux; elle doit comprendre leur génération, le tems de la pregnation, celui de l'accouchement, le nombre des petits, les soins des pè-

---

[292] Knabe, *Rezeption*, S. 192.

[293] Denis Reynaud, „Pour une théorie de la description au 18e siècle“, in: *Dix-huitième siècle* 22 (1990), S. 347–366, hier S. 349.

[294] Benoît de Baere, „La discipline de l'imagination: l'expérience de pensée chez Buffon“, in: *Immaginazione e conoscenza nel Settecento italiano e francese a cura di Sabine Verhulst*, hg. v. Sabine Verhulst, Mailand 2002, S. 97–108, hier S. 97.

> res et des mères, leur espèces d'éducation, leur instinct, les lieux de leur habitation, leur nourriture, la manière dont ils se la procurent, leurs mœurs, leurs ruses, leur chasse, ensuite les services qu'ils peuvent nous rendre, et toutes les utilités ou les commodités que nous pouvons en tirer [...]. (Bd. II, S. 26)

Weder in der Beschreibung noch in der Geschichte solle eine detaillierte anatomische Beschreibung erfolgen (Bd. II, S. 27).

An den angeführten Themen sieht man, dass die Behandlung der Lebewesen ganz anders ist als bei einer klassifikatorischen Methode. „Derrière chaque nom, il y a maintenant un animal vivant [...]. L'histoire naturelle s'ouvre à toute une série de connaissances nouvelles qui en avaient été exclues par les classificateurs."[295] Doch bei allen Themen sollen nach Buffon nur Fakten, aber keine Fabeln berichtet werden (Bd. II, S. 24f.).

Obwohl für jedes Tier ähnliche Themen behandelt werden sollen, soll der Leser sich nicht langweilen:

> [...] pour ne pas tomber dans une répétition trop fréquente du même ordre, pour éviter la monotonie du style, il faut varier la forme des descriptions et changer le fil de l'histoire, selon qu'on le jugera nécessaire; de même, pour rendre les descriptions moins sèches, y mêler quelques faits, quelques comparaisons, quelques réflexions sur les usages des différentes parties; en un mot; faire en sorte qu'on puisse vous lire sans ennui aussi bien que sans contention. (Bd. II, S. 27)
>
> The suggestion that facts, comparisons and usages, previously defined as aspects of history, should be incorporated into description raises the question of whether stylistic priorities – making descriptions varied, readable and entertaining – can be integrated into the methodological framework of the *Histoire naturelle*. Buffon's willingness to sacrifice methodology in favor of style, by blurring the lines between history and description, signals the interdependence of philosophical and stylistic issues in his work. The belief that knowledge cannot be separated from its expression is indeed perfectly consistent with his *Discours sur le style*, in which he argues that only well-written works will be passed on to posterity, irrespective of philosophical merit.[296]

Nicht nur innerhalb der einzelnen Artikel müssen die Themen geordnet werden, es muss auch entschieden werden, in welcher Reihenfolge die Tiere beschrieben werden sollen. Obwohl Buffon die Anordnung der Monographien für vollkommen willkürlich hält (Bd. II, S. 27), muss er sich für eine bestimmte Ordnung in der *Histoire naturelle* entscheiden.

Daher macht er ein Gedankenexperiment (Bd. II, S. 28f.). Er stellt sich einen Menschen vor, der alles vergessen hat und die Natur ganz neu erlebt. Dieser Mensch werde zunächst eine Einteilung in „Animal, Végétal et Minéral" vor-

---

295 Roger, *Buffon*, S. 129.
296 Stalnaker, a.a.O., S. 200.

nehmen und dann die Tiere gemäß ihres Lebensraums in „Animaux Quadrupèdes, Oiseaux, Poissons“ unterteilen (Bd. II, S. 28). Diese Gruppen werde er weiter einteilen nach den Beziehungen, die die Tiere zu ihm haben: ob sie ihm nützlich sind, in seinem Klima leben oder in einem fremden: „[...] par exemple, il donnera la préférence dans l'ordre des animaux au cheval, au chien, au bœuf“ (Bd. II, S. 29). „Ainsi donc si le premier volet de la ‚méthode naturelle‘ consiste à reconnaître et à suivre les grandes articulations de la Nature, le second revient à les étudier selon leur utilité et leur familiarité, allant de ce qui est le plus proche à ce qui est le plus éloigné.“[297]

Diese Ordnung sei die natürlichste von allen und Buffon will sie in der *Histoire naturelle* befolgen (Bd. II, S. 29). Dies bedeutet zum einen, dass seine Gliederungsprinzipien der Anschauung und Alltagserfahrung entlehnt sind,[298] zum anderen, dass der Mensch im Zentrum der Natur und der Wissenschaft steht[299].

Während eine solche Anordnung bei den Naturwissenschaftlern des 19. Jahrhunderts Empörung hervorruft, geht im 18. Jahrhundert auch der Abbé Pluche in seinem *Spectacle de la Nature* der Anschauung nach vor.[300]

Ein weiterer Aspekt kommt in der *Histoire naturelle* hinzu:

> [...] la pédagogie de Buffon. En effet, si les animaux domestiques sont à portée de la main, on n'a pas à attendre, à craindre ou à espérer, que d'autres témoignages, d'autres récits de voyageurs, nous les fassent mieux connaître. Ils sont là, sus, vus et révisables à merci, toujours offerts à nos regards et à nos études. L'animal domestique s'offre comme un cas idéal: il est l'animal infiniment disponible que l'on pourra voir beaucoup et revoir souvent, celui par qui l'enfant acquerra ses premières idées et grâce auquel il pourra développer le goût de l'histoire naturelle. Cette démarche vise à étayer un fonds de notions, une collection de faits aisément vérifiables qui offriront ensuite l'assise solide de bons jugements et de vrais systèmes. Les premiers éléments doivent être fixes pour permettre la construction de vrais rapports: puis la comparaison dressera des analogies exactes, qui vaudront en histoire naturelle comme des proportions en mathématiques.[301]

Auch bei der von Buffon vorgenommenen Einteilung in Pflanzen, Tiere, Vierfüßler, Vögel und Fische ergibt sich ein Widerspruch zur im *Premier discours* bereits erklärten Kette der Wesen, die von einem Kontinuum aller Lebewesen ausgeht. Buffon kann diesen Widerspruch letztendlich nicht aufklären.[302] Seine

---

[297] Cherni, *Buffon*, S. 13f.
[298] Lepenies, *Ende*, S. 58.
[299] Roger, *Sciences*, S. 531.
[300] Roger, *Buffon*, S. 128.
[301] Hoquet, a.a.O., S. 16f.
[302] Roger, *Buffon*, S. 127.

Haltung zur Kette der Wesen ist damit jedoch nicht widersprüchlicher als die seiner Zeitgenossen.[303]

Den Einwand, dass bei seinen Anordnungsprinzipien in Bezug auf den Menschen sehr unterschiedliche Objekte zusammengestellt werden, nimmt Buffon vorweg. „Ne vaut-il pas mieux ranger, non-seulement dans un traité d'Histoire Naturelle, mais même dans un tableau ou par-tout ailleurs, les objets dans l'ordre et dans la position où ils se trouvent ordinairement [...]?" (Bd. II, S. 30f.).

Der Vergleich des Bildes ist hier signifikant,[304] da Buffon sich entsprechend dem Fragment *De l'art d'écrire* als Maler der Natur versteht.

Daher schätzt Buffon auch die antiken Autoren mehr als die modernen (Bd. II, S. 35–39). Besonders bewundert er Aristoteles, der ein Bild der Natur entwirft (Bd. II, S. 40) und in dessen Naturgeschichte der Mensch im Mittelpunkt steht (Bd. II, S. 40f.). Ebenfalls Plinius schätzt er sehr (Bd. II, S. 42f.). „La synthèse de ces deux modèles à savoir le tableau comparatif d'Aristote et les vues générales et relevées de Pline, détermine le paradigme buffonien de l'histoire naturelle. A la description qui s'intéresse aux détails, il faut allier l'histoire qui s'attache aux vues générales."[305] Buffon sieht aber auch, dass die zeitgenössische „physique particulière et expérimentale" zur Erklärung der Naturphänomene dienen kann (Bd. II, S. 44).[306] Buffon lobt die antiken Autoren auch dafür, dass sie die Wissenschaften unter dem Aspekt der Nützlichkeit sehen (Bd. II, S. 43).[307] Die „vues générales" (Bd. II, S. 37, 39) der antiken Autoren sind für Buffon aber entscheidend für seine Wertschätzung der Antike. Zwar bleibt das erste Ziel die genaue Beschreibung der einzelnen Fakten,

> mais il faut tâcher de s'élever à quelque chose de plus grand et de plus digne encore de nous occuper; c'est de combiner les observations, de généraliser les faits, de les lier ensemble par la force des analogies, et de tâcher d'arriver à ce haut degré de connoissances où nous pouvons juger que les effets particuliers dépendent d'effets plus généraux, où nous pouvons comparer la Nature avec elle-même dans ses grandes opérations [...]. (Bd. II, S. 44)

Hier benutzt Buffon die Metapher der „ascension".[308] „Buffon identifie la motivation de la pensée scientifique avec des sentiments et valeurs subjectif, en l'occurence ceux, bien humains, d'élévation, de grandeur, et de dignité."[309] „[...] il faut des vues générales" (Bd. II, S. 45), um zu diesem erhöhten Standpunkt zu

303 Loveland, a.a.O., S. 78.
304 Roger, *Buffon*, S. 128.
305 Cherni, *Buffon*, S. 33.
306 Gayon, a.a.O., S. 120f.
307 Gayon, a.a.O., S. 120.
308 Gayon, a.a.O., S. 127.
309 Gayon, a.a.O., S. 125.

gelangen. Es ist ein hoher Anspruch, den Buffon an die *Histoire naturelle* stellt. „L'*Histoire naturelle* de Buffon veut être une biologie avant la lettre."[310]

Gemäß Buffon hat noch kein Philosoph erklärt, wie man dabei vorgehen soll: „[...] la méthode de bien conduire son esprit dans les sciences est encore à trouver" (Bd. II, S. 45). Daher schreibt Buffon diese Abhandlung *De la manière d'étudier et de traiter l'Histoire naturelle*.[311] „En tout cas, Buffon croyait, grâce à sa synthèse de l'empirisme et du rationalisme, être en droit de blâmer la science de son temps, qui ne lui paraissait pas assez ‚*philosophique*'. Elle accordait trop de poids aux activités accessoires, en oubliant l'essentiel".[312] „[...] la philosophie est négligée, [...] on s'imagine savoir davantage, parce qu'on a augmenté le nombre des expressions symboliques et des phrases savantes, et on ne fait point attention que tous ces arts ne sont que des échafaudages pour arriver à la science, et non pas la science elle-même" (Bd. II, S. 46).

> Cette critique de la taxinomie met en cause, bien que d'une manière voilée et indirecte, la méthode aussi bien que le modèle de vérité défendus par Descartes, comme si la *Taxinomia* était l'autre face de la *Mathesis*. Buffon développe alors un véritable réquisitoire contre les mathématiques qu'il oppose à la physique, cherchant ainsi à opérer un profond remaniement dans le statut de la vérité scientifique.[313]

Buffon unterscheidet zwischen „vérités mathématiques", die von Definitionen abhängen, und „vérités physiques", die von Fakten gestützt werden (Bd. II, S. 47).

> Les vérités physiques [...] ne sont appuyées que sur des faits; une suite de faits semblables, ou si l'on veut, une répétition fréquente et une succession non interrompue des mêmes événemens, font l'essence de la vérité physique; ce qu'on appelle vérité physique n'est donc qu'une probabilité, mais une probabilité si grande qu'elle équivaut à une certitude. (Bd. II, S. 47)

Induktiven Wahrheiten fehlt also zwar die Sicherheit des mathematischen Beweises, aber genügend Beispiele können sie so wahrscheinlich machen, dass sie als sicher angesehen werden können.[314]

„[...] on va de définitions en définitions dans les sciences abstraites, on marche d'observations en observations dans les sciences réelles; dans les premières on arrive à l'évidence, dans les dernières, à la certitude" (Bd. II, S. 47).

> The rejection of definition as a basis for truth in the ‚real' sciences is accompanied by a reevaluation of description, which comes to be seen as a means of recording empirical observation in textual form. Thus whereas

[310] Roger, *Buffon*, S. 130.
[311] Gayon, a.a.O., S. 125f.
[312] Gayon, a.a.O., S. 126.
[313] Cherni, *Buffon*, S. 26.
[314] Loveland, a.a.O., S. 118.

> traditional definitions had defined description as an imperfect definition, Buffon reverses the hierarchy [...].[315]

Die Mathematik sei nur geeignet zur Beschreibung einfacher Sachverhalte:

> [...] lorsqu'on veut appliquer la géométrie et le calcul à des sujets de physique trop compliqués, à des objets dont nous ne connoissons pas assez les propriétés pour pouvoir les mesurer, on est obligé dans tous ces cas, de faire des suppositions toujours contraires à la Nature, de dépouiller le sujet de la plupart de ses qualités, d'en faire un être abstrait qui ne ressemble plus à l'être réel; et lorsqu'on a beaucoup raisonné et calculé sur les rapports et les propriétés de cet être abstrait, et qu'on est arrivé à une conclusion toute aussi abstraite, on croit avoir trouvé quelque chose de réel, et on transporte ce résultat idéal dans le sujet réel, ce qui produit une infinité de fausses conséquences et d'erreurs. (Bd. II, S. 50)
>
> Une singularité de la méthode de Buffon, à un moment où le prestige newtonien était irrécusable, c'est d'avoir minimisé l'emploi de l'analyse géométrique. Cette audace s'explique par le fait que le raisonnement numérique n'a jamais été un véhicule efficace que pour la formalisation des systèmes stables et non-vivants, et qu'il perd en grande partie son efficacité, risquant même d'entraver le progrès scientifique en imposant des critères inapplicables, lorsque les problèmes à éclaircir relèvent du fonctionnement vital ou de la formation des structures inanimées, comme en biologie, cosmogonie, et géologie. La valorisation de la „science rationnelle", jointe à la dévalorisation des mathématiques, a donné naissance à une sorte de rationalisme non-quantitatif, condition préalable d'une interprétation de la nature axée sur la vie et le devenir. Quant à l'histoire naturelle, on ne voit pas trop en quoi les mathématiques peuvent servir à une classification des formes vivantes. Ainsi Buffon avait ses raisons de réévaluer négativement l'utilité des mathématiques.[316]

Die Kritik an der Mathematik ermöglicht Buffon auch, die von ihm gewählte Disziplin der Naturgeschichte in den Mittelpunkt der Wissenschaften zu rücken, indem er die exakten Wissenschaften an den Rand drängt.[317]

Auch wenn viele Reflexionen nötig sind, um Theorien zu entwickeln (Bd. II, S. 45), darf der Wissenschaftler die tatsächlichen Eigenschaften des Objekts nicht verwechseln mit denen, die er dem Objekt zuschreibt: „[...] reconnoître clairement les propriétés qui lui appartiennent et celles que nous lui prêtons, me paroît être le fondement de la vraie méthode de conduire son esprit dans les sciences [...]." (Bd. II, S. 50).

Buffon weist auf eine wichtige Methode hin, die er benutzt, nämlich die des Vergleichs.

---

[315] Stalnaker, a.a.O., S. 205.

[316] Gayon, a.a.O., S. 129.

[317] Loveland, a.a.O., S. 140.

> [...] car quelles connoissances peut-on tirer d'un objet isolé? le fondement de toute science n'est-il pas dans la comparaison que l'esprit humain fait faire des objets semblables et différens, de leurs propriétés analogues ou contraires, et de toutes leurs qualités relatives? [...] comparant toujours la Nature avec elle-même, nous l'avons considérée dans ses rapports, dans ses opposés, dans ses extrêmes [...]. (Bd. II, S. 52)

Den *Premier Discours* kann man mit Descartes' *Discours de la méthode* vergleichen:

> Like René Descartes' *Discours de la méthode* (1627), this essay was intended to set out a fresh philosophical programme for science. Like Descartes, Buffon also believed that this method would be illustrated by the following volumes, in this case, his studies on cosmology, geology, biology, and mankind; but unlike his illustrious forebear, he was going to do it without calling upon divine agencies as the direct cause of any natural phenomena.[318]

Außerdem ist für Buffon im Gegensatz zu Descartes nicht die Mathematik die grundlegende Wissenschaft.[319]

4.2 Der *Discours sur la nature des animaux*

Der *Discours sur la nature des animaux* (Bd. III, S. 1–86) erscheint 1753 im vierten Band der *Histoire naturelle* und ist den Artikeln über einzelne Tierarten und Tiergruppen vorangestellt.[320]

Im *Discours sur la nature des animaux* vergleicht Buffon das Wesen der Tiere mit dem des Menschen (Bd. III, S. 1). Da der Mensch als Bezugspunkt dient, sind für Buffon nur die Tiere von Interesse, deren Natur mit der des Menschen vergleichbar ist:

> Ensuite, comme on comprend dans la classe des animaux plusieurs êtres animés, dont l'organisation est très-différente de la nôtre et de celle des animaux dont le corps est à peu près composé comme le nôtre, nous devons éloigner de nos considérations cette espèce de nature animale particulière, et ne nous attacher qu'à celle des animaux qui nous ressemblent le plus; l'économie animale d'une huître, par exemple, ne doit pas faire partie de celle dont nous avons à traiter. (Bd. III, S. 2f.)

---

318 Janet Browne, „Georges-Louis Leclerc, Comte de Buffon (1707–88)", in: *Endeavour* 12 (1988), S. 86–90, Zitat S. 87.

319 Cherni, *Buffon*, S. 16.

320 Buffon, *Œuvres philosophiques*, S. 522. – In der benutzten Ausgabe wird nach dem *Discours sur la nature des animaux* der Artikel *De la nature de l'homme* abgedruckt. Beide Artikel werden zusammen mit *DE LA NATURE de l'Homme et des animaux* oder als *Introduction à l'Histoire de l'Homme* bezeichnet.

Der Mensch ist jedoch auch den Tieren überlegen, die ihm ähneln: „sa nature est supérieure à celle des animaux“ (Bd. III, S. 3).

Buffon unterscheidet zwei Zustände beim Tier: „l'état de mouvement et l'état de repos, la veille et le sommeil“ (Bd. III, S. 3). Teile des Organismus, wie Herz und Lunge, sind immer aktiv, Sinne und Körperbewegungen dagegen sind nur in Intervallen im Einsatz (Bd. III, S. 5). Die inneren Organe des Blutkreislaufs und der Atmung variieren weniger als die äußeren Körperteile bei den von Buffon betrachteten Tieren und dem Menschen (Bd. III, S. 7–9). Dabei zählt Buffon den Kopf fälschlicherweise zu den Extremitäten (Bd. III, S. 8).

> [...] la partie intérieure [...], c'est-à-dire, le cœur et les poumons, [...] sont à peu près les mêmes dans l'Homme et dans l'animal; mais la partie extérieure, l'enveloppe, est fort différente. [...] les plus grandes différences sont aux extrémités, et [...] c'est par ces extrémités que le corps de l'Homme diffère le plus du corps de l'animal [...]. Enfin en comparant les membres de l'animal avec ceux de l'Homme, nous reconnoîtrons encore aisément que c'est par leurs extrémités qu'ils diffèrent le plus, rien ne se ressemblant moins au premier coup d'œil que la main humaine, et le pied d'un cheval ou d'un bœuf. (Bd. III, S. 7f.)

Hier betont Buffon die unterschiedliche Morphologie: „[...] il fait état d'un principe de différenciation périphérique en vertu duquel l'homme et le cheval sont très loin l'un de l'autre par leurs extrémités“.[321]

Eine ganz andere Anatomie als die Wirbeltiere haben die Insekten (Bd. III, S. 9). Buffon bewundert jedoch die Vielfalt der äußeren Körperteile der Wirbeltiere:

> Que l'on considère l'Homme, les animaux quadrupèdes, les oiseaux, les cétacées, les poissons, les amphibies, les reptiles; quelle prodigieuse variété dans la figure, dans la proportion de leur corps, dans le nombre et dans la position de leurs membres, dans la substance de leur chair, de leurs os, de leurs tégumens! (Bd. III, S. 9f.)

Aber auch bei den Teilen des Körpers, die Buffon zu den äußeren zählt, gibt es Gemeinsamkeiten, nämlich Sinne und Gehirn. „Le cerveau et les sens forment donc une seconde partie essentielle à l'économie animale; le cerveau est le centre de l'enveloppe, comme le cœur est le centre de la partie intérieure de l'animal“ (Bd. III, S. 11).

Mit den Sinnen werden Objekte wahrgenommen, die dann Bewegungen hervorrufen (Bd. III, S. 12f.). An dieser Stelle macht Buffon ein Gedankenexperiment. Ein Mensch, der sich einem Objekt nähern will, würde dies auch dann versuchen, wenn ihm sukzessive die Extremitäten weggenommen würden. Ein Mensch ohne Sinne würde sich dagegen keinem Objekt nähern (Bd. III, S. 13f.).

---

[321] Gayon, a.a.O., S. 408.

Buffon vergleicht die Sinne der Tiere mit denen des Menschen:

> Les animaux ont les sens excellens; cependant ils ne les ont pas généralement tous aussi bons que l'Homme, et il faut observer que les degrés d'excellence des sens suivent dans l'animal un autre ordre que dans l'Homme. Le sens le plus relatif à la pensée et à la connoissance est le toucher; l'Homme a ce sens plus parfait que les animaux. L'odorat est le sens le plus relatif à l'instinct, à l'appétit; l'animal a ce sens infiniment meilleur que l'Homme [...]; aussi le sens de la vue est-il plus imparfait, ou plutôt acquiert moins de perfection dans l'animal que dans l'Homme. L'oreille quoique peut-être aussi bien conformée dans l'animal que dans l'Homme, lui est cependant beaucoup moins utile par le défaut de la parole [...] et comme le goût est un odorat intérieur, et qu'il est encore plus relatif à l'appétit qu'aucun des autres sens, on peut croire que l'animal a aussi ce sens plus sûr et peut-être plus exquis que l'Homme [...]. (Bd. III, S. 14f.)

Bei dieser fragwürdigen Theorie berücksichtigt Buffon in keiner Weise die bei einzelnen Tierarten unterschiedlich ausgeprägten Sinne. Sie dient jedoch dazu, die überlegene Intelligenz des Menschen zu unterstreichen.

Während Mensch und Tier beide ein Gehirn besitzen, hat der Mensch nach Buffon darüber hinaus eine dem Gehirn überlegene Seele:

> [...] il y a dans l'Homme quelque chose de plus qu'un sens intérieur animal: celui-ci n'est qu'un organe matériel qui reçoit toutes les impressions que les sens extérieurs lui transmettent, et qui n'en diffère que parce qu'il a la propriété de conserver les ébranlemens qu'il a reçus; l'ame de l'Homme au contraire est un sens supérieur, une substance spirituelle, entièrement différente par son essence et par son action, de la nature des sens extérieurs. (Bd. III, S. 16f.)

Hierbei handelt es sich um einen kapitalen Unterschied: Die Seele des Menschen ist nach Buffon ein spirituelles Element, das grundlegend verschieden ist vom animalischen Prinzip, das rein materieller Natur ist und ausschließlich von der physischen Organisation des Körpers abhängt. Die Tiere sind gemäß Buffon rein materielle Wesen. [322]

Buffon vergleicht neugeborene Kinder und Tiere:

> L'œil qui est un sens plus relatif à la connoissance qu'à l'appétit, est ouvert dans l'Homme au moment de sa naissance, et demeure dans la plupart des animaux fermé pour plusieurs jours. Les sens de l'appétit, au contraire, sont bien plus parfaits et bien plus développés dans l'animal que dans l'enfant [...]. (Bd. III, S. 19)

Die Intelligenz des Menschen wird hiermit wieder betont.

---

322 Gayon, a.a.O., S. 571.

Bei der Interpretation des Verhaltens der Tiere soll Anthropomorphismus vermieden werden.[323] Buffon beschäftigt sich ausführlich mit dem Verhalten eines Hundes:

> [...] un chien, par exemple, qui quoique pressé d'un violent appétit, semble n'oser toucher et ne touche point en effet à ce qui pourroit le satisfaire, mais en même temps fait beaucoup de mouvement pour l'obtenir de la main de son maître; cet animal ne paroît-il pas combiner des idées? ne paroît-il pas desirer et craindre, en un mot raisonner à-peu-près comme un homme qui voudroit s'emparer du bien d'autrui, et qui quoique violemment tenté, est retenu par la crainte du châtiment? voilà l'interprétation vulgaire de la conduite de l'animal. Comme c'est de cette façon que la chose se passe chez nous, il est naturel d'imaginer, et on imagine en effet qu'elle se passe de même dans l'animal; [...].
>
> Tout ce qui est relatif à leur appétit, ébranle très-vivement leur sens intérieur, et le chien se jetteroit à l'instant sur l'objet de cet appétit, si ce même sens intérieur ne conservoit pas les impressions antérieures de douleur dont cette action a été précédemment accompagnée; les impressions extérieurs ont modifié l'animal; cette proie qu'on lui présente n'est pas offerte à un chien simplement, mais à un chien battu; [...]. L'animal étant donc poussé tout à-la-fois par deux impulsions contraires qui se détruisent mutuellement, il demeure en équilibre entre ces deux puissances égales; [...]. [...] il se renouvelle en même temps dans le cerveau de l'animal un troisième ébranlement, qui a souvent accompagné les deux premiers: c'est l'ébranlement causé par l'action de son maître, de la main duquel il a souvent reçu ce morceau qui est l'objet de son appétit; et comme ce troisième ébranlement n'est contre-balancé par rien de contraire, il devient la cause déterminante du mouvement. (Bd. III, S. 20–22)

Diese Vorstellung bringt Buffon dazu, den Tieren jedes Denken abzusprechen:

> [...] bien loin de tout ôter aux animaux, je leur accorde tout, à l'exception de la pensée et de la réflexion; ils ont le sentiment, ils l'ont même à un plus haut degré que nous l'avons; ils ont aussi la conscience de leur existence actuelle; mais ils n'ont pas celle de leur existence passée, ils ont des sensations, mais il leur manque la faculté de les comparer, c'est-à-dire, la puissance qui produit les idées; car les idées ne sont que des sensations comparées, ou pour mieux dire des associations de sensations. (Bd. III, S. 22f.)

Heute geht man davon aus, dass der Unterschied zwischen der Intelligenz des Menschen und der der Tiere nicht prinzipieller, sondern gradueller Natur ist.

Bei den Tieren sind Freude und Leid einfach zu bestimmen: „si en un mot le plaisir est le bien, et la douleur le mal physique, on ne peut guère douter que tout être sentant n'ait en général plus de plaisir que de douleur" (Bd. III, S. 25). Der Mensch dagegen erschwert sich sein Leben: „Dans l'Homme le plaisir et la dou-

---

[323] Roger, *Buffon*, S. 321.

leur physiques ne font que la moindre partie de ses peines et de ses plaisirs; son imagination qui travaille continuellement fait tout ou plutôt ne fait rien que pour son malheur“ (Bd. III, S. 25). Dafür haben die Tiere aber weniger Möglichkeiten der Freude: „Les animaux n'ont qu'un moyen d'avoir du plaisir; c'est d'exercer leur sentiment pour satisfaire leur appétit: nous avons cette même faculté, et nous avons de plus un autre moyen de plaisir, c'est d'exercer notre esprit dont l'appétit est de savoir“ (Bd. III, S. 26).

Buffon geht davon aus, dass die Tiere weniger oft krank sind als die Menschen, und führt hierfür zwei Gründe an: „l'agitation de notre ame“ und „l'imperfection de ceux de nos sens qui sont relatifs à l'appétit“ (Bd. III, S. 29).

Da die Tiere gemäß Buffon nicht denken können, ist auch ihr Existenzbewusstsein ein anderes als das der Menschen:

> Cette puissance de réfléchir ayant été refusée aux animaux, il est donc certain qu'ils ne peuvent former d'idées, et que par conséquent leur conscience d'existence est moins sûre et moins étendue que la nôtre; car ils ne peuvent avoir aucune idée du temps, aucune connoissance du passé, aucune notion de l'avenir; leur conscience d'existence est simple, elle dépend uniquement des sensations qui les affectent actuellement, et consiste dans le sentiment intérieur que ces sensations produisent. (Bd. III, S. 34)

Damit sich seine Leser dies besser vorstellen können, vergleicht Buffon das Bewusstsein der Tiere mit einer Situation, die die Leser höchstwahrscheinlich kennen:

> Ne pouvons-nous pas concevoir ce que c'est que cette conscience d'existence dans les animaux, en faisant réflexion sur l'état où nous nous trouvons lorsque nous sommes fortement occupés d'un objet, ou violemment agités par une passion qui ne nous permet de faire aucune réflexion sur nous-mêmes? (Bd. III, S. 34)

Durch den Gebrauch des Personalpronomens „nous“ schafft Buffon eine Einheit von Leser und Autor, die auch dazu beitragen kann, dass der Leser geneigt ist, Buffons Vorstellungen zuzustimmen.

Die Tiere haben nach Buffon „ni l'esprit, ni l'entendement, ni la mémoire comme nous l'avons, parce qu'ils n'ont pas la puissance de comparer leurs sensations, et que ces trois facultés de notre ame dépendent ce cette puissance“ (Bd. III, S. 35). Denken und Reflexion sind nach Buffon also nur mit Hilfe der Seele möglich, die jedoch den Tieren fehlt.[324] Buffon nimmt mögliche Einwände vorweg: „Les animaux n'ont pas la mémoire? Le contraire paroît démontré, me dira-t-on; ne reconnoissent-ils pas après une absence les personnes auprès desquelles ils ont

324 Gayon, a.a.O., S. 571.

vécu, les lieux qu'ils ont habités, les chemins qu'ils ont parcourus?" (Bd. III, S. 35f.). Trotzdem ist Buffon der Meinung, Tiere hätten kein Gedächtnis:

> Cependant, quelques grandes que soient ces apparences, et quelque fort que soit le préjugé qu'elles ont fait naître, je crois qu'on peut démontrer qu'elles nous trompent; que les animaux n'ont aucune connnoissance du passé, aucune idée du temps, et que par conséquent ils n'ont pas la mémoire. (Bd. III, S. 36)

Hierbei ist entscheidend, dass Buffon zwei Arten von Gedächtnis unterscheidet:

> [...] deux espèces de mémoires infiniment différentes l'une de l'autre par leur cause, et qui peuvent cependant se ressembler en quelque sorte par leurs effets; la première est la trace de nos idées, et la seconde que j'appellerois volontiers réminiscence plutôt que mémoire, n'est que le renouvellement de nos sensations, ou plutôt des ébranlemens qui les ont causées: la première émane de l'ame, et elle est pour nous plus parfaite que la seconde; cette dernière au contraire n'est produite que par le renouvellement des ébranlemens du sens intérieur matériel, et elle est la seule qu'on puisse accorder à l'animal ou à l'homme imbécille [...]. (Bd. III, S. 40f.)

Dass Tiere träumen können, ist für Buffon kein Beweis dafür, dass sie ein Gedächtnis haben:

> [...] la mémoire au contraire ne peut exister sans l'idée du temps, sans la comparaison des idées antérieures et des idées actuelles, et puisque ces idées n'entrent point dans les rêves, il paroît démontré qu'ils ne peuvent être ni une conséquence, ni un effet, ni une preuve de la mémoire [...]. (Bd. III, S. 43)

Dem Einwand, dass Schlafwandler und Leute, die im Schlaf sprechen, in ihren Träumen denken würden, begegnet Buffon mit folgender rhetorischen Frage: „Pourquoi dans le sommeil ne parleroit-on pas sans penser, puisqu'en s'examinant soi-même lorsqu'on est le mieux éveillé, on s'aperçoit, surtout dans les passions, qu'on dit tant de choses sans réflexion?" (Bd. III, S. 44).

Nach Buffons Vorstellung können die Tiere ihre Träume nicht von der Wirklichkeit unterscheiden: „[...] les animaux au contraire, qui sont privés de la mémoire et de cette puissance de comparer les temps, ne peuvent distinguer leurs rêves de leurs sensations réelles, et l'on peut dire que ce qu'ils ont rêvé leur est effectivement arrivé" (Bd. III, S. 46).

Buffon unterscheidet zwei Arten „entendement":

> Nous devons distinguer dans l'entendement deux opérations différentes, dont la première sert de base à la seconde et la précède nécessairement: cette première action de la puissance de réfléchir est de comparer les sensations et d'en former des idées, et la seconde est de comparer les idées mêmes et d'en former des raisonnemens; par la première de ces opérations, nous acquérons des idées particulières et qui suffisent à la connoissance de toutes les choses sensibles; par la seconde, nous nous élevons à des idées

> générales, nécessaires pour arriver à l'intelligence des choses abstraites. Les animaux n'ont ni l'une ni l'autre de ces facultés, parce qu'ils n'ont point d'entendement; et l'entendement de la plupart des hommes paroît être bornées à la première de ces opérations. (Bd. III, S. 47)

Hier drückt Buffon seine Verachtung für diese Menschen aus (Bd. III, S. 47).

Während die Tiere keinerlei „entendement" haben, sieht es bei den zwei Arten „imagination", die Buffon unterscheidet, anders aus:

> L'imagination est aussi une faculté de l'ame: si nous entendons par ce mot imagination la puissance que nous avons de comparer des images avec des idées, de donner des couleurs à nos pensées, de représenter et d'agrandir nos sensations, de peindre le sentiment, en un mot de saisir vivement les circonstances et de voir nettement les rapports éloignés des objets que nous considérons, cette puissance de notre ame en est même la qualité la plus brillante et la plus active; c'est l'esprit supérieur, c'est le génie; les animaux en sont encore plus dépourvus que d'entendement et de mémoire, mais il y a une autre imagination, un autre principe qui dépend uniquement des organes corporels, et qui nous est commun avec les animaux; c'est cette action tumultueuse et forcée qui s'excite au-dedans de nous-mêmes par les objets analogues ou contraires à nos appétits; c'est cette impression vive et profonde des images de ces objets, qui malgré nous se renouvelle à tout instant, et nous contraint d'agir comme les animaux, sans réflexion, sans délibération; cette représentation des objets, plus active encore que leur présence, exagère tout, falsifie tout. Cette imagination est l'ennemie de notre ame; c'est la source de l'illusion, la mère des passions qui nous maîtrisent, nous emportent malgré les efforts de la raison, et nous rendent le malheureux théâtre d'un combat continuel où nous sommes presque toujours vaincus. (Bd. III, S. 47f.)

Buffon hat also zwei Konzeptionen der „imagination": „tantôt il la conçoit – de manière proto-physiologique mais sans donner des détails – comme une faculté ‚animale', responsable de nos erreurs et de nos égarements, tantôt il la décrit comme une caractéristique du génie".[325]

Das Leben der Tiere ist jedoch nach Buffon gerade deswegen leichter, weil ihre Natur ausschließlich materiell sei:

> C'est donc parce que la nature de l'Homme est composée de deux principes opposés, qu'il a tant de peine à se concilier avec lui-même; c'est de-là que viennent son inconstance, son irrésolution, ses ennuis.
>
> Les animaux au contraire, dont la nature est simple et purement matérielle, ne ressentent ni combats intérieurs, ni opposition, ni trouble; ils n'ont ni nos regrets, ni nos remords, ni nos espérances, ni nos craintes. (Bd. III, S. 55)

---

325 de Baere, a.a.O., S. 100.

Dann geht Buffon auf die Leidenschaften ein:

> Distinguons donc dans les passions de l'Homme le physique et le moral; l'un est la cause, l'autre l'effet: la première émotion est dans le sens intérieur matériel, l'ame peut la recevoir, mais elle ne la produit pas: distinguons aussi les mouvemens instantanés des mouvemens durables, et nous verrons d'abord que la peur, l'horreur, la colère, l'amour, ou plutôt le desir de jouir, sont des sentimens, qui quoique durables, ne dépendent que de l'impression des objets sur nos sens, combinée avec les impressions subsistantes de nos sensations antérieures, et que par conséquent ces passions doivent nous être communes avec les animaux. (Bd. III, S. 56f.)

Buffon stellt sich ein junges Tier im Wald vor, dass zum ersten Mal eine Schusswaffe hört. Es erschrickt, beruhigt sich dann aber wieder. Erst wenn es einmal durch eine Waffe verletzt wurde, hat es wirklich Angst bei diesem Geräusch (Bd. III, S. 57f.). Hiermit spricht Buffon ein Lernen durch Erfahrung an.

> La peur est donc une passion dont l'animal est susceptible, quoiqu'il n'ait pas nos craintes raisonnées ou prévues: il en est de même de l'horreur, de la colère, de l'amour, quoiqu'il n'ait ni nos aversions réfléchies, ni nos haines durables, ni nos amitiés constantes. L'animal a toutes ces passions premières; [...]. (Bd. III, S. 58)

Buffon wendet sich mit einer langen Reihe von Exklamationen der Leidenschaft zu, die seine Leser am meisten interessieren dürfte:

> Amour! desir inné! ame de la Nature! principe inépuisable d'existence! puissance souveraine qui peut tout, et contre laquelle rien ne peut; par qui tout agit, tout respire et tout se renouvelle! divine flamme! germe de perpétuité que l'Eternel a répandu dans tout avec le souffle de vie! précieux sentiment qui peut seul amollir les cœurs féroces et glacés, en les pénétrant d'une douce chaleur! cause première de tout bien, de toute société, qui réunis sans contrainte et par tes seuls attraits les natures sauvages et dispersées! source unique et feconde de tout plaisir, de toute volupté! amour! pourquoi fais-tu l'état heureux de tous les êtres et le malheur de l'Homme? (Bd. III, S. 58f.)

Dies ist keine rhetorische Frage, denn Buffon beantwortet sie sofort: „C'est qu'il n'y a que le physique de cette passion qui soit bon; c'est que, malgré ce que peuvent dire les gens épris, le moral n'en vaut rien." (Bd. III, S. 59).

Die Tiere verhalten sich in dieser Beziehung besser als die Menschen:

> Les animaux ne sont point sujets à toutes ces misères; ils ne cherchent pas des plaisirs où il ne peut y en avoir; guidés par le sentiment seul, ils ne se trompent jamais dans leur choix; leurs desirs sont toujours proportionnés à la puissance de jouir; ils sentent autant qu'ils jouissent, et ne jouissent qu'autant qu'ils sentent [...]. (Bd. III, S. 59)

Die Tiere können aber auch auf ihre Art eifersüchtig sein:

> Tout ce qu'il y a de bon dans l'amour appartient donc aux animaux tout aussi-bien qu'à nous, et même, comme si ce sentiment ne pouvoit jamais être pur, ils paroissent avoir une petite portion de ce qu'il y a de moins bon, je veux parler de la jalousie. Chez nous cette passion suppose toujours quelque défiance de soi-même, quelque connoissance sourde de sa propre foiblesse; les animaux au contraire semblent être d'autant plus jaloux qu'ils ont plus de force, plus d'ardeur et plus d'habitude au plaisir: c'est que notre jalousie dépend de nos idées, et la leur du sentiment; ils ont joui, ils desirent de jouir encore, ils s'en sentent la force; ils écartent donc tous ceux qui veulent occuper leur place; leur jalousie n'est point réfléchie, ils ne la tournent pas contre l'objet de leur amour; ils ne sont jaloux que de leurs plaisirs. (Bd. III, S. 60)

Außer den bisher erwähnten Leidenschaften haben die Tiere nach Buffon „leur espèce d'amitié, leur espèce d'orgueil, leur espèce d'ambition" (Bd. III, S. 60).

Zunächst geht Buffon auf die Freundschaft ein:

> Y a-t-il rien de comparable à l'attachement du chien pour la personne de son maître? [...]
>
> Il en est de cette amitié comme celle d'une femme pour son serin, d'un enfant pour son jouet; toutes deux sont aussi peu réfléchies, toutes deux ne sont qu'un sentiment aveugle; celui de l'animal est seulement plus naturel, puisqu'il est fondé sur le besoin, tandis que l'autre n'a pour objet qu'un insipide amusement auquel l'ame n'a point de part. (Bd. III, S. 61)

Für Buffon ist die Fähigkeit zu denken die Voraussetzung für wahre Freundschaft. „Ainsi l'amitié n'appartient qu'à l'Homme et l'attachement peut appartenir aux animaux" (Bd. III, S. 62f.). Auch die Zuneigung der Elterntiere zu ihren Jungen sei nur „attachement":

> L'attachement des mères pour leurs petits ne vient que de ce qu'elles ont été fort occupées à les porter, à les produire, à les débarrasser de leurs enveloppes, et qu'elles le sont encore à les allaiter; et si dans les oiseaux les pères semblent avoir quelqu'attachement pour leurs petits et paroissent en prendre soin comme les mères, c'est qu'ils se sont occupés comme elles de la construction du nid, c'est qu'ils l'ont habité, c'est qu'ils y ont eu du plaisir avec leur femelles, dont la chaleur dure encore longtemps après avoir été fécondées; au lieu que dans les autres espèces d'animaux où la saison des amours est fort courte, où passé cette saison rien n'attache plus les mâles à leur femelles, où il n'y a point de nid, point d'ouvrages à faire en commun, les pères ne sont pères que comme on l'étoit à Sparte: ils n'ont aucun souci de leur postérité. (Bd. III, S. 63)

Auch Stolz und Ehrgeiz seien bei den Tieren keine reflektierten Leidenschaften: „L'orgueil et l'ambition des animaux tiennent à leur courage naturel, c'est-à-dire au sentiment qu'ils ont de leur force, de leur agilité; les grands dédaignent les petits et semblent mépriser leur audace insultante" (Bd. III, S. 63).

Eine charakteristische Eigenschaft der Tiere ist für Buffon ihre Fähigkeit zur Imitation. „L'imitation est de tous les résultats de la machine animale le plus admirable" (Bd. III, S. 64). Diese Imitation sei jedoch rein mechanisch (Bd. III, S. 64). Daher teilt Buffon auch nicht die Bewunderung vieler Menschen für die Affen:

> Cependant les singes sont tout au plus des gens à talens que nous prenons pour des gens d'esprit; quoiqu'ils aient l'art de nous imiter, ils n'en sont pas moins de la nature des bêtes qui toutes ont plus ou moins le talent de l'imitation. A la vérité, dans presque tous les animaux ce talent est borné à l'espèce même, et ne s'étend point au-delà de l'imitation de leurs semblables; au lieu que le singe qui n'est pas plus de notre espèce que nous sommes de la sienne, ne laisse pas de copier quelques-unes de nos actions; mais c'est parce qu'il nous ressemble à quelques égards [...].
>
> C'est par les rapports de mouvement que le chien prend les habitudes de son maître, c'est par les rapports de figure que le singe contrefait les gestes humains, c'est par les rapports d'organisation que le serin répète des airs de musique, et que le perroquet imite le signe le moins équivoque de la pensée; la parole qui met à l'extérieur autant de différence entre l'Homme et l'Homme qu'entre l'Homme et la bête puisqu'elle exprime dans les uns la lumière et la supériorité de l'esprit, qu'elle ne laisse apercevoir dans les autres qu'une confusion d'idées obscures ou empruntées, et que dans l'imbécille ou le perroquet elle marque le dernier degré de la stupidité, c'est-à-dire l'impossibilité où ils sont tous deux de produire intérieurement la pensée, quoiqu'il ne leur manque aucun des organes nécessaires pour la rendre au dehors. (Bd. III, S. 65)

Die Fähigkeit zur Imitation ist also nach Buffons Vorstellung nicht ans Denken gebunden.

> Ainsi parmi les hommes ce sont ordinairement ceux qui réfléchissent le moins qui ont le plus le talent de l'imitation; il n'est donc pas surprenant qu'on le trouve dans les animaux qui ne réfléchissent point du tout, ils doivent même l'avoir à un plus haut degré de perfection, parce qu'ils n'ont aucun principe par lequel ils puissent avoir la volonté d'être différens les uns des autres. C'est par notre ame que nous différons entre nous, c'est par notre ame que nous sommes *nous*, c'est d'elle que vient la diversité de nos caractères, et la variété de nos actions; les animaux, au contraire, qui n'ont point d'ame, n'ont point le *moi* qui est le principe de la différence; la cause qui constitue la personne; ils doivent donc, lorsqu'ils se ressemblent par l'organisation ou qu'ils sont de la même espèce, se copier tous, faire tous les mêmes choses et de la même façon, s'imiter en un mot beaucoup plus parfaitement que les hommes ne peuvent s'imiter les uns les autres; et par conséquent ce talent d'imitation, bien loin de supposer de l'esprit et de la pensée dans les animaux, prouve au contraire qu'ils en sont absolument privés. (Bd. III, S. 66f.)

In diesem Zusammenhang sieht Buffon auch die Erziehung der Jungtiere durch ihre Eltern: „C'est par la même raison que l'éducation des animaux, quoique fort courte, est toujours heureuse: ils apprennent en très-peu de temps presque tout ce que savent leurs père et mère, et c'est par l'imitation qu'ils l'apprennent" (Bd. III, S. 67). Buffon erkennt hier richtigerweise die Wichtigkeit des Lernens durch Nachahmung für die Jungtiere.

Dann wendet sich Buffon einem ganz anderen Aspekt zu: „Après avoir comparé l'Homme à l'animal, pris chacun individuellement, je vais comparer l'Homme en société avec l'animal en troupe" (Bd. III, S. 68). Buffon nutzt die Gelegenheit, um herbe Kritik zu üben an den Naturalisten, die die Insektenverbände hochloben:

> [...] que de choses ne dit-on pas de celle de certains insectes! nos observateurs admirent à l'envi l'intelligence et les talens des abeilles; elles ont, disent-ils, un génie particulier, un art qui n'appartient qu'à elles, l'art de se bien gouverner; [...] Athènes n'étoit pas mieux conduite ni mieux policée. (Bd. III, S. 68)

Neben ironischen Bemerkungen finden sich auch direkte Äußerungen:

> C'est qu'indépendamment de l'enthousiasme qu'on prend pour son sujet, on admire toujours d'autant plus qu'on observe davantage et qu'on raisonne moins. Y a-t-il en effet rien de plus gratuit que cette admiration pour les mouches, et que ces vues morales qu'on voudroit leur prêter [...]. (Bd. III, S. 69)

Diese Polemik richtet sich gegen Réaumur.[326] Buffons Wertschätzung der Bienen ist gering:

> [...] car enfin une mouche ne doit pas tenir dans la tête d'un Naturaliste plus de place qu'elle n'en tient dans la Nature; et cette république merveilleuse ne sera jamais aux yeux de la raison, qu'une foule de petits bêtes qui n'ont d'autre rapport avec nous que celui de nous fournir de la cire et du miel. (Bd. III, S. 69)

Allerdings präzisiert er seine Kritik an den Entomologen und schränkt sie damit ein:

> Ce n'est point la curiosité que je blâme ici, ce sont les raisonnemens et les exclamations; [...] c'est la morale, c'est la théologie des insectes que je ne puis entendre prêcher; ce sont les merveilles que les observateurs y mettent et sur lesquelles ensuite ils se récrient comme si elles y étoient en effet, qu'il faut examiner; c'est cette intelligence, cette prévoyance, cette connoissance même de l'avenir qu'on leur accorde avec tant de complaisance, et que cependant on doit leur refuser rigoureusement, que je vais tâcher de réduire à sa juste valeur. (Bd. III, S. 69f.)

---

[326] Roger, *Buffon*, S. 317f.

Buffon stört also nicht die exakte Beschreibung der Zeugung, Vermehrung und Metamorphosen der Insekten, sondern die theologische Lektion, die Réaumur und seine Verbündeten daraus ziehen.[327]

Buffon argumentiert, dass einzelne Insekten weniger begabt seien als beispielsweise Hund oder Affe und dass Insekten im Verband sich irgendwie arrangieren müssen, um überleben zu können (Bd. III, S. 71).

Die wahre Größe des Werkes Gottes ist nach Buffon nicht bei den Insekten zu finden:[328]

> La Nature n'est-elle pas assez étonnante par elle-même, sans chercher encore à nous surprendre en nous étourdissant de merveilles qui n'y sont pas et que nous y mettons? Le Créateur n'est-il pas assez grand par ses ouvrages, et croyons-nous le faire plus grand par notre imbécillité? ce seroit, s'il pouvoit l'être, la façon de le rabaisser. Lequel en effet a de l'Être suprême la plus grande idée, celui qui le voit créer l'univers, ordonner les existences, fonder la Nature sur des lois invariables et perpétuelles, ou celui qui le cherche et veut le trouver attentif à conduire une république de mouches, et fort occupé de la manière dont se doit plier l'aile d'un scarabée? (Bd. III, S. 71f.)

Buffon selbst zeigt eine charakteristische Verachtung für alles, was klein ist.[329]

Er schätzt Tierverbände von Säugetieren höher:

> Il y a parmi certains animaux, une espèce de société qui semble dépendre du choix de ceux qui la composent, et qui par conséquent approche bien davantage de l'intelligence et du dessein que la société des abeilles, qui n'a d'autre principe qu'une nécessité physique: les éléphans, les castors, les singes et plusieurs autres espèces d'animaux se cherchent [...]. (Bd. III, S. 72)

Doch auch diese Tierverbände unterscheiden sich nach Buffon wesentlich von menschlichen Gesellschaften: „Parmi les hommes, la société dépend moins des convenances physiques que des relations morales“ (Bd. III, S. 73).

Buffon fasst folgendermaßen zusammen:

> Ainsi la société, considérée même dans une seule famille, suppose dans l'Homme la faculté raisonnable; la société, dans les animaux qui semblent se réunir librement et par convenance, suppose l'expérience du sentiment, et la société des bêtes qui, comme les abeilles, se trouvent ensemble sans s'être cherchées, ne suppose rien [...]. (Bd. III, S. 74)

Auch von den Honigwaben ist Buffon nicht beeindruckt, sondern erklärt sie als mechanische Resultate (Bd. III, S. 74–77).

---

[327] Gayon, a.a.O., S. 572f.

[328] Roger, *Buffon*, S. 318.

[329] Gayon, a.a.O., S. 573.

Für Buffon stellt die Kette der Wesen eine deutliche Rangfolge dar:

> [...] et comme tout se fait et que tout est par nuances dans la Nature, on peut établir une échelle pour juger des degrés des qualités intrinsèques de chaque animal, en prenant pour premier terme la partie matérielle de l'Homme, et plaçant successivement les animaux à différentes distances, selon qu'en effet ils en approchent ou s'en éloignent davantage, tant par la forme extérieure, que par l'organisation intérieure; en sorte que le singe, le chien, l'éléphant et les autres quadrupèdes seront au premier rang; les cétacées qui, comme les quadrupèdes et l'Homme, ont de la chair et du sang, qui sont comme eux vivipares seront au second; les oiseaux au troisième, parce qu'à tout prendre ils diffèrent de l'Homme plus que les cétacées et que les quadrupèdes; et s'il n'y avoit pas des êtres qui, comme les huîtres ou les polypes, semblent en différer autant qu'il est possible, les insectes seroient avec raison les bêtes du dernier rang. (Bd. III, S. 77f.)

Die Insekten werden also auf ihren Platz unten in der Hierarchie der Tiere verwiesen.[330]

Buffon stellt einen letzten Aspekt in Frage, nämlich die „prévoyance" der Tiere, mit der zum Beispiel manche Säugetiere Vorräte für den Winter sammeln und viele Vögel Nester bauen (Bd. III, S. 78).

> [...] accordons [...] le pressentiment, la prévision, la connoissance même de l'avenir aux animaux, en résultera-t-il que ce soit un effet de leur intelligence? Si cela étoit, elle seroit bien supérieure à la nôtre; car notre prévoyance est toujours conjecturale, [...] les animaux [...] auroient une ame bien plus pénétrante et bien plus clairvoyante que la nôtre. Je demande si cette conséquence ne répugne pas autant à la religion qu'à la raison? (Bd. III, S. 79f.)

Mit dieser rhetorischen Frage überzeugt Buffon sicherlich nicht nur die Theologen. Aber er argumentiert noch weiter:

> La sûreté avec laquelle on suppose que les animaux agissent, la certitude de leur détermination, suffiroit seule pour qu'on dût en conclure que ce sont les effets d'un pur mécanisme. Le caractère de la raison le plus marqué, c'est le doute, c'est la délibération, c'est la comparaison; mais des mouvemens et des actions qui n'annoncent que la décision et la certitude, prouvent en même temps le mécanisme et la stupidité. (Bd. III, S. 80)

Dass die Tiere manchmal zu viele Vorräte anlegen, zeigt für Buffon, dass sie nicht intelligent sind (Bd. III, S. 81–83). Der Nestbau der Vögel ergibt sich nach Buffon aus ihrem Zusammenleben (Bd. III, S. 83f.).

Tiere können weder die Zukunft noch die Vergangenheit noch die Gegenwart richtig einschätzen:

---

330 Roger, *Buffon*, S. 320.

On peut le prouver par des exemples familiers; non-seulement ces animaux ne savent pas ce qui doit arriver, mais ils ignorent même ce qui est arrivé. Une poule ne distingue pas ses œufs de ceux d'un autre oiseau; elle ne voit point que les petits canards qu'elle vient de faire éclore ne lui appartiennent point; elle couve des œufs de craie dont il ne doit rien résulter, avec autant d'attention que ses propres œufs: elle ne connoît donc ni le passé ni l'avenir, et se trompe encore sur le présent. (Bd. III, S. 84)

Der Mensch überschätze die Tiere und erniedrige sich damit selbst. Buffon bemerkt abschließend:

Dieu seul connoît le passé, le présent et l'avenir; il est de tous les temps, et voit dans tous les temps. L'Homme dont la durée est de si peu d'instans, ne voit que ces instans; mais une puissance vive, immortelle, les compare, les distingue, les ordonne; c'est par elle qu'il connoît le présent, qu'il juge du passé, qu'il prévoit l'avenir. Otez à l'Homme cette lumière divine, vous effacez, vous obscurcissez son être, il ne restera que l'animal; il ignorera le passé, ne soupçonnera pas l'avenir, et ne saura même ce que c'est que le présent. (Bd. III, S. 85f.)

Buffon grenzt also ganz deutlich die Natur des Menschen von der der Tiere ab.

„Buffon s'en prend aux défenseurs de l'âme des bêtes, à tous ceux qui humanisent l'animal en lui prêtant une intelligence et des sentiments humains qu'il n'a pas".[331]

Pour convaincre son lecteur, il recourt à la méthode que Darwin utilisera plus tard, et qui consiste à examiner une à une toutes les objections qu'on peut lui faire, et à montrer que le mécanisme du „sentiment" suffit à expliquer toutes les apparences de raisonnement qu'on peut observer chez l'animal. En fait, presque toutes les objections qu'il s'oppose à lui-même avaient déjà été faites à Descartes, et il est clair que Buffon a lu Descartes de très près. Néanmoins, les deux théories sont sensiblement différentes.

[...] Au total, l'animal-machine de Buffon a des pouvoirs bien supérieurs à l'animal-machine de Descartes, même si ce dernier accepte de prêter aux bêtes un „sentiment" et une „mémoire corporelle". Pour Descartes, même des sensations internes comme la faim et la soif exigent, chez l'homme, l'intervention de l'âme: elles ne doivent donc pas exister chez l'animal. Chez Buffon, elles relèvent clairement de l'„appétit", commun à l'homme et à l'animal, et purement „matériel". Ce qui n'existe pas chez Descartes, c'est ce „sens interne" qui, chez Buffon, reçoit les sensations et est capable de les combiner et de commander aux organes du mouvement les gestes appropriés. Organe purement matériel, mais dont le fonctionnement assure à l'animal un comportement adapté à toutes sortes de situations, si adapté, même, qu'il peut paraître „raisonnable".[332]

---

[331] Roger, *Buffon*, S. 317.

[332] Roger, *Buffon*, S. 327f.

4.3 Die Beschreibungen der Vierfüßler

Auf den *Discours sur la nature des animaux* folgen die Artikel über die Vierfüßler.[333]

Die Reihenfolge der Beschreibungen der Vierfüßler in der *Histoire des animaux quadrupèdes* entspricht in einigen groben Zügen den Ausführungen im *Premier discours*.[334] Zunächst werden Haustiere, dann wilde Tiere des alten Kontinents und schließlich Tiere der neuen Welt charakterisiert.[335] Den Monographien über die jeweiligen Tierarten stellt Buffon Artikel über größere Gruppen von Vierfüßlern voran: *Les animaux domestiques*, *Les animaux sauvages*, *Les animaux carnassiers*, *Animaux de l'ancien continent. Animaux du nouveau monde. Animaux communs aux deux continens*, *Nomenclature des singes* und *Les singes du nouveau monde*.[336]

Außerdem gibt es folgende allgemeine Abhandlungen: *De la Nature. Première vue*, *De la Nature. Seconde vue* und *De la dégénération des animaux*.[337]

In den Monographien werden, wie im *Premier discours* gefordert, die Vierfüßler beschrieben und ihre Geschichte dargestellt.[338] Dabei werden auch verschiedene Rassen angeführt. Besonders ausführlich geschieht dies in der Monographie *Le chien avec ses variétés*[339] (Bd. IV, S. 192 – 215).

Im *Premier discours* macht Buffon das Gedankenexperiment mit dem Menschen, der, nachdem er alles vergessen hat, die Natur ganz neu erlebt (Bd. II, S. 28f.). Dieser Mensch „donnera la préférence dans l'ordre des animaux au cheval, au chien, au bœuf" (Bd. II, S. 29). Buffon charakterisiert tatsächlich 1753 im vierten Band der *Histoire naturelle* als erstes Tier das Pferd. Schon die zweite Monographie über ein Tier ist aber nicht wie hier im *Premier discours* angegeben die über den Hund, sondern bezeichnenderweise die über den Esel,[340] der mit dem Pferd näher verwandt ist als der Hund. Im Detail weicht er also schon hier von der im *Premier discours* angekündigten Reihenfolge ab.

Von Anfang an werden exotische Varietäten im selben Artikel beschrieben wie die entsprechenden europäischen Arten. Dies gilt beispielsweise für „chèvre d'angora" und „cochon de Siam". Aber es handelt sich hier um Varietäten innerhalb der Art. „D'autres regroupements tacites rassemblent des espèces voisines."[341]

---

[333] Buffon, *Œuvres philosophiques*, S. 522.
[334] Buffon, *Œuvres philosophiques*, S. 522.
[335] Roger, *Buffon*, S. 417.
[336] Buffon, *Œuvres philosophiques*, S. 522.
[337] Buffon, *Œuvres philosophiques*, S. 522.
[338] Dimier, a.a.O., S. 62.
[339] Buffon, *Œuvres philosophiques*, S. 522.
[340] Buffon, *Œuvres philosophiques*, S. 522.
[341] Roger, *Buffon*, S. 417.

> Du blaireau à l'hermine, du rat au campagnol, ce sont deux séries de petits carnassiers ou de petits rongeurs qui défilent dans le tome VII. [...] Les grands félins se succèdent de même dans le tome IX: lion, tigre, panthère, once et léopard, que viennent immédiatement rejoindre leurs congénères du Nouveau Monde, jaguar et couguar. Trois marsupiaux se suivent dans le tome X, puis toute une série d'animaux qui ressemblent aux écureuils, une autre composée du fourmilier et de ses semblables, une troisième regroupant le tatou et ses voisins. Le tome XII réunit un grand groupe qui va de l'élan et du renne jusqu'aux gazelles, et le tome XIII un nouveau groupe de félins américains puis, derrière le chacal, un groupe d'animaux qui ressemblent au loup, au renard et au chien.[342]

Manchmal werden auch mehrere Arten in einem Artikel zusammengefasst wie zum Beispiel im Artikel über Elch und Ren (Bd. V, S. 70–87).

> Progressivement, les articles rassemblent de plus en plus souvent plusieurs espèces voisines, voire des groupes de plus en plus importants, comme les phoques, les morses et les lamantins. [...] on a le sentiment que Buffon tente, sans le dire, de reconstituer des „familles naturelles", analogues à celles que les botanistes avaient reconnues depuis longtemps dans les plantes.[343]

In den drei Supplementbänden zur *Histoire des animaux quadrupèdes* gibt es Ergänzungen zu den Artikeln über die Vierfüßler und die Abhandlung *Des mulets*.[344] „Il est vrai que l'époque est au ‚suppléments', et que le supplément de l'*Histoire naturelle* fait pendant au supplément de l'*Encyclopédie*: c'est tout un symbole."[345] Buffon korrigiert Fehler, die er gemacht hatte, ergänzt Informationen, die er seit der Publikation der entsprechenden Artikel bekommen hat, und bedankt sich bei denen, die ihm diese Informationen gegeben haben.[346]

4.4 Der *Plan de l'ouvrage* der *Histoire naturelle des oiseaux*

Nach den von 1753 bis 1767 erschienenen zwölf Bänden über Säugetiere erscheint 1770 der erste Band der *Histoire naturelle des oiseaux*. Einerseits kann Buffon die bei der Arbeit über die Vierfüßler gewonnenen Erkenntnisse für die *Histoire naturelle des oiseaux* nutzen,[347] andererseits ergeben sich bei der Behandlung der Vögel zusätzliche Schwierigkeiten, die bei den Säugetieren nicht bestehen. Diese Schwierigkeiten und die daraus gezogenen Konsequenzen stellt Buf-

---

342 Roger, *Buffon*, S. 417f.
343 Roger, *Buffon*, S. 418.
344 Buffon, *Œuvres philosophiques*, S. 523f.
345 Roger, *Buffon*, S. 503.
346 Roger, *Buffon*, S. 503.
347 Farber, *emergence*, S. 21.

fon im *Plan de l'ouvrage* dar, mit dem die *Histoire naturelle des oiseaux* beginnt (Bd. VII, S. 1–12).[348]

Die erste Schwierigkeit ergibt sich schon durch die große Anzahl der Vogelarten. Buffon kennt nur knapp 200 Arten Vierfüßler (Bd. VII, S. 1), geht aber von 1500 bis 2000 Vogelarten aus (Bd. VII, S. 2).[349] Eine entsprechende Behandlung der Vögel wie die der Vierfüßler würde also ungefähr das Zehnfache an Zeit und Buchbänden kosten.

Zu der großen Anzahl der zu beschreibenden Vögel kommt, dass Männchen und Weibchen bei den Vögeln oft sehr verschieden aussehen und sich auch die Jungvögel von den Altvögeln unterscheiden (Bd. VII, S. 3).

Außerdem geht Buffon davon aus, dass es bei den Vogelarten mehr Varietäten gibt als bei den Vierfüßlern (Bd. VII, S. 2–4). Nicht zuletzt beeinflussen das Klima und die Domestikation die Vögel. Buffon bezeichnet diese Änderungen als „dégénération" (Bd. VII, S. 4). Die Vielfalt der Individuen einer Art verursacht schon Probleme bei der Nomenklatur, die Buffon als Kenntnis der Objekte charakterisiert und erst recht bei der Beschreibung und Geschichte, die Buffon als „plus essentielles" ansieht (Bd. VII, S. 4). Im Gegensatz zur *Histoire des quadrupèdes* geht Buffon nun davon aus, dass Beschreibung und Geschichte nicht getrennt werden sollen (Bd VII, S. 4).

> For if natural beings are historically modifiable, their form (part of the description) may be partially determined by the influence of their environment (part of the history). Thus we should not be surprised to find Buffon claiming, in his discussion of the difficulties of ornithology, that history and description should never be separated [...].[350]

Bei der Beschreibung tritt dann zusätzlich die Schwierigkeit der sprachlichen Darstellung von Farben auf. Daher lässt Buffon die *planches enluminées* anfertigen (Bd. VII, S. 4f.).

Die Darstellung der Geschichte der Vögel wirft das Problem auf, dass das Verhalten der Vögel zu Buffons Zeit nur unzureichend bekannt ist:

> [...] on ne trouve guère que des choses communes, aisées à observer sur les oiseaux de chasse et de basse-cour. Nous ne connoissons que très-imparfaitement les habitudes naturelles des autres oiseaux de notre pays, et point du tout celles des oiseaux étrangers [...]. (Bd. VII, S. 6)

Eine große Schwierigkeit stellt die Tatsache dar, dass Vögel im Flug große Distanzen zurücklegen können. Da Buffon annimmt, dass die meisten Vögel des-

---

348 Buffon, *Œuvres philosophiques*, S. 523. – In der benutzten Ausgabe wird der *Plan de l'ouvrage* als *Plan de l'Histoire des Oiseaux* bezeichnet.

349 Heute kennt man etwa 4500 Säugetierarten und 9000 Vogelarten. – Duris/Gohau, a.a.O., S. 19.

350 Stalnaker, a.a.O., S. 203.

halb sowohl auf dem alten als auch auf dem neuen Kontinent vorkommen, kann er sie nicht generell nach diesem Aspekt unterteilen (Bd. VII, S. 6). Die Zugvögel werfen besonders viele ungeklärte Fragen auf:

> [...] pour savoir leur histoire entière, il faudroit les suivre par-tout, et commencer par s'assurer des principales circonstances de leurs voyages, connoître les routes qu'ils pratiquent, les lieux de repos ou ils gîtent, leur séjour dans chaque climat, et les observer dans tous ces endroits éloignés [...]. (Bd. VII, S. 7)

Der Hinweis auf die Schwierigkeiten bei der Darstellung der Geschichte der Vögel ist kein Topos der affektierten Bescheidenheit. In den Monographien der *Histoire naturelle des oiseaux* wird dieser Mangel an Informationen mehrfach deutlich durch Formulierungen wie „nous ne sommes pas informés" oder „nous ignorons" (Bd. IX, S. 174). Montbeillard schreibt bezüglich der *corneille mantelée*: „[...] mais nous ne savons pas précisément en quels lieux elle s'arrête" (Bd. VII, S. 309).

Im *Plan de l'ouvrage* führt Buffon als Beispiel die Schwalben an. Während sie im Sommer gut zu beobachten sind, weiß man im 18. Jahrhundert nicht sicher, was sie im Winter machen: „[...] les uns assurent qu'elles voyagent et se transportent dans les pays chauds pour y passer le temps de notre hiver; les autres prétendent qu'elles se jettent dans les marais" (Bd. VII, S. 7f.). Im Artikel über die Schwalben diskutiert Montbeillard dieses Problem später ausführlich (Bd. VIII, S. 318–330). Selbst wenn Buffon davon ausgeht, dass die Schwalben nach Afrika ziehen und Montbeillard zu dem gleichen Ergebnis kommt, bleiben noch immer Fragen offen. Im *Plan de l'ouvrage* listet Buffon solche Fragen auf. Er weiß nicht, ob die Schwalben in Afrika nisten und brüten und wovon sie sich dort ernähren. Auch die Umstände ihres Flugs sind ihm unbekannt (Bd. VII, S. 8f.). Wie Buffon geht auch Montbeillard davon aus, dass mit der Zeit die Antworten gefunden werden: „On peut s'attendre que lorsque l'Afrique et certaines parties de l'Asie seront plus fréquentées et mieux connues, on parviendra à découvrir les diverses stations" (Bd. VIII, S. 329).

Allerdings macht Buffon im *Plan de l'ouvrage* auch deutlich, dass er diese große Menge Details für unwichtig hält: „[...] les bons esprits ne peuvent manquer de les dédaigner, et cherchent à s'occuper d'objets plus grands ou plus utiles" (Bd. VII, S. 9).

Aus all den angeführten Aspekten zieht Buffon folgende Konsequenz: „Tous les Oiseaux, surtout les plus petits, seront réunis avec les espèces voisines, et présentés ensemble, comme étant à peu près du même naturel et de la même famille [...]" (Bd. VII, S. 9). Hier wird deutlich, dass die von Buffon im *Premier discours* vorgesehene Einteilung der Tiere „nicht dem Druck des sich vermehrenden

Informationsmaterials standhält."[351] Für die Darstellung von 1500 bis 2000 Vogelarten ist der Gebrauch höherer Taxa „pragmatically wise"[352].

Buffon geht davon aus, dass kleinere Arten mehr Varietäten und mehr Verwandte haben als größere Arten (Bd. VII, S. 9).

Er erklärt, was er sich unter der Verwandtschaft der Vögel vorstellt: „[...] j'entends par le nombre de parens, le nombre des espèces voisines et assez ressemblantes pour pouvoir être regardées comme des branches collatérales d'une même tige si voisine d'une autre, qu'on peut leur supposer une souche commune [...]" (Bd. VII, S. 9f.).

Die Klassifizierung soll also natürlich sein, das heißt sie soll die Ordnung der Natur widerspiegeln.[353] Der Aspekt des Transformismus[354] zeigt sich auch bei der folgenden Feststellung:

> [...] ces espèces voisines ne se sont probablement séparées les unes des autres que par les influences du climat, de la nourriture, et par la succession du temps qui amène toutes les combinaisons possibles, et met au jour tous les moyens de variété, de perfection, d'altération et de dégénération. (Bd. VII, S. 10)

Die Arten der Vögel haben sich also verändert und ein Verstehen der Beziehungen der rezenten Arten beruht auf einem Verstehen der Vergangenheit.[355]

Allerdings kann Buffon nicht dafür garantieren, dass die in den Artikeln zusammengefassten Arten alle den erklärten Verwandtschaftsgrad haben. Dafür reichen seine Kenntnisse nicht aus: „[...] il faudroit être plus instruit que nous ne le sommes, et que nous ne pouvons l'être, sur les effets du mélange des espèces et sur leur produit dans les Oiseaux [...]" (Bd. VII, S. 10). Außer dem pragmatischen Aspekt gibt es also noch einen weiteren Grund, mehrere Arten von Vögeln zusammenzufassen, nämlich den weit verbreiteten Glauben, dass es bedeutend mehr Kreuzungen bei den Vögeln als bei den Säugetieren gebe.[356] Buffon geht davon aus, dass die Bastarde verschiedener Vogelarten in der Regel fruchtbar seien (Bd. VII, S. 10).

Im Zusammenhang mit der Paarung von Individuen verschiedener Vogelarten wird auch ein moralischer Gesichtspunkt angesprochen: „[...] et qui sait tout ce qui se passe en amour au fond des bois? qui peut nombrer les jouissances illégitimes entre gens d'espèces différentes?" (Bd. VII, S. 11).

---

351 Knabe, *Rezeption*, S. 191f.

352 Farber, „Buffon and the Concept", S. 269.

353 Farber, *emergence*, S. 21f.

354 Buffon, *Œuvres philosophiques*, S. XXXIII.

355 Farber, *emergence*, S. 126f.

356 Farber, „Buffon and the Concept", S. 270.

Buffon sieht die *Histoire naturelle des oiseaux* nicht als Endpunkt der Ornithologie an. Im Lauf der Jahrhunderte könne man eine ähnlich vollständige Naturgeschichte der Vögel schreiben wie seine Geschichte der Vierfüßler (Bd. VII, S. 7). Dies könne aber nicht das Werk eines Menschen oder mehrerer Menschen im gleichen Zeitraum sein (Bd. VII, S. 9). Die *Histoire naturelle des oiseaux* könne der Nachwelt als Basis dienen, indem man die jeweils neuen Erkenntnisse hinzufüge (Bd. VII, S. 11f.). „Plutôt que le résultat d'une recherche achevée, c'est, à partir d'une première ‚esquisse historique', une ambition et un programme de recherches que l'*Histoire naturelle des oiseaux* prétend offrir à la postérité."[357]

Tatsächlich steigt in den fünfzig Jahren, die auf die Publikation der *Histoire naturelle des oiseaux* folgen, die Quantität der Informationen über Vögel gewaltig an.[358]

4.5 Der *Discours sur la nature des oiseaux*

Auf den *Plan de l'ouvrage* folgt in der *Histoire naturelle des oiseaux* der *Discours sur la nature des oiseaux*.[359] Hier grenzt Buffon die Vögel ab von den bereits beschriebenen Säugetieren und dem Menschen (Bd. VII, S. 13–58).

Zunächst geht Buffon auf die Bedeutung des Wortes *nature* ein. Einerseits bezeichne man damit „une espèce d'être idéal", andererseits spreche man auch von der „nature de l'homme, de celle des animaux, de celle des Oiseaux". In diesem Fall bedeutet das Wort für Buffon „la somme des qualités dont la Nature, prise dans la première acception, a doué l'homme, les animaux, les Oiseaux." (Bd. VII, S. 13).

Besonders wichtig erscheint Buffon die unterschiedliche Ausprägung der Sinne (Bd. VII, S. 14). Der Mensch besitze beispielsweise einen besseren Tastsinn als die Vierfüßler und die Vögel (Bd. VII, S. 14, 47f.).

Dagegen haben die Vögel nach Buffon den ausgeprägteren Sehsinn (Bd. VII, S. 15). Dieser ermöglicht ihnen erst einen schnellen Flug.

> Si la Nature, en leur donnant la rapidité du vol, les eût rendus myopes, ces deux qualités eussent été contraires, l'Oiseau n'auroit jamais osé se servir de sa légéreté, ni prendre un essor rapide; il n'auroit fait que voltiger lentement, dans la crainte des chocs et des résistances imprévues. [...] et si jamais la Nature a produit des oiseaux à vue courte et à vol très-rapide, ces

---

[357] Roger, *Buffon*, S. 439.

[358] Farber, *emergence*, S. 27.

[359] Buffon, *Œuvres philosophiques*, S. 523. – In der benutzten Ausgabe wird der *Discours sur la nature des oiseaux* mit *De la nature des Oiseaux* oder als *Introduction à l'Histoire des Oiseaux* bezeichnet.

espèces auront péri par cette contrariété de qualités, dont l'une non-seulement empêche l'exercice de l'autre, mais expose l'individu à des risques sans nombre. (Bd. VII, S. 16f.)

Hier wird also eine Wechselbeziehung zwischen Sicht und Schnelligkeit erklärt.[360]

Diese Schnelligkeit im Element der Luft wiederum ermöglicht den Vögeln, große Distanzen zurückzulegen, was besonders wichtig für die Zugvögel ist (Bd. VII, S. 18–20, S. 36–38).

Buffon hält den Geruchssinn bei Vögeln für weniger entwickelt (Bd. VII, S. 20f.).

Der Gehörsinn sei nach dem Sehsinn der zweitwichtigste Sinn der Vögel. Dies zeige schon ihr Gesang (Bd. VII, S. 21f.). Bedingt durch ihre Morphologie und Anatomie, strengt der Flug die Vögel so wenig an, dass sie sogar gleichzeitig singen und fliegen können (Bd. VII, S. 22f.). Die Anatomie der Vögel ist auch verantwortlich für die Lautstärke ihrer Stimme (Bd. VII, S. 24–26). Buffon berechnet, dass die Stimme der Vögel viermal so laut ist wie die des Menschen oder der Vierfüßler (Bd. VII, S. 26). Hier wendet er also Berechnungen an, obwohl er im *Premier Discours* die Mathematik als nicht angemessen für naturwissenschaftliche Sachverhalte kritisiert (Bd. II, S. 46–50).[361] Häufig sind die Stimmen der Vögel in bewohnten Ländern angenehm für den Menschen, während die in den Wüsten Afrikas und Amerikas unangenehm sind (Bd. VII, S. 27f.). Dafür sind die Vögel der heißen Regionen in der Regel schöner gefärbt: „[...] la Nature semble avoir épuisé ses pinceaux sur le plumage des oiseaux de l'Amérique, de l'Afrique et de l'Inde“ (Bd. VII, S. 27f.). Hier wird der Einfluss des Klimas deutlich (Bd. VII, S. 28).

Aber auch der Mensch hat Einfluss auf die Vögel. Er beeinflusst die Vögel, die er hält, direkt und die, die in seiner Umgebung leben, indirekt (Bd. VII, S. 28f., 34). Aber sein Einfluss auf die Vögel ist nach Buffons Meinung kleiner als der auf die Vierfüßler, da die Natur der Vögel entfernter von der des Menschen sei (Bd. VII, S. 29–31). Auch Vögel, die sprechen, verstünden nicht, was sie sagen: „[...] nous ne pouvons influer que sur la machine, et eux aussi ne peuvent nous rendre que machinalement ce qu'ils ont reçu de nous“ (Bd. VII, S. 30).

Doch auch der natürliche Gesang der Vögel ist nicht immer gleich. Dabei sind es nicht die Weibchen, die die Stimme am meisten benutzen „(comme on pourroit le croire)“ (Bd. VII, S. 31). Hier wird der ständige Bezug zum Menschen in einer ironischen Anspielung auf die Frauen deutlich. „Anthropomorphique, Buffon l'a

360 Buffon, *Œuvres philosophiques*, S. XX.

361 Loveland, a.a.O., S. 26.

certainement été, allant jusqu'au sexisme [...]".[362] Die Männchen „chantent [...] leurs amours à voix éclatante" (Bd. VII, S. 32). Daher dauert ihr Gesang nicht das ganze Jahr an: „[...] cette voix dont les beaux sons n'éclatent que dans la saison de l'amour, qui s'altère ensuite et s'éteint comme la flamme de ce feu satisfait" (Bd. VII, S. 33).

Ein weiteres Charakteristikum der Vögel ist für Buffon, dass sie immer in Bewegung zu sein scheinen, zum Beispiel ihre Beute mitten im Flug erfassen und dann weiterfliegen (Bd. VII, S. 35). Buffon berechnet, dass Vögel schneller fliegen können als Vierfüßler laufen (Bd. VII, S. 35f.).

Gemessen an ihrer kurzen Wachstums- und Entwicklungsphase, haben Vögel eine relativ längere Lebensdauer als Vierfüßler (Bd. VII, S. 38f.). Buffon beschäftigt sich hier also mit mathematischen Verhältnissen. Wie seine Berechnungen steht dies im Gegensatz zu seiner Kritik an der Mathematik im *Premier Discours* (Bd. II, S. 46–50).[363]

Vögel ernähren sich genauso vielfältig wie Säugetiere. Buffon vergleicht daher ausführlich die entsprechenden Arten.

> Le naturel et les mœurs dépendent beaucoup des appétits; en comparant donc à cet égard les Oiseaux aux quadrupèdes, il me paroît que l'aigle noble et généreux est le lion, que le vautour, cruel, insatiable, est le tigre; le milan, la buse, le corbeau, qui ne cherchent que les vidanges et les chairs corrompues, sont les hyènes, les loups et les chacals; les faucons, les éperviers, les autours et les autres oiseaux chasseurs, sont les chiens, les renards, les onces et les lynx; les chouettes qui ne voient et ne chassent que la nuit, seront les chats; les hérons, les cormorans qui vivent de poissons, seront les castors et les loutres; les pics seront les fourmillers, puisqu'ils se nourrissent de même en tirant également la langue pour la charger de fourmis. Les paons, les coqs, les dindons, tous les oiseaux à jabot représentent les bœufs, les brebis, les chèvres et les autres animaux ruminans; de manière qu'en établissant une échelle des appétits, et présentant le tableau des différentes façons de vivre, on retrouvera dans les Oiseaux les mêmes rapports et les mêmes différences que nous avons observées dans les quadrupèdes [...]. (Bd. VII, S. 40f.)

Insgesamt hält Buffon die Vögel allerdings für weniger wählerisch in ihrer Nahrung, weil ihr Geschmackssinn sehr schlecht sei (Bd. VII, S. 41f.). Daher lehnt er auch eine Einteilung der Vögel nach der Art ihrer Nahrung ab (Bd. VII, S. 42f.).

Bei der Erwähnung der Vogelfedern spielt die Mauser eine große Rolle (Bd. VII, S. 45f.).

---

[362] Gayon, a.a.O., S. 566.
[363] Loveland, a.a.O., S. 143.

Die Federn und der Körper der Wasservögel sind nicht nur an das Element der Luft, sondern auch an das des Wassers angepasst (Bd. VII, S. 44–47).

Fast nackte Vögel gibt es nur in heißen Ländern (Bd. VII, S. 44f.). Diese Vögel sind flugunfähig und stehen in Bezug zu den Vierfüßlern wie umgekehrt die Fledermäuse zu den Vögeln (Bd. VII, S. 46). Die Verbindungsglieder zu den Fischen sind die Seehunde beziehungsweise die Pinguine (Bd. VII, S. 46).[364]

Beim Vergleich der unterschiedlich ausgeprägten Sinne von Mensch, Vierfüßler und Vogel kommt Buffon zu folgendem Fazit[365]: „L'homme sera aussi réfléchi que le sens du toucher paroît grave et profond: le quadrupède aura des appétits plus véhémens que ceux de l'homme, et l'oiseau des sensations plus légères et aussi étendues que l'est le sens de la vue" (Bd. VII, S. 49).

Neben den fünf Sinnen Sehsinn, Gehörsinn, Tastsinn, Geschmackssinn und Geruchssinn, die Buffon in dieser Reihenfolge bei den Vögeln für wichtig hält, existiert für ihn ein weiterer, dominierender Sinn: „le sens de l'amour" (Bd. VII, S. 49). Buffon hebt bei den Vögeln im Gegensatz zu den Vierfüßlern den moralischen Aspekt der Liebe hervor: „Dans les Oiseaux il y a plus de tendresse, plus d'attachement, plus de morale en amour" (Bd. VII, S. 49). Wenn Buffon „chasteté conjugale" (Bd. VII, S. 49) und „un mélange honnête" (Bd. VII, S. 50) erwähnt, ist unschwer zu erkennen, dass er nicht nur von den Vögeln spricht, sondern hier seine moralischen Vorstellungen von der Ehe der Menschen einbringt.[366] Bei den Vögeln ergebe sich die Moral durch die gemeinsame Arbeit beim Nestbau und Sorge um die Nachkommen. „[...] et ne voit-on pas aussi que cette nécessité de travail ne se trouvant chez nous que dans la seconde classe, les hommes de la première pouvant s'en dispenser, l'indifférence et l'infidélité n'ont pu manquer de gagner les conditions élevées?" (Bd. VII, S. 50f.).

Auch wenn im Allgemeinen bei den Vögeln die „constance en amour" (Bd. VII, S. 52) überwiegt, gibt es Ausnahmen, wie die Vögel, die der Mensch zu seinem Nutzen hält und denen er Arbeit und Sorgen erspart. „[...] et vous retrouverez chez eux les premiers effets du luxe et les maux de l'opulence, libertinage et paresse" (Bd. VII, S. 52f.). Dagegen zeigt die Tatsache, dass ein freilebender Vogel, dessen Brut zerstört wurde, eine neue beginnt, für Buffon Folgendes:

> [...] l'oiseau [...] démontre par un nouveau produit que ses puissances pour la génération n'étoient que suspendues et point épuisées, et qu'il ne se privoit des plaisirs qui la précèdent, que pour satisfaire au devoir naturel du soin de sa famille. Le devoir l'emporte donc encore ici sur la passion, et l'attachement sur l'amour; l'Oiseau [...] renonce aux plaisirs de l'amour, quoique très en état d'en jouir. (Bd. VII, S. 55)

---

364 Roger, *Buffon*, S. 382.

365 Dimier, a.a.O., S. 55.

366 Roger, *Sciences*, S. 559.

Buffon beschließt den *Discours sur la nature des oiseaux* dann auch mit einem Fazit aus der Liebe der Vögel:

> Nous verrons [...] qu'étant forcés de s'occuper en commun des soins de leur famille, et même de travailler d'avance à la construction de leur nid, ils prennent un fort attachement l'un pour l'autre, qui devient leur affection dominante, et se répand ensuite sur leurs petits: que ce sentiment doux tempère les passions violentes, modère même celle de l'amour, et fait la chasteté, la pureté de leurs mœurs et la douceur de leur naturel; que quoique plus riches en fonds d'amour qu'aucuns animaux, ils dépensent à proportion beaucoup moins, ne s'excèdent jamais, et savent subordonner leurs plaisirs à leurs devoirs; qu'enfin cette classe d'êtres légers que la Nature paroît avoir produits dans sa gaieté, peut néanmoins être regardée comme un peuple sérieux, honnête, dont on a eu raison de tirer des fables morales et d'emprunter des exemples utiles. (Bd. VII, S. 58)

Buffon distanziert sich also keineswegs von den vor der *Histoire naturelle des oiseaux* geschriebenen Werken, in denen Vögel dazu benutzt werden, Lehren für Menschen auszudrücken.[367]

Weiterhin wird durch den Relativsatz „que la Nature paroît avoir produits dans sa gaieté" deutlich, dass der Natur schöpfende Funktion zugewiesen wird. Wie oft in der *Histoire naturelle* wird der christliche Gott nicht ausdrücklich negiert, tritt aber in den Hintergrund. „La puissance créatrice passe de Dieu à la Nature qui conquiert ainsi son indépendance."[368]

4.6 Die Beschreibungen der Vögel

Auf den *Plan de l'ouvrage* und den *Discours sur la nature des oiseaux* folgen in der *Histoire naturelle des oiseaux* neben den zahlreichen Monographien auch wenige theoretische Abhandlungen über größere Vogelgruppen: *Les oiseaux de proie, Les oiseaux de proie nocturnes, Les oiseaux qui ne peuvent voler, Les Perroquets* und *Les oiseaux aquatiques*.[369] Diese sind den entsprechenden Monographien vorangestellt.

Die Monographien selbst beinhalten wie bei den Vierfüßlern eine Beschreibung der Vögel und stellen deren Geschichte dar, wie im *Premier Discours* gefordert.[370] Dabei werden entsprechend den Ausführungen im *Plan de l'ouvrage* mehrere Arten in einem Artikel zusammengefasst. Häufig ist die Vorgehensweise dabei die Folgende: Buffon und Montbeillard

367 Farber, *emergence*, S. 4.

368 Simone Goyard-Fabre, „L'Histoire naturelle de Buffon", in: Dies., *La Philosophie des Lumières en France*, Paris 1972, S. 172–182, Zitat S. 176.

369 Buffon, *Œuvres philosophiques*, S. 523.

370 Dimier, a.a.O., S. 62.

> [...] grouped birds into families, described one species in detail and then merely indicated the distinguishing characters of closely related forms. The species described in detail was not necessarily to be considered as closest to the primitive stock, but the group as a whole was intended to be thought of as a related set.[371]

Zu den einzelnen Arten werden oft noch Varietäten angegeben.

Die Familien werden nach Lebensgewohnheiten geordnet, zum Beispiel danach, ob es sich um Land- oder Wasservögel handelt.[372]

Die Anordnung der Vögel beruht also nicht mehr wie anfangs die der Vierfüßler auf dem Bezug zum Menschen, sondern auf ihren Beziehungen untereinander.[373]

Ein Beispiel für einen solchen Aufbau einer Monographie ist die über den Kolibri. Auf einige allgemeine Aussagen über Kolibris (Bd. VIII, S. 285–287) folgt eine genauere Beschreibung des *Colibri topaze* (Bd. VIII, S. 287f.). Der Artikel über die Aras beispielsweise ist etwas anders aufgebaut. Außer den Informationen, die für alle Aras gelten, werden vier Araarten unterschieden und beschrieben, von denen zwei auch noch Varietäten haben (Bd. VIII, S. 38–50). Die Aras werden unter der Gruppe der Papageien des neuen Kontinents beschrieben.

Wie wichtig die Frage der Ordnung der Vögel für Buffon, Montbeillard und Bexon ist, wird an ihrer Korrespondenz deutlich, in der sie diese Frage wiederholt für die jeweiligen Vögel thematisieren.[374]

Die Reihenfolge einiger wichtiger in der *Histoire naturelle des oiseaux* dargestellter Vogelgruppen ist die Folgende: Die Artikel beginnen mit den Raubvögeln, den Eulen und den flugunfähigen Vögeln im ersten Band. Im zweiten Band folgen die Hühnervögel und Tauben. Ab dem dritten Band werden die Sperlingsvögel beschrieben. Kolibris, Papageien, Kuckucke und Segler werden im sechsten Band behandelt. Im siebten Band folgen Spechte und der Beginn der Artikel über die Wasservögel, zunächst solche, die man heute als Schreitvögel und Kraniche bezeichnet, dann Pelikane, Kormorane, Möwen und Flamingos. Im letzten, neunten Band werden Gänsevögel, Albatrosse und Pinguine dargestellt.[375]

---

371 Farber, *emergence*, S. 22.

372 Farber, *emergence*, S. 22.

373 Roger, *Sciences*, S. 567.

374 Buffon, *Correspondance*, Bd. I, S. 360, 376f., 388, 391f., 420, 447, Bd. II, S. 5, 70f., 87, 122.

375 Buffon, *Œuvres philosophiques*, S. 523.

5 Die Charakterisierung der Tiere in den Monographien

5.1 Name und Klassifikation der Tiere

Das erste Problem, das sich bei der Taxonomie für Buffon ergibt, ist schon die Identifikation der beschriebenen Arten. Nicht nur die außereuropäischen Tiere, die im 18. Jahrhundert langsam bekannt werden, sind von den einzelnen Autoren unter verschiedenen Namen charakterisiert worden.[376] In den Artikeln der *Histoire naturelle* wird diese Schwierigkeit hervorgehoben. Buffon schreibt zum Beispiel in der Abhandlung über die Raubvögel: „Aldrovande remarque avec raison que la plupart des erreurs en Histoire Naturelle, sont venues de la confusion des noms“ (Bd. IX, S. 110) und Montbeillard schreibt am Anfang der Monographie über die *outarde*:

> LA première chose que l'on doit se proposer lorsqu'on entreprend d'éclaircir l'histoire d'un animal, c'est de démêler les différens noms qui lui ont été donnés dans tous les temps, et de distinguer autant qu'il est possible les espèces différentes auxquelles les mêmes noms ont été appliqués; c'est le seul moyen de tirer parti des connoissances des anciens et de les lier utilement aux découvertes des modernes, et par conséquent de faire de véritables progrès en Histoire Naturelle. (Bd. VII, S. 283)

Ein Beispiel für diese Vorgehensweise bei Montbeillard findet man im Artikel über die *gélinotte*:

> TOUT ce que dit Varron de sa poule rustique ou sauvage, convient très-bien à la Gélinotte, et Belon ne doute pas que ce ne soit la même espèce; c'étoit, selon Varron, un oiseau d'une grande rareté à Rome, qu'on ne pouvoit élever que dans des cages, tant il étoit difficile à apprivoiser, et qui ne pondoit presque jamais dans l'état de captivité; et c'est ce que Belon et Schwenckfeld disent de la Gélinotte [...]. (Bd. VII, S. 181)

„Il est difficile aujourd'hui d'imaginer le travail qu'a exigé la rédaction de l'*Histoire naturelle*, ne fût-ce que pour identifier les animaux“.[377]

Am Beispiel der Hyäne erkennt man, dass selbst sehr verschiedene Tiere verwechselt wurden:

> ARISTOTE nous a laissé deux notices au sujet de l'Hyène, qui seules suffiroient pour faire reconnoître cet animal et pour le distinguer de tous les autres; néanmoins les voyageurs et les Naturalistes l'ont confondu avec quatre autres animaux, dont les espèces sont toutes quatre différentes en-

[376] Höhne, a.a.O., S. 76.

[377] Roger, *Buffon*, S. 359.

tr'elles et différentes de celle de l'Hyène. Ces animaux sont le chacal, le glouton, la civette et le babouin, qui tous quatre sont carnassiers et féroces comme l'Hyène, et qui ont chacun quelques petites convenances et quelques rapports particuliers avec elle, lesquels ont donné lieu à la méprise et à l'erreur. (Bd. V, S. 293)

Buffon beschreibt diese Übereinstimmungen von Aussehen, Verhalten und Verbreitung, die zur Verwechslung führten, betont dann jedoch die jeweiligen Unterschiede (Bd. V, S. 293–295). Ein Sonderfall ist die Verwechslung mit dem Pavian:

> A l'égard du babouin qui est le *papio* des Latins, il n'a été pris pour l'Hyène que par une équivoque des noms, à laquelle un passage de Léon l'Africain, copié par Marmol, semble avoir donné lieu. Le dabuh, disent ces deux auteurs, est de la grandeur et de la forme du loup; il tire les corps morts des sépultures. La ressemblance de ce nom *dabuh* avec *dubbah*, qui est celui de l'Hyène, et cette avidité pour les cadavres, commune au dabuh et au dubbah, les a fait prendre pour le même animal, quoiqu'il soit dit expressément dans les mêmes passages que nous venons de citer, que le dabuh a des mains et des pieds comme l'homme, ce qui convient au babouin et ne peut convenir à l'Hyène. (Bd. V, S. 295)

An dieser Stelle folgt eine Darstellung von Aussehen, Verhalten und Verbreitung der Hyäne: „Au reste, les caractères de l'Hyène sont si marqués, et même si singuliers, qu'il est fort aisé de ne pas s'y méprendre; [...]" (Bd. V, S. 295f.).

Bei manchen Tieren gibt es mehr Arten als zunächst erkannt. Man hatte zwei Fledermausarten identifiziert. Daubenton hat gezeigt, dass es sieben gab. „Buffon les décrit, gravures à l'appui".[378] Außerdem treten neue Arten auf, zum Beispiel die Wanderratte.[379]

Besonders bei den exotischen Tieren gibt es große Unklarheiten bei den Namen: „Quant aux animaux exotiques, la nécessité de donner à chaque espèce un ‚nom particulier' soulève un autre problème. Les voyageurs européens ont donné à des animaux du Nouveau Monde des noms qu'ils connaissaient, ce qui conduit à une immense confusion."[380] „Les voyageurs ont cédé à la facilité en utilisant des noms européens et les nomenclateurs ont tout embrouillé en proposant leurs propres dénominations."[381] Buffon erklärt im Zusammenhang damit, dass Puma und Löwe verwechselt wurden, warum viele Tiere Amerikas falsche Namen tragen:

> Lorsque les Européens en firent la découverte, ils trouvèrent en effet que tout y étoit nouveau, les animaux quadrupèdes, les oiseaux, les poissons, les insectes, les plantes; tout parut inconnu, tout se trouva différent de ce qu'on avoit vu jusqu'alors. Il fallut cependant dénommer les principaux ob-

---

378 Roger, *Buffon*, S. 356.
379 Roger, *Buffon*, S. 356.
380 Roger, *Buffon*, S. 362.
381 Roger, *Buffon*, S. 363.

jets de cette nouvelle nature; les noms du pays étoient pour la plupart barbares, très-difficiles à prononcer et encore plus à retenir, on emprunta donc des noms de nos langues d'Europe, et sur-tout de l'espagnole et de la portugaise. Dans cette disette de dénominations, un petit rapport dans la forme extérieure, une légère ressemblance de taille et de figure suffirent pour attribuer à ces objets inconnus les noms des choses connues; [...]. (Bd. V, S. 249)

Dann erläutert Buffon die Unterschiede zwischen Puma und Löwe (Bd. V, S. 250) und folgert: „caractères assez nombreux et assez essentiels pour faire cesser l'équivoque du nom, et pour que dans la suite on ne confonde plus le puma d'Amérique avec le vrai lion, le lion de l'Afrique et de l'Asie" (Bd. V, S. 250f.).

Während die Identifikation der in der Literatur beschriebenen Arten ein primäres Problem ist, ist ein Ziel der Charakterisierung der Tiere, dass der Leser aufgrund der *Histoire naturelle* in der Lage sein soll, die Tiere in der Natur zu identifizieren. Beispielsweise zählt Buffon die Charakteristika der fünf von ihm unterschiedenen Eulenarten auf und sagt darüber: „Ces caractères se trouveront vrais en général; et en les réunissant ensemble et les comparant, je crois que tout le monde pourra reconnoître les espèces sans s'y méprendre" (Bd. IX, S. 128).

Die Identifikation der Tierarten ist also so gesehen sowohl Ausgangspunkt als auch Ziel der *Histoire naturelle*.

Um so erstaunlicher ist es, dass Buffon die französischen Namen der Tiere benutzt, bei denen Fehler bezüglich der Identifikation und Klassifikation möglich sind.[382] Hier wird deutlich, dass er nicht versteht, dass die lateinische binäre Nomenklatur eine eindeutige Identifikation und Klassifikation ermöglicht. Zwar erkennt Buffon sehr richtig einige Kritikpunkte am System Linnés, aber er sieht nicht die Bedeutung der von Linné eingeführten binären Nomenklatur. Diese Art der Bezeichnung der Lebewesen setzt sich in der ganzen Biologie durch und ist bis zur Gegenwart Grundprinzip der Taxonomie.[383] Durch die binäre Nomenklatur wird „die umständliche Beschreibung durch viele Adjektive und lange Phrasen abgelöst, die eine Identifizierung und internationale Kommunikation erschwert hatten".[384]

Linné schlägt seine binäre Nomenklatur 1758 vor. Das Nomen bezeichnet die Gattung, und die Art wird durch ein Adjektiv angegeben. Damit vereinfacht Linné nur eine schon gängige Praxis. Man definiert die Art durch die Gattung und nicht die Gattung als eine Zusammenfassung von Arten. Die erste Einheit ist also die Gattung, die Art ist nur eine untergeordnete Unterteilung.[385] Für Buffon dagegen ist die Art die erste Einheit.

---

[382] Elsa Guerdrum Allen, „The History of American Ornithology before Audubon", in: *Transactions of the American Philosophical Society* 41 (1951), S. 387–591, hier: S. 499.

[383] Jahn, *Geschichte*, S. 239.

[384] Jahn, *Geschichte*, S. 239.

[385] Roger, *Buffon*, S. 407f.

Manche der von Buffon und Montbeillard benutzten Namen erinnern an das im *Premier discours* vorgeschlagene System der Ergänzung von charakterisierenden Adjektiven, zum Beispiel „sajou brun“, „sajou gris“ und „sajou nègre“ (Bd. VI, S. 217). Deutlicher wird dieses Prinzip noch bei einigen Vogelnamen wie beispielsweise „Tetras ou grand Coq de bruyère“ und „petit Tetras ou Coq de bruyère à queue fourchue“, „Gélinotte“ und „grosse Gélinotte du Canada“ (Bd. VII, S. V) und besonders „Alouette“, „grosse Alouette“ und „grosse Alouette huppée“ (Bd. VIII, S. VI). Diese Namensgebung wird aber nicht systematisch durchgeführt. Wichtiger ist, dass die Attribute Eigenschaften der Tiere wiedergeben[386].

Auch bei nicht mit Adjektiven gebildeten Namen kommt es Buffon und Montbeillard darauf an, dass der Leser schon aufgrund des Namens eine gewisse Vorstellung des beschriebenen Tieres bekommt. Montbeillard schreibt zum Beispiel am Anfang der Monographie über den *engoulevent*:

> LORSQU'IL s'agit de nommer un animal, ou, ce qui revient presqu'au même, de lui choisir un nom parmi tous les noms qui lui ont été donnés, il faut, ce me semble, préférer celui qui présente une idée plus juste de la nature, des propriétés, des habitudes de cet animal, et sur-tout rejeter impitoyablement ceux qui tendent à accréditer de fausses idées, et à perpétuer des erreurs. (Bd. VIII, S. 305)

Dies ist auch ein Grund, warum Buffon und Montbeillard die lateinischen Namen ablehnen. Über den Namen *touyou* schreibt Montbeillard nämlich: „[...] j'ai préféré ce nom barbare aux dénominations scientifiques qui trop souvent ne sont propres qu'à donner de fausses idées, et aux nom nouveaux qui n'indiquent aucun caractère, aucun attribut essentiel de l'être auquel on les applique“ (Bd. VII, S. 272).

Sicherlich kann sich der gebildete Laie mehr unter den französischen Namen vorstellen. Das bedeutet aber nicht, dass die wissenschaftlichen Namen immer falsche oder gar keine Eigenschaften der Tiere angeben. Hier zeigt die weitere Entwicklung der Biologie, dass Buffon und Montbeillard sich unzweckmäßig entschieden hatten.

Buffon legt wie in der klassischen Rhetorik Wert darauf, dass der Leser sich den Namen des Tieres einprägt.[387] Daher werden auch bekannte Namen erläutert, wie beispielsweise beim Vielfraß: „LE Glouton ainsi nommé à cause de son insatiable voracité“ (Bd. V, S. 311). Auch der Vampir wird nach seinem charakteristischen Verhalten der Nahrungsaufnahme benannt:

> ON trouve dans les pays les plus chauds du nouveau monde un quadrupède volant dont on ne nous a pas transmis le nom américain, et que nous appellerons Vampire, parce qu'il suce le sang des hommes et des animaux

[386] Roule, a.a.O., S. 172.

[387] Pierre Lazlo, „Buffon et Balzac: variations d'un modèle descriptif“, in: *Romantisme* XVII, 58 (1987), S. 67–80, hier S. 73.

> qui dorment, sans leur causer assez de douleur pour les éveiller. (Bd. VI, S. 116)

Die fünf von Buffon unterschiedenen Lamantinarten werden nach ihrer Herkunft benannt:

> Nous connaissons cinq espèces de Lamantins; la première est le grand lamantin de Kamtschatka; elle se trouve en assez grand nombre dans les mers orientales au-delà de Kamtschatka, sur-tout aux environs de l'île Bering [...].
>
> La seconde espèce est celle du grand lamantin des Antilles, que nous appelons de ce nom, parce qu'elle paroît se trouver encore aujourd'hui aux environs de ces îles, quoiqu'elle y soit néanmoins devenue rare depuis qu'elles sont bien peuplées. [...]
>
> Le grand lamantin de la mer des Indes, qui est le troisième lamantin [...].
>
> La quatrième espèce, plus petite que les trois précédentes, est en même temps plus nombreuse et plus répandue que la seconde dans les climats chauds du nouveau monde. Nous la distinguons sous le nom de petit lamantin d'Amérique. [...]
>
> La cinquième espèce, le petit lamantin du Sénégal [...]. (Bd. VI, S. 329–338)

Den Namen „mouffettes" wählt Buffon aufgrund des Gestanks dieser Tiere: „une odeur si forte et si mauvaise qu'elle suffoque, comme la vapeur souterraine qu'on appelle mouffette" (Bd. VI, S. 111).[388]

Die von Daubenton neu entdeckten Fledermausarten[389] müssen benannt werden. Buffon unterscheidet von der „chauve-souris proprement dite" die folgenden Arten: „oreillar", „noctule", „serotine", „pipistrelle", „barbastelle" und „fer-à-cheval" (Bd. IV, S. 389f.), „s'inspirant tantôt d'une particularité morphologique de l'animal, tantôt de noms italiens".[390]

Auch die Namen mancher Affen beziehen sich auf deren Aussehen, zum Beispiel: „Celui que nous appelons ici l'aigrette, parce qu'il a sur le sommet de la tête un épi ou aigrette de poil" (Bd. VI, S. 193). An diesem Beispiel sieht man jedoch auch, wie leicht die französischen Namen zu Verwechslungen führen können, denn heute werden mit dem Signifiant „aigrette" verschiedene Reiherarten bezeichnet.

Besonders die Namen der Vögel in der *Histoire naturelle* beziehen sich auf ganz unterschiedliche Eigenschaften wie Aussehen, Stimme, Geruch, Nahrung, Habitat, Herkunft und auch oft Verhalten. Montbeillard schreibt beispielsweise über den *roitelet*: „[...] il est roi puisque la Nature lui a donné une couronne, et le diminutif ne convient à aucun autre de nos oiseaux d'Europe autant qu'à celui-ci, puisqu'il est le plus petit de tous" (Bd. VIII, S. 244). Buffon nennt eine neue Art

388 Dimier, a.a.O., S. 191.
389 Roger, *Buffon*, S. 362.
390 Roger, *Buffon*, S. 362.

„barbican“, denn „Cet oiseau [...] tient du barbu et du toucan“ (Bd. VII, S. 418).[391] Am Anfang des Artikels über den *courlis* wird deutlich, dass Buffon onomatopoetische Namen schätzt:

> LES noms composés des sons imitatifs de la voix, du chant, des cris des animaux, sont pour ainsi dire les noms de la Nature, ce sont aussi ceux que l'homme a imposés les premiers: les langues sauvages nous offrent mille exemples de ces noms donnés par instinct; et le goût qui n'est qu'un instinct plus exquis, les a conservés plus ou moins dans les idiômes des peuples policés, et surtout dans la langue grecque plus pittoresque qu'aucune autre, puisqu'elle peint même en dénommant. Les noms françois *Courlis, Curlis, Turlis*, sont des noms imitatifs de sa voix, et dans d'autres langues, ceux de *Curlew, Caroli, Tarlino*, s'y rapportent de même. (Bd. IX, S. 238)

Über den *canard musqué* schreibt Buffon: „LE Canard est ainsi nommé parce qu'il exhale une assez forte odeur de musc.“ (Bd. IX, S. 196). Über die *linotte* liest man: „Le nom seul de ces oiseaux indique assez la nourriture qui leur convient: on ne les a nommés linottes (*Linariae*) que parce qu'ils aiment la graine de lin“ (Bd. VIII, S. 103) und beim *merle de roche*: „LE nom de cet oiseau indique assez les lieux où il faut le chercher“ (Bd. VIII, S. 205). Über den Fasan schreibt Montbeillard: „IL suffit de nommer cet oiseau pour se rappeler le lieu de son origine. Le Faisan, c'est-à-dire l'oiseau du Phase“ (Bd. VII, S. 141). In der Monographie über die *lavandière* schreibt Buffon:

> Ces oiseaux [...] viennent pour ainsi dire battre la lessive avec les laveuses, tournant tout le jour à l'entour de ces femmes, s'en approchant familièrement, recueillant les miettes que parfois elles leur jettent, et semblant imiter du battement de leur queue, celui qu'elles font pour battre leur linge: habitude qui a fait donner à cet oiseau le nom de Lavandière. (Bd. VIII, S. 255)

Bei Tieren, die in Frankreich nicht heimisch sind, werden oft die Namen übernommen, die die Eingeborenen den Tieren gegeben haben, wie zum Beispiel beim Tukan:

> Le nom même de toucan signifie plume en langue brasilienne, et les naturels de ce pays ont appelé toucan tabouracé, l'oiseau dont ils prenoient les plumes pour se faire les parures qu'ils ne portoient que les jours de fêtes. *Toucan tabouracé* signifie *plumes pour danser*. (Bd. VII, S. 368)

Durch die Verwendung der Namen, die die Tiere in ihren Herkunftsländern tragen, sollen falsche Vorstellungen vermieden werden, wie beispielsweise beim *polatouche*:

> NOUS avons mieux aimé conserver à cet animal le nom qu'il porte dans son pays natal, que d'adopter les noms vagues et précaires que lui ont donnés les Naturalistes; ils l'ont appelé rat-volant, écureuil-volant, loir-volant,

[391] Gayon, a.a.O., S. 259.

> rat de Pont, rat de Scythie. Nous exclurons tant que nous pourrons, de l'Histoire Naturelle, ces dénominations composées, parce que la liste de la Nature, pour être vraie, doit être tout aussi simple qu'elle. Le Polatouche est d'une espèce particulière, qui se rapproche seulement par quelques caractères de celles de l'écureuil, du loir et du rat [...]. (Bd. V, S. 210)
>
> Buffon crée ou adopte ainsi toute une série de noms étrangers qu'il francise en général avec bonheur, et qui sont souvent entrés dans la langue: le „tamanoir" et le „cabiai", le „coati" et l'„agouti", le „gibbon", le „jaguar", le „couguar" et beaucoup d'autres figurent encore dans les dictionnaires à la fin du XIXe siècle. D'autres ont disparu, certains sont toujours vivants. Parallèlement, d'ailleurs, ces noms exotiques entraient dans d'autres langues européennes, pour les mêmes raisons. Buffon a donc enrichi la langue française. Il a même failli inventer le „raton-laveur": il propose „raton" pour traduire l'anglais *rattoon* ou *rackoon*, et remarque bien que l'animal, qu'il a observé vivant, a l'habitude de tremper dans l'eau tout ce qu'il mange. Le raton-laveur ne prendra son nom complet que lorsqu'on voudra le distinguer d'une espèce voisine, le raton-crabier.[392]

Wenn einmal übliche Namen eine falsche Vorstellung eines Tieres evozieren, wird in den entsprechenden Artikeln auf diese Problematik hingewiesen, zum Beispiel beim Stachelschwein:

> Il ne faut pas que le nom de Porc-épineux qu'on a donné à cet animal dans la plupart des langues d'Europe nous induise en erreur et fasse imaginer que le Porc-épic soit en effet un cochon chargé d'épines, car il ne ressemble au cochon que par le grognement; par tout le reste il en diffère autant qu'aucun autre animal, tant pour la figure que pour la conformation intérieure [...]. (Bd. V, S. 221)

Ein Beispiel hierfür bei den Vögeln ist der *rossignol de muraille*: „[...] ce n'est point un rossignol, quoiqu'il en porte le nom; [...] cependant nous sommes forcés par l'usage de lui laisser la dénomination de Rossignol de muraille, qui a été généralement adoptée par les oiseleurs et les Naturalistes" (Bd. VIII, S. 150).

Auch wenn Buffon die binäre Nomenklatur selbst nicht benutzt, gibt er sie als Synonym an. Daneben werden ab der *Histoire naturelle du cerf* (1756) andere Namen, die Naturwissenschaftler der Antike und der Moderne den Tieren gegeben haben, erwähnt,[393] ebenso wie Namen, die in einer bestimmten Region Frankreichs benutzt werden.[394] Dies ermöglicht dem Leser der *Histoire naturelle*, sich trotz der unterschiedlichen Namen in der Literatur zurechtzufinden. Außerdem werden Namen in anderen Sprachen angegeben, neben griechischen und lateinischen Namen auch beispielsweise deutsche, italienische und spanische.[395] Die Tatsache, dass in einem bestimmten Land oder zu einer bestimmten Zeit ein Name für ein Tier existiert, ist zur Zeit der Entstehung der *Histoire*

---

[392] Roger, *Buffon*, S. 364. – Bd. VI, S. 103f.

[393] Roger, *Buffon*, S. 360f.

[394] Muséum, a.a.O., S. 64.

[395] Roger, *Buffon*, S. 361.

naturelle noch ein Hinweis darauf, dass das Tier dort auch lebt.[396] Buffon spricht diesen Sachverhalt beim Namen des Büffels an:

> [...] le Buffle et le bœuf. Quoique le premier soit aujourd'hui commun en Grèce, et domestique en Italie, il n'étoit connu ni des Grecs ni des Romains; car il n'a jamais eu de nom dans la langue de ces peuples; le mot même de buffle indique une origine étrangère, et n'a de racine ni dans la langue grecque ni dans la latine; en effet, cet animal est originaire des pays les plus chauds de l'Afrique et des Indes, et n'a été transporté et naturalisé en Italie que vers le septième siècle. (Bd. V, S. 100f.)

Nach der Identifikation der beschriebenen Tiere und schon im Zusammenhang mit der Namensgebung stellt sich für Buffon das Problem der Klassifikation.

Dieser Einteilung der Tiere entspricht auch die Reihenfolge, in der sie in der *Histoire naturelle* charakterisiert werden.

Während Buffon 1749 im *Premier discours* noch davon ausgeht, die Tiere gemäß ihrer Bedeutung für den Menschen einzuteilen und dementsprechend zunächst das Pferd und nach dem Pferd den Hund darzustellen (Bd. II, S. 29), erscheint 1753 im vierten Band der *Histoire naturelle* nach der Monographie über das Pferd, das tatsächlich als erstes Tier charakterisiert wird, der Artikel über den Esel[397], der mit dem Pferd näher verwandt ist als der Hund. Buffon erkennt zwar, dass der Esel dem Pferd gleicht, schließt aber zu diesem Zeitpunkt eine Verwandtschaft verschiedener Arten grundsätzlich aus: „La ressemblance, tant extérieure qu'intérieure, fût-elle dans quelques animaux encore plus grande qu'elle ne l'est dans le cheval et dans l'Ane, ne doit donc pas nous porter à confondre ces animaux dans la même famille, non plus qu'à leur donner une commune origine" (Bd. IV, S. 91). Buffon geht davon aus, dass die kleinen Arten zahlreicher und näher beieinander sind. Hieraus ergibt sich „qu'on est d'autant plus tenté de les confondre ensemble dans une même famille, qu'elles nous embarrassent et nous fatiguent davantage par leur multitude et par leur petites différences" (Bd. IV, S. 92). Sein Fazit lautet jedoch:

> [...] mais il ne faut pas oublier que ces familles sont notre ouvrage; que nous ne les avons faites que pour le soulagement de notre esprit; que s'il ne peut comprendre la suite réelle de tous les êtres, c'est notre faute, et non pas celle de la Nature, qui ne connoît point ces prétendues familles, et ne contient en effet que des individus. (Bd. IV, S. 92)

Der Leser wird also darüber informiert, dass Buffon, wenn er von Familien oder Gattungen spricht, dies nur aus Bequemlichkeit tut.[398]

Buffon ist der Meinung, die Natur kenne nur die Einheit der Art, aber keine höheren Taxa (Bd. IV, S. 93f.), daher will er diese auch in der *Histoire naturelle* nicht verwenden: „Nous ne diviserons pas les êtres autrement qu'ils le sont en

---

396 Roger, *Buffon*, S. 361.

397 Buffon, *Œuvres philosophiques*, S. 522.

398 Roger, *Buffon*, S. 424.

effet; chaque espèce [...] sera considérée à part et traitée séparément, et nous ne nous servirons des familles, des genres, des ordres et des classes pas plus que ne s'en sert la Nature" (Bd. IV, S. 94).

Buffon erläutert 1755[399] zum Beispiel, warum das Schwein nicht in bestehende Systeme eingeordnet werden kann (Bd. IV, S. 171f.), und folgert:

> Enfin il est en tout d'une nature équivoque, ambiguë, ou pour mieux dire il paroît tel à ceux qui croient que l'ordre hypothétique de leurs idées fait l'ordre réel des choses, et qui ne voient dans la chaîne infinie des êtres que quelques points apparens auxquels ils veulent tout rapporter. (Bd. IV, S. 172)

Die vom Menschen vorgenommenen Einteilungen können nach Buffon also nicht alle Arten der Kette der Wesen erfassen.

> Ce n'est point en resserrant la sphère de la Nature et en la renfermant dans un cercle étroit, qu'on pourra la connaître; [...]. Au lieu de resserrer les limites de sa puissance, il faut les reculer, les étendre jusque dans l'immensité; il faut ne rien voir d'impossible, s'attendre à tout et supposer que tout ce qui peut être, est. Les espèces ambiguës [...] remplissent les intervalles de la chaîne, ils en forment les nœuds, les points intermédiaires, ils en marquent aussi les extrémités [...]. (Bd. IV, S. 172f.)

Im Artikel über die Ratte macht Buffon 1758[400] deutlich, dass die Benennung von Gattungen für ihn einen Rückschritt, eine „régression épistémologique"[401] darstellt. Nach Buffons Vorstellung haben die primitiven Völker zunächst nur allgemeine Bezeichnungen gekannt. Genauere Bezeichnungen, zum Beispiel für einzelne Baumarten, gab es erst, als die Menschen die Natur besser kannten (Bd. IV, S. 360f.).

> Lorsqu'on nous la présente donc aujourd'hui par des dénominations générales, c'est-à-dire, par des genres, c'est nous renvoyer à l'ABC de toute connoissance, et rappeler les ténèbres de l'enfance des hommes: l'ignorance a fait les genres, la science a fait et fera les noms propres, et nous ne craindrons pas d'augmenter le nombre des dénominations particulières, toutes les fois que nous voudrons désigner des espèces différentes.
>
> L'on a compris et confondu sous ce nom générique de Rat, plusieurs espèces de petits animaux; nous ne donnerons ce nom qu'au rat commun [...]. (Bd. IV, S. 361)

„On ne saurait refuser plus nettement les fondements mêmes de la classification."[402]

Im Gegensatz hierzu bezeichnet Buffon selbst 1765[403] den Hamster als Ratte (Bd. V, S. 319).

---

399 Buffon, *Œuvres philosophiques*, S. 522.
400 Buffon, *Œuvres philosophiques*, S. 522.
401 Roger, *Buffon*, S. 424.
402 Roger, *Buffon*, S. 424.

1761[404] in der Monographie über den Löwen unterscheidet Buffon dann noble und weniger noble Arten. Der Löwe sei eine noble Art, weil sie allein stehe, das Pferd sei weniger nobel, weil es als benachbarte Art den Esel gebe. Hund, Wolf, Fuchs und Schakal bilden für Buffon nun eine Familie.[405] Eine größere Artenzahl sieht Buffon bei den Kaninchen, Wieseln und Ratten (B. V, S. 245f.). Bei den Insekten schließlich sei man gezwungen, sie zusammenzufassen:

> Enfin dans les insectes, qu'on doit regarder comme les espèces infimes de la Nature, chacune est accompagnée de tant d'espèces voisines, qu'il n'est plus possible de les considérer une à une, et qu'on est forcé d'en faire un bloc, c'est-à-dire un genre, lorsqu'on veut les dénommer.[406] C'est-là la véritable origine des méthodes, qu'on ne doit employer en effet que pour les dénombremens difficiles des plus petits objets de la Nature, et qui deviennent totalement inutiles et même ridicules lorsqu'il s'agit des êtres du premier rang. Classer l'homme avec le singe, le Lion avec le chat, dire que le Lion est un chat à crinière et à queue longue, c'est dégrader, défigurer la Nature au lieu de la décrire et de la dénommer. (Bd. V, S. 246f.)

Bei größeren Tieren ist Buffon also weiterhin gegen die Zusammenfassung von Arten zu höheren Taxa.

1763[407] lehnt Buffon die Bezeichnung „lézards écailleux" für die Schuppentiere ab, „parce qu'elle a été mal imaginée ces animaux étant non-seulement d'un autre genre, mais d'une autre classe que les lézards qui sont des reptiles ovipares, au lieu que le Pangolin et le Phatagin sont des quadrupèdes vivipares" (Bd. V, S. 225). Hier unterscheidet Buffon wie in der heutigen Systematik die Klassen der Säugetiere und der Reptilien.

Die Gürteltiere fasst Buffon 1763[408] zusammen: „Les Tatous font eux seuls un genre entier dans lequel on peut compter plusieurs espèces" (Bd. VI, S. 79). Aufgrund ihrer Körperbedeckungen bilden die Gürteltiere für Buffon einen Übergang zu den Krebsen, die Schuppentiere zu den Fischen und die Stachelschweine zu den Vögeln (Bd. VI, S. 78). Am Beispiel der Gürteltiere, deren Körperoberfläche nicht wie die der meisten Vierfüßler mit einem Fell bedeckt ist, betont Buffon wie im *Premier discours*, dass die Tiere nicht nur nach einem Merkmal eingeteilt werden dürfen, sondern dass alle Merkmale berücksichtigt werden müssen (Bd. VI, S. 77f.). Seine Kritik an den Klassifikationen ist dabei ausgesprochen polemisch:

> Une bonne description et jamais de définitions, une exposition plus scrupuleuse sur les différences que sur les ressemblances, une attention parti-

---

403 Buffon, *Œuvres philosophiques*, S. 522.

404 Buffon, *Œuvres philosophiques*, S. 522.

405 Diese Tiere gehören auch nach heutiger Systematik zur Familie der Canidae.

406 Diese Einschätzung Buffons ist falsch. Selbstverständlich können die Insektenarten einzeln benannt werden.

407 Buffon, *Œuvres philosophiques*, S. 522.

408 Buffon, *Œuvres philosophiques*, S. 522.

culière aux exceptions et aux nuances même les plus légères, sont les vraies règles, et j'ose dire les seuls moyens que nous ayons de connoître la nature de chaque chose; et si l'on eût employé à bien décrire tout le temps qu'on a perdu à définir et à faire des méthodes, nous n'eussions pas trouvé l'Histoire Naturelle au berceau, nous aurions moins de peine à lui ôter ses hochets, à la débarrasser de ses langes; nous aurions peut-être avancé son âge, car nous eussions plus écrit pour la science et moins contre l'erreur. (Bd. VI, S. 78).

1764[409] in der Monographie über den Mufflon akzeptiert Buffon den Begriff „genre" für die Haustiere.[410]

> Autant il nous a paru nécessaire, en composant l'histoire des animaux sauvages, de les considérer en eux-mêmes un à un et indépendamment d'aucun genre, autant nous croyons au contraire qu'il faut adopter, étendre les genres dans les animaux domestiques, et cela parce que dans la Nature il n'existe que des individus et des suites d'individus, c'est-à-dire des espèces; que nous n'avons pas influé sur celles des animaux indépendans, et qu'au contraire nous avons altéré, modifié, changé celles des animaux domestiques. Nous avons donc fait des genres physiques et réels, bien différens de ces genres métaphysiques et arbitraires, qui n'ont jamais existé qu'en idée; ces genres physiques sont réellement composés de toutes les espèces que nous avons maniées, modifiées et changées; et comme toutes ces espèces différemment altérées par la main de l'homme, n'ont cependant qu'une origine commune et unique dans la Nature, le genre entier ne doit former qu'une espèce. (Bd. V, S. 121)
>
> La difficulté de ce texte, c'est qu'à quelques lignes d'intervalle le mot „espèce" est utilisé dans deux sens différents. Le „genre" rassemble des animaux différents, mais que l'on peut croiser et qui donne des petits féconds. Tous ces animaux appartiennent donc à la même „espèce" biologique, dont ils constituent des „variétés" ou des „races" lorsque ces variétés sont constantes. Ces races domestiques sont toutes issues du même „prototype" sauvage et se sont diversifiées sous l'effet d'une „dégénération" dont l'homme est responsable [...]. Et ce sont ces races que Buffon décide maintenant d'appeler „espèces", cependant que l'espèce biologique, à laquelle elles appartiennent toutes, devient un „genre".[411]

Der Sinn des Begriffs „genre" bei Buffon hat also nichts zu tun mit dem Sinn, den die Klassifikatoren dem Begriff geben.[412] Die Klassifikatoren werden von Buffon wieder in übertriebener Weise kritisiert:

> Je ne me lasserai jamais de répéter (vu l'importance de la chose) que ce n'est pas par de petits caractères particuliers que l'on peut juger la Nature, et qu'on doit en différencier les espèces; que les méthodes, loin d'avoir

[409] Buffon, *Œuvres philosophiques*, S. 522.
[410] Roger, *Buffon*, S. 426.
[411] Roger, *Buffon*, S. 426f.
[412] Roger, *Buffon*, S. 427.

éclairci l'histoire des animaux, n'ont au contraire servi qu'à l'obscurcir, en multipliant les dénominations, sans aucune nécessité; en faisant des genres arbitraires que la Nature ne connoît pas, en confondant perpétuellement les êtres réels avec des êtres de raison; en ne nous donnant que de fausses idées de l'essence des espèces; en les mêlant ou les séparant sans fondement, sans connoissance, souvent sans avoir observé, ni même vu les individus, et que c'est par cette raison que nos Nomenclateurs se trompent à tout moment, et écrivent presque autant d'erreurs que de lignes. (Bd. V, S. 122)

Buffon hat die traditionellen Klassifikationen nie akzeptiert.[413]

1765[414] kritisiert Buffon im Zusammenhang mit der Giraffe wieder deutlich die Methoden:

> Mais ces écoliers, qui n'ont que la gamme de leur maître dans la tête, ou plutôt dans leur poche, ne peuvent manquer de faire des fautes, des bévues, des omissions essentielles, parce qu'ils renoncent à l'esprit qui doit guider tout observateur, et qu'ils ne voient que par une méthode arbitraire et fautive, qui ne sert qu'à les empêcher de réfléchir sur la nature et les rapports des objets qu'ils rencontrent, et desquels ils ne font que calquer la description sur un mauvais modèle. Comme dans le réel tout est différent l'un de l'autre, tout doit aussi être traité différemment; un seul grand caractère bien saisi décide quelquefois, et souvent fait plus pour la connnoissance de la chose, que mille autres petits indices: dès qu'ils sont en grand nombre, ils deviennent nécessairement équivoques et communs, et dès-lors ils sont au moins superflus, s'ils ne sont pas nuisibles à la connoissance réelle de la Nature, qui se joue des formules, échappe à toute méthode, et ne peut être aperçue que par la vue immédiate de l'esprit, ni jamais saisie que par le coup-d'œil du génie. (Bd. V, S. 147f.)

Andererseits interessiert sich Buffon für die Beschaffenheit der Hörner der Giraffe, um zu entscheiden, zu welcher Gattung sie gehört (Bd. V, S. 146f.). Er diskutiert also nicht mehr, ob Gattungen existieren, sondern zu welcher die Giraffe gehört.[415]

Im gleichen Band[416] bemerkt Buffon auch: „Ces mots *phoqué*, *morse* et *lamantin*, sont plutôt des dénominations génériques que des noms spécifiques" (Bd. VI, S. 272) und zählt dann die jeweils zugehörigen Arten auf. Auf majestätische Art[417] schildert Buffon den Übergang von Land- zu Wassersäugetieren: „DANS le règne animal c'est ici que finissent les peuples de la terre et que commencent les peuplades de la mer; le Lamantin, qui n'est plus quadrupède, n'est pas entièrement cétacée" (Bd. VI, S. 324). In diesem Zusammenhang spricht Buffon wieder die Kette der Wesen an:

---

413 Roger, *Buffon*, S. 427.

414 Buffon, *Œuvres philosophiques*, S. 522.

415 Roger, *Buffon*, S. 425f.

416 Buffon, *Œuvres philosophiques*, S. 522.

417 Dimier, a.a.O., S. 302.

> Ces êtres mitoyens placés au-delà des limites de chaque classe, nous paroissent imparfaits, quoiqu'ils ne soient qu'extraordinaires et anomaux; car en les considérant avec attention, l'on s'aperçoit bientôt qu'ils possèdent tout ce qui leur étoit nécessaire pour remplir la place qu'ils doivent occuper dans la chaîne des êtres. (Bd. VI, S. 327f.)

Wie wichtig die Klassifikation der Tiere im Laufe der *Histoire des animaux quadrupèdes* für Buffon wird, zeigt sich sehr deutlich daran, dass 1766 im vierzehnten Band der *Histoire naturelle* die *Nomenclature des singes* erscheint[418].

Auch die im gleichen Band erscheinende Abhandlung *De la dégénération des animaux*[419] ist nicht in erster Linie eine Reflexion über den möglichen Umfang der künstlichen oder natürlichen Degeneration oder über die mögliche Fertilität von Bastarden, sondern der Entwurf einer neuen Klassifikation der Vierfüßler.[420] „Et le résultat du travail de Buffon sera en effet de réduire à trente-huit familles (c'est-à-dire à autant d'espèces biologiques) les deux cents espèces (au sens restreint) de quadrupèdes qu'il a décrites."[421]

> Dans ces familles, certaines sont représentées par une espèce unique, qui n'a jamais „dégénéré", ou qui a dégénéré si peu que ses „variétés" restent des variétés dans la nouvelle nomenclature. A la tête de ces „espèces isolées", il y a l'espèce humaine. [...] Parmi les quadrupèdes, les espèces isolées ont deux caractères communs: elles sont de grande taille (sauf une) et ont toujours vécu dans le même climat. Certaines ont des variétés, mais qui ne sont toujours que des variétés. Ce sont, dans l'Ancien Monde, l'éléphant, le rhinocéros, l'hippopotame, le chameau, le lion et le tigre. Sont communs aux deux continents l'ours et la taupe. Sont propres enfin au Nouveau Monde le tapir, le cabiai, le lama et le pécari. La plupart sont là, semble-t-il, parce que Buffon n'a pas su à quelle famille les rattacher. [...] il avait hésité à mettre la girafe dans le „genre des cerfs" ou dans celui des bœufs ou des chèvres. Finalement, il l'a mise à part. [...] Le plus surprenant dans cette liste, c'est peut-être d'y trouver le lion et le tigre: Buffon a dû être impressionné par leur taille, par la morphologie du lion et par l'isolement géographique du tigre.[422]

Die anderen Vierfüßler teilt er in 25 „genres" ein:[423]

> *Propres à l'Ancien Monde ou commun aux deux continents:*
>
> 1. *Solipèdes proprement dits:* cheval, zèbre, âne et mulets, féconds ou inféconds (propres à l'Ancien Monde).
> 2. *Grands pieds-fourchus à cornes creuses:* bœuf, buffle, bison (communs aux deux continents).

[418] Buffon, *Œuvres philosophiques*, S. 522.
[419] Buffon, *Œuvres philosophiques*, S. 522.
[420] Roger, *Buffon*, S. 434.
[421] Roger, *Buffon*, S. 434.
[422] Roger, *Buffon*, S. 434, 436.
[423] Roger, *Buffon*, S. 436.

3. *Petits pieds-fourchus à cornes creuses:* brebis, chèvre, gazelles, chevrotain (propres à l'Ancien Monde).
4. *Pieds-fourchus à bois solides:* élan et original, renne et caribou, cerf, daim, axis, chevreuil (communs aux deux continents).
5. *Pieds-fourchus ambigus:* sanglier, cochon et ses variétés (propres à l'Ancien Monde, mais le pécari doit probablement s'y rattacher).
6. *Fissipèdes carnassiers à ongles crochus et rétractibles:* panthère, léopard, guépard, once, serval, chat et leurs variétés (propres à l'Ancien Monde, mais finalement rattachés au même genre que leurs analogues américains).
7. *Fissipèdes carnassiers à ongles non rétractibles:* loup, renard, chacal, isatis, chien et leurs variétés (communs aux deux continents).
8. *Fissipèdes carnassiers à ongles non rétractibles, avec une poche sous la queue:* hyène, civette, zibet, genette, blaireau, etc. (propres à l'Ancien Monde).
9. *Fissipèdes carnassiers à corps très allongé, avec cinq doigts à chaque pieds:* fouines, martes, putois, furet, mangouste, belette, etc. (communs aux deux continents).
10. *Fissipèdes avec deux grandes incisives à chaque mâchoire et point de piquants sur le corps:* lièvre, lapin, et toutes les espèces d'écureuils, de loirs, de marmottes et de rats (communs aux deux continents).
11. *Fissipèdes dont le corps est couvert de piquants:* porc-épic, hérisson (propres à l'Ancien Monde, malgré la proximité du coendu et de l'urson).
12. *Fissipèdes couverts d'écailles:* pangolin et phatagin (propres à l'Ancien Monde: les fourmiliers américains, „auxquels on peut les comparer“ sont couverts de poils et „en diffèrent trop“).
13. *Fissipèdes amphibies:* loutre, castor, desman, morses et phoques (communs aux deux continents).
14. *Quadrumanes:* singes, babouins, guenons, makis, loris, etc. (propres à l'Ancien Monde: les quadrumanes américains sont différents).
15. *Fissipèdes ailés:* roussettes et chauve-souris (communs aux deux continents).

Propres au Nouveau Monde:

1. *Les sapajous:* huit espèces.
2. *Les sagouins:* six espèces.
3. *Les philandres ou sarigues:* marmoses, kaïopollons, phalangers, tarsiers, etc.
4. *Les jaguars:* cougars, ocelots, margais, etc. (finalement rattachés aux „carnassiers à ongles retractibles“ de l'Ancien Monde).
5. *Les coatis:* trois ou quatre espèces.
6. *Les mouffettes:* quatre ou cinq espèces.

7. *Le genre de l'agouti:* acouchi, paca, aperea et tapeti.
8. *Les tatous:* sept ou huit espèces.
9. *Les fourmiliers:* deux ou trois espèces.
10. *Les paresseux:* l'unau et l'aï.[424]

Ein großer Fehler dieser Klassifikation besteht darin, dass Buffon nicht wagt, der Degeneration so viel Einfluss zuzugestehen, dass er die *quadrumanes* der beiden Welten auf nur zwei *genres* zurückführt.[425] Buffon versucht keine Gruppierung zu höheren taxonomischen Einheiten.[426] Er bleibt auf den ersten Blick bei der Einteilung in Tiere des alten Kontinents, der neuen Welt und Tiere, die beiden Kontinenten gemeinsam sind, geht aber dennoch davon aus, dass beispielsweise Schwein und Pekari wahrscheinlich zur gleichen Gattung gehören.[427] Vieles bleibt hier unklar und unsicher, aber Buffons Verdienst ist es, als Erster zu versuchen, eine phylogenetische Klassifikation aufzustellen, da er die Arten nach ihrer gemeinsamen Herkunft zusammenfassen will.[428] In der Abhandlung *Des mulets* fragt Buffon nach dem „degré de parenté" der Tiere, zum Beispiel: „l'âne est-il parent plus proche du cheval que du zèbre?" (Bd. X, S. 282f.). Mit Fragen nach dem Verwandtschaftsgrad der Tiere beschäftigen sich auch heutige Taxonomen und Genetiker.[429]

Spätestens die Tatsache, dass die ab 1770 erscheinende *Histoire naturelle des oiseaux*[430] anders aufgebaut ist als der Anfang der *Histoire des quadrupèdes*, zeigt, dass für Buffon trotz der weiterhin geltenden Ablehnung eines rein „klassifikatorisch-definitorischen Vorgehens"[431] die Frage der Systematik mittlerweile sehr wichtig ist.[432]

Weiterhin wird wie im *Premier discours* vorausgesetzt, dass die Natur bei ihren Produktionen in Nuancen vorgeht. Die Vögel, die zwischen größeren Gruppen stehen, stellen ein Problem bei der Einordnung dar, stellen aber nicht mehr das Zusammenfassen mehrerer Arten generell in Frage.[433] Beispiele für solche Vögel, die nach Buffons Meinung zu mehreren Gruppen gehören, sind *cariama*, *secrétaire* und *kamichi*.[434]

---

424 Roger, *Buffon*, S. 435. – Georges-Louis Leclerc, comte de Buffon/Louis Daubenton, *Histoire naturelle, générale et particulière, avec la description du Cabinet du Roi*, 15 Bde., Amsterdam 1766–1771, hier Bd. 15, 1771, S. 23- 25.

425 Roger, *Buffon*, S. 435. – Heute teilt man die Affen in Altweltaffen und Neuweltaffen ein.

426 Roger, *Buffon*, S. 436.

427 Roger, *Buffon*, S. 436f. – Buffon/Daubenton, *Histoire naturelle*, 15. Bd., S. 26.

428 Roger, *Buffon*, S. 437.

429 Roger, *Buffon*, S. 438.

430 Buffon, *Œuvres philosophiques*, S. 523.

431 Janssen/Knabe, a.a.O., S. 133.

432 Farber, *emergence*, S. 19–21.

433 Roger, *Sciences*, S. 567.

434 Roger, *Buffon*, S. 382.

> NOUS avons vu que la Nature, marchant d'un pas égal, nuance tous ses ouvrages; [...] il n'y a que nos méthodes et nos systèmes qui soient incohérens lorsque nous prétendons lui marquer des sections ou des limites qu'elle ne connoît pas; c'est par cette raison que les êtres les plus isolés, dans nos méthodes, sont souvent dans la réalité, ceux qui tiennent à d'autres par de plus grands rapports; telles sont les espèces du Cariama, du secrétaire et du kamichi [...]. Les deux premiers ont des caractères qui les rapprochent des oiseaux de proie; le dernier tient au contraire aux gallinacés, et tous trois appartiennent encore de plus près au grand genre des oiseaux de rivage dont ils ont le naturel et les mœurs. (Bd. IX, S. 243)

Im 18. Jahrhundert wird das aus der Antike stammende Bild der „échelle des êtres" immer mehr in Frage gestellt.[435] In den letzten Jahrzehnten des Jahrhunderts wird die „carte" die häufigste Form der Darstellung und auch der „arbre" erscheint schon.[436]

> La carte est introduite quand on s'aperçoit qu'il n'est pas possible de disposer les espèces les unes à la suite des autres sur une même ligne parce que *leurs diverses caractéristiques n'ont pas toutes le même niveau de complexité* et qu'il serait donc erroné d'affirmer que l'une est globalement *„supérieure"* à la précédente et globalement *„inférieure"* à la suivante. Chaque espèce ne peut plus dès lors être conçue comme l'intermédiaire entre *deux* autres espèces, puisqu'elle possède des affinités avec de *nombreux* groupes différents auxquels elle est liée par des *„rapports particuliers"*. En d'autres termes, on découvre *que les affinités ne se distribuent pas uniformément mais qu'elles s'entrecroisent*. Buffon est parmi les premiers à découvrir cet aspect de la réalité naturelle [...].[437]

Buffon modifiziert die Vorstellung einer linearen Kette der Wesen schon innerhalb der *Histoire des quadrupèdes*, beispielsweise 1755 bei der Darstellung der Hunderassen,[438] 1755 im Artikel über das Schwein[439] und 1765[440] im Zusammenhang mit den Seehunden. „A cette image classique d'une chaîne linéaire des êtres, Buffon substitue maintenant l'image d'un réseau, dans lequel chaque espèce entretient, par chacun de ses caractères, des ‚rapports' différents avec diverses autres espèces.[441] Diese modifizierte Vorstellung behält Buffon in der *Histoire naturelle des oiseaux* bei:[442] „[...] cette chaîne n'est pas un simple fil qui ne s'étend qu'en longueur; c'est une large trame ou plutôt un faisceau, qui d'intervalle en in-

---

435 Gayon, a.a.O., S. 255.

436 Gayon, a.a.O., S. 255.

437 Gayon, a.a.O., S. 265.

438 Gayon, a.a.O., S. 280f.

439 Gayon, a.a.O., S. 265.

440 Buffon, *Œuvres philosophiques*, S. 522.

441 Roger, *Buffon*, S. 381.

442 Jean Varloot, „Buffon et Diderot", in: *Présence de Diderot. Internationales Kolloquium zum 200. Todesjahr von Denis Diderot an der Universität-GH-Duisburg vom 3.–5. Oktober 1984*, hg. v. Siegfried Jüttner, Frankfurt a.M. 1990, S. 298–315, hier S. 307.

tervalle, jette des branches de côté pour se réunir avec les faisceaux d'un autre ordre [...]" (Bd. VII, S. 245). Dies ist dahingehend zu verstehen, dass beispielsweise der Strauß als flugunfähiger Vogel den Vierfüßlern nahestehe und deswegen nach diesen hätte beschrieben werden sollen. Dass dies in der *Histoire naturelle* nicht gemacht worden ist, sei ein Eingeständnis an „le peuple des Naturalistes" (Bd. VII, S. 247). Die Gelehrten hätten diese Neuerung abgelehnt. Auch heute geht man nicht davon aus, dass eine ähnliche Lebensweise unbedingt eine nahe Verwandtschaft zeigt, geschweige denn, dass man wie in der *Histoire naturelle des oiseaux* spezielle Gemeinsamkeiten zwischen Strauß und Kamel beziehungsweise Strauß und Stachelschwein herausstellt (Bd. VII, S. 247). Der Wechsel der Vorstellung von einer linearen Kette der Wesen zu einem Netz hat auch eine philosophische Bedeutung. Dadurch werden die in der Kette angenommenen Hierarchien der Tiere verwischt.[443]

Ebenfalls die Verwendung der höheren taxonomischen Einheiten entspricht nicht unserer heutigen Auffassung. Im Gegensatz zur Verwendung bei anderen Taxonomen des 18. Jahrhunderts werden „genre" und „famille" in der *Histoire naturelle* synonym gebraucht,[444] zum Beispiel für die Hirsche und die Rinder beim Vergleich mit der Nilgauantilope (Bd. V, S. 173) und beispielsweise im Artikel über die *grives*: „LA famille des Grives" (Bd. VIII, S. 185) und „La Grive proprement dite que je place ici la première, parce qu'elle a donné son nom au genre" (Bd. VIII, S. 192). Einerseits liest man: „Les Lavandières forment avec les bergerettes ou bergeronettes, une petite famille d'oiseaux" (Bd. VIII, S. 259), andererseits: „Nous trouvons trois espèces bien distinctes dans la famille des Bergeronettes" (Bd. VIII, S. 259) und im Artikel über den *lagopède*: „la famille des Oiseaux" (Bd. VII, S. 188). Die Bezeichnung „famille" wird also für ganz unterschiedliche taxonomische Einheiten benutzt. Entscheidend ist nur, dass die Arten grundsätzlich zu größeren Gruppen zusammengefasst werden.

Eine Hauptaufgabe des Systematikers besteht für Buffon darin, hinter der Vielfalt der Individuen die Einheit der Art zu suchen und folglich die Anzahl der Arten zu reduzieren.[445] In der Monographie über die Adler schreibt er beispielsweise:

> NOS nomenclateurs [...] paroissent s'être beaucoup moins souciés de restreindre et réduire au juste le nombre des espèces, ce qui néanmoins est le vrai but du travail d'un Naturaliste, que de les multiplier, chose bien moins difficile et par laquelle on brille à peu de frais aux yeux des ignorans; car la

---

443 Roger, *Buffon*, S. 381.

444 Farber, „Buffon and the Concept", S. 269, 276. – Phillip R. Sloan, „Buffon, German biology, and the historical interpretation of biological species", in: *The British Journal for the History of Science* XII (1979), S. 109–153, hier S. 119. – Phillip R. Sloan, „The Buffon-Linnaeus Controversy", in: *Isis* 67 (1976), S. 356–375, hier S. 373.

445 Roger, *Sciences*, S. 569.

> réduction des espèces suppose beaucoup de connoissances, de réflexions et de comparaisons [...]. (Bd. IX, S. 11)

Bei der Entscheidung, ob zwei Individuen zur gleichen Art oder zu verschiedenen Arten gehören, ist für Buffon das Verhalten ebenso wichtig wie die äußeren Merkmale.[446] Entsprechend liest man im Artikel über den *pouillot*: „[...] mais comme nous ne savons rien de ses habitudes naturelles, nous ne pouvons prononcer sur l'identité de ces deux espèces" (Bd. VIII, S. 165) und über die Taube: „[...] mais toutes les espèces que comptent les nomenclateurs peuvent être réduites à deux, savoir le biset et le pigeon, entre lesquelles deux il n'y a de différence réelle, sinon que le premier est sauvage, et le second est domestique." (Bd. VII, S. 155).

Nur selten werden Fehler anderer Naturwissenschaftler entschuldigt, wie in der Monographie über den *rossignol de muraille*: „La femelle est assez différente du mâle pour excuser la méprise de quelques Naturalistes qui en ont fait une seconde espèce" (Bd. VIII, S. 151). Weitaus häufiger kritisieren Buffon und Montbeillard die Systematiker. Im Artikel über die Aras macht Buffon deutlich, dass er den „nomenclateurs" weniger glaubt als den Reiseberichten (Bd. VIII, S. 50). Auch wenn er selbst sich nun um die Klassifizierung kümmert, schreibt er im Artikel über die *spatule*, dass für die Systematik, bei der viele Fehler gemacht worden seien, viel Zeit verloren gegangen sei, die für die Betrachtung und Beschreibung der Natur hätte genutzt werden können (Bd. IX, S. 253). Teilweise ist die Kritik auch sehr ironisch:

> [...] s'il ne valoit pas infiniment mieux donner à chaque espèce son nom propre, dès qu'elle est bien connue, que de la confondre dans les appellations générique, on pourroit nommer le Pouillot, petit figuier d'Europe; et je suis surpris que quelque nomenclateur ne s'en soit point avisé. (Bd. VIII, S. 162)

Im Artikel über den Zobel kritisiert Buffon eine Einteilung dieser Tiere aufgrund der Fellfärbung (Bd. V, S. 307), und in der Abhandlung über die *oiseaux de proie* und in der Monographie über den *tetras* kritisieren Buffon und Montbeillard die Einteilung der Vögel aufgrund der Farben ihrer Federn (Bd. IX, S. 8f., Bd. VII, S. 170). Wie schon im *Premier discours* betont Buffon im Artikel über den Adler, dass alle Merkmale für die Klassifizierung berücksichtigt werden sollen, wobei er wiederum die äußeren Merkmale und das Verhalten anführt (Bd. IX, S. 12). Die Kritik richtet sich also nicht gegen jede Systematik, sondern gegen die Einführung arbiträrer Gruppen.[447]

Buffon strebt eine natürliche Klassifikation an. „Classification doublement naturelle, même, puisque les individus qu'elle rassemble sont unis par l'identité actuelle du type et par une origine commune."[448] Eine solche doppelte Vorge-

---

[446] Farber, *emergence*, S. 22.

[447] Sloan, „Buffon-Linnaeus", S. 360.

[448] Roger, *Science*, S. 569.

hensweise gilt auch für die heutige, phylogenetisch orientierte Taxonomie. Die Einteilung der Tiere in der *Histoire naturelle* jedoch entspricht natürlich nur in einigen groben Zügen der heutigen Systematik.

5.2 Artbegriff und Evolution

Zu Anfang der *Histoire naturelle* benutzt Buffon den Artbegriff, „um den ‚ordre de temps' aus einer invariablen Natur, innerhalb derer die Beziehungen zwischen den Wesen immer die gleichen bleiben, auszuschließen."[449] Buffon akzeptiert zunächst die verbreitete Meinung, dass die Arten konstant und ewig seien,[450] und definiert 1749[451] die Art auf folgende Weise: „[...] on doit regarder comme la même espèce celle qui, au moyen de la copulation, se perpétue et conserve la similitude de cette espèce, et comme des espèces différentes celles qui, par les mêmes moyens, ne peuvent rien produire ensemble [...]".[452] „Reproduktive Kohärenz innerhalb der Art, reproduktive Isolation zwischen Arten und Ähnlichkeit sind die drei Kriterien, die in Buffons Artdefinition" einfließen.[453] Ein unfruchtbarer Bastard von Individuen zweier Arten genügt nicht, um diese Arten zu einer Art zusammenzufassen.[454] Die Definition der Art ist neu und durchaus modern, und die Grenzen sind von der Natur vorgegeben,[455] aber die Art ist dabei nach Buffons Verständnis unveränderlich. Durch die Einheit der Art gibt es also eine Diskontinuität in der Kette der Wesen.[456]

Doch schon innerhalb der *Histoire des quadrupèdes* modifiziert Buffon seine Auffassungen aufgrund neuer Erkenntnisse.[457] Die Einflüsse der Domestikation[458] und des Klimas erkennt Buffon ebenso wie die Wichtigkeit des „naturel". Hierdurch wird verhindert, dass sich bestimmte Arten in der Natur kreuzen.[459] Während Buffon zunächst nur Varietäten innerhalb einer Art akzeptiert,[460] geht

---

[449] Lepenies, *Ende*, S. 60.

[450] Farber, „Buffon and the Concept", S. 262.

[451] Buffon, *Un autre Buffon*, S. 165.

[452] Buffon, *Un autre Buffon*, S. 172.

[453] Olivier Rieppel, „Georges-Louis Leclerc, Comte de Buffon (1707–1788)", in: Ilse Jahn/Michael Schmitt, *Darwin & Co. Eine Geschichte der Biologie in Portraits*, München 2001, Bd. I, S. 31–50, Zitat S. 44.

[454] Buffon, *Un autre Buffon*, S. 172.

[455] Roger, *Buffon*, S. 179, 411f. – Heute definiert man die Art als potentielle Fortpflanzungsgemeinschaft.

[456] Cherni, *Buffon*, S. 94.

[457] Phillip R.Sloan, „From logical universals to historical individuals: Buffon's idea of biological species", in: *Histoire du concept d'espèce dans les sciences de la vie*, hg. v. Scott Atan, Paris 1987, S. 101–140, hier S. 124.

[458] Farber, „Buffon and the Concept", S. 274.

[459] Roger, *Buffon*, S. 431.

[460] Farber, „Buffon and the Concept", S. 274.

er 1766 in dem Kapitel *De la dégénération des animaux* davon aus, dass auch Arten von einer Form abstammen.[461] Der Artbegriff wird mehr und mehr verschwommen, und auch an die Sterilität der Bastarde glaubt Buffon nicht mehr.[462] Außerdem wechselt Buffon das Vokabular: „L'espèce biologique est devenue le genre, et la variété, ou race, est devenue l'espèce. La difficulté, c'est que Buffon n'avertit pas le lecteur de ce changement dans le sens des mots. Qui pis est, il continue à employer le mot ‚espèce' dans les deux sens [...].“[463]

Beispiele für den synonymen Gebrauch von „race“ beziehungsweise „variété“ und „espèce“, findet man in der Monographie über die *poule d'eau*: „Les trois races ou espèces reconnues dans nos contrées“ (Bd. IX, S. 307) oder den *faucon*: „[...] on seroit porté à croire qu'il y a dans l'espèce du Faucon autant de variétés que dans celle du pigeon [...]; cependant rien n'est moins vrai. Il n'y a que deux espèces réelles de Faucons en Europe [...].“ (Bd. IX, S. 41). Im Artikel über den Mufflon schreibt Buffon bezüglich der Rassen domestizierter Tiere: „le genre entier ne doit former qu'une espèce“ (Bd. V, S. 121). Im Zusammenhang mit Steinbock und Gemse thematisiert Buffon 1764[464] Schwierigkeiten bei der Abgrenzung von Art und Rasse beziehungsweise Varietät:

> Ainsi, dans la même espèce, il peut y avoir quelquefois deux races, [...], qui toutes deux subsistant et se perpétuant avec leurs caractères distinctifs, paroissent constituer deux espèces différentes, et c'est-là le cas où il est, pour ainsi dire, impossible de fixer le terme entre ce que les Naturalistes appellent *espèce* et *variété*. (Bd. V, S. 182)

Schon 1753[465] in der Monographie über den Esel benutzt Buffon das Signifiant „famille“, um das Signifié ‚espèce' zu bezeichnen: „[...] tous les hommes [...] sont de la même famille“ (Bd. IV, S. 96).

Im Artikel über den Esel, der 1753 als zweite Tiermonographie erscheint,[466] diskutiert Buffon ausführlich eine mögliche Verwandtschaft des Esels mit dem Pferd. Dass Pferd und Esel keine fertilen Nachkommen haben, ist für Buffon das ausschlaggebende Argument dafür, dass es sich um zwei verschiedene Arten handelt (Bd. IV, S. 87). Buffon definiert hier die Art als konstante Folge von Individuen, die sich gleichen und miteinander fortpflanzen (Bd. IV, S. 92). Dieser Artbegriff ist seiner Zeit deutlich voraus, auch wenn die Art noch mehr oder weniger typologisch verstanden wird.[467] Bei der Frage, ob Pferd und Esel zu einer Familie gehören, weist Buffon darauf hin, wie weitreichend die sich hier erge-

461 Farber, „Buffon and Daubenton“, S. 68f.

462 Roger, *Sciences*, S. 572.

463 Roger, *Buffon*, S. 431.

464 Buffon, *Œuvres philosophiques*, S. 522.

465 Buffon, *Œuvres philosophiques*, S. 522.

466 Buffon, *Œuvres philosophiques*, S. 522.

467 Gayon, a.a.O., S. 9.

benden Konsequenzen sind. „[...] le moindre soupçon d'une possibilité de dérivation d'une forme à partir d'une autre fasse surgir la menace d'une filiation conduisant à transgresser la frontière qui sépare humanité et animalité“[468]:

> [...] si l'on admet une fois qu'il y ait des familles dans les plantes et dans les Animaux, que l'Ane soit de la famille du cheval, et qu'il n'en diffère que parce qu'il a dégénéré, on pourra dire également que le singe est de la famille de l'homme; que c'est un homme dégénéré; que l'homme et le singe ont eu une origine commune comme le cheval et l'Ane; que chaque famille, tant dans les Animaux que dans les végétaux, n'a eu qu'une seule souche; et même que tous les Animaux sont venus d'un seul animal, qui dans la succession des temps, a produit en se perfectionnant et en dégénérant, toutes les races des autres Animaux.
>
> Les Naturalistes qui établissent si légèrement des familles dans les Animaux et dans les végétaux, ne paroissent pas avoir assez senti toute l'étendue de ces conséquences, qui réduiroient le produit immédiat de la création à un nombre d'individus aussi petit que l'on voudroit [...]. (Bd. IV, S. 90)

Buffon ist sich also „der Möglichkeit der ‚Abstammung von gemeinsamen Vorfahren' durchaus bewußt," er ist „vermutlich der erste Denker, der sie jemals deutlich zum Ausdruck gebracht hat".[469] Diese Vorstellung lehnt Buffon jedoch ab: „Mais non, il est certain que tous les Animaux ont également participé à la grâce de la création" (Bd. IV, S. 91). Mit dieser Feststellung vermeidet Buffon auch Probleme mit der Zensur. Dennoch: „L'idée était lancée."[470] Die Ähnlichkeit von Esel und Pferd hat Buffon diese Idee suggeriert.[471] „Buffon führt insbesondere drei Argumente" gegen die Möglichkeit der Abstammung von gemeinsamen Vorfahren an.[472] Erstens hat man seit Aristoteles keine neue Art erscheinen sehen (Bd. IV, S. 91), zweitens können sich zwei Arten nicht mischen (Bd. IV, S. 93f., 96f.) und drittens müsste man Zwischenformen finden, wenn beispielsweise der Esel aus dem Pferd entstanden wäre (Bd. IV, S. 97). Sein Fazit lautet also: „L'Ane est donc un Ane, et n'est point un cheval dégénéré" (Bd. IV, S. 97f.). Die Naturalisten, die Buffon hier kritisiert, geben jedoch gar nicht vor, dass die Pflanzen der gleichen „Familie" wirkliche verwandtschaftliche Beziehungen hätten. Buffon gibt dem Wort diesen Sinn.[473] Deswegen attackiert er auch nicht den Begriff „genre", sondern den Begriff „famille".[474]

> Même dans ce texte, où il semble envisager la possibilité théorique d'un transformisme généralisé, Buffon ne dit pas qu'un seul animal pourrait

468 Gayon, a.a.O., S. 547.
469 Mayr, a.a.O., S. 264.
470 Gayon, a.a.O., S. 463.
471 Gayon, a.a.O., S. 464–466.
472 Mayr, a.a.O., S. 265.
473 Sloan, „Buffon-Linnaeus", S. 373.
474 Roger, *Buffon*, S. 419.

produire toutes les *espèces* vivantes, mais „toutes les *races* des autres animaux". Et pour lui, une „race" n'est qu'une „variété constante" à l'intérieur d'une espèce. Un transformisme généralisé signifierait que tous les animaux sont de la même espèce. La famille est implicitement assimilée à l'espèce biologique, définie par l'interfécondité. Si les animaux „venaient de la même souche, s'ils étaient en effet de la même *famille*, on pourrait les rapprocher, les allier de nouveau, et défaire avec le temps ce que le temps aurait fait". Et nous savons déjà que c'est impossible.[475]

In der *Histoire des animaux quadrupèdes* gibt es zahlreiche weitere Beispiele dafür, dass Kreuzungsexperimente entscheiden, ob es sich um eine oder um verschiedene Arten handelt. Mit Kaninchen und Hasen beispielsweise hat Buffon solche Versuche selbst geleitet:

> LE lièvre et le Lapin, quoique fort semblables tant à l'extérieur qu'à l'intérieur, ne se mêlant point ensemble, font deux espèces distinctes et séparées: cependant comme les chasseurs disent que les lièvres mâles, dans le temps du rut, courent les lapines et les couvrent, j'ai cherché à savoir ce qui pourroit résulter de cette union, et pour cela j'ai fait élever des lapins avec des hases, et des lièvres avec des lapines; mais ces essais n'ont rien produit et m'ont seulement appris que ces animaux, dont la forme est si semblable, sont cependant de nature assez différente pour ne pas même produire des espèces de mulets. (Bd. IV, S. 279)

Buffon ist nicht der Erste, der Kreuzungsexperimente durchführt, aber der Zusammenhang mit der Problematik der Entscheidung der Artzugehörigkeit ist neuartig.[476]

Im Unterschied zu Hase und Kaninchen bilden die Hunderassen eine Art:

> Et comme ceux qui diffèrent le plus les uns des autres à tous égards, ne laissent pas de produire des individus qui peuvent se perpétuer en produisant eux-mêmes d'autres individus, il est évident que tous les chiens, quelque différens, quelque variés qu'ils soient, ne font qu'une seule et même espèce. (Bd. IV, S. 199)

Bei manchen Tieren kann Buffon nicht letztlich entscheiden, ob es sich um eine oder verschiedene Arten handelt, zum Beispiel bei Steinbock, Gemse und Ziege:

> Il y a des faits et des raisons pour et contre ces deux opinions, et nous allons exposer les principales, en attendant que l'expérience nous apprenne si ces animaux peuvent se mêler et produire ensemble des individus féconds et qui remontent à l'espèce originaire, ce qui seul peut décider la question. (Bd. V, S. 178)

Buffon entwickelt in diesem Zusammenhang ein ganzes Forschungsprogramm (Bd. IV, S. 160–162).[477] Aber Kreuzungsexperimente können nicht alle Probleme

---

475 Roger, *Buffon*, S. 421f. – (Bd. IV, S. 91).

476 Roger, *Buffon*, S. 414.

477 Roger, *Buffon*, S. 413f.

lösen. Bei den wild lebenden Tieren zum Beispiel sind keine Experimente möglich, und Buffon kann nur feststellen, dass manche offensichtlich benachbarte Arten koexistieren, ohne sich zu kreuzen. Dies ist der Fall bei Hirsch und Damhirsch (Bd. IV, S. 251).[478] Bei Hirschkuh und Reh schließt Buffon aufgrund der verschieden langen Tragzeit auf unterschiedliche Arten (Bd. IV, S. 257).[479] Bei Kreuzungsversuchen können noch andere Hindernisse auftreten.[480] Ein Zebra hat die ihm präsentierten Eselweibchen nicht gedeckt. Als Grund hierfür sieht Buffon eine „disconvenance de nature" (Bd. V, S. 168). Diese „disconvenance de nature" kündigt an, was wir heute als ethologische Isolation[481] zwischen zwei verwandten Arten bezeichnen.[482]

„Buffon est [...] obligé de remettre en cause sa définition de l'espèce par l'interfécondité [...] parce qu'il est de moins en moins sûr que les hybrides, qu'il appelle en général les ‚mulets' ou ‚métis' soient stériles."[483] Schon 1764 im Artikel über „le mouflon et les autres brebis"[484] geht Buffon davon aus, dass Ziegenbock und Hausschaf fertile Nachkommen haben (Bd. V, S. 117).[485] Während Buffon 1753 von der Sterilität des Maultiers überzeugt war und damit begründete, dass Pferd und Esel zwei verschiedene Arten sind, schreibt er 1766 im Artikel *De la dégénération des animaux*: „Le mulet peut [...] engendrer et la mule peut concevoir, porter et mettre bas dans de certains circonstances" (Bd. X, S. 269).[486] Auch von Hund, Wolf und Fuchs nimmt Buffon nun an, dass man sie miteinander kreuzen kann (Bd. X, S. 287).[487] Mit seinen eigenen Kreuzungsversuchen gelingt ihm dieser Nachweis nicht (Bd. X, S. 287).[488] Er ist hocherfreut, als er 1773 von der Kreuzung eines Hundes mit einer Wölfin erfährt, die daraufhin Junge zur Welt bringt (Bd. X, S. 292f.), und veröffentlicht diesen Bericht 1776 im Artikel *Des mulets*.[489]

Wie im *Plan de l'ouvrage* wird in den Vogelartikeln davon ausgegangen, dass man Individuen benachbarter Arten kreuzen kann. Buffon und Montbeillard geben nicht nur die Arten an, die gekreuzt werden können, sondern sagen auch, sofern sie es wissen, ob die Hybriden steril oder fertil sind. Die Kreuzungsexpe-

---

478 Roger, *Buffon*, S. 416.
479 Roger, *Buffon*, S. 416.
480 Roger, *Buffon*, S. 416.
481 Von einer *ethologischen Isolation* spricht man, wenn eine Paarung von Individuen aufgrund unterschiedlichen Verhaltens nicht stattfindet.
482 Roger, *Buffon*, S. 416.
483 Roger, *Buffon*, S. 428.
484 Buffon, *Œuvres philosophiques*, S. 522.
485 Roger, *Buffon*, S. 428.
486 Roger, *Buffon*, S. 428. – In der vorliegenden Ausgabe ist der Artikel *De la dégénération des animaux* mit dem Artikel *Des mulets* zusammengefasst.
487 Roger, *Buffon*, S. 429f.
488 Roger, *Buffon*, S. 430.
489 Roger, *Buffon*, S. 430. – Buffon, *Œuvres philosophiques*, S. 523.

rimente zeigen, wie nahe die entsprechenden Arten verwandt sind,[490] denn die Tatsache, dass *tourterelle* und *pigeon* gekreuzt werden können, „prouve au moins la très-grande proximité de ces deux espèces" (Bd. VII, S. 242). Andere Vogelarten wie *friquet* und *moineau* haben keine gemeinsamen Nachkommen (Bd. VIII, S. 229). Es gibt auch Bastarde, die steril sind:

> Le coq peintade produit aussi avec la poule domestique; [...] et les oiseaux métis qui résultent de ce mélange, forment une race bâtarde, imparfaite, désavouée pour ainsi dire de la Nature, et qui ne pondant guère que des œufs clairs, n'a pu jusqu'ici se perpétuer régulièrement. (Bd. VII, S. 117)

Der Kanarienvogel kann mit mehreren Arten gekreuzt werden, „avec les tarins, les chardonnerets, les linottes, les bruans, les pinçons, on prétend même avec les moineaux. [...] Ces oiseaux bâtards [...] ne sont pas des mulets stériles, mais des métis féconds" (Bd. VIII, S. 82).

Die Erweiterung des Artbegriffs führt zur Annahme eines Transformismus. Hierbei handelt es sich jedoch nicht um eine Vorwegnahme evolutionärer Vorstellungen im modernen Sinne.[491] Die *Histoire naturelle* spiegelt „wie kein anderes Werk [...] die Zweifel einer Epoche, die den Schritt von der statischen Naturschilderung zu einer wahren Geschichte der Natur noch nicht wagen konnte, noch nicht wagen wollte."[492] Auch wenn nahe verwandte Arten auf eine gemeinsame Herkunft zurückgeführt werden, wird kein genereller Transformismus angenommen. Buffon glaubt sich nicht dazu berechtigt, „solche Tierarten oder Familien auf eine Abstammung festzulegen, zwischen denen allem Anschein nach nicht ausreichend enge Beziehungen" bestehen.[493]

Hinweise auf einen begrenzten Transformismus findet man in der *Histoire naturelle* häufig.

Während die Naturalisten des 18. Jahrhunderts in der Regel die Idee, dass die Geschichte der Natur das Werk des Schöpfers auslöschen könnte, als Sakrileg ansehen, geht Buffon im Zusammenhang mit dem Vergleich der Tiere der alten und der neuen Welt richtigerweise davon aus, dass das Mammut ausgestorben ist (Bd. VI, S. 2).[494]

Die Faultiere befinden sich an der Grenze des Lebens:[495]

> [...] tout nous rappelle ces monstres par défaut, ces ébauches imparfaites mille fois projetées, exécutées par la Nature, qui ayant à peine la faculté

---

[490] Goodman, a.a.O., S. 71.

[491] Lepenies, *Ende*, S. 69.

[492] Lepenies, „Speicherung", S. 63.

[493] Jacques Roger, „Buffons Begriff von Natur und Naturgeschichte", in: *Sitzungsberichte der Gesellschaft zur Beförderung der gesamten Naturwissenschaften zu Marburg* 82 (1960), S. 63–73, Zitat S. 72.

[494] Roger, *Buffon*, S. 402f.

[495] Dimier, a.a.O., S. 302.

> d'exister, n'ont dû subsister qu'un temps, et ont été depuis effacées de la liste des êtres; et en effet si les terres qu'habitent l'Unau et l'Aï n'étoient pas des déserts, si les hommes et les animaux puissans s'y fussent anciennement multipliés, ces espèces ne seroient pas parvenues jusqu'à nous; elles eussent été détruites par les autres, comme elles le seront un jour. (Bd. VI, S. 67)

In der Monographie über die *échasse* schreibt er:

> [...] et en considérant ces excès ou plutôt ces défauts énormes, il semble que quand la Nature essayoit toutes les puissances de sa première vigueur, et qu'elle ébauchoit le plan de la forme des êtres, ceux en qui les proportions d'organes s'unirent avec la faculté de se reproduire, ont été les seuls qui se soient maintenus; elle ne put donc adopter à perpétuité toutes les formes qu'elle avait tentées [...]. (Bd. IX, S. 289)

Über die *calaos* schreibt er: „[...] la durée de ces espèces imparfaites et débiles n'est protégée que par la solitude, et ne s'est maintenue et ne se maintiendra que dans les lieux déserts, où l'homme et les animaux puissans ne frequenteront pas" (Bd. VII, S. 374).

Heute verbindet man solche Aussagen mit der Selektionstheorie Darwins, was natürlich nicht bedeutet, dass Buffon als direkter Vorläufer Darwins anzusehen ist.

In den Monographien wird teilweise versucht, die Ursprungsform einer Tiergruppe festzustellen: „LE Biset, ou pigeon sauvage, est la tige primitive de tous les autres pigeons" (Bd. VII, S. 237). Aber nicht immer ist diese Feststellung so einfach: „Mais dans le grand nombre de races différentes que nous présente l'espèce du Coq, comment pourrons nous démêler quelle est la souche primitive?" (Bd. VII, S. 96). Hier liefern erst längere Überlegungen eine Antwort (Bd. VII, S. 96–98). Vergleichbare Schwierigkeiten ergeben sich auch schon bei den Hunderassen: „Mais ce qui est difficile à saisir dans cette nombreuse variété des races différentes, c'est le caractère de la race primitive, de la race originaire, de la race mère de toutes les autres races" (Bd. IV, S. 199). Hier kommt Buffon zu dem Schluss: „On peut même présumer avec quelque vraisemblance que le chien de berger est de tous les chiens celui qui approche le plus de la race primitive de cette espèce" (Bd. IV, S. 204). Die Idee einer Verwandtschaft mit dem Wolf kommt Buffon jedoch nicht.

Buffon sieht die Evolution nicht als Fortschritt, sondern als „dégénération" an.[496] 1753 in der Monographie über den Esel benutzt er diese Vorstellung noch als ein Argument gegen die Entstehung neuer Arten:

> [...] quel nombre immense et peut-être infini de combinaisons ne faudroit-il pas pour pouvoir seulement supposer que deux animaux, mâle et femelle, d'une certaine espèce, ont non-seulement assez dégénéré pour n'être plus

[496] Buffon, *Œuvres philosophiques*, S. XXXIV.

> de cette espèce, c'est-à-dire pour ne pouvoir plus produire avec ceux auxquels ils étoient semblables, mais encore dégénéré tous deux précisément au même point, à ce point nécessaire pour ne pouvoir produire qu'ensemble! [...] et comment se pourrait-il qu'une origine viciée, qu'une dépravation, une négation pût faire souche, et non-seulement produire une succession d'êtres constans, mais même les produire de la même façon et suivant les mêmes lois que se reproduisent en effet les animaux dont l'origine est pure?
>
> [...] si l'espèce de l'Ane vient de l'espèce du cheval, cela n'a pu se faire que successivement et par nuances; il y auroit eu entre le cheval et l'Ane un grand nombre d'animaux intermédiaires, [...] pourquoi ne verrions-nous pas aujourd'hui les représentans, les descendans de ces espèces intermédiaires? pourquoi n'en est-il demeuré que les deux extrêmes? (Bd. IV, S. 96f.)

Hier erkennt man einige Hindernisse, die die Evolutionstheorie im 19. Jahrhundert überwinden muss und die letztlich erst im 20. Jahrhundert überwunden werden. Es ist in erster Linie seine Definition der Art, die Buffon daran hindert, einen generellen Transformismus anzunehmen.[497]

1766 in dem Artikel *De la dégénération des animaux* geht er davon aus, dass Arten von einer Form abstammen[498]:

> [...] il se présente une considération plus importante et dont la vue est bien plus étendue. C'est celle du changement des espèces mêmes; c'est cette dégénération plus ancienne et de tout temps immémoriale, qui paroît s'être faite dans chaque famille, ou si l'on veut, dans chacun des genres sous lesquels on peut comprendre les espèces voisines et peu différentes entr'elles [...]. (Bd. X, S. 266)

Man muss aber berücksichtigen, dass Buffon hier „espèce" im Sinne von „variété" benutzt.[499]

Bei Buffon entspricht die „dégénération" in Bezug auf die Natur der „dépravation" in Bezug auf die Gesellschaft bei Rousseau.[500] Wie für Rousseau ist auch für Buffon die Gegenwart der Ausgangspunkt, der erlaubt, die Vergangenheit zu entdecken.[501] „[...] nous présenteront un tableau au-devant duquel on verra la Nature telle qu'elle est aujourd'hui, et dans le lointain on apercevra ce qu'elle étoit avant sa dégradation" (Bd. X, S. 253).

> Dans *La dégénération des animaux*, Buffon nous met d'emblée devant le tableau qui résume en sa surface linéaire, plane et lisse, l'infinité des figures plusieurs fois faites et défaites, des formes créées et annihilées, des êtres nés et péris. Comme dans l'art de la perspective, l'espace représente le temps, la synchronie résume la diachronie, la simultanéité recouvre la suc-

[497] Roger, *Buffon*, S. 423.
[498] Farber, „Buffon and Daubenton", S. 68f.
[499] Roger, *Buffon*, S. 432f.
[500] Gayon, a.a.O., S. 145.
[501] Gayon, a.a.O., S. 145.

cession. [...] La référence à un „aujourd'hui" et à un „avant" indique clairement l'action aussi nécessaire qu'efficace du temps. Or, c'est déjà là un élément important qui nous permet de sortir du fixisme [...].[502]

Man kann zwei Arten von „dégénération" unterscheiden:

Il y a d'abord la dégradation du grand au petit dans la même espèce, et qu'on pourrait appeler verticale, puisque la même espèce continue à se maintenir dans sa structure générale, malgré les déformations secondaires et la réduction de ses dimensions. Il y a aussi la dégradation du dissemblable dans le semblable et qu'on pourrait appeler horizontale. C'est la perte de la spécificité d'un être qui voit ses caractères se distribuer de plus en plus sur des individus voisins. Une espèce dégénère donc en plusieurs sous-espèces, si elle n'est pas elle-même le résultat d'une dégénération.[503]

Die „dégénération" wird durch Einflüsse der Umwelt wie Domestikation, Nahrung und Klima verursacht (Bd. X, S. 252f.).[504] Manchmal spielen alle drei Faktoren eine Rolle, zum Beispiel bei einer bestimmten Varietät von Schafen: „C'est au climat, à la nourriture et aux soins de l'homme qu'on doit rapporter cette variété" (Bd. V, S. 115).

In der *Histoire naturelle des animaux quadrupèdes* thematisiert Buffon häufig den Einfluss des Klimas auf die Vierfüßler. Im Artikel über die wildlebenden Vierfüßler geht Buffon davon aus, dass das Klima das Wesen und die Größe der Vierfüßler beeinflusst (Bd. IV, S. 230f.).

Ces changemens ne se font que lentement, imperceptiblement; le grand ouvrier de la Nature est le temps: comme il marche toujours d'un pas égal, uniforme et réglé, il ne fait rien par sauts, mais par degrés, par nuances, par succession; il fait tout, et ces changemens, d'abord imperceptibles, deviennent peu à peu sensibles, et se marquent enfin par des résultats auxquels on ne peut se méprendre. (Bd. IV, S. 231)

Nach Buffon sind die Vierfüßler der neuen Welt kleiner als die der alten (Bd. VI, S. 3f.).[505] Bei den Vögeln geht Buffon dagegen davon aus, dass sie von einem Kontinent zum anderen gelangen können (Bd. VI, S. 7).

Voyons donc pourquoi il se trouve [...] de si petits quadrupèdes [...] dans ce nouveau monde. Cela tient à la qualité de la terre, à la condition du ciel, au degré de chaleur, à celui d'humidité, à la situation, à l'élévation des montagnes, à la quantité des eaux courantes ou stagnantes, à l'étendue des forêts, et surtout à l'état brut dans lequel on y voit la Nature. (Bd. VI, S. 8)

---

502 Gayon, a.a.O., S. 145f.
503 Gayon, a.a.O., S. 152f.
504 Buffon, *Un autre Buffon*, S. 178.
505 Farber, „Buffon and the Concept", S. 271.

Schon 1761 beschreibt Buffon Mechanismen, die man, auch wenn nicht alle Details seiner Theorie stimmen, in der heutigen Evolutionsbiologie als geographische Isolation und allopatrische Artbildung[506] bezeichnet:

> Il ne seroit donc pas impossible que, même sans intervertir l'ordre de la nature, tous ces animaux du nouveau monde ne fussent dans le fond les mêmes que ceux de l'ancien, desquels il auroient autrefois tiré leur origine. On pourrait dire qu'en ayant été séparés ensuite par des mers immenses ou par des terres impraticables, ils auront avec le temps reçu toutes les impressions, subi tous les effets d'un climat devenu nouveau lui-même, et qui auroit aussi changé de qualité par les causes mêmes qui ont produit la séparation; que par conséquent ils se seront avec le temps rapetissés et dénaturés. Mais cela ne doit pas nous empêcher de les regarder aujourd'hui comme des animaux d'espèces différentes: [...] la Nature, je l'avoue, est dans un mouvement de flux continuel [...]. (Bd. VI, S. 19f.)

Die Lebewesen verändern sich also weiterhin.[507]

Weitaus weniger häufig als in der *Histoire naturelle des animaux quadrupèdes* wird in der *Histoire naturelle des oiseaux* der Einfluss von Klima und Nahrung thematisiert. Die Farbe des Kanarienvogels zum Beispiel hängt ab von Klima und Nahrung, aber auch von Gefangenschaft und Züchtung (Bd. VIII, S. 81f.).

Die Nahrung der Tiere wird vom Klima und der Domestikation bestimmt. Nach einem Fütterungsversuch mit einem Hirsch stellt Buffon fest, dass die Größe der Hirsche von ihrer Nahrung abhängt (Bd. IV, S. 245).

In der *Histoire naturelle* findet man sowohl bei den Vierfüßlern als auch bei den Vögeln zahlreiche Beispiele für den Einfluss der Domestikation.

> [...] l'étude des animaux domestiques impose immédiatement un autre phénomène, la modification possible de formes déjà existants. Buffon ouvre là un champ de recherche immense et dont personne n'avait eu l'idée avant lui. Comme pour Darwin plus tard, c'est l'étude des animaux domestiques qui lui sert nécessairement de point de départ, non seulement parce que nous les connaissons mieux, mais surtout parce que l'on sait bien que les éleveurs ont le pouvoir de modifier les formes et qu'il est plus facile d'étudier leur action. Or, à partir du même point de départ, les deux naturalistes vont s'engager dans deux directions opposées. Là où Darwin verra sélection et possibilité d'évolution, Buffon voit surtout „dégénération". Sans doute, les deux naturalistes ne se réfèrent pas aux mêmes techniques d'élevage. Mais l'action de l'éleveur est d'abord l'action de l'homme sur la Nature: c'est peut-être là que se trouve le problème essentiel.[508]

Dass der Einfluss der Domestikation negativ ist, wird bei Buffon durch Wortwahl und Ausdrucksweise deutlich. Bei den Vierfüßlern geht Buffon davon aus,

---

506 Gareth Nelson, „From Candolle to Croizat: Comments on the History of Biogeography", in: *Journal of the History of Biology* 11 (1978), S. 269–305, hier S. 274f.

507 Roger, *Buffon*, S. 402.

508 Roger, *Buffon*, S. 392.

dass Kamel und Dromedar, die er fälschlicherweise als eine Art ansieht, am meisten durch die Domestikation beeinflusst sind:

> Si l'on réfléchit sur les difformités ou plutôt sur les non-conformités de cet animal avec les autres, on ne pourra douter que sa nature n'ait été considérablement altérée par la contrainte de l'esclavage et par la continuité des travaux. Le Chameau est plus anciennement, plus complettement et plus laborieusement esclave qu'aucun des autres animaux domestiques [...]; aussi portent-ils tous les empreintes de la servitude et les stigmates de la douleur; au bas de la poitrine sur le sternum, il y a une grosse et large callosité aussi dure que la corne; il y en a de pareilles à toutes les jointures des jambes; et quoique ces callosités se trouvent sur tous les Chameaux, elles offrent elles-mêmes la preuve qu'elles ne sont pas naturelles et qu'elles sont produites par l'excès de la contrainte et de la douleur; car souvent elles sont remplies de pus. (Bd. V, S. 62f.)

Buffon kommt nicht der Gedanke, dass diese Schwielen Schutz vor dem heißen Wüstensand bieten. Er geht sogar so weit zu behaupten, die Höcker seien nur eine Folge der Domestikation: „[...] on doit présumer aussi que la bosse ou les bosses du dos n'ont eu d'autre origine que la compression de ces mêmes fardeaux, qui portant inégalement sur certains endroits du dos auront fait élever la chair et boursoufler la graisse et la peau“ (Bd. V, S. 63f.).

Auch bei den Vögeln ist der Einfluss der Domestikation negativ. Über eine Entenrasse schreibt Buffon beispielsweise: „[...] dans une autre race encore plus profondément travaillée, déformée par la domesticité, le bec s'est tordu et courbé, la constitution s'est altérée et les individus portent toutes les marques de la dégénération [...]“ (Bd. IX, S. 192). Die Gans und andere Wasservögel sind „réduits à cet état domestique“ (Bd. IX, S. 168), der Geschmack der Meisen „se déprave dans l'état de domesticité“ (Bd. VIII, S. 265), die Kanarienvögel sind „comme tous les prisonniers, sujets aux maux de la misère“ (Bd. VIII, S. 97), der Grund ihrer Krankheiten ist die Gefangenschaft (Bd. VIII, S. 96–98), „ce malheureux état de captivité“ (Bd. VIII, S. 97) und Buffon kann nur noch ausrufen: „Que de maux à la suite de l'esclavage!“ (Bd. VIII, S. 98), ähnlich wie beim Hahn: „[...] tant l'art avoit bien réussi à dépraver la Nature!“ (Bd. VII, S. 68). Die Exklamationen heben den negativen Einfluss der Domestikation deutlich hervor. Auch die Farben der domestizierten Rassen verändern sich. Montbeillard schreibt im Artikel über den *engoulevent*: „Nous voyons les linottes perdre sous nos yeux, dans les prisons où nous les tenons renfermées, le beau rouge“ (Bd. VIII, S. 312), und Buffon zitiert einen Beobachter: „‚[...] je pensois qu'un habile peintre auroit dessiné les canards sauvages, tandis que les canards domestiques me sembloient l'ouvrage de ses élèves.‘“ (Bd. IX, S. 190). Bei den Enten sind sogar Farbe und Form verändert.

Doch trotz all der negativen Seiten hat der Mensch nach Buffon das Recht, die Tiere zu verändern: „L'empire de l'homme sur les Animaux est un empire légitime qu'aucune révolution ne peut détruire; c'est l'empire de l'esprit sur la matière“ (Bd. IV, S. 2). Mehr als für Descartes ist dies für Buffon ein Thema erster

Wichtigkeit.[509] Während Buffon 1753 im Artikel über die domestizierten Tiere noch schreibt: „[...] l'homme [...] ne peut rien sur les espèces; il ne peut que sur les individus" (Bd. IV, S. 3f.), schreibt er 1755 in der Monographie über den Hund: „L'homme peut donc non-seulement faire servir à ses besoins, à son usage, tous les individus de l'univers, mais il peut encore, avec le temps, changer, modifier et perfectionner les espèces; c'est même le plus beau droit qu'il ait sur la Nature" (Bd. IV, S. 202). Im Artikel über den Fasan schreibt Montbeillard: „[...] l'homme qui fait gloire de soumettre l'ordre de la Nature à son intérêt ou à ses fantaisies" (Bd. VII, S. 144). Ob man von degenerierten oder von perfektionierten Tieren spricht, hängt vom Standpunkt ab:

> [...] au lieu d'imaginer que ces espèces subalternes n'ont été produites que par la dégénération des espèces premières, au lieu de regarder l'âne comme un cheval dégénéré, il y auroit plus de raison de dire que le cheval est un âne perfectionné; que la brebis n'est qu'une espèce de chèvre plus délicate que nous avons soignée, perfectionnée, propagée pour notre utilité, et qu'en général les espèces les plus parfaites, sur-tout dans les animaux domestiques, tirent leur origine de l'espèce moins parfaite des animaux sauvages qui en approchent le plus, la Nature seule ne pouvant faire autant que la Nature et l'homme réunis. (Bd. IV, S. 159)

Während die gezüchteten Rassen für die Natur degeneriert sind, sind sie für den Menschen perfektioniert: „[...] toutes les races esclaves, d'autant plus perfectionnées pour nous, qu'elles sont plus dégénérées, plus viciées pour la Nature" (Bd. VII, S. 157f.). Für Buffon handelt es sich hier also um eine Frage der Perspektive.[510] Buffon erklärt hier auch die Vorteile der gezüchteten Tauben:

> [...] l'homme en perfectionnant les formes extérieures, a en même temps altéré leurs qualités intérieures, et détruit jusqu'au germe du sentiment de la liberté; ces oiseaux, la plupart plus grands, plus beaux que les pigeons communs, ont encore l'avantage pour nous d'être plus féconds, plus gras, de meilleur goût [...]. (Bd. VII, S. 157)

Der Nutzen für den Menschen steht hier also im Vordergrund. Durch das Eingreifen des Menschen in die Natur entstehen neue Rassen, die es ohne ihn nie gegeben hätte:

> [...] on peut avec le temps créer à nos yeux, c'est-à-dire amener à la lumière une infinité d'êtres nouveaux que la Nature seule n'auroit jamais produits; les semences de toute matière vivante lui appartiennent, elle en compose tous les germes des êtres organisés; mais la combinaison, la succession, l'assortiment, la réunion ou la séparation de chacun de ces êtres, dépendent souvent de la volonté de l'homme; dèslors il est le maître de forcer la Nature par ses combinaisons et de la fixer par son industrie; de deux individus singuliers qu'elle aura produits comme par hasard, il en fera une race cons-

509 Gayon, a.a.O., S. 569.
510 Gayon, a.a.O., S. 576.

> tante et perpétuelle, et de laquelle il tirera plusieurs autres races qui, sans ses soins, n'auroient jamais vu le jour. (Bd. VII, S. 158f.)

Ein Beispiel hierfür sind auch die Hunderassen:

> [...] dès que, par un hasard assez ordinaire à la Nature, il se sera trouvé dans quelques individus des singularités ou des variétés apparentes, on aura tâché de les perpétuer en unissant ensemble ces individus singuliers comme on le fait encore aujourd'hui lorsqu'on veut se procurer de nouvelles races de chiens et d'autres animaux. (Bd. IV, S. 200f.)

Auch wenn Buffon keine gemeinsame Evolution aller Lebewesen kennt, erkennt er das, was man später das Prinzip der Einheit des Bauplans nennt.[511] Skelette zu vergleichen ist nicht neu.[512] 1753 im Artikel über den Esel vergleicht Buffon das Skelett des Menschen mit dem des Pferdes (Bd. IV, S. 88f.) und beschäftigt sich mit den Ähnlichkeiten, die man später als Homologien bezeichnet.[513] Während Buffon im *Discours sur la nature des animaux* noch die unterschiedliche Morphologie der Hand des Menschen und des Pferdefußes betont hat (Bd. III, S. 8), ist er nun von Daubentons Beschreibung der Anatomie des Pferdes beeinflusst und betont wie Daubenton die Ähnlichkeit der Anatomie:[514]

> [...] que l'on considère comme l'a remarqué Daubenton, que le pied d'un cheval, en apparence si différent de la main de l'homme, est cependant composé des mêmes os, et que nous avons à l'extrémité de chacun de nos doigts le même osselet en fer-à-cheval qui termine le pied de cet animal, et l'on jugera si cette ressemblance cachée n'est pas plus merveilleuse que les différences apparentes [...]. (Bd. IV, S. 89)

Buffon geht wie Aristoteles vom Skelett des Menschen aus, weil es das bekannteste Skelett und das Meisterwerk der Natur ist.[515] Er kommt beim Vergleich zu dem Schluss: „l'Être suprême n'a voulu employer qu'une idée, et la varier en même temps de toutes les manières possibles, afin que l'homme pût admirer également, et la magnificence de l'exécution, et la simplicité du dessein" (Bd. IV, S. 89), „interprétation apologétique, évidemment bienvenue pour quelqu'un qui doit sans cesse prouver son orthodoxie"[516]. Aber diese „conformité constante et ce dessein suivi de l'homme aux Quadrupèdes, des Quadrupèdes aux cétacés, des cétacés aux oiseaux, des oiseaux aux reptiles, des reptiles aux poissons" (Bd. IV, S. 89) eröffnet auch ein neues Forschungsfeld.[517] „Nous sommes ici à la naissance de l'anatomie comparée [...]. Mais nous sommes aussi à la naissance d'une disci-

---

511 Roger, *Buffon*, S. 384.
512 Roger, *Buffon*, S. 384f.
513 Roger, *Buffon*, S. 385.
514 Gayon, a.a.O., S. 468f.
515 Roger, *Buffon*, S. 388.
516 Roger, *Buffon*, S. 386.
517 Roger, *Buffon*, S. 386.

pline différente, la morphologie, qui [...] deviendra [...] un des éléments essentiel du débat évolutionniste dans la première moitié du XIXe siècle.“[518]

„Sein ganzes Leben lang“ hat „sich Buffon an der Grenze der Evolutionslehre bewegt“.[519] Insgesamt kann man sagen, dass Buffon „kein Evolutionist“ ist, aber „dennoch der Vater des Evolutionsdenkens“.[520]

> Er war der erste, der eine lange Reihe von Evolutionsproblemen erörterte – Probleme, die niemand vor ihm aufgeworfen hatte. Zwar gelangte er häufig zu falschen Schlüssen, doch war er es, der diese Themen ins Repertoire wissenschaftlicher Fragestellungen aufnahm. Obgleich er selbst evolutionäre Erklärungen ablehnte, lenkte er doch als erster die Aufmerksamkeit der wissenschaftlichen Welt auf solche Erklärungen. Wir verdanken ihm umfangreiche Abhandlungen über den Ursprung der Erde im allgemeinen und über Sedimentgesteine im besonderen; er begründete die Bedeutung der Frage des Aussterbens von Tierarten; er warf die Frage auf, ob nah verwandte Arten, wie Pferd und Esel, von demselben Vorfahren abstammen könnten; und schließlich war er der erste, der dem Problem der Probleme, der Errichtung von Fortpflanzungsisolationen (wie wir heute sagen würden) zwischen zwei beginnenden Arten seine volle Aufmerksamkeit zuwandte.[521]

Durch Buffon wird das Evolutionsdenken sowohl gehindert als auch gefördert.[522] Er hindert es dadurch, „daß er häufig die Doktrin von der Unveränderlichkeit der Arten“ vertritt. Außerdem hindert er es dadurch, „daß er ein Artkriterium“ einführt „(Fruchtbarkeit unter den Angehörigen einer Art), das in den Augen seiner Zeitgenossen evolutive Veränderungen unmöglich“ macht.[523]

> Weitaus wichtiger jedoch sind Buffons positive Beiträge zum Evolutionismus.
>
> 1. Mit seiner ausführlichen Analyse führte er den Gedanken der Evolution in den Bereich der Wissenschaft ein, wo er seither als angemessener Forschungsgegenstand zu behandeln war.
> 2. Er verallgemeinerte die Ergebnisse seiner anatomischen Untersuchungen (zusammen mit seinem Mitarbeiter Daubenton) durch Einführen des Begriffs der „Einheit des Typus“. Daraus entstand erst die Schule der idealistischen Morphologie und anschließend die der vergleichenden Anatomie, die so viel Beweismaterial zugunsten der Evolution beitrug.

---

518 Roger, *Buffon*, S. 386.
519 Mayr, a.a.O., S. 273.
520 Mayr, a.a.O., S. 267.
521 Mayr, a.a.O., S. 267.
522 Mayr, a.a.O., S. 267.
523 Mayr, a.a.O., S. 267.

3. Mehr als jeder andere war er für eine neue Chronologie der Erde verantwortlich, das heißt dafür, daß man einen ungeheuren Zeitmaßstab für die Erde akzeptierte.
4. Er war der Begründer der Biogeographie. Als er aus Opposition zu Linnaeus die Arten nach ihren Herkunftsländern anordnete, gruppierte er sie in Faunen. Die Anhäufung von Listen von Faunen durch Buffon und seine Nachfolger diente als Grundlage für weitreichende Verallgemeinerungen. In der Tat leitete Darwin mehr Beweise für die Evolution aus den Fakten der Verbreitung als aus jedem anderen biologischen Phänomen ab.[524]

5.3 Die Bewunderung der Antike

Dass ein so modernes Thema wie das der Evolution nicht der zentrale Gegenstand der Tierbeschreibungen Buffons ist, zeigt sich schon an der immer wieder deutlich werdenden Wertschätzung der Antike.

> Buffon établit une continuité de la pensée biologique depuis Aristote jusqu'à lui. Ce n'est pas qu'il nie le progrès de la science. [...] Mais, s'il y a progrès, il n'y a pas rupture.
>
> [...] Buffon s'oppose ici à presque tous ses contemporains. Eux aussi admettent que la science se construit progressivement et régulièrement, mais cette construction progressive n'a commencé, selon eux, qu'après une révolution scientifique qui a imposé la méthode de la vraie science, c'est-à-dire d'une science anti-aristotélicienne. Dans le conflit des Anciens et des Modernes, ils sont résolument du côté des Modernes. [...] En réintroduisant l'autorité d'Aristote, Buffon va à contre-courant. Sans nier l'existence d'une histoire, voire d'un progrès, de la connaissance scientifique, il refuse implicitement l'idée d'une révolution scientifique fondatrice et présente une version continuiste du progrès des connaissances.[525]

Die schon im *Premier Discours* ausgedrückte Bewunderung der Beschreibungen der antiken Autoren, insbesondere derer Aristoteles', ist auch in den Artikeln der *Histoire naturelle* zu finden.

Buffon und Montbeillard zitieren teils inhaltlich, teils sogar wörtlich auch Autoren der Moderne. Diese werden manchmal sogar gelobt, wie beispielsweise in der Monographie über die *marmotte*: „DE tous les auteurs modernes qui ont écrit sur l'Histoire Naturelle, Gesner est celui qui pour le détail a le plus avancé la science. Il joignoit à une grande érudition un sens droit et des vues saines" (Bd. IV, S. 300) und im Artikel über den *bec-croisé*: „Frisch, qui connoissoit parfaitement ces oiseaux" (Bd. VIII, S. 238).

---

524 Mayr, a.a.O., S. 268.
525 Gayon, a.a.O., S. 194.

Häufiger werden die modernen Autoren jedoch kritisiert. Dabei bezieht sich die Kritik nicht nur auf die Klassifikationen. Buffon schreibt über ein Tier, das dem Flughörnchen ähnelt: „Séba est le seul qui l'ait vu dans le cabinet de Vincent, et je me défie toujours de ces descriptions faites dans des cabinets, d'après des animaux, que souvent on ajuste pour les rendre plus extraordinaires" (Bd. V, S. 212). Diese kritische Haltung entspricht der Tatsache, dass Buffon selbst nicht nur eine Beschreibung des *Cabinet du Roi*, sondern eine Naturgeschichte verfasst. In der *Histoire naturelle des animaux quadrupèdes* übernimmt Daubenton die Beschreibung der entsprechenden Teile der königlichen Sammlung, in der *Histoire naturelle des oiseaux* gibt es dann keine gesonderte Beschreibung der Sammlung mehr.[526]

Teilweise ist die Kritik an den modernen Autoren sehr aggressiv. Zum Beispiel schreibt Buffon in der Monographie über den Kanarienvogel: „Au reste nous devons dire qu'en général les pratiques trop recherchées et les soins scrupuleux que nos écrivains conseillent de donner à l'éducation de ces oiseaux sont plus nuisibles qu'utiles [...]" (Bd. VIII, S. 90).

Während Montbeillard im Artikel über die *caille* die Antike herausstellt mit der Formulierung „les anciens savoient tout cela", verspottet er moderne Autoren: „C'étoit une absurdité réservée à quelques modernes" (Bd. VII, S. 227).

Im gleichen Artikel wird auch Aristoteles kritisiert, aber gleichzeitig betont, dass die Meinung einiger Autoren der Moderne noch unwahrscheinlicher ist: „[...] il seroit dur de supposer avec Aristote [...]; encore plus dur de supposer avec Catesby, Belon et quelques autres [...]" (Bd. VII, S. 225). Insgesamt ist die Kritik an Autoren der Antike weniger scharf als die an Autoren der Moderne. In der Monographie über den Löwen schreibt Buffon beispielsweise: „J'ai cru devoir faire mention en détail de ces petites erreurs d'Aristote, parce que l'autorité de ce grand homme a entraîné presque tous ceux qui ont écrit après lui sur l'Histoire Naturelle des animaux" (Bd. V, S. 253).

Nur sehr selten wird ein Fehler der Antike mit der neuen Erkenntnis der Moderne unterstrichen, wie im Artikel über den *rossignol*: „[...] les anciens s'étoient persuadés qu'ils ne dormoient point dans cette saison [...]; mais les modernes qui ont observé de plus près ces oiseaux, se sont aperçus que dans la saison du chant ils dormoient pendant le jour [...]" (Bd. VIII, S. 73). Beim Nilpferd hat es lange gedauert, bis es eine gute Beschreibung gab:

> QUOIQUE l'Hippopotame ait été célébré de toute l'antiquité [...] il n'étoit cependant qu'imparfaitement connu des anciens. Aristote ne fait pour ainsi dire que l'indiquer et dans le peu qu'il en dit, il se trouve plus d'erreurs que de faits vrais. Pline en copiant Aristote, loin de corriger ses erreurs, semble les confirmer et en ajouter de nouvelles. Ce n'est que vers le milieu du seizième siècle que l'on a eu quelques indications précises au

[526] Buffon, *Œuvres philosophiques*, S. 522f.

sujet de cet animal. Belon [...] en vit un vivant, duquel néanmoins il n'a donné qu'une connoissance imparfaite [...]: ainsi l'on doit encore reculer l'époque de nos connoissances exactes sur cet animal jusqu'en 1603, que Federico Zerenghi [...] fit imprimer à Naples l'histoire de deux hippopotames [...]. (Bd. VI, S. 221f.)

Auffallend ist, dass Plinius mehr kritisiert wird als Aristoteles. Montbeillard schreibt zum Beispiel in der Monographie über den Raben: „Pline [...] qui travailla quelquefois sur de mauvais mémoires“ (Bd. IX, S. 94).

Die Tatsache, dass Plinius und Aristoteles Informationen anderer nutzten, dient auch zu ihrer Entschuldigung, wie in der Monographie über den *roitelet*: „Aristote dit qu'il chante agréablement; mais il y a toute apparence que ceux qui lui avoient fourni ce fait, avoient confondu notre Roitelet avec le troglodyte“ (Bd. VIII, S. 245). Nicht Aristoteles, sondern die Informanten werden für die Verwechslung verantwortlich gemacht. Im Artikel über die *orfraie* vermutet Buffon eine Abänderung des Originaltextes: „[...] et quoiqu'il y ait dans Pline bien des choses écrites légèrement, je ne puis me persuader qu'il soit l'auteur de ces trois assertions, et j'aime mieux croire que la fin de ce passage a été entièrement altérée“ (Bd. IX, S. 31). Ähnliches vermutet Montbeillard in der Monographie über die *grives*: „[...] comme on le fait dire à Aristote, peut-être par une erreur de copiste“ (Bd. VIII, S. 195). In der Monographie über den Siebenschläfer versucht Buffon zu erklären, wie Aristoteles zu einer falschen Aussage kommen konnte (Bd. IV, S. 295f.), und im Artikel über die *bartavelle ou perdrix grecque* verteidigt Monbeillard Aristoteles ausführlich, indem er dessen richtige Aussagen betont, hinter falschen Interpretationen richtige Beobachtungen aufzeigt und versucht, Widersprüche aufzuklären (Bd. VII, S. 210–213).

Die Wertschätzung der Antike zeigt sich aber nicht nur in der verhaltenen Kritik. Das Interesse an der Antike wird auch deutlich durch die zahlreichen Berichte über diese Epoche.

Buffon erwähnt die Tierwettkämpfe der Römer. Über die Bären schreibt er: „[...] les Romains en faisoient venir de Lybie pour servir à leurs spectacles“ (Bd. V, S. 151f.). „Pline est, je crois, le premier qui ait parlé de ces combats du rhinocéros et de l'éléphant; il paroît qu'on les a forcés à se battre dans les spectacles de Rome“ (Bd. V, S. 136f.). Über einen Hund einer bestimmten Rasse schreibt Buffon: „Pline rapporte le combat d'un de ces chiens contre un lion et ensuite contre un éléphant“ (Bd. IV, S. 206). Buffon berichtet auch, dass in der Antike besonders gerne Hasen gegessen wurden: „[...] les Grecs et les Romains en faisoient autant de cas que nous: *Inter Quadrupedes gloria prima Lepus*, dit Martial“ (Bd. IV, S. 277).

Es wird ebenfalls erwähnt, welche Vögel in der Antike gegessen wurden, zum Beispiel *flammant* (Bd. IX, S. 321f.), *tadorne* (Bd. IX, S. 340) und *sarcelle* (Bd. IX, S. 345). Im Artikel über die *grives* beschreibt Montbeillard die Volieren der Römer (Bd. VIII, S. 187f.). In der Monographie über die Adler gibt Buffon folgende Begebenheit wieder: „Les anciens avoient remarqué qu'on n'avoit jamais vu d'aigles dans l'île de Rhodes; ils regardèrent comme un prodige, que dans le temps ou l'empereur Tibère se trouva dans cette île, un aigle vint se poser sur le toit de la maison ou il étoit logé“ (Bd. IX, S. 22). Montbeillard schreibt über den Kuckuck:

> Les anciens observoient le temps de l'apparition et de la disparition du Coucou en Italie. Les vignerons qui n'avoient point achevé de travailler leurs vignes avant son arrivée, étoient regardés comme paresseux, et devenoient l'objet de la risée du publique: les passans qui les voyoient en retard, leur reprochoient leur paresse en répétant le cri de cet oiseau, qui lui-même étoit l'emblème de la fainéantise, et avec très-grande raison, puisqu'il se dispense des devoirs les plus sacrés de la Nature. (Bd. VII, S. 363)

Die Bewunderung der Antike wird nicht nur indirekt, sondern auch ganz direkt ausgedrückt. Richtige Aussagen Aristoteles' werden hervorgehoben, wie zum Beispiel im Zusammenhang mit Panther, Schneeleopard und Leopard:

> Aristote avoit remarqué avant nous que de tous les animaux qui ont des griffes, c'est-à-dire des ongles crochus et rétractibles, aucun n'étoit sociable, aucun n'alloit en troupe: cette observation qui ne portoit alors que sur quatre ou cinq espèces, les seules de ce genre qui fussent connues de son temps, s'est étendue et trouvée vraie sur dix ou douze autres espèces qu'on a découvertes depuis. (Bd. V, S. 272)

Aristoteles' Autorität wird betont:

> Ce que l'on a débité sur la longue vie des Cerfs n'est appuyé sur aucun fondement; ce n'est qu'un préjugé populaire, qui régnoit dès le temps d'Aristote; et ce philosophe dit avec raison que cela ne lui paroît pas vraisemblable [...]. Cependant, malgré cette autorité, qui seule auroit dû suffire pour détruire ce préjugé, il s'est renouvelé [...]. (Bd. IV, S. 243f.)

Buffon bewundert aber nicht nur Aristoteles, sondern allgemein die Antike. Er schreibt zum Beispiel im Artikel über die Ente:

> Les anciens qui traitoient avec plus d'attention que nous les objets intéressants de l'économie rurale et de la vie champêtre, ces Romains qui d'une main remportoient des trophées et de l'autre conduisoient la charrue, nous ont ici laissé, comme en bien d'autres choses, des instructions utiles. (Bd. IX, S. 187)

Am deutlichsten wird die Bewunderung der Antike bei der Frage der Namensgebung. Der Artikel über den Flamingo beginnt folgendermaßen:

> DANS la langue de ce peuple spirituel et sensible, les Grecs, presque tous les mots peignoient l'objet ou caractérisoient la chose, et présentoient l'image ou la description abrégée de tout être idéal ou réel. Le nom de *Phénicoptère*, oiseau à l'aile de flamme, est un exemple de ces rapports sentis qui font la grâce ou l'énergie du langage de ces Grecs ingénieux [...]. (Bd. IX, S. 317)

In der Monographie über die *poule sultane* beziehungsweise den *porphyrion* steht folgende Exklamation:

> [...] que ne pouvons-nous rétablir toutes les belles ruines de l'antiquité savante, et rendre à la Nature ces images brillantes et ces portraits fidèles dont les Grecs l'auvoient peinte et toujours animée, hommes spirituels et sensibles qu'avoient touchés les beautés qu'elle présente, et la vie que partout elle respire! (Bd. IX, S. 308)

Hier wird auch deutlich, dass in der *Histoire naturelle* ebenfalls das erste Ziel die lebhafte Darstellung der Natur ist.

Die Bewunderung der Antike geht bei Buffon sogar so weit, dass er bei der Fabel des Schwanengesangs bewegt ist und ihr nachtrauert,[527] obwohl er grundsätzlich solche Fabeln in der Naturgeschichte eliminieren will:

> Au reste, les anciens ne s'étoient pas contentés de faire du Cygne un chantre merveilleux; seul entre tous les êtres qui frémissent à l'aspect de leur destruction, il chantoit encore au moment de son agonie, et préludoit par des chants harmonieux à son dernier soupir: c'étoit, disoient-ils, prêt d'expirer et faisant à la vie un adieu triste et tendre, que le Cygne rendoit ces accens si doux et si touchans, et qui pareils à un léger et douloureux murmure d'une voix basse, plaintive et lugubre, formoient son chant funèbre. On entendoit ce chant lorsqu'au lever de l'aurore, les vents et les flots étoient calmés; on avoit même vu des cygnes expirans en musique et chantant leur hymne funéraire. Nulle fiction en Histoire Naturelle, nulle fable chez les anciens n'a été plus célébrée, plus répétée, plus accréditée; elle s'étoit emparée de l'imagination vive et sensible des Grecs; poètes, orateurs, philosophes même l'ont adoptée comme une vérité trop agréable pour vouloir en douter. Il faut bien leur pardonner leurs fables; elles étoient aimables et touchantes; elles valoient bien de tristes, d'arides vérités: c'étoient de doux emblêmes pour les ames sensibles. (Bd. IX, S. 153)

5.4 Das Eliminieren von Fabeln in der Naturgeschichte

Schon im *Premier discours* schreibt Buffon, dass in der Naturgeschichte nur Tatsachen und keine Fabeln berichtet werden sollen (Bd. II, S. 24f.). Im 18. Jahrhundert werden allgemein noch viele Fiktionen über Tiere ganz naiv geglaubt.[528] Eine ganze Menge solcher Legenden werden in der *Histoire naturelle* als erfundene Geschichten entlarvt.[529]

---

527 A.Vinet, „Buffon“, in: Ders.: *Histoire de la littérature française au dix-huitième siècle*, Paris ^{2}1876, Bd. II, S. 149–159, hier S. 155f.

528 Daniel Mornet, „Les Sciences expérimentales“, in: Ders.: *La Pensée française au XVIIIe siècle*, Paris ^{12}1969, S. 84–99, hier S. 85.

529 Roger, *Buffon*, S. 355.

In der *Histoire naturelle* bemühen sich sowohl Buffon als auch Montbeillard, Fabeln zu eliminieren. Dabei dient das Eliminieren nicht nur als Vorwand, um diese Geschichten zu erzählen. Buffon sieht durchaus die Gefahr dieses Vorwurfs:

> Il y a peu d'animaux sur lesquels on ait fait autant d'histoires absurdes que sur celui-ci. Les anciens ont écrit gravement que l'Hyène étoit mâle et femelle alternativement [...]. On a dit qu'elle savoit imiter la voix humaine, retenir le nom des bergers, les appeler, les charmer, les arrêter, les rendre immobiles, faire en même temps courir les bergères, leur faire oublier leur troupeau, les rendre folles d'amour. Tout cela peut arriver sans hyène; et je finis pour qu'on ne me fasse pas le reproche que je vais faire à Pline qui paroît avoir pris plaisir à compiler et raconter ces fables. (Bd. V, S. 297f.)

Montbeillard schreibt jedoch im Artikel über die *caille*: „[...] il faut citer les erreurs, afin qu'elles se détruisent elles-mêmes" (Bd. VII, S. 236). Buffon ist nicht immer so optimistisch:

> Le merveilleux qui n'est que le faux qui fait plaisir à croire, augmente et croît à mesure qu'il passe par un plus grand nombre de têtes; la vérité perd au contraire en faisant la même route; et malgré la négation positive que je viens de graver au bas de ces deux faits, je suis persuadé qu'on écrira encore mille fois après moi, comme on l'a fait mille fois auparavant, que le Porc-épic darde ses piquans, et que ces piquans séparés de l'animal entrent d'eux-mêmes dans le corps où leur pointe est engagée. (Bd. V, S. 222)[530]

Für den Naturwissenschaftler Buffon ist die Natur bewundernswerter als die Fabeln:

> ENTRE les fausses merveilles que l'ignorance toujours crédule a si longtemps mise à la place des faits simples et vraiment admirables de la Nature, l'une des plus absurdes peut-être et cependant des plus célébrées, est la prétendue production des Bernaches et des macreuses dans certains arbres des côtes d'Écosse et des Orcades, ou même dans les bois pourris des vieux navires. (Bd. IX, S. 328)

Buffon glaubt auch nicht an Wunderheilungen:

> Monard, Ximenès, et plusieurs autres après eux, ont attribué d'admirables propriétés médicinales à différentes parties de ces animaux. Ils ont assuré que le têt réduit en poudre et pris intérieurement, même à petite dose, est un puissant sudorifique; que l'os de la hanche, aussi pulvérisé, guérit du mal vénérien; que le premier os de la queue appliqué sur l'oreille fait entendre les sourds. Nous n'ajoutons aucune foi à ces propriétés extraordinaires; le têt et les os des tatous sont de la même nature que les os des autres ani-

---

530 Buffon erkennt an dieser Stelle sehr richtig, dass das Stachelschwein seine Stacheln nicht absichtlich wegschleudert. Er sieht jedoch fälschlicherweise auch nicht die Möglichkeit, dass ein durch Bewegung unabsichtlich weggeschleuderter Stachel durchaus jemanden verletzen kann.

> maux. Des effets aussi merveilleux ne sont jamais produits que par des vertus imaginaires. (Bd. VI, S. 87f.)

Teilweise hält Buffon es sogar für nötig, den Unterschied zwischen real existierenden Tieren und Fabelwesen zu betonen:

> Le lynx dont les anciens ont dit que la vue étoit assez perçante pour pénétrer les corps opaques, dont l'urine avoit la merveilleuse propriété de devenir un corps solide, une pierre précieuse appelée *lapis lyncurius*, est un animal fabuleux, aussi bien que toutes les propriétés qu'on lui attribue. Ce lynx imaginaire n'a d'autre rapport avec le vrai Lynx que celui du nom. Il ne faut donc pas, comme l'ont fait la plupart des Naturalistes, attribuer à celui-ci, qui est un être réel, les propriétés de cet animal imaginaire, à l'existence duquel Pline lui-même n'a pas l'air de croire, puisqu'il n'en parle que comme d'une bête extraordinaire, et qu'il le met à la tête des sphynx, des pégases, des licornes et des autres prodiges ou monstres qu'enfante l'Éthiopie. (Bd. V, S. 281)

Bei Tieren, die die Menschen faszinieren, werden Fabeln zur Wahrheit dazugedichtet, zum Beispiel bei der Manguste: „[...] la fable est toujours mise par les hommes à la suite de la vérité" (Bd. V, S. 124). Besonders deutlich wird dies beim Biber. Obwohl Buffon selbst die Biber übertrieben positiv charakterisiert, entlarvt er zahlreiche Fabeln über sie:

> Car on ne s'est pas borné à dire que les Castors avoient des mœurs sociales et des talens évidens pour l'architecture, mais on a assuré qu'on ne pouvoit leur refuser des idées générales de police et de gouvernement, que leur société étant une fois formée, ils savoient réduire en esclavage les voyageurs, les étrangers; qu'ils s'en servoient pour porter leur terre, traîner leur bois; qu'ils traitoient de même les paresseux d'entr'eux qui ne vouloient, et les vieux qui ne pouvoient pas travailler, qu'ils les renversoient sur le dos, les faisoient servir de charrette pour voiturer leurs matériaux; que ces républicains ne s'assembloient jamais qu'en nombre impair, pour que dans leurs conseils il y eût toujours une voix prépondérante; que la société entière avoit un président; que chaque tribu avoit son intendant; qu'ils avoient des sentinelles établies pour la garde publique; que quand ils étoient poursuivis, ils ne manquoient pas de s'arracher les testicules pour satisfaire à la cupidité des chasseurs; qu'ils se montroient ainsi mutilés pour trouver grâce à leurs yeux, etc. etc. Autant nous sommes éloignés de croire à ces fables, ou de recevoir ces exagérations, [...]. (Bd. VI, S. 247)

Viele der Legenden werden scharf kritisiert. Montbeillard schreibt bezüglich der Fabeln über die Reproduktion des *tetras*: „Il est humiliant pour l'esprit humain qu'il se présente de semblables erreurs à réfuter" (Bd. VII, S. 170f.). Buffon sagt über den *balbuzard*:

> C'est une erreur de croire que cet oiseau nage avec un pied, tandis qu'il prend le poisson avec l'autre. La source de cette erreur populaire est dans Albert-le-grand, qui a écrit qu'il avoit l'un des pieds pareil à celui d'un épervier, et l'autre semblable à celui d'une oie, ce qui est non-seulement

faux, mais absurde et contre toute analogie; en sorte qu'on ne peut qu'être étonné de voir que Gesner, Aldrovande, Klein et Linnaeus, au lieu de s'élever contre cette fausseté l'aient accréditée, et qu'Aldrovande nous dise froidement que cela n'est pas contre toute vraisemblance, puisque je sais, ajoute-t-il très-positivement, qu'il y a des poules-d'eau moitié palmipèdes et moitié fissipèdes; ce qui est encore un autre fait tout aussi faux que le premier. (Bd. IX, S. 26)

Häufig ist die Kritik auch sehr ironisch. Montbeillard kommentiert zum Beispiel im Artikel über den Kuckuck eine Fabel folgendermaßen: „[...] lorsqu'il revient au printemps, c'est sur les épaules du milan qui veut bien lui servir de monture, afin de ménager la foiblesse des ses ailes (complaisance remarquable dans un oiseau de proie tel que le milan) [...]" (Bd. VII, S. 348). Ebenso ironische Kommentare findet man auch im Artikel über den *rossignol*:

Gesner, entre autres, rapporte la lettre d'un homme digne de foi (comme on va le voir), où il est question de deux rossignols appartenants à un maître d'hôtellerie de Ratisbonne, lesquels passoient les nuits à converser en allemand sur les intérêts politiques de l'Europe, sur ce qui s'étoit passé, sur ce qui devoit arriver bientôt, et qui arriva en effet [...]. (Bd. VIII, S. 66f.)

Bezüglich des Gesangstalents liest man in derselben Monographie: „On a dit que les père et mère ne soignoient parmi leurs petits que ceux qui montroient du talent, et qu'ils tuoient les autres ou les laissoient périr d'inanition (il faut supposer qu'ils savent excepter les femelles)" (Bd. VIII, S. 74).

Bei manchen Fabeln suchen Buffon und Montbeillard auch nach Gründen für deren Entstehung. Buffon berichtet zum Beispiel

[...] des amours du lapin et de la poule dont on nous a fait l'histoire, et dont, suivant l'auteur, le fruit devoit être des poulets couverts de poils, ou des lapins couverts de plumes; tandis que ce n'étoit qu'un lapin vicieux ou trop ardent qui, faute de femelle, se servoit de la poule de la maison comme il se seroit servi de tout autre meuble, et qu'il est hors de toute vraisemblance de s'attendre à quelque production entre deux animaux d'espèce si éloignées [...]. (Bd. IV, S. 280)

In der Monographie über die *gélinotte* schreibt Montbeillard beispielsweise:

Encelius et quelques autres ont avancé que ces oiseaux s'accouploient par le bec [...]: mais comme les contes les plus ridicules sont souvent fondés sur une vérité mal vue ou mal rendue, il pourroit se faire que des ignorans, toujours amis du merveilleux, ayant vu les Gélinottes en amour faire de leur bec le même usage qu'en font d'autres oiseaux en pareil cas, et préluder au véritable accouplement par des baisers de tourterelles, aient cru de bonne foi les avoir vues s'accoupler par le bec. Il y a dans l'Histoire Naturelle beaucoup de faits de ce genre qui paroissent ridiculement absurdes, et qui cependant renferment une vérité cachée; il ne faut, pour la dégager, que savoir distinguer ce que l'homme a vu de ce qu'il a cru. (Bd. VII, S. 184)

Die kritische Haltung gegenüber den Fabeln ist in unseren Augen oft nicht kritisch genug,[531] aber die Erwartung, dass in einem Werk gleich alle Fabeln eliminiert werden, wäre auch zu hoch.

Manchmal werden unwahrscheinliche, aber verbreitete Meinungen noch diskutiert, wie in der Monographie über die Murmeltiere:

> [...] on assure même [...] que les unes coupent les herbes fines, que d'autres les ramassent, et que tour-à-tour elles servent de voitures pour les transporter au gîte; l'une, dit-on, se couche sur le dos, se laisse charger de foin, étend ses pattes en haut pour servir de ridelles, et ensuite se laisse traîner par les autres qui la tirent par la queue, et prennent garde en même temps que la voiture ne verse. C'est, à ce qu'on prétend, par ce frottement trop souvent réitéré, qu'elles ont presque toutes le poil rongé sur le dos. On pourroit cependant en donner une autre raison; c'est qu'habitant sous la terre, et s'occupant sans cesse à la creuser, cela seul suffit pour leur peler le dos. (Bd. IV, S. 303)

Im Artikel über die *hirondelle de fenêtre* zeigt Montbeillard Zweifel am beschriebenen Verhalten dieser Vögel:

> On dit que les moineaux s'emparent souvent des nids de ces Hirondelles, et cela est vrai; mais on ajoute que les Hirondelles ainsi chassées de chez elles, reviennent quelquefois avec un grand nombre d'autres, ferment en un instant l'entrée du nid avec le même mortier dont elle l'ont construit, y claquemurent les moineaux, et rendent ainsi l'usurpation funeste aux usurpateurs; je ne sais si cela est jamais arrivé [...]. (Bd. VIII, S. 345)

Montbeillard weist anschließend darauf hin, dass die Schwalben, die er beobachtet hat, dieses Verhalten nicht zeigten (Bd. VIII, S. 345). Verhaltensweisen der Elster, die er für unwahrscheinlich hält, akzeptiert er ebenfalls nicht ohne Vorbehalt:

> [...] cependant il faut avouer que sa conduite est quelquefois plus réfléchie, s'il est vrai ce qu'on dit, que lorsqu'elle a vu un homme observer trop curieusement son nid, elle transporte ses œufs ailleurs. Ce que les chasseurs racontent à ce sujet de ses connoissances arithmétiques, n'est guère moins étrange, quoique ces prétendues connoissances ne s'étendent pas audela du nombre de cinq. (Bd. VII, S. 322)

Bei zweifelhaften Berichten wird teilweise angegeben, von wem die Aussagen stammen:

> Pontoppidan, qui souvent donne dans le merveilleux, prétend qu'un Renard avoit mis par rangés plusieurs têtes de poissons à quelque distance d'une cabane de pêcheurs; qu'on ne pouvoit guère deviner son but; mais que peu de temps après un corbeau qui vint fondre sur ces têtes de poissons, fut la proie du Renard. Il ajoute que ces animaux se servent de leur queue pour prendre des écrevisses. (Bd. IV, S. 338)

---

[531] Roger, *Buffon*, S. 376.

Manchmal ist die Angabe, woher die Information stammt, ungenauer, wie zum Beispiel in der Monographie über die Igel: „Quelques chasseurs m'ont assuré en avoir vu monter sur des arbres et remporter des fruits à la pointe de leurs piquans" (Bd. IV, S. 379f.). Bei dieser Aussage handelt es sich offensichtlich um sprichwörtliches Jägerlatein und nicht um eine naturwissenschaftliche Information.

In der Monographie über die Spechte distanziert sich Buffon nur noch wenig von der Fabel über den *pic vert* durch die Formulierung „on croit vulgairement": „[...] on croit vulgairement qu'il annonce la pluie par un cri très-différent de sa voix ordinaire. Ce cri est plaintif et traîné, *plieu, plieu, plieu*, et s'entend de très-loin" (Bd. VII, S. 340).

Manchmal fallen auch noch solche Formulierungen weg, und die unwahrscheinlichsten Verhaltensweisen werden als Tatsachen dargestellt. Montbeillard schreibt zum Beispiel über die *dindons sauvages*: „[...] ils se perchent dans les bois sur les branches sèches; et lorsqu'on en fait tomber quelqu'un d'un coup d'arme à feu, les autres restent toujours perchés, et pas un seul ne s'envole" (Bd. VII, S. 111). Auch die folgende Aussage über die Biber wird nicht in Frage gestellt:

> L'habitude qu'ils ont de tenir continuellement la queue et toutes les parties postérieures du corps dans l'eau, paroît avoir changé la nature de leur chair; celle des parties antérieures jusqu'aux reins a la qualité, le goût, la consistance de la chair des animaux de la terre et de l'air; celle des cuisses et de la queue a l'odeur, la saveur et toutes les qualités de celle du poisson: cette queue [...] est même une extrémité, une vraie portion de poisson attachée au corps d'un quadrupède [...]. (Bd. VI, S. 245)

Trotz der wissenschaftlichen Intention gibt es bei Buffon und Montbeillard noch eine Faszination des Übernatürlichen.[532]

Buffon bedauert nicht nur, dass die Fabel vom Schwanengesang nicht wahr ist, sondern auch, dass die Fabeln über den Eisvogel nicht stimmen: „Ces fables flattent la crédulité, mais malheureusement ce ne sont que des fables" (Bd. VIII, S. 366). Montbeillard glaubt zwar nicht an die Legende von den *guépiers*, betont aber die dahinterstehende Moral:

> [...] ils n'attendent pas que leurs soins deviennent nécessaires à leurs père et mère pour les leur consacrer; ils les servent dès qu'ils sont en état de voler, et pour le seul plaisir de les servir; ils leur portent à manger dans leurs trous et préviennent tous leurs besoins. On voit bien que ce sont des fables; mais du moins la morale en est bonne. (Bd. VIII, S. 304)

Dieses Beispiel zeigt schon, dass in der *Histoire naturelle* nicht nur das Verhalten der Tiere interessiert, sondern auch dessen Bedeutung für den Menschen.

---

532 Gascar, a.a.O., S. 148.

5.5 Der Mensch als Bezugspunkt

Wie in der Naturgeschichte Aristoteles' steht auch in der *Histoire naturelle* der Mensch im Mittelpunkt der Natur.[533] Diese anthropozentrische Sichtweise wird in den Tierbeschreibungen dadurch deutlich, dass der Mensch als ständiger Bezugspunkt dient.[534]

Buffon ist überzeugt davon, dass der Mensch alle Geheimnisse der Natur verstehen wird, denn er schreibt in der Abhandlung *Des mulets*[535]:

> [...] l'esprit humain n'a point de bornes, il s'étend à mesure que l'univers se déploie; l'homme peut donc et doit tout tenter, il ne lui faut que du temps pour tout savoir. [...] et quel enthousiasme plus pardonnable ou même plus noble que celui de croire l'homme capable de reconnoître toutes les puissances, et de découvrir par ses travaux tous les secrets de la Nature! (Bd. X, S. 283f.)

An dieser Stelle ist also insbesondere der Mensch als Wissenschaftler gemeint.

Für Buffon und Montbeillard gehören philosophische und wissenschaftliche Reflexionen zusammen.[536] Daher sind Beispiele für philosophische Überlegungen in der *Histoire naturelle* nicht selten. Die Darstellung einiger Tiere bietet die Gelegenheit, Überlegungen oder Anekdoten bezüglich des Menschen zu präsentieren.[537] Häufig wird dabei der Mensch kritisiert, wie beispielsweise der Reiche in der Monographie über das Rind:

> L'homme consomme, engloutit lui seul plus de chair, que tous les animaux ensemble n'en dévorent; il est donc le plus grand destructeur, et c'est plus par abus que par nécessité; au lieu de jouir modérément des biens qui lui sont offerts, au lieu de les dispenser avec équité, au lieu de réparer à mesure qu'il détruit, de renouveler lorsqu'il anéantit, l'homme riche met toute sa gloire à consommer; toute sa grandeur à perdre en un jour à sa table, plus de biens qu'il n'en faudroit pour faire subsister plusieurs familles; il abuse également et des Animaux et des hommes, dont le reste demeure affamé, languit dans la misère et ne travaille que pour satisfaire à l'appétit immodéré et à la vanité encore plus insatiable de cet homme qui, détruisant les autres par disette, se détruit lui-même par les excès. (Bd. IV, S. 111)

Buffon leitet hieraus aber nicht ab, dass der Mensch gar kein Fleisch mehr essen soll (Bd. IV, S. 115). Im Artikel über den Bison und ähnliche Tiere kritisiert Buffon den aufgeklärten Menschen: „Les hommes les plus stupides sont, comme l'on voit, les meilleurs précepteurs de bêtes; pourquoi l'homme le plus éclairé,

---

[533] Roger, *Buffon*, S. 125f.
[534] Roger, *Buffon*, S. 371.
[535] Roger, *Buffon*, S. 439.
[536] Roger, *Sciences*, S. 751.
[537] Gayon, a.a.O., S. 746f.

loin de conduire les autres hommes, a-t-il tant de peine à se conduire lui-même?" (Bd. V, S. 95). Im Zusammenhang mit den Kamelen der Wüstenräuber fragt Buffon: „[...] mais de quoi les hommes savent-ils user sans abus?" (Bd. V, S. 58). Im Artikel über die Faultiere stellt Buffon fest, dass die Menschen am Unglück schuld sind:

> Le mal, à la vérité, vient plus de nous que de la Nature; pour un malheureux, qui ne l'est que parce qu'il est né foible, impotent ou difforme, que de millions d'hommes le sont par la seule dureté de leurs semblables? Les animaux sont en général plus heureux; l'espèce n'a rien à redouter de ses individus; le mal n'a pour eux qu'une source; il en a deux pour l'homme; celle du mal qu'il a lui-même ouverte, est un torrent que s'est accrû comme une mer, dont le débordement couvre et afflige la face entière de la terre; dans le physique, au contraire, le mal est resserré dans des bornes étroites [...]. (Bd. VI, S. 67)

In der Monographie über den Hahn liest man: „[...] l'homme aime mieux jouir et consommer, que faire du bien et s'instruire" (Bd. VII, S. 94). Montbeillard schreibt im Artikel über den Paradiesvogel: „[...] on a traité de menteurs les premiers qui ont dit la vérité, comme c'est l'ordinaire" (Bd. VIII, S. 290) und im Artikel über den Raben: „[...] la passion de prévoir les événemens futurs, même les plus tristes, est une ancienne maladie du genre humain" (Bd. IX, S. 93). In der Monographie über den Strauß schreibt er: „[...] mais telle est la nature de l'esprit humain; lorsqu'il est une fois frappé de quelque objet rare et singulier, il se plaît à le rendre plus singulier encore en lui attribuant des propriétés chimériques et souvent absurdes [...]" (Bd. VII, S. 261).

Buffon ist nicht tolerant gegenüber fremden Religionen. Bezüglich des Schweins schreibt er: „Par un de ces préjugés ridicules que la seule superstition peut faire subsister, les Mahométans sont privés de cet animal utile: on leur a dit qu'il étoit immonde, ils n'osent donc ni le toucher, ni s'en nourrir" (Bd. IV, S. 190). Ähnlich negativ urteilt er über die Inder:

> La considération que les Indiens ont pour ces animaux, est si grande, qu'elle a dégénéré en superstition, dernier terme de l'aveugle respect. Le bœuf, comme l'animal le plus utile, leur a paru le plus digne d'être révéré; de l'objet de leur vénération ils ont fait une idole, une espèce de divinité bienfaisante et puissante; car on veut que tout ce qu'on respecte soit grand, et puisse faire beaucoup de mal ou de bien. (Bd.V, S. 92)

Noch deutlicher kritisiert Buffon den Aberglauben der Menschen am Anfang des Artikels über den Ibis:

> DE toutes les superstitions qui aient jamais infecté la raison, et dégradé, avili l'espèce humaine, le culte des animaux seroit sans doute la plus honteuse, si l'on n'en considéroit pas l'origine et les premiers motifs: comment l'homme en effet a-t-il pu s'abaisser jusqu'à l'adoration des bêtes? Y a-t-il une preuve plus évidente de notre état de misère dans ces premiers âges où les espèces nuisibles, trop puissantes et trop nombreuses, entouroient

l'homme solitaire, isolé, dénué d'armes et des arts nécessaires à l'exercice de ses forces? ces mêmes animaux devenus depuis ses esclaves, étoient alors ses maîtres, ou du moins des rivaux redoutables; la crainte et l'intérêt firent donc naître des sentimens abjects et des pensées absurdes, et bientôt la superstition recueillant les unes et les autres, fit également des dieux de tout être utile ou nuisible. (Bd. IX, S. 231)

Hier wird auch deutlich, dass Buffon den Menschen des 18. Jahrhunderts über die Tiere stellt. Buffon zieht ebenfalls die Gesellschaft dem nicht zivilisierten Menschen vor, was er in der Monographie über den Biber zum Ausdruck bringt: „[...] l'homme lui-même dans l'état de pure nature, dénué de lumières et de tous les secours de la société, ne produit rien, n'édifie rien. Toute société au contraire devient nécessairement féconde" (Bd. VI, S. 234). Buffon glaubt also nicht wie Rousseau an das Ideal eines guten Wilden und hält auch nicht die Gesellschaft grundsätzlich für schlecht.[538]

Dabei zeigt sich Buffon durchaus als Naturliebhaber. Als Ausgleich zu den Pflichten empfiehlt er in der Monographie über den Hirsch insbesondere die Jagd:

> Il seroit aussi pénible de toujours représenter que de toujours méditer. L'homme n'est pas fait par la Nature pour la contemplation des choses abstraites; et de même que s'occuper sans relâche d'études difficiles, d'affaires épineuses, mener une vie sédentaire et faire de son cabinet le centre de son existence, est un état peu naturel, il semble que celui d'une vie tumultueuse, agitée, entraînée pour ainsi dire par le mouvement des autres hommes, et où l'on est obligé de s'observer, de se contraindre et de représenter continuellement à leurs yeux, est une situation encore plus forcée. Quelque idée que nous voulions avoir de nous-mêmes, il est aisé de sentir que représenter n'est pas être, et aussi que nous sommes moins faits pour penser que pour agir, pour raisonner que pour jouir: nos vrais plaisirs consistent dans le libre usage de nous-mêmes; nos vrais biens sont ceux de la Nature; c'est le ciel, c'est la terre, ce sont ces campagnes, ces plaines, ces forêts dont elle nous offre la jouissance utile, inépuisable. Aussi le goût de la chasse, de la pêche, des jardins, de l'agriculture, est un goût naturel à tous les hommes; c'est le seul délassement sans mollesse, le seul qui donne un plaisir vif sans langueur, sans mélange et sans satiété. (Bd. IV, S. 236f.)

Schon im *Discours sur la nature des animaux* (Bd. III, S. 1–86) unterscheidet Buffon theoretisch die Natur des Menschen ganz deutlich von der der Tiere.

Dass häufig das Wesen der Tiere und das des Menschen nicht scharf getrennt werden, wird in der *Histoire naturelle* an mehreren Stellen kritisiert. Im Artikel über die *caille* spricht Montbeillard zum Beispiel von der „prévoyance que les philosophes accordent trop libéralement aux bêtes" (Bd. VII, S. 225). Über die Wachteln schreibt er außerdem: „[...] en général, on leur a prêté des vues, une sagacité, un discernement qui feroient presque douter que ceux qui leur

---

538 Dimier, a.a.O., S. 221–223.

ont fait honneur de ces qualités en aient fait beaucoup d'usage eux-mêmes" (Bd. VII, S. 229). In der Monographie über den *touyou* sagt Montbeillard: „[...] ce sont toujours ces intentions qu'on prête assez légèrement aux bêtes, qui font le roman de l'Histoire Naturelle" (Bd. VII, S. 271). Auch in den Artikeln über die *bartavelle* und den *rossignol* wird betont, dass durch die Vermenschlichung der Tiere wissenschaftliche Fehler entstehen:

> [...] on retrouve la vérité trop souvent défigurée dans l'histoire des animaux par les fictions de l'homme et par sa manie qu'il a de prêter à tous les autres êtres sa nature propre et sa manière de voir et de sentir. (Bd. VII, S. 214)
>
> Toutes ces erreurs dérivent d'une source commune, de l'habitude où sont les hommes de prêter aux animaux leurs foiblesses, leurs passions et leurs vices. (Bd. VIII, S. 74)

Ähnlich wie beim Eliminieren der Fabeln ist jedoch auch hier die Theorie moderner als die Praxis. Tatsächlich werden in der *Histoire naturelle* die Tiere ständig personifiziert.[539] „General vocabulary for describing human anatomy, character, society, and emotion is regularly transferred to animal [...] despite Buffon's theoretical opposition to anthropomorphising."[540] Besonders werden in der anthropomorphen *Histoire naturelle*[541] die Vögel vermenschlicht[542], „a result of bird's musical, ‚feminine', ‚passionate' natures, their symbolic status, and their seemingly purposeful nests and migrations"[543]. Durch die Vermenschlichung der Tiere wird einerseits der wissenschaftliche Gehalt des Werkes vermindert, andererseits wird die Naturgeschichte für den Leser, der kein Wissenschaftler ist, interessanter.[544] Buffons

> descriptions of animals regularly draw on an anthropomorphic vocabulary at odds with the ‚Discours [sur la nature des animaux]', but not all of this humanising should be taken at face value. Buffon, like all ethologists, probably had trouble not seeing human qualities in the animals he dealt with, but he also used anthropomophism as a pedagogical and literary tool, [...]. He was not alone in doing so. Humanised animals, like Mother Nature, have been a stock element of natural histories since antiquity. Avoiding them was especially difficult in the Enlightenment because of ingrained habits and reluctance to cultivate specialised jargon. [...] writers on nature [...] also humanised animals to be entertaining and intelligible. [...]
>
> Among eighteenth-century naturalists Buffon remains especially stigmatised for his humanised animals [...].[545]

---

539 Roger, *Buffon*, S. 370.

540 Loveland, a.a.O., S. 45.

541 Lepenies, „Speicherung", S. 82.

542 Gascar, a.a.O., S. 179.

543 Loveland, a.a.O., S. 72.

544 Gascar, a.a.O., S. 195f.

545 Loveland, a.a.O., S. 69.

In der *Histoire naturelle* werden die Tiere größtenteils als Wesen mit Verstand charakterisiert. Im Zusammenhang mit den Raubkatzen fragt Buffon: „[...] que seroit-ce si ces animaux sanguinaires arrivoient en troupe, et s'ils s'entendoient comme les chiens sauvages ou les chacals dans leurs projets de déprédation? La Nature a donné cette intelligence aux animaux timides" (Bd. V, S. 272). Über die Kakadus schreibt er: „[...] cette facilité d'éducation vient du degré de leur intelligence qui paroît supérieure à celle des autres perroquets" (Bd. VIII, S. 35). Während Buffon im *Discours sur la nature des animaux* den Begriff „prévoyance" im Zusammenhang mit dem Nestbau der Vögel noch ablehnt (Bd. III, S. 83–85), wird er sowohl von Montbeillard als auch von ihm selbst im gleichen Zusammenhang in der *Histoire naturelle des oiseaux* verwendet, wie beispielsweise in den Artikeln über die *pie* (Bd. VII, S. 321), den *cou-jaune* (Bd. VIII, S. 148) und die *poule d'eau* (Bd. IX, S. 306).

Im Gegensatz zu den Aussagen im *Discours sur la nature des animaux* (Bd. III, S. 16f.) bekommen die Vögel manchmal auch eine Seele zugeschrieben. Buffon schreibt zum Beispiel über die Raubvögel: „[...] ils portent une ame de colère" (Bd. IX, S. 6).

Ebenfalls im Gegensatz zum *Discours sur la nature des animaux* (Bd. III, S. 62f.) wird die Freundschaft der Tiere hin und wieder dargestellt. Die Biber werden als „Amis entr'eux" charakterisiert (Bd. VI, S. 244) und über die Ziegen schreibt Buffon: „On a des preuves que ces animaux sont naturellement amis de l'homme" (Bd. IV, S. 164). Der *porphyrion* „s'habitue avec ses compagnons de domesticité, quoique d'espèce différente de la sienne, et se choisit entr'eux quelque ami de prédilection" (Bd. IX, S. 309).

Ferner werden Tiere durch ihre menschlichen Empfindungen personifiziert. Der *héron* ist „malheureux" (Bd. IX, S. 222). Hier stellt sich die Frage, woher Buffon wissen will, dass der Reiher unglücklich ist.[546]

Die Tiere werden nicht zuletzt dadurch vermenschlicht, dass sie Charakter haben. Der Schäferhund „a un caractère décidé" (Bd. IV, S. 205) und die Katze „un caractère faux" (Bd. IV, S. 216). Buffon teilt die Raubvögel sogar nach dem ihnen zugeschriebenen Charakter ein (Bd. IX, S. 9f.). Auch Charakterzüge kleinerer Vogelgruppen werden dargestellt, zum Beispiel bei den Wildgänsen. Die domestizierte Gans „n'a plus la force de soutenir assez son vol pour pouvoir accompagner ou suivre ses frères sauvages, qui, fiers de leur puissance, semblent la dédaigner et même la méconnoître" (Bd. IX, S. 156).

In der *Histoire naturelle* werden nicht nur die Tiere vermenschlicht. Die Natur wird ebenfalls häufig personifiziert. Dabei wird sie dargestellt als das Wesen, das für die Schöpfung und die verschiedenen Eigenschaften der Tiere verantwortlich ist.

[546] Paul de Rémusat, „La Fontaine naturaliste", in: *Revue des deux mondes* LXXXIV (1869), S. 650–673, hier S. 671.

Zu Beginn des Artikels über die wildlebenden Tiere schreibt Buffon:

> DANS les animaux domestiques et dans l'homme, nous n'avons vu la Nature que contrainte, rarement perfectionnée, souvent altérée, défigurée, et toujours environnée d'entraves ou chargée d'ornemens étrangers: maintenant elle va paroître nue, parée de sa seule simplicité, mais plus piquante par sa beauté naïve, sa démarche légère, son air libre, et par les autres attributs de la noblesse et de l'indépendance. Nous la verrons parcourant en souveraine la surface de la terre, partager son domaine entre les animaux, assigner à chacun son élément, son climat, sa subsistance; nous la verrons dans les forêts, dans les eaux, dans les plaines, dictant ses lois simples, mais immuables, imprimant sur chaque espèce ses caractères inaltérables, et dispensant avec équité ses dons, compenser le bien et le mal; donner aux uns la force et le courage, accompagnés du besoin et de la voracité; aux autres, la douceur, la tempérance, la légéreté du corps, avec la crainte, l'inquiétude et la timidité; à tous la liberté avec des mœurs constantes; à tous des desirs et de l'amour toujours aisés à satisfaire, et toujours suivis d'une heureuse fécondité.
>
> Amour et liberté, quels bienfaits! (Bd. IV, S. 227)

In der Monographie über den Strauß betont Montbeillard, dass die Natur ihre Kräfte weise verwendet:

> Les forces de la Nature paroissent infinies lorsqu'on la contemple en gros et d'une vue générale; mais lorsqu'on la considère de près et en détail, on trouve que tout est limité, et c'est à bien saisir les limites que s'est prescrites la Nature par sagesse, et non par impuissance, que consiste la bonne méthode d'étudier et ses ouvrages et ses opérations. (Bd. VII, S. 249)

Buffon betrachtet die Natur im Artikel über den *cou-jaune* als Maler: „La Nature qui peignit des plus riches couleurs la plupart des oiseaux du nouveau monde, leur refusa presqu'à tous l'agrément du chant, et ne leur donna, sur ces terres désertes, que des cris sauvages." (Bd. VIII, S. 147). Im Artikel über den *vanneau* bezeichnet er sie als „la mère commune de tous les êtres" (Bd. IX, S. 275). Über den Wilden des neuen Kontinents schreibt Buffon jedoch: „[...] la Nature [...] l'avoit traité moins en mère qu'en marâtre" (Bd. VI, S. 5).

In der Monographie über das Rind stellt Buffon fest, dass auch der Tod der Natur nicht schaden kann:

> [...] la mort n'attaque que les individus, ne frappe que la surface, ne détruit que la forme, ne peut rien sur la matière, et ne fait aucun tort à la Nature qui n'en brille que davantage, qui ne lui permet pas d'anéantir les espèces, mais la laisse moissonner les individus et les détruire avec le temps, pour se montrer elle-même indépendante de la mort et du temps, pour exercer à chaque instant sa puissance toujours active, manifester sa plénitude par sa fécondité, et faire de l'univers, en reproduisant, en renouvelant les êtres, un théâtre toujours rempli, un spectacle toujours nouveau. (Bd. IV, S. 109)

Manchmal werden auch Teile der unbelebten Natur personifiziert wie beispielsweise die Erde und das Wasser im Artikel über den *kamichi*: „Et ces plages, alternativement sèches et noyées, où la terre et l'eau semblent se disputer des possessions illimitées [...]" (Bd. IX, S. 250).

Dass der Mensch der ständige Bezugspunkt in der *Histoire naturelle* ist, zeigen natürlich nicht nur die zahlreichen Personifikationen. Bestimmte Themen machen dies auch deutlich. Buffon und Montbeillard geben zum Beispiel an, welchen Nutzen verschiedene Tiere dem Menschen bringen können oder welchen Schaden sie anrichten, ob man sie domestizieren kann und wie man sie jagt. Bei den Vögeln erwähnen sie auch, ob diese sprechen können.

Die herausragende Stellung, die der Mensch in der *Histoire naturelle* einnimmt, wird auch daran deutlich, dass die Autoren oft das Aussehen der Tiere, ihren Geruch oder Gesang und den ihnen zugeschriebenen Charakter aus menschlicher Sicht beurteilen, was zu einer subjektiven Wertung führt.

5.6 Die Subjektivität der Beschreibungen

Die heute geltende Forderung nach Objektivität in der Wissenschaft entsteht erst im 19. Jahrhundert.[547] Für Buffon ist die Charakterisierung der Tiere dagegen häufig noch mit einer Wertung verbunden. Hierbei spielen ästhetische Gesichtspunkte eine große Rolle.[548] Gerade durch ihre unwissenschaftliche Subjektivität werden die Beschreibungen jedoch wiederum interessant.[549]

Buffon ist sich der Subjektivität der Urteile durchaus bewusst,[550] denn am Anfang der Monographie über die Fledermaus schreibt er:

> QUOIQUE tout soit également parfait en soi, puisque tout est sorti des mains du Créateur, il est cependant relativement à nous, des êtres accomplis, et d'autres qui semblent être imparfaits ou difformes. Les premiers sont ceux dont la figure nous paroît agréable et complète, parce que toutes les parties sont bien ensembles, que le corps et les membres sont proportionnés, les mouvemens assortis, toutes les fonctions faciles et naturelles. Les autres, qui nous paroissent hideux, sont ceux dont les qualités nous sont nuisibles, ceux dont la nature s'éloigne de la nature commune, et dont la forme est trop différente des formes ordinaires desquelles nous avons recu les premières sensations, et tiré les idées qui nous servent de modèle pour juger. (Bd. IV, S. 385)

Entsprechend schreibt er am Anfang des Artikels *De l'Anhinga*:

---

[547] Geoffrey Bremner, „Buffon and the casting out of fear", in: *Studies on Voltaire and the eighteenth century* 205 (1982), S. 75–88, hier S. 85f.

[548] Roger, *Buffon*, S. 366.

[549] Roger, *Buffon*, S. 377.

[550] Roger, *Buffon*, S. 367.

SI la régularité des formes, l'accord des proportions et les rapports de l'ensemble de toutes les parties donnent aux animaux ce qui fait à nos yeux la grâce et la beauté; si leur rang près de nous n'est marqué que par ces caractères; si nous ne les distinguons qu'autant qu'ils nous plaisent, la Nature ignore ces distinctions, et il suffit, pour qu'ils lui soit chers, qu'elle leur ait donné l'existence et la faculté de se multiplier [...]. (Bd. IX, S. 397)

Buffon und Montbeillard sind empfänglich für die Schönheit der Tiere.[551] Auf die Darstellung der Schönheit der Vögel legt Buffon besonderen Wert. Über den Kolibri schreibt er beispielsweise:

[...] sa gorge et le devant du cou sont enrichis d'une plaque topaze du plus grand brillant: cette couleur vue de côté, se change en vert-doré, et vue en-dessous, elle paroît d'un vert pur; une coiffe d'un noir velouté couvre la tête, un filet de ce même noir encadre la plaque topaze; la poitrine, le tour du cou et le haut du dos sont du plus beau pourpre foncé; le ventre est d'un pourpre encore plus riche et brillant de reflets rouges et dorés [...]. (Bd. VIII, S. 288)

Hier drückt Buffon seine Bewunderung hauptsächlich durch seine Wortwahl aus. Das Verb „enrichir" hat eine ebenso positive Bedeutung wie die Konnotationen der Farbbeschreibungen „topaze", „vert-doré", „vert pur", „noir velouté" und „rouges et dorés". Innerhalb dieses kurzen Abschnitts benutzt Buffon zwei Superlative: „topaze du plus grand brillant" und „du plus beau pourpre foncé". An diesen Superlativ schließt sich noch ein Komparativ an: „un pourpre encore plus riche et brillant de reflets rouges et dorés". „Beau", „riche", und „brillant" drücken Buffons Begeisterung direkt durch ihre Denotationen aus.

Buffons Begeisterung zeigt sich auch deutlich bei der Beschreibung des Schwans:

Les grâces de la figure, la beauté de la forme répondent dans le Cygne à la douceur du naturel; il plaît à tous les yeux, il décore, embellit tous les lieux qu'il fréquente; on l'aime, on l'applaudit, on l'admire; nulle espèce ne le mérite mieux; la Nature en effet n'a répandu sur aucune autant de ces grâces nobles et douces qui nous rappellent l'idée de ses plus charmans ouvrages: coupe de corps élégante, formes arrondies, gracieux contours, blancheur éclatante et pure; mouvemens flexibles et ressentis, attitudes tantôt animées, tantôt laissées dans un mol abandon; tout dans le Cygne respire la volupté, l'enchantement que nous font éprouver les grâces et la beauté, tout nous l'annonce, tout le peint comme l'oiseau de l'amour, tout justifie la spirituelle et riante mythologie d'avoir donné ce charmant oiseau pour père à la plus belles des mortelles. (Bd. IX, S. 142)

Auch das Aussehen der Vierfüßler kann Buffon begeistern. Ein Beispiel hierfür ist der Hirsch:

---

551 Roger, *Buffon*, S. 366.

> VOICI l'un de ces animaux innocens, doux et tranquilles, qui ne semblent être faits que pour embellir, animer la solitude des forêts, et occuper loin de nous les retraites paisibles de ces jardins de la Nature. Sa forme élégante et légère, sa taille aussi svelte que bien prise, ses membres flexibles et nerveux, sa tête parée plutôt qu'armée d'un bois vivant, et qui, comme la cime des arbres, tous les ans se renouvelle; sa grandeur, sa légéreté, sa force le distinguent assez des autres habitans des bois. (Bd. IV, S. 235)

Das Reh ist nicht weniger angenehm zu betrachten:[552]

> [...] s'il a moins de noblesse, moins de force, et beaucoup moins de hauteur de taille, il a plus de grâce, plus de vivacité, et même plus de courage que le cerf; il est plus gai, plus leste, plus éveillé; sa forme est plus arrondie, plus élégante, et sa figure plus agréable; ses yeux sur-tout sont plus beaux, plus brillans, et paroissent animés d'un sentiment plus vif; ses membres sont plus souples, ses mouvemens plus prestes, et il bondit sans effort avec autant de force que de légéreté. (Bd. IV, S. 255)

„On se demande parfois si Buffon parle d'un animal ou d'une jolie femme!"[553]

Bei Tieren, die ihnen nicht gefallen, bedienen sich Buffon und Montbeillard eines ganz anderen Vokabulars. Buffon findet die Fledermaus offensichtlich abstoßend:[554]

> Un animal qui, comme la Chauve-souris, est à demi Quadrupède, à demi volatile, et qui n'est en tout ni l'un ni l'autre, est, pour ainsi dire, un être monstre, [...]. Il n'est qu'imparfaitement Quadrupède, et il est encore plus imparfaitement oiseau. [...]; dans la Chauve-souris les pieds de devant [...] sont en effet des extrémités difformes, dont les os sont monstrueusement alongés, et réunis par une membrane [...]: ce sont des espèces d'ailerons, ou, si l'on veut des pattes ailées, où l'on ne voit que l'ongle d'un pouce court, et dont les quatre autres doigts très-longs ne peuvent agir qu'ensemble, et n'ont point de mouvemens propres, ni de fonctions séparées: ce sont des espèces de mains dix fois plus longues que le corps entier de l'animal: ce sont, en un mot, des parties qui ont plutôt l'air d'un caprice que d'une production régulière. Cette membrane couvre les bras, forme les ailes ou les mains de l'animal, se réunit à la peau de son corps, et enveloppe en même temps ses jambes, et même sa queue qui, par cette jonction bizarre, devient, pour ainsi dire, l'un de ses doigts. Ajoutez à ces disparates et à ces disproportions du corps et des membres, les difformités de la tête, qui souvent sont encore plus grandes; car, dans quelques espèces, le nez est à peine visible, les yeux sont enfoncés tout près de la conque de l'oreille, et se confondent avec les joues; dans d'autres, les oreilles sont aussi longues que le corps, ou bien la face est tortillée en forme de fer à cheval, et le nez recouvert par une espèce de crête. La plupart ont la tête surmontée par quatre oreillons, toutes ont les yeux petits, obscurs et couverts, le nez ou

---

552 Roger, *Buffon*, S. 366.

553 Roger, *Buffon*, S. 367.

554 Roger, *Buffon*, S. 368.

plutôt les naseaux informes, la gueule fendue de l'une à l'autre oreille; [...]. (Bd. IV, S. 385–387)

In der Monographie *Du Dronte* schildert Montbeillard den Vogel ebenfalls sehr negativ:

> [...] il paroît fait exprès pour nous donner l'idée du plus lourd des êtres organisés; représentez-vous un corps massif et presque cubique, à peine soutenu sur deux piliers très-gros et très-courts, surmonté d'une tête si extraordinaire, qu'on la prendroit pour la fantaisie d'un peintre de grotesque; cette tête portée sur un cou renforcé et goîtreux, consiste presque toute entière dans un bec énorme [...]: de tout cela il résulte une physionomie stupide et vorace, et qui, pour comble de difformité, est accompagné d'un bord de plumes [...].
>
> La grosseur qui dans les animaux, suppose la force, ne produit ici que la pesanteur: [...] le Dronte paroît accablé de son propre poids, et avoir à peine la force de se traîner [...]; il a des ailes, mais ces ailes sont trop courtes et trop foibles pour l'élever dans les airs; il a une queue, mais cette queue est disproportionnée et hors de sa place; on le prendroit pour une tortue qui se seroit affublée de la dépouille d'un oiseau; et la Nature, en lui accordant ces ornements inutiles, semble avoir voulu ajouter l'embarras à la pesanteur, la gaucherie des mouvemens à l'inertie de la masse, et rendre sa lourde épaisseur encore plus choquante, en faisant souvenir qu'il est un oiseau. (Bd. VII, S. 277f.)

„Aesthetics and normalcy outweigh functionality in many of Buffon's judgements about nature's errors. Thus, for example, while recognising the pangolin's armour as a superlative defence" (Bd. V, S. 226f.), „he nonetheless pronounces the animal malformed" (Bd. V, S. 229).[555]

Grundsätzlich teilt Buffon die Tiere in zwei Gruppen ein: eine mit Regelmäßigkeit und Schönheit, die andere mit Unausgeglichenheit und Dysfunktion.[556] Aber auch bei Vögeln, die ihm nicht gefallen, kann Buffon manchmal noch die Vielfalt der Natur bewundern.[557] Im Zusammenhang mit dem Schnabel des Tukans spricht er zum Beispiel von „monstruosités" (Bd. VII, S. 366):

> [...] ces mêmes productions extraordinaires nous indiquent que tout ce qui peut être est, et que quoique les proportions, la régularité, la symmétrie règnent ordinairement dans tous les ouvrages de la Nature, les disproportions, les excès et les défauts nous démontrent que l'étendue de sa puissance ne se borne point à ces idées de proportion et de régularité auxquelles nous voudrions tout rapporter. (Bd. VII, S. 367)

Indem die Natur alle Möglichkeiten ausschöpft, begeht sie keine Fehler. Diese existieren nur aus menschlicher Sicht.[558]

---

555 Loveland, a.a.O., S. 61.

556 Loveland, a.a.O., S. 61.

557 Farber, *emergence*, S. 24f.

558 Gayon, a.a.O., S. 169f.

So, wie das Aussehen der Vögel in der *Histoire naturelle des oiseaux* beurteilt wird, wird auch deren Gesang aus menschlicher Sicht bewertet. Als besonders schön wird der Gesang der Nachtigall herausgestellt:

> Il n'est point d'homme bien organisé à qui ce nom ne rappelle quelqu'une de ces belles nuits de printemps, où le ciel étant serein, l'air calme, toute la Nature en silence, et pour ainsi dire attentive, il a écouté avec ravissement le ramage de ce chantre des forêts. [...] le Rossignol charme toujours et ne se répète jamais, du moins jamais servilement; s'il redit quelque passage, ce passage est animé d'un accent nouveau, embelli par de nouveaux agrémens; il réussit dans tous les genres; il rend toutes les expressions, il saisit tous les caractères, et de plus il sait en augmenter l'effet par les contrastes. (Bd. VIII, S. 57f.)

Der Gesang des *proyer* dagegen wird als unangenehm beschrieben. Das Männchen „répète sans cesse son désagréable cri *tri, tri, tri, tiritz*" (Bd. VIII, S. 176). „[...] il s'y tient des heures entières dans la même place, à répéter son ennuyeux *tri, tri*" (Bd. VIII, S. 177). Während einer bestimmten Tageszeit singt auch das Weibchen. „[...] elle se tait le reste du jour, et fait très-bien; car elle ne chante pas mieux que le mâle" (Bd. VIII, S. 177).

Auch wenn die Laute der Vierfüßler eine geringere Rolle spielen als der Gesang der Vögel, beurteilt Buffon sie manchmal. Beispielsweise mag er das Schreien des Esels nicht: „[...] l'Ane brait, ce qui se fait par un grand cri très-long, très-désagréable, et discordant par dissonances alternatives de l'aigu au grave, et du grave à l'aigu" (Bd. IV, S. 100f.).

Bei den Vierfüßlern geht Buffon auch häufiger auf die Gerüche ein. Beim Pekari zum Beispiel ist er nicht mit der Einschätzung anderer Autoren einverstanden:

> Ray et plusieurs autres auteurs ont prétendu que la liqueur du Pecari, qui suinte par l'ouverture du dos, est une espèce de musc, un parfum agréable, même au sortir du corps de l'animal; que cette odeur agréable se fait même sentir d'assez loin et parfume les endroits où il passe et les lieux qu'il habite. J'avoue que nous avons éprouvé mille fois le contraire; l'odeur de cette liqueur, au sortir du corps de l'animal, est si désagréable que nous ne pouvions la sentir, ni la faire recueillir sans un extrême dégoût; il semble seulement qu'elle devienne moins fétide en se desséchant à l'air; mais jamais elle ne prend l'odeur suave du musc, ni le parfum de la civette; et on auroit parlé plus juste, si on l'eût comparée à celle du castoreum. (Bd. VI, S. 43)

Auch der Charakter der Tiere wird beurteilt. Bei manchen Tieren gibt es ein Gesamturteil, wie beispielsweise beim Wolf: „Enfin, désagréable en tout, la mine basse, l'aspect sauvage, la voix effrayante, l'odeur insupportable, le naturel pervers, les mœurs féroces, il est odieux, nuisible de son vivant, inutile après sa mort" (Bd. IV, S. 329). In der Monographie über den *gallinache*, den Buffon zu den Geiern zählt (Bd. IX, S. 71), führen seine Vorurteile sogar zu einem Widerspruch. Einerseits zitiert Buffon einen Bericht Desmarchais', der die Nützlichkeit dieser Vögel erkennt: „[...] les chairs, qui pourriroient sur les lieux et infecteroient l'air sans le secours de ces oiseaux“ (Bd. IX, S. 73), andererseits erkennt Buffon ihnen am Ende des Artikels jeden Nutzen ab: „par-tout ils sont voraces, lâches, dégoûtants, odieux, et comme les loups, aussi nuisibles pendant leur vie qu'inutiles après leur mort“ (Bd. IX, S. 76).

5.7 Die Methode des Vergleichs

Außer der subjektiven Darstellungsweise ist auch die Methode des Vergleichs charakteristisch für die *Histoire naturelle*.

Schon im *Premier Discours* stellt Buffon fest, dass man aus isolierten Objekten keine Erkenntnisse gewinnen könne und die Grundlage jeder Wissenschaft der Vergleich sei (Bd. II, S. 52). Vergleiche dienen auch der im *Discours sur le style* geforderten Klarheit[559], denn durch die Vergleiche wird Unbekanntes oder weniger Bekanntes durch Bekannteres verdeutlicht[560].

„Viewed philosophically, Buffon's many analogies may follow from his judgement that all knowledge comes from comparison, but their practical importance is to facilitate assimilation of the *Histoire naturelle*.“[561]

Besonders häufig werden die Vierfüßler mit anderen Vierfüßlern verglichen.

Manchmal werden domestizierte mit wildlebenden Tieren verglichen, wie beispielsweise *cochon* und *sanglier*: „[...] le cochon domestique a les oreilles beaucoup moins roides, beaucoup plus longues et plus inclinées que le sanglier“ (Bd. IV, S. 191). Bei diesem Beispiel wird auch das Verhalten verglichen:

> [...] les petits reconnoissent à peine leur mère, ou du moins sont fort sujets à se méprendre, et à teter la première truie qui leur laisse saisir ses mamelles. La crainte et la nécessité donnent apparemment un peu plus de sentiment et d'instinct aux cochons sauvages; il semble que les petits soient fidellement attachés à leur mère, qui paroît être aussi plus attentive à leurs besoins que ne l'est la truie domestique. (Bd. IV, S. 187)

Häufig werden männliche und weibliche Vierfüßler miteinander verglichen, zum Beispiel beim Seelöwen:

> [...] la femelle, qui a le corps plus court et plus mince que le mâle, n'a pas le moindre vestige de cette crinière; tout son poil est court, lisse, luisant et d'une couleur jaunâtre assez claire; celui du mâle, à l'exception de la crinière, est de même luisant, poli et court; seulement il est d'un fauve brunâtre et plus foncé que celui de la femelle [...]. (Bd. VI, S. 311)

---

559 Buffon, *Œuvres philosophiques*, S. 502.
560 Höhne, a.a.O., S. 28.
561 Loveland, a.a.O., S. 49.

Auch das Aussehen nah verwandter Tiere wird verglichen, zum Beispiel bei verschiedenen Hunderassen (Bd. IV, S. 214f.) und Fledermausarten (Bd. IV, S. 389f.). Der Vergleich von Reh und Hirsch geht über das Aussehen hinaus:

> LE cerf, comme le plus noble des habitans des bois, occupe dans les forêts les lieux ombragés par les cimes élevées des plus hautes futaies: le Chevreuil, comme étant d'une espèce inférieure, se contente d'habiter sous des lambris plus bas, et se tient ordinairement dans le feuillage épais des plus jeunes taillis: mais s'il a moins de noblesse, moins de force, et beaucoup moins de hauteur de taille, il a plus de grâce, plus de vivacité, et même plus de courage que le cerf; il est plus gai, plus leste, plus éveillé; sa forme est plus arrondie, plus élégante, et sa figure plus agréable; ses yeux sur-tout sont plus beaux, plus brillans, et paroissent animés d'un sentiment plus vif; ses membres sont plus souples, ses mouvemens plus prestes, et il bondit sans effort avec autant de force et de légéreté. Sa robe est toujours propre, son poil net et lustré; il ne se roule jamais dans la fange comme le cerf; il ne se plaît que dans les pays les plus élevés, les plus secs, où l'air est le plus pur; il est encore plus rusé, plus adroit à se dérober, plus difficile à suivre; il a plus de finesse, plus de ressources d'instinct. (Bd. IV, S. 253)

Buffon vergleicht auch die Vierfüßler des alten Kontinents mit denen des neuen. Dabei entwirft er zum Beispiel in der Monographie über den Tapir „un triste tableau [...] des animaux américains“[562]:

> C'EST ici l'animal le plus grand de l'Amérique, de ce nouveau monde où, comme nous l'avons dit, la nature vivante semble s'être rapetissée, ou plutôt n'avoir pas eu le temps de parvenir à ses plus hautes dimensions; au lieu des masses colossales que produit la terre antique de l'Asie, au lieu de l'éléphant, du rhinocéros, de l'hippopotame, de la giraffe et du chameau, nous ne trouvons dans ces terres nouvelles que des sujets modelés en petit, des tapirs, des lamas, des vigognes, des cabiais, tous vingt fois plus petits que ceux qu'on doit leur comparer dans l'ancien continent: et non-seulement la matière est ici prodigieusement épargnée, mais les formes mêmes sont imparfaites et paroissent avoir été négligées ou manquées; les animaux de l'Amérique méridionale, qui seuls appartiennent en propre à ce nouveau continent, sont presque tous sans défenses, sans cornes et sans queue; leur figure est bizarre, leur corps et leurs membres sont mal proportionnés, mal unis ensemble; [...]. (Bd. VI, S. 33f.)

Solche negativen Darstellungen der Tiere, Menschen und des Klimas in Amerika im Vergleich zur positiv charakterisierten alten Welt führen natürlich zu einem gespannten Verhältnis zwischen Buffon und den Gelehrten Amerikas.[563]

Sehr oft werden auch die Vögel mit anderen Vögeln verglichen. Montbeillard schreibt zum Beispiel: „Le Merle solitaire est un peu moins gros que le merle ordinaire“ (Bd. VIII, S. 209). Über den *pinson* sagt er: „Cet oiseau est un peu

---

562 Gayon, a.a.O., S. 682.
563 Gayon, a.a.O., S. 682.

plus petit que notre moineau“ (Bd. VIII, S. 170). Hier wird die Bekanntheit des Sperlings hervorgehoben durch das Possessivpronomen der ersten Person Plural. Gleichzeitig wird hiermit eine Nähe von Autor und Leser erreicht. Auch Männchen und Weibchen oder ganze Vogelgruppen dienen als Vergleichspunkte. Buffon schreibt beispielsweise: „La femelle qui dans l'Aigle, comme dans toutes les autres espèces d'Oiseaux de proie, est plus grande que le mâle, et semble être aussi dans l'état de liberté plus hardie, plus courageuse et plus fine [...]“ (Bd. IX, S. 20).

Vergleiche werden auch benutzt, um das Verhalten der Vögel möglichst anschaulich darzustellen. Buffon beschreibt mit Hilfe von Vergleichen, wie der Graupapagei seinen Schnabel benutzt:

> [...] il s'en sert plus que de ses pattes pour se suspendre et s'aider en montant; il s'appuie dessus en descendant, comme sur un troisième pied qui affermit sa démarche lourde [...]. Cette partie est pour lui comme un second organe du toucher, et lui est aussi utile que ses doigts pour grimper ou pour saisir. (Bd. VIII, S. 30)

Über den Milan wird gesagt: „[...] il s'abaisse comme s'il glissoit sur un plan incliné; il semble plutôt nager que voler“ (Bd. IX, S. 84). Vergleiche dienen auch dazu, das Verhalten der Tiere aus menschlicher Sicht zu erklären. In diesem Fall sind sie wiederum mit einer Personifikation verbunden. Über den singenden *rossignol* wird gesagt: „[...] il commence par un prélude timide, par des tons foibles, presque indécis, comme s'il vouloit essayer son instrument et intéresser ceux qui l'écoutent [...]“ (Bd. VIII, S. 58).

Weniger häufig sind Vergleiche der Vierfüßler mit Vogelarten. Vögel, mit denen die Vierfüßler verglichen werden, sind beispielsweise Hahn (Bd. IV, S. 212f.), Eule, Uhu (Bd. IV, S. 219), Pfau (Bd. IV, S. 334f.), Strauß (Bd. V, S. 141), Rabe (Bd. V, S. 289), Geier (Bd. V, S. 312), Feldhuhn (Bd. V, S. 334) und Gans (Bd. VI, S. 254).

Umgekehrt werden oft Vögel mit in der *Histoire des quadrupèdes* beschriebenen, bekannten Säugetieren verglichen. Vierfüßler, die zum Vergleich dienen, sind zum Beispiel Hund (Bd. IX, S. 285), Katze (Bd. VIII, S. 241), Pferd (Bd. VII, S. 279), Esel (Bd. IX, S. 154), Schaf (Bd. IX, S. 408), Ziegenbock (Bd. IX, S. 32), Stier (Bd. VIII, S. 91), Wolf (Bd. IX, S. 119), Fuchs (Bd. IX, S. 339), Schakal (Bd. IX, S. 64), Tiger, Löwe (Bd. IX, S. 141), Elefant, Nashorn, Kamel (Bd. VII, S. 262), Bär (Bd. VIII, S. 91), Affe (Bd. VII, S. 306), Seehund (Bd. IX, S. 140), Stachelschwein (Bd. VII, S. 251), Ratte (Bd. VIII, S. 161), Maus, Kaninchen (Bd. VII, S. 208) und Eichhörnchen (Bd. VIII, S. 48). Das Verhalten einer amerikanischen Vogelart wird beispielsweise ausführlich mit dem des Hundes verglichen:

> Non-seulement les Agamis s'apprivoisent très-aisément, mais ils s'attachent même à celui qui les soigne avec autant d'empressement et de fidélité que le chien: ils en donnent des marques les moins équivoques; car si l'on

> garde un Agami dans la maison, il vient au-devant de son maître, lui fait des caresses, le suit ou le précède, et lui témoigne la joie qu'il a de l'accompagner ou de le revoir; [...]. Enfin il prend dans le commerce de l'homme, presqu'autant d'instinct relatif que le chien, [...].
>
> Il résulte de ce qui précède, que de tous les oiseaux l'Agami est celui qui a le plus d'instinct et le moins d'éloignement pour la société de l'homme; il paroît à cet égard être aussi supérieur aux autres oiseaux, que le chien l'est aux autres animaux [...]. (Bd. VII, S. 297–300)

Vierfüßler und Vögel werden auch mit anderen Tieren verglichen.

Im Artikel über die Gürteltiere werden mehrere Gruppen von Tieren verglichen:

> Les Tatous, au lieu de poil, sont couverts, comme les tortues, les écrevisses et les autres crustacées, d'une croûte ou d'un têt solide; les pangolins sont armés d'écailles assez semblables à celle des poissons; les porcs-épics portent des espèces de plumes piquantes et sans barbe, mais dont le tuyau est pareil à celui des plumes des oiseaux [...]. (Bd. VI, S. 78)

Über ein zusammengerolltes Gürteltier liest man: „[...] on le prendrait plutôt pour une coquille de mer que pour un animal terrestre" (Bd. VI, S. 83).

Vergleiche können auch Unterschiede betonen. Über den Seehund schreibt Buffon zum Beispiel: „[...] son corps ne pouvant se plier en arc comme celui du serpent" (Bd. VI, S. 277), und beim Vergleich der Bauten von Bibern und Bienen liest man die Exklamation: „Quelle différence!" (Bd. VI, S. 234).

Auch die Vögel werden mit Reptilien und Insekten verglichen. Die Gans „rend un sifflement que l'on peut comparer à celui de la couleuvre" (Bd. IX, S. 162). Im Artikel über das Rotkehlchen liest man: „[...] on le voit voltiger comme un papillon" (Bd. VIII, S. 154) und die Jungen des *oiseau-mouche* sind bezeichnenderweise „pas plus gros que des mouches" (Bd. VIII, S. 282).

Buffon und Montbeillard vergleichen die Vierfüßler und Vögel natürlich auch mit dem Menschen.

Buffon beschreibt, dass Hasen, die verletzt werden, schreien: „[...] ce n'est point un cri aigre, mais une voix assez forte, dont le son est presque semblable à celui de la voix humaine" (Bd. IV, S. 272f.).

Nach Buffon gleichen die Orang-Utans den Menschen am meisten:[564] „Les Orangs-outangs sont de tous les singes ceux qui ressemblent le plus à l'homme, ceux qui par conséquent sont les plus dignes d'être observés" (Bd. VI, S. 151). Schon Ende des 17. Jahrhunderts verglich Tyson den Orang-Utan mit dem Menschen.[565] Buffon beschreibt die Unterschiede zwischen Orang-Utan und Mensch folgendermaßen:

---

564 Heute weiß man, dass der Schimpanse der nächste Verwandte des Menschen ist. Buffon unterscheidet Orang-Utan und Schimpanse nicht; s. Gayon, a.a.O., S. 560f.

565 Robert Wokler, „Tyson and Buffon on the orang-utan", in: *Studies on Voltaire and the Eighteenth Century* 155 (1976), S. 2301–2319, hier S. 2313.

> Il diffère de l'homme à l'extérieur [...] par le front qui est trop court [...]: il a les oreilles proportionnellement trop grandes, les yeux trop voisins l'un de l'autre; l'intervalle entre le nez et la bouche est aussi trop étendu [...]. Le corps et les membres diffèrent en ce que les cuisses sont relativement trop courtes, les bras trop longs, les pouces trop petits, la paume des mains trop longue et trop serrée [...]. (Bd. VI, S. 162)

Buffon schreibt hier wiederholt „trop" und nicht „plus". Dies zeigt, dass der Mensch als Bezugspunkt das Ideal darstellt. Insgesamt bewundert Buffon jedoch die Ähnlichkeit: „[...] toutes les autres parties du corps, de la tête et des membres, tant extérieures qu'intérieures, sont si parfaitement semblables à celle de l'homme, qu'on ne peut les comparer sans admiration" (Bd. VI, S. 163). Allerdings kann der Orang-Utan nicht sprechen wie der Mensch und Buffon ist der Meinung, dass er auch nicht denkt (Bd. VI, S. 163). Dennoch schreibt Buffon über ihn: „[...] les Indiens sont excusables de l'avoir associé à l'espèce humaine par le nom d'Orang-outang, homme sauvage, puisqu'il ressemble à l'homme par le corps" (Bd. VI, S. 164).

Bei mehreren Affen weist Buffon darauf hin, dass die Weibchen wie die Frauen periodische Blutungen haben (Bd. VI, S. 186, Bd. VI, S. 188, Bd. VI, S. 195).

Auch bei den Vögeln gibt es Vergleiche mit dem Menschen. Ein bestimmter Schrei der Eule „ressemble beaucoup à la voix d'un jeune homme qui s'écriroit, ‚aime, heme, esme' plusieurs fois de suite" (Bd. IX, S. 126f.). Sprache des Menschen und Gesang der Vögel werden ganz allgemein verglichen: „[...] le ramage propre aux diverses espèces d'oiseaux et ses variétés, ont eu à peu près la même origine que les langues des différens peuples et leurs dialectes divers" (Bd. VIII, S. 101).

Auch das Verhalten wird nebeneinander gestellt: Die Flamingos sind „comme des soldats rangés en ligne [...]; ils établissent des sentinelles et font alors une espèce de garde" (Bd. IX, S. 321).

Bei den Vierfüßlern dienen auch Pflanzen, Naturerscheinungen und Gegenstände zum Vergleich. Beispiele hierfür sind „déluge" (Bd. IV, S. 265), „voiture" (Bd. V, S. 62), „féves" (Bd. VI, S. 120), „talon d'un soulier de femme" (Bd. VI, S. 211), „gouvernail" (Bd. VI, S. 238), „marais" (Bd. VI, S. 258) und „feutre" (Bd. VI, S. 298).

Vergleiche verdeutlichen beispielsweise die Stimmen der Vierfüßler. Die Stimme einer Surikate wird verglichen mit dem Geräusch „d'une petite cresselle tournée rapidement" (Bd. V, S. 317). Das Brüllen des Löwen wird folgendermaßen beschrieben: „Le rugissement du Lion est si fort que quand il se fait entendre, par échos la nuit dans les déserts, il ressemble au bruit du tonnerre" (Bd. V, S. 257).

Auch das Aussehen wird durch Vergleiche erklärt. Die Augen der Katze zum Beispiel „brillent aussi dans les ténèbres, à peu près comme les diamans"

(Bd. IV, S. 221). Andere Pflanzen und Gegenstände, die Buffon für Vergleiche bezüglich des Aussehens benutzt, sind „fleur-de-lis“ (Bd. V, S. 132), „l'écorce rude d'un arbre“ (Bd. VI, S. 333), „mosaïque“ (Bd. VI, S. 85), „safran“ (Bd. VI, S. 54) und „épingles“ (Bd. VI, S. 104).

Bei den Vögeln werden zur Erklärung von Geräuschen oft Vergleiche mit Musikinstrumenten, aber auch mit anderen bekannten Objekten benutzt, zum Beispiel: „trompette“ (Bd. IX, 217), „flûte“ (Bd. IX, S. 285), „tambour“ (Bd. VII, S. 191), „cors“ (Bd. IX, S. 217), „fifre“ (Bd. IX, S. 334), „coup de sifflet“ (Bd. IX, S. 393), „bruit d'une scie“ (Bd. VII, S. 206), „grincement d'une lime ou d'un verrou“ (Bd. VII, S. 271), „tintement réitéré d'écus“ (Bd. VIII, S. 164), „bourdonnement semblable au bruit d'un rouet à filer“ (Bd. VIII, S. 308), „bruit que l'on exciteroit en passant et appuyant fortement le doigt sur les dents d'un gros peigne“ (Bd. IX, S. 299) und „bruit qui se fait lorsqu'on siffle dans une noix percée“ (Bd. VIII, S. 303).

Zur Verdeutlichung der Schnelligkeit dienen folgende Vergleiche: „comme une flèche“ (Bd. IX, S. 47), „comme un trait d'arbalète“ (Bd. VIII, S. 366), „comme un éclair“ (Bd. VII, S. 235) und „comme une pierre qui tombe“ (Bd. VIII, S. 130).

Auch bei den Vögeln dienen viele Gegenstände der Veranschaulichung des Aussehens: „ciseau“ (Bd. VII, S. 337), „paille“ (Bd. IX, S. 378), „échasses“ (Bd. IX, S. 289), „palette“, „ourlet“ (Bd. IX, S. 254), „velours“ (Bd. IX, S. 215), „arc-en-ciel“, „émail“, „soie“, „saphir“, „turquoise“ und „rouge enflammé d'un charbon“ (Bd. VIII, S. 362). Das Aussehen der Wasservögel wird häufig mit Begriffen der Schifffahrt verdeutlicht. Buffon schreibt zum Beispiel über den Schwan:

> A sa noble aisance, à la facilité, la liberté de ses mouvemens sur l'eau, on doit le reconnoître, non-seulement comme le premier des navigateurs ailés, mais comme le plus beau modèle que la Nature nous ait offert pour l'art de la navigation. Son cou élevé et sa poitrine relevée et arrondie, semblent en effet figurer la proue du navire fendant l'onde, son large estomac en représente la carêne; son corps penché en avant pour cingler, se redresse à l'arrière et se relève en poupe; la queue est un vrai gouvernail; les pieds sont de larges rames, et ses grandes ailes demi-ouvertes au vent et doucement enflées, sont les voiles qui poussent le vaisseau vivant, navire et pilote à la fois. (Bd. IX, S. 143)

Der Schnabel des Pelikans ist „comme un sac en forme de nasse. Cette poche peut contenir plus de vingt pintes de liquide; elle est si large et si longue qu'on peut y placer le pied ou y faire entrer le bras jusqu'au coude“ (Bd. IX, S. 359). Außer dem Vergleich, der die Form des Schnabels beschreibt, erklären hier die Beispiele, wie groß der Schnabel ist.

5.8 Die Themen innerhalb der Artikel

Im *Premier discours* listet Buffon die Themen auf, die bei der Charakterisierung der Tiere behandelt werden sollen (Bd. II, S. 26). Hier bezieht er sich primär auf die Darstellung der Vierfüßler. Entsprechende Themen werden aber auch in den Artikeln über die Vögel behandelt.

Als erstes Thema nennt Buffon im *Premier discours* die Beschreibung des Aussehens. Hierzu gehören zum Beispiel Angaben über Form, Größe, Gewicht und Farben. Wenn sie sich unterscheiden, werden Männchen, Weibchen und Jungtiere beschrieben. Auch werden oft Varietäten angegeben.

Natürlich ist es ein Unterschied, ob dem Leser bekannte oder unbekannte Tierarten beschrieben werden:

> Quand Buffon esquisse la silhouette d'un animal familier à ses lecteurs (comme cela est souvent le cas), il ancre sa description dans leur souvenir de l'animal en question. Cela lui permet d'habiller une image reconstituée de mémoire. [...] S'il s'agit au contraire d'un animal étranger, il nous en donnera une description si habile que nous croirons l'avoir déjà observé, et que nous l'imaginerons aisément.[566]

Gerade bei der Beschreibung des Aussehens kaum bekannter Tiere spielen Vergleiche eine große Rolle. Buffon benutzt beispielsweise bei der Beschreibung des weniger bekannten Tapirs Vergleiche mit Kuh, Schwein, Elefant, Esel und Pferd (Bd. VI, S. 34), also mit Arten, die bekannter sind.

Ein Beispiel für einen Vogel, den viele Leser des 18. Jahrhunderts wahrscheinlich noch nie gesehen haben, ist der Tukan, den Buffon unter diesem Gesichtspunkt sehr geschickt beschreibt: „Si quelqu'un voyoit un toucan pour la première fois, il prendroit sa tête et son bec, vus de face, pour un de ces masques à longs nez dont on épouvante les enfans [...]" (Bd. VII, S. 366).

In der *Histoire naturelle des animaux quadrupèdes* stellt Buffon das Aussehen und die Geschichte der Vierfüßler dar, während Daubenton in einem gesonderten Teil die Anatomie beschreibt. Deshalb erwähnt Buffon in den Monographien die Anatomie nur selten. Beim Rind zum Beispiel geht er im Zusammenhang mit dem Wiederkäuen auf den Verdauungstrakt ein (Bd. IV, S. 112f., 128–131).

Während die Beschreibung des Aussehens in der *Histoire naturelle des oiseaux* grundlegend ist, hat die Beschreibung der Anatomie nur einen geringen Stellenwert. Oft fehlt sie ganz oder ist nur sehr kurz. Eine etwas ausführlichere Darstellung der Anatomie findet man zum Beispiel in der Monographie über einen so bekannten Vogel wie den Hahn (Bd. VII, S. 91f.).

566 Lazlo, a.a.O., S. 73.

Außer der Beschreibung spielt die Darstellung der Geschichte der Tiere eine große Rolle. Im *Premier discours* nennt Buffon als erstes Thema hierfür die Fortpflanzung (Bd. II, S. 26). In der *Histoire naturelle* stellen Buffon und Montbeillard die Balz und die Begattung dar. Ferner wird gesagt, ob und gegebenenfalls wie die einzelnen Tiere einen Bau oder ein Nest anlegen und wie viele Junge sie bekommen beziehungsweise wie viele Eier sie legen. Bei Vögeln wird die Art der Brutpflege beschrieben, bei Vierfüßlern und Vögeln die Aufzucht und Entwicklung der Jungtiere. Zum Teil wird auch die Lebenserwartung erwähnt.

Auch wenn die angeführten Aspekte von Fortpflanzung und Entwicklung biologisch interessant sind, ist die Art ihrer Darstellung zum Teil unwissenschaftlich. Vor allem bei der Darstellung der Liebe von Männchen und Weibchen untereinander und zu ihren Nachkommen werden viele Tierarten, insbesondere Vögel, personifiziert und idealisiert, wie beispielsweise die Schwäne (Bd. IX, S. 146). Unter anderem bei der Beschreibung der Genitalien der Vierfüßler zeigt sich, dass Buffon nicht prüde ist, zum Beispiel bei der ausführlichen Beschreibung des männlichen Gliedes beim Rhinozeros (Bd. V, S. 131f.).

Als weiteres bei den Tieren zu behandelndes Thema nennt Buffon im *Premier discours* „les lieux de leur habitation“ (Bd. II, S. 26). In der *Histoire naturelle* werden sowohl Angaben zur geographischen Verbreitung als auch zum Habitat[567] der Tiere gemacht.

Die geographische Verbreitung der Tiere ist für Buffon so wichtig, dass er die Vierfüßler grundsätzlich und bei den Vögeln beispielsweise die Papageien einteilt in Tiere des alten und neuen Kontinents.[568] Buffon entdeckt hiermit die Originalität der südamerikanischen Fauna.[569] Außerdem macht er Angaben zur geographischen Verbreitung einzelner Arten. Kein Wissenschaftler des 18. Jahrhunderts hat so großen Einfluss auf die Entwicklung der Biogeographie gehabt wie Buffon, daher ist er auch als Vater der Biogeographie bezeichnet worden.[570] Oft sucht er nach dem Herkunftsland der Tiere. Das bedeutet, dass nicht alle lebenden Arten am selben Ort entstanden sind, sondern an verschiedenen Punkten des Globus. Diese Vorstellung ist neuartig und bedeutet, dass man die biblische Schöpfungsgeschichte nicht akzeptieren kann.[571] In manchen Fällen vermutet Buffon das Herkunftsland aufgrund der Angepasstheit des Tieres an seine Umgebung, zum Beispiel beim Kamel:[572]

---

567 Als *Habitat* bezeichnet man den Lebensraum eines Organismus unter besonderer Berücksichtigung der abiotischen Faktoren der Umwelt. Dabei versteht man unter dem *Lebensraum* eines Organismus das von ihm besiedelte Areal mit allen für ihn relevanten Umweltfaktoren.

568 Buffon, *Œuvres philosophiques*, S. 522f.

569 Roger, *Buffon*, S. 391.

570 Gayon, a.a.O, S. 9.

571 Roger, *Buffon*, S. 390f.

572 Roger, *Buffon*, S. 391.

> Il paroît être originaire d'Arabie; car non-seulement c'est le pays où il est en plus grand nombre, mais c'est aussi celui auquel il est le plus conforme. L'Arabie est le pays du monde le plus aride et où l'eau est la plus rare; le Chameau est le plus sobre des animaux, et peut passer plusieurs jours sans boire. Le terrein est presque partout sec et sablonneux: le Chameau a les pieds faits pour marcher dans les sables, et ne peut au contraire se soutenir dans les terreins humides et glissans [...]. On ne se trompe guère sur le pays naturel des animaux, en le jugeant par ces rapports de conformité; leur vraie patrie est la terre à laquelle ils ressemblent, c'est-à-dire à laquelle leur nature paroît s'être entièrement conformée. (Bd. V, S. 56f.)

Das Habitat wird manchmal beschrieben „comme si le lecteur prenait part à une visite guidée du territoire de l'espèce décrite".[573] Ein Beispiel hierfür ist die Beschreibung des Habitats von Kamel und Dromedar:

> Qu'on se figure un pays sans verdure et sans eau; un soleil brûlant, un ciel toujours sec, des plaines sablonneuses, des montagnes encore plus arides, sur lesquelles l'œil s'étend et le regard se perd sans pouvoir s'arrêter sur aucun objet vivant; une terre morte et, pour ainsi dire, écorchée par les vents, laquelle ne présente que des ossemens, des cailloux jonchés, des rochers debout ou renversés; un désert entièrement découvert, où le voyageur n'a jamais respiré sous l'ombrage, où rien ne l'accompagne, rien ne lui rappelle la Nature vivante: solitude absolue, [...]. (Bd. V, S. 58)

Im Kontrast hierzu[574] steht das Habitat des *kamichi*. Bei dessen Beschreibung legt Buffon wieder großen Wert auf die stilistische Gestaltung:

> High style became more and more a self-conscious project. Before launching a *tableau* of South American lowlands in the *Histoire des oiseaux*, for example, Buffon recalled and gave the location of an earlier *tableau*, his extraordinarily successful description of the desert in the article ‚Chameau', thus priming his readers for another piece of bravura. The passage illustrates both his high style and his unabashed self-promotion:[575]
>
> Nous avons ci-devant peint les déserts arides de l'Arabie pétrée; ces solitudes nues où l'homme n'a jamais respiré sous l'ombrage, où la terre sans verdure n'offre aucune subsistance aux animaux, aux oiseaux, aux insectes, où tout paroît mort, parce que rien ne peut naître, et que l'élément nécessaire au développement des germes de tout être vivant ou végétant, loin d'arroser la terre par des ruisseaux d'eau vive, ou de la pénétrer par des pluies fécondes, ne peut même l'humecter d'une simple rosée. Opposons ce tableau de sécheresse absolue dans une terre trop ancienne, à celui des vastes plaines de fange des savanes noyées du nouveau continent, nous y verrons par excès ce que l'autre n'offroit que par défaut; des fleuves d'une largeur immense, tels que l'Amazone, la Plata, l'Orénoque, roulant à grand flots leurs vagues écumantes et se débordant en toute liberté, semblent

573 Lazlo, a.a.O., S. 73.

574 Lebasteur, a.a.O., S. 125.

575 Loveland, a.a.O., S. 40.

menacer la terre d'un envahissement et faire effort pour l'occuper toute entière. Des eaux stagnantes et répandues près et loin de leurs cours, couvrent le limon vaseux qu'elles ont déposé; et ces vastes marécages exhalant leurs vapeurs en brouillards fétides, communiqueroient à l'air l'infection de la terre, si bientôt elles ne retomboient en pluies précipitées par les orages, ou dispersées par les vents. (Bd. IX, S. 249f.)

Buffon hat eine „vision fantasmatique de l'Amérique tropicale“[576]. Er war weder in Amerika noch in Afrika.[577] Dennoch sind seine Beschreibungen eindrucksvoll. „Ce qui leur donne cette force, ce qui émeut Buffon lui-même lorsqu'il écrit ces pages, c'est que la sauvagerie de ces paysages inhumains fait immédiatement sentir l'horreur et la grandeur dont la Nature est capable.“[578] Die Beschreibungen Buffons und anderer Naturwissenschaftler beeinflussen auch den literarischen Geschmack für Beschreibungen.[579]

La description n'est plus remplissage des intervalles du discours; elle ne s'absorbe pas non plus tout entière dans sa fonction scientifique: elle est porteuse de sa propre vérité, de sa propre beauté, et doit pouvoir être appréciée pour elle-même. C'est par excellence le lieu où s'exerce le style.[580]

Ein weiteres schon im *Premier discours* (Bd. II, S. 26) angekündigtes Thema ist die Nahrung und die Art ihrer Beschaffung. Buffon und Montbeillard zählen auf, wovon sich die Tiere in der Natur und in Gefangenschaft ernähren.

Beim Eichhörnchen schildert Buffon beispielsweise, dass es Nahrungsvorräte anlegt (Bd. IV, S. 290). Der Iltis frisst insbesondere Kaninchen: „Ce seroit le moyen le plus simple pour diminuer le nombre des lapins dans les endroits où ils deviennent trop abondans“ (Bd. IV, S. 351). Heute bezeichnet man eine solche Vorgehensweise als biologische Schädlingsbekämpfung.

In der Monographie über den *gros-bec* schreibt Buffon: „[...] les loriots mangent la chair des cerises, et les Gros-Becs cassent les noyaux et en mangent l'amande“ (Bd. VIII, S. 234). Die hier beobachtete Nahrungsspezialisierung weist für den heutigen Leser auf die Ausbildung ökologischer Nischen[581] hin, wodurch interspezifische Konkurrenz vermieden wird. Besonders eindrucksvoll wird der Fischfang des Eisvogels geschildert:

[...] il se tient sur une branche avancée au-dessus de l'eau pour pêcher; il y reste immobile, et épie souvent deux heures entières, le moment du passage d'un petit poisson; il fond sur cette proie en se laissant tomber dans

---

576 Roger, *Buffon*, S. 392.

577 Roger, *Buffon*, S. 568.

578 Roger, *Buffon*, S. 568f.

579 Reynaud, a.a.O., S. 348f.

580 Reynaud, a.a.O., S. 349.

581 Man bezeichnet die Planstelle, die eine Art in ihrer Umwelt einnimmt, als *ökologische Nische*. Die Ausbildung ökologischer Nischen ist ein Prinzip zur Vermeidung von Konkurrenz verschiedener Arten, bei dem es oft um die Futtersuche geht und sich Suchzeit, Suchort oder Suchobjekt unterscheiden.

> l'eau où il reste plusieurs secondes; il en sort avec le poisson au bec [...]. (Bd. VIII, S. 364)

Ein weiteres wichtiges Thema ist für Buffon das Verhalten der Tiere. Buffon gilt als „éthologue avant la lettre".[582] Hierbei interessiert nicht nur das Verhalten bei der Nahrungsbeschaffung und der Fortpflanzung. In der Monographie über die Trappe weist Montbeillard auf Schwierigkeiten bei der Darstellung des Verhaltens der Tiere hin. Eine Schwierigkeit ist der Zeitmangel: „[...] comment donc pourrions-nous, dans un court espace de temps, voir tous les animaux dans toutes les situations où il faut les avoir vus pour connoître à fond leur naturel, leurs mœurs, leur instinct, en un mot, les principaux faits de leur histoire?" (Bd. VII, S. 284). Tierhäute und Skelette repräsentieren nur „la Nature morte, inanimée, superficielle" (Bd. VII, S. 284). Aber auch in Menagerien gehaltene Tiere zeigen nicht das gleiche Verhalten wie die in Freiheit lebenden:

> [...] la plupart des animaux, intimidés par la présence de l'homme, importunés par ses observations, tourmentés d'ailleurs par l'inquiétude inséparable de la captivité, ne montreroit que des mœurs altérées, contraintes et peu dignes des regards d'un philosophe, pour qui la Nature libre, indépendante, et si l'on veut sauvage, est la seule belle Nature.
>
> Il faut donc, pour connoître les animaux avec quelque exactitude, les observer dans l'état de sauvages, les suivre jusque dans les retraites qu'ils se sont choisies eux-mêmes, jusque dans ces antres profonds, et sur ces rochers escarpés où ils vivent en pleine liberté; il faut même, en les étudiant, faire en sorte de n'en être point aperçus: car ici l'œil de l'observateur, s'il n'est en quelque façon invisible, agit sur le sujet observé, et l'altère réellement; mais comme il est fort peu d'animaux sur-tout parmi ceux qui sont ailés, qu'il soit facile d'étudier ainsi, et que les occasions de les voir agir d'après leur naturel véritable, et montrer leurs mœurs franches et pures de toute contrainte, ne se présentent que de loin en loin, il s'ensuit qu'il faut des siècles et beaucoup de hasards heureux pour amasser tous les faits nécessaires, [...]. (Bd. VII, S. 284f.)

Oft werden typische Verhaltensweisen der Vierfüßler dargestellt, wie beispielsweise das Einrollen des Igels (Bd. IV, S. 378). Buffon gibt an, ob Vierfüßler Winterschlaf halten. Bei den Siebenschläfern beschreibt er Experimente, die klären, dass diese Tiere auch im Winter auf Verletzungen reagieren und bei zu schnellem Aufwärmen oder bei zu großer Kälte sterben (Bd. IV, S. 294f.). Über die Siebenschläfer schreibt er auch: „Lorsqu'ils sentent le froid, ils se serrent et se mettent en boule pour offrir moins de surface à l'air et se conserver un peu de chaleur" (Bd. IV, S. 293). Buffon erkennt hier richtigerweise, dass die Kugel als Körper mit der kleinsten Oberfläche im Verhältnis zum Volumen am günstigsten ist. Die Meerschweinchen reagieren allgemein auf Kälte: „Lorsqu'ils sentent le froid, ils se rassemblent et se serrent les uns contre les autres" (Bd. IV, S. 288). An dieser Stelle weist Buffon nicht explizit darauf hin, dass dieses Verhalten

---

582 Gayon, a.a.O., S. 557.

sinnvoll ist, da hierdurch weniger Wärme verloren geht. Buffon gibt auch an, ob die Vierfüßler einen Bau anlegen. Der Maulwurf legt nicht nur einen Bau an, um sich und seine Jungen dort in Sicherheit zu bringen, sondern findet dort auch Nahrung (Bd. IV, S. 307–310). Buffon geht ebenfalls darauf ein, welche Laute die Vierfüßler von sich geben. Eine präzise Beschreibung der Laute gibt es zum Beispiel beim Fuchs[583]:

> [...] le Renard glapit, aboie, et pousse un son triste, semblable au cri du paon; il a des tons différens selon les sentimens différens dont il est affecté; il a la voix de la chasse, l'accent du desir, le son du murmure, le ton plaintif de la tristesse, le cri de la douleur [...]. Son glapissement est une espèce d'aboiement qui se fait par des sons semblables et très-précipités. C'est ordinairement à la fin du glapissement qu'il donne un coup de voix plus fort, plus élevé, et semblable au cri du paon. En hiver, sur-tout pendant la neige et la gelée, il ne cesse de donner de la voix, et il est au contraire presque muet en été. (Bd. IV, S. 334f.)

Manche Beobachtungen und Interpretationen des Verhaltens der Tiere sind ungenau, zum Beispiel bei einem Affen (Bd. VI, S. 154):

> Le chimpanzé observé par Buffon, et appelé par lui „*orang-outang*", était un enfant singe mesurant moins de deux pieds. Buffon pensait qu'il marchait toujours debout, même lorsqu'il portait des choses lourdes et, s'appuyant sur cette croyance, ainsi que sur des commentaires semblables d'autres naturalistes, il a sans doute généralisé ce trait de comportement à l'ensemble du groupe des „*singes*". En réalité les chimpanzés marchent toujours sur leurs quatre mains *sauf*, justement, lorsqu'ils portent des objets ou qu'ils essaient de voir loin.[584]

Buffon wirft jedoch ein aktuelles Problem auf, nämlich die Frage danach, welches Verhalten der beim Menschen gehaltenen Tiere natürlich ist und welches vom Menschen beigebracht (Bd. VI, S. 155). Buffon ist aber nicht in der Lage, diese Frage für die Primaten oder für ein anderes Tier zu klären.[585]

Charakteristisch für das Verhalten der meisten Vögel ist natürlich, dass sie fliegen und singen. Montbeillard stellt lebhaft dar, wie der *moqueur* beides verbindet:

> Son prélude ordinaire est de s'élever d'abord peu à peu, les ailes étendues, de retomber ensuite la tête en bas, au même point d'où il étoit parti; et ce n'est qu'après avoir continué quelque temps ce bizarre exercice, que commence l'accord de ses mouvemens divers, ou si l'on veut de sa danse, avec les différens caractères de son chant. Exécute-t-il avec sa voix des roulemens vifs et légers, son vol décrit en même temps dans l'air une multitude de cercles qui se croisent; on le voit suivre en serpentant les tours et retours d'une ligne tortueuse sur laquelle il monte, descend et remonte sans

583 Dimier, a.a.O., S. 69.
584 Gayon, a.a.O., S. 562.
585 Gayon, a.a.O., S. 563.

cesse. Son gosier forme-t-il une cadence brillante et bien battue, il l'accompagne d'un battement d'ailes également vif et précipité. Se livre-t-il à la volubilité des arpèges et des batteries, il les exécute une seconde fois par les bonds multipliés d'un vol inégal et sautillant. Donne-t-il essor à sa voix dans ces tenues si expressives où les sons d'abord pleins et éclatants, se dégradent ensuite par nuances et semblent enfin s'éteindre tout-à-fait et se perdre dans un silence qui a son charme comme la plus belle mélodie, on le voit en même temps planer moëleusement au-dessus de son arbre, ralentir encore par degrés les ondulations imperceptibles de ses ailes, et rester enfin immobile, et comme suspendu au milieu des airs. (Bd. VIII, S. 211)

Zu den typischen Verhaltensweisen bestimmter Vogelarten zählt auch das Stehlen der Elster (Bd. VII, S. 320).

Auch bei den Vögeln werden Experimente zum Verhalten beschrieben. Montbeillard beschreibt beispielsweise im Zusammenhang mit der damals aktuellen Frage, was die Schwalben im Winter tun, solche Versuche. Natürlich ist ein Experiment, das beweist, dass eine Schwalbe nicht einen längeren Zeitraum unter Wasser überleben kann (Bd. VIII, S. 321), heute nicht mehr interessant. Montbeillard beschreibt jedoch auch einen Versuch, der eines der ersten Beispiele einer Art Beringung von Zugvögeln sein könnte:[586]

Tout le monde connoît l'expérience heureuse et singulière de Frisch, qui ayant attaché aux pieds de quelques-uns de ces oiseaux un fil teint en détrempe, revît l'année suivante ces mêmes oiseaux avec leur fil qui n'étoit point décoloré; preuve assez bonne que du moins ces individus n'avoient pas passé l'hiver sous l'eau, ni même dans un endroit humide, et présomption très-forte qu'il en est ainsi de toute l'espèce. (Bd. VIII, S. 329)

Montbeillard beschreibt das Verhalten junger Rebhühner, die von Haushühnern ausgebrütet wurden: „[...] ils suivront cette étrangère comme ils auroient suivi leur propre mère“ (Bd. VII, S. 208). In der *Histoire naturelle* geht es hier um die Möglichkeiten der Aufzucht. Heute bezeichnet man dieses Verhalten als Prägung.[587]

Buffon und Montbeillard beschreiben auch das Verhalten der Vögel in Gefangenschaft. Hier ist besonders interessant, dass Montbeillard im Artikel über den *tarin* bereits eine Verhaltensweise beschreibt, die erst Anfang des 20. Jahrhunderts als klassische Konditionierung[588] bekannt wird:

---

586 Roger, *Buffon*, S. 373.

587 Gayon, a.a.O., S. 577. – Die *Prägung* ist eine Form des Lernens. Sie erfolgt in einer sensiblen Phase. Beispielsweise werden junge Küken in der Regel auf ihre Mutter geprägt und laufen ihr nach. Sie können aber auch auf eine andere Art oder auf bewegte Objekte, die Laute von sich geben, geprägt werden. Diese Nachfolgeprägung entdeckt Lorenz im 20. Jahrhundert bei Graugänsen.

588 Die *klassische Konditionierung* ist eine Form assoziativen Lernens. Hierbei wird den Tieren, beispielsweise Vögeln, zusätzlich zu einem unbedingten Reiz, zum Beispiel Nahrung in der Hand, der eine bestimmte, unbedingte Reaktion bei ihnen auslöst, zum Beispiel auf die Hand zu fliegen, ein zweiter, ursprünglich neutraler Reiz geboten, zum Beispiel Glöck-

> [...] on peut même l'accoutumer à venir se poser sur la main au bruit d'une sonnette: il ne s'agit que de la faire sonner dans les commencemens, chaque fois qu'on lui donne à manger, car la mécanique subtile de l'association des perceptions a aussi lieu chez les animaux. (Bd. VIII, S. 114)

Ein biologisch weniger interessantes Thema ist die Jagd. Hier zeigt sich wieder der ständige Bezug zum Menschen.[589]

> Pour comprendre l'attitude morale de Buffon et de ses collaborateurs devant l'animal, il est nécessaire de considérer la place importante qu'il continue d'occuper dans la vie quotidienne des habitants des campagnes. Encore peu peuplées et peu urbanisées, comportant de vastes friches, elles offrent aux espèces animales de nos climats des conditions d'existence favorables à leur développement. La chasse, réservée à la noblesse, ne peut guère le freiner.[590]

Buffon und Montbeillard können bei diesem Thema ihre „familiarité avec ce noble passe-temps"[591] zeigen. Eine zentrale Stellung nimmt die Jagd in der Monographie über den Hirsch ein. Buffon informiert seine Leser nicht nur darüber, wann der Hirsch am leichtesten zu jagen ist (Bd. IV, S. 237, 241, 248), sondern schwärmt ausführlich von dieser Freizeitbeschäftigung. Über den Hirsch schreibt er:

> Il a dans tous les temps occupé les loisirs des héros. L'exercice de la chasse doit succéder aux travaux de la guerre; il doit même les précéder. Savoir manier les chevaux et les armes sont des talens communs au chasseur, au guerrier. L'habitude au mouvement, à la fatigue, l'adresse, la légèreté du corps si nécessaires pour soutenir et même pour seconder le courage, se prennent à la chasse et se portent à la guerre. C'est l'école agréable d'un art nécessaire; c'est encore le seul amusement qui fasse diversion en-entière aux affaires. Que peuvent faire de mieux les hommes qui par état sont sans cesse fatigués de la présence des autres hommes? Toujours environnés, obsédés et gênés pour ainsi dire par le nombre, toujours en butte à leurs demandes, à leur empressement, forcés de s'occuper de soins étrangers et d'affaires, agités par de grands intérêts, et d'autant plus contraints qu'ils sont plus élevés, les grands ne sentiroient que le poids de la grandeur et n'existeroient que pour les autres, s'ils ne se déroboient par instans à la foule même des flatteurs. Pour jouir de soi-même, pour rappeler dans l'ame les affections personnelles, les desirs secrets, ces sentimens intimes mille fois plus précieux que les idées de la grandeur, ils ont besoin de solitude; et quelle solitude plus variée, plus animée que celle de la chasse? quel exercice

---

chenklingeln. Dieser zweite, bedingte Reiz genügt nach einer gewissen Zeit alleine, um die gleiche, jetzt bedingte Reaktion auszulösen. Pawlow hat entsprechende Versuche mit Hunden durchgeführt.

589 Lazlo, a.a.O., S. 70.

590 Gascar, a.a.O., S. 139.

591 Roger, *Buffon*, S. 355.

> plus sain pour le corps? quel repos plus agréable pour l'esprit? (Bd. IV, S. 235f.)

„A propos du cerf, il fait ainsi un éloge de la chasse à courre, qui scandalisera Grimm le philosophe, mais qui séduit sans doute les grands seigneurs à qui Buffon ne veut pas déplaire“[592].

Im Artikel über den Biber äußert sich Buffon ausnahmsweise kritisch zur Jagd, denn er bedauert, dass die Bauten zerstört werden und dass, wenn zu viele Biber getötet werden, die wenigen überlebenden Biber keine neuen Bauten mehr beginnen (Bd. VI, S. 247).

Bei den Vögeln wird besonders ausführlich die Jagd der *bécasse* beschrieben (Bd. IX, S. 257, 259–261). Nur selten wird die Jagd als sinnlos dargestellt, wie zum Beispiel bei der *hirondelle de cheminée*, die als Insektenfresser nützlich für den Menschen ist (Bd. VIII, S. 334f.).

In der *Histoire naturelle* wird aber nicht nur der Mensch als Jäger dargestellt. Auch die natürlichen Feinde der Tiere werden aufgezählt. Der Hase hat besonders viele Feinde:

> [...] l'on peut en tout temps, sans le tirer, le forcer à la course avec des chiens courans: on peut aussi le faire prendre par des oiseaux de proie; les ducs, les buses, les aigles, les renards, les loups, les hommes lui font également la guerre: il a tant d'ennemis qu'il ne leur échappe que par hasard, et il est bien rare qu'ils le laissent jouir du peu de jours que la Nature lui a comptés. (Bd. IV, S. 278)

Buffon stellt allerdings auch dar, wie der Hase seinen Feinden entkommen kann (Bd. IV, S. 273–275).

Feinde der *outarde* sind zum Beispiel Fuchs, Steinmarder und Raubvögel (Bd. VII, S. 290). Neben dieser wissenschaftlichen Information berichtet Montbeillard jedoch auch von einer unglaubhaften List des Fuchses:

> Il n'est point de piége si grossier qu'il soit, qui ne doive réussir, s'il est vrai, comme le dit Elien, que dans le royaume de Pont les renards viennent à bout de les attirer à eux en se couchant contre terre et relevant leur queue à laquelle ils donnent autant qu'ils peuvent l'apparence et les mouvemens du cou d'un oiseau. Les outardes qui prennent cet objet pour un oiseau de leur espèce, s'approchent sans défiance et deviennent la proie de l'animal rusé; mais cela suppose bien de la subtilité dans le renard, bien de la stupidité dans l'outarde et peut-être encore plus de crédulité dans l'écrivain. (Bd. VII, S. 291)

Manchmal geben Buffon und Montbeillard an, welchen Schaden die Tiere anrichten.

Die Ratten zum Beispiel fressen die Vorräte der Menschen und richten Schaden im Haus an (Bd. IV, S. 362). Buffons Darstellung ist teilweise albtraumhaft[593]:

---

[592] Roger, *Buffon*, S. 355.

L'on voit descendre des montagnes du nord des rats en multitude innombrable, qui, comme un déluge, ou plutôt un débordement de substance vivante, viennent inonder les plaines, se répandent jusque dans les provinces du midi, et après avoir détruit sur leur passage tout ce qui vit ou végète, finissent par infecter la terre et l'air de leurs cadavres. (Bd. IV, S. 265)

Die Schakale greifen Vieh und Geflügel der Menschen an, fressen Leder und graben Tierkadaver und Leichen aus (Bd. V, S. 288f.).

Die Spechte beschädigen die Bäume (Bd. VII, S. 343) und die Ringeltauben fressen die Saat (Bd. VII, S. 240).

Ausführlicher wird aber das Thema behandelt, welchen Nutzen die Tiere dem Menschen bringen. Auch hier wird also wieder deutlich, dass der Mensch im Vordergrund steht.

Besonders begeistert ist Buffon von der vielseitigen Nützlichkeit des Kamels:

[...] on ne pourra s'empêcher de le reconnoître pour la plus utile et la plus précieuse de toutes les créatures subordonnées à l'homme. L'or et la soie ne sont pas les vraies richesses de l'Orient; c'est le Chameau qui est le trésor de l'Asie; il vaut mieux que l'éléphant; car il travaille, pour ainsi dire, autant et dépense peut-être vingt fois moins; [...] peut-être vaut-il autant que le cheval, l'âne et le bœuf, tous réunis ensemble; il porte seul autant que deux mulets; il mange aussi peu que l'âne, et se nourrit d'herbes aussi grossières; la femelle fournit du lait pendant plus de temps que la vache; la chair des jeunes chameaux est bonne et saine, comme celle du veau; leur poil est plus beau, plus recherché que la plus belle laine; il n'y a pas jusqu'à leurs excrémens dont on ne tire des choses utiles: car le sel ammoniac se fait de leur urine; et leur fiente desséchée et mise en poudre leur sert de litière, [...]; enfin on fait des mottes de cette même fiente qui brûlent aisément, [...]; cela même est encore d'un grand secours dans ces déserts, où l'on ne trouve pas un arbre, et où par le défaut de matières combustibles le feu est aussi rare que l'eau. (Bd. V, S. 68f.)

Die Domestikation der Tiere ist also eine Errungenschaft erster Ordnung.[594]

Ein einheimisches sehr vielseitiges Nutztier ist das Rind. Es dient nicht nur als Zugtier (Bd. IV, S. 116f.). Durch das Rind bekommt der Mensch Fleisch, Milch, Butter, Käse (Bd. IV, S. 117), Leder, Fett und Dünger (Bd. IV, S. 140). Auch das Horn wurde verarbeitet:

[...] la corne de cet animal est le premier vaisseau dans lequel on ait bu, le premier instrument dans lequel on ait soufflé pour augmenter le son, la première matière transparente que l'on ait employée pour faire des vîtres, des lanternes, et que l'on ait ramollie, travaillée, moulée pour faire des boîtes, des peignes et mille autres ouvrages [...]. (Bd. IV, S. 140)

---

593 Gascar, a.a.O., S. 140.

594 Gayon, a.a.O., S. 577.

Sehr nützlich für den Menschen ist auch das Schaf, „cet animal, auquel il semble que la Nature n'ait, pour ainsi dire, rien accordé en propre, rien donné que pour le rendre à l'homme“ (Bd. VI, S. 143). Obwohl Buffon theoretisch „causes finales“, also Gründe, die auf ein Ende hin wirken,[595] ablehnt, wie beispielsweise in der Monographie über das Schwein (Bd. IV, S. 173f.), zeigt sich hier, dass er doch danach sucht[596], auch wenn er durch die Formulierung „il semble que“ die Aussage als mutmaßlich darstellt[597].

Bei der Darstellung der Nützlichkeit der Vierfüßler zeigt sich Buffon als modebewusst:

> [...] l'odeur de la civette, quoique violente, est plus suave que celle du musc; toutes deux ont passé de mode lorsqu'on a connu l'ambre, ou plutôt dès qu'on a su le préparer; et l'ambre même qui étoit, il n'y a pas longtemps, l'odeur par excellence, le parfum le plus exquis et le plus noble, a perdu de sa vogue, et n'est plus du goût de nos gens délicats. (Bd. V, S. 303)

In der *Histoire naturelle des animaux quadrupèdes* gibt es zahlreiche weitere Beispiele für Vierfüßler, die dem Menschen nützlich sind. Buffon

> n'hésite pas, dans ses études, à utiliser le savoir du paysan, du chasseur, du familier des bois, qu'il a acquis, au cours de ces dernières années, et qu'il complète au besoin auprès de ses concitoyens de Montbard. C'est là un savoir utilitaire exclusivement tourné vers la capture, la destruction ou le dressage, la domestication de l'animal.[598]

Auch der Nutzen der Vögel ist vielfältig. So wie Gesang (Bd. VIII, S. 67) und Sprechen (Bd. VIII, S. 21f.) der Vögel dient auch der Hahnenkampf zur Unterhaltung des Menschen (Bd. VII, S. 66–88). Manche Vögel nützen dem Menschen, weil sie Schädlinge fressen (Bd. VIII, S. 214). Andere werden für die Jagd dressiert (Bd. IX, S. 39f.). Die Federn der Vögel dienen zur Herstellung von Decken (Bd. IX, S. 323f.), als Schmuck (Bd. VIII, S. 291) oder als Schreibfeder (Bd. IX, S. 154). Sehr wichtig ist für Buffon und Montbeillard auch die Frage, ob man die jeweiligen Vögel essen kann, denn Montbeillard schreibt: „Cette petite grive est la plus intéressante de toutes, parce qu'elle est la meilleure à manger“ (Bd. VIII, S. 200). Die Frage, ob das Fleisch des Kormorans schmeckt, nutzt Buffon dazu, sich und seine Leser von einfachen Matrosen zu distanzieren:

> [...] et quoiqu'il ait une odeur très-forte et que sa chair soit de mauvais goût, elle n'est pas toujours dédaignée par les matelots, pour qui le rafraîchissement le plus simple ou le plus grossier est souvent plus délicieux que les mets les plus fins ne le sont pour notre délicatesse. (Bd. IX, S. 366f.)

---

[595] Loveland, a.a.O., S. 52–54.

[596] Loveland, a.a.O., S. 60f.

[597] Loveland, a.a.O., S. 66.

[598] Gascar, a.a.O., S. 139.

Doch auch wenn der Mensch in der *Histoire naturelle* das Recht hat, sich in jeder Hinsicht der Nützlichkeit der Tiere zu bedienen, übt Buffon im Artikel über die Gans Kritik an den Methoden der Mast (Bd. IX, S. 159).

In engem Zusammenhang mit dem Nutzen der Tiere steht deren Zucht. Die Monographien über die domestizierten Arten enthalten „parfois de longs développements sur l'élevage, voire sur les maladies et les soins à donner au cheptel".[599]

Ausführlich beschreibt Buffon die Zucht von Rind (Bd. IV, S. 114, 119–128, 131–135) und Schaf (Bd. IV, S. 144–157). Dabei geht er davon aus, dass der Züchter Geld verdienen will (Bd. IV, S. 149), und gibt entsprechend insbesondere Anweisungen zu folgenden Themen: Krankheiten, Pflege, Kastration, Zuchttiere, Paarung, Geburt, Säugen, Nahrung, Weiden, Mästen und Schlachten. Oft werden dabei Formulierungen wie „il faut" oder „on peut" benutzt.

Die häufige Verwendung von Formulierungen wie „il faut" oder „on doit", zum Beispiel bei der Beschreibung der Zucht von Kanarienvögeln (Bd. VIII, S. 86f.), kann beim Leser den Eindruck erwecken, eine Gebrauchsanweisung zu studieren. Manchmal wird er sogar direkt angesprochen: „Quand vous voudriez élever des serins" (Bd. VIII, S. 87). Hier zeigt sich deutlich der „style oratoire"[600] der *Histoire naturelle*. Im Artikel über den Hahn wird ausführlich beschrieben, mit welchen Mitteln der Mensch Brüten und Aufzucht der Küken übernehmen kann (Bd. VII, S. 78–83, 85–88).

Die Krankheiten der Tiere werden nicht immer durch Erreger hervorgerufen. Der Nasenbär beispielsweise verletzt sich selbst:

> Le Coati est sujet à manger sa queue, [...]. Lorsque ces animaux ont pris cette habitude, on ne peut pas les en corriger; ils continuent de ronger leur queue et finissent par mourir, quelque soin et quelque nourriture qu'on puisse leur donner. Il semble que cette inquiétude est produite par une vive démangeaison; mais peut-être les préserveroit-on du mal qu'ils se font en couvrant l'extrémité de leur queue avec une plaque de métal, comme l'on couvre quelquefois les perroquets sous le ventre pour les empêcher de se déplumer. (Bd. VI, S. 108)

Der Gedanke, dass dieses Verhalten bei den Tieren durch die Gefangenschaft ausgelöst wird, kommt Buffon nicht.

Zu den Krankheiten der Vögel zählen Buffon und Montbeillard auch die Mauser. Dies wird in den Artikeln über den Kanarienvogel und über die Amsel deutlich (Bd. VIII, S. 94f., Bd. VIII, S. 202). Die Krankheiten des Kanarienvogels beschreibt Buffon besonders ausführlich (Bd. VIII, S. 92–98). An den vorgeschlagenen Heilmethoden, wie zum Beispiel Weißwein unter die Flügel zu geben (Bd. VIII, S. 92f.), sieht man, wie gering die Erkenntnisse des 18. Jahrhunderts auf diesem Gebiet sind.

---

599 Roger, *Buffon*, S. 354.
600 Lepenies, *Ende*, S. 144f.

5.9 Aufbau und Anfänge der Artikel

Die einzelnen in der *Histoire naturelle* behandelten Themen und Aspekte werden nicht in jedem Artikel in der gleichen Reihenfolge erörtert. Dies kündigt Buffon schon im *Premier Discours* an (Bd. II, S. 27). Dort sagt er auch, dass zur Vermeidung von Monotonie Fakten, Vergleiche und Reflexionen angeführt werden sollen. In diesem Sinne sorgen auch die allgemeinen Abhandlungen über größere Tiergruppen und die innerhalb der Monographien geäußerten „vues générales" für inhaltliche und stilistische Abwechslung.

Die Fakten, die berichtet werden, sind nicht unbedingt aus biologischer Sicht wichtig. Eher episodisch ist der Bericht über den persischen König, der einmal die Botschafter zu ihrer Unterhaltung auf Esel schießen ließ (Bd. IV, S. 104f.). Über die Gänse schreibt Buffon: „tout le monde sait qu'au capitole elles avertirent les Romains de l'assaut que tentoient les Gaulois, et que ce fut le salut de Rome" (Bd. IX, S. 162).

Die „vues générales" beziehen sich dagegen häufig auf biologisch relevante Themen. Buffon und Montbeillard sind davon überzeugt, dass alle Phänomene der Natur Ergebnis genereller Gesetze sind.[601] Ihr Ziel ist es, diese Gesetze aufzudecken.[602]

Im Gegensatz zu anderen Wissenschaftlern sieht Montbeillard auch in der Tatsache, dass das Kuckucksweibchen seine Eier in fremde Nester legt, keine Ausnahme von diesen generellen Regeln der Natur (Bd. VII, S. 353f.). Allgemein schreibt er:

> Rien n'est plus contraire à la saine métaphysique, que d'avoir recours à autant de prétendues lois particulières qu'il y a de phénomènes dont nous ne voyons point les rapports avec les lois générales; un phénomène n'est isolé que parce qu'il n'est point assez connu; il faut donc tâcher de le bien connoître avant d'oser l'expliquer; il faut, au lieu de prêter nos petites idées à la Nature, nous efforcer d'atteindre à ses grandes vues, par la comparaison attentive de ses ouvrages, et par l'étude approfondie de leurs rapports. (Bd. VII, S. 356)

In der Monographie über den Hasen findet man allgemeine Überlegungen zur Vermehrung der Individuen, die ein ökologisches Gleichgewicht[603] beschreiben:

> Au reste, cet état fixe et ce nombre constant ne sont pas des quantités absolues; toutes les causes physiques et morales, tous les effets qui en résultent, sont compris et balancent entre certaines limites plus ou moins étendues, mais jamais assez grandes pour que l'équilibre se rompe. Comme tout est en mouvement dans l'univers, et que toutes les forces répandues

---

601 Farber, *emergence*, S. 24.

602 Farber, *emergence*, S. 23.

603 André Giordan et al., *Histoire de la biologie*, 2 Bde., Paris, Bd. 2 ²1991, S. 237.

> dans la matière agissent les unes contres les autres et se contrebalancent, tout se fait par des espèces d'oscillations, dont les points milieux sont ceux auxquels nous rapportons le cours ordinaire de la Nature, et dont les points extrêmes en sont les périodes les plus éloignées. [...] l'abondance et la disette se présentent tour à tour [...]. (Bd. IV, S. 267f.)

Ähnliche Überlegungen findet man auch im Artikel über die fleischfressenden Tiere (Bd. IV, S. 313f.). Buffon ist sich durchaus bewusst, dass es sich um Faustregeln handelt: „Au reste, je le répète encore, ceci ne doit pas être pris dans un sens absolu, ni même strict" (Bd. IV, S. 269). Für den heutigen Leser erinnern diese Überlegungen an die ersten beiden Regeln von Volterra, die dieser Anfang des 20. Jahrhunderts formuliert hat.[604]

Manchmal wird in der *Histoire naturelle* ausdrücklich betont, dass es sich um eine allgemeingültige Regel handelt. Montbeillard schreibt zum Beispiel im Artikel über den Truthahn: „[...] c'est une règle générale pour tous les animaux, qu'ils multiplient plus dans le climat qui leur est propre que partout ailleurs" (Bd. VII, S. 111). In einigen Monographien führt Buffon die Regel an, dass die Lebenserwartung der Tiere und die Zeit ihres Wachstums proportional zueinander sind, beispielsweise im Artikel über den Hund (Bd. IV, S. 211), den Hasen (Bd. IV, S. 272), den Bären (Bd. V, S. 154) und den Damhirsch: „[...] car dans tous les animaux la durée de la vie est proportionnelle à celle de l'accroissement" (Bd. IV, S. 254). Die Lebenserwartung des Hirsches berechnet Buffon, indem er das Siebenfache der Wachstumsperiode nimmt (Bd. IV, S. 243). Trotz seiner Kritik an der Mathematik im *Premier Discours* (Bd. II, S. 46–50) benutzt er also mathematische Überlegungen.[605] Buffon nennt mehrfach die Regel, dass das Verhalten der Tiere von ihrer Morphologie abhängt, zum Beispiel in den Monographien über den *couguar* (Bd. VI, S. 93f.), die *fous* (Bd. IX, S. 380), den *macareux* (Bd. IX, S. 413f.) und den *bec-en-ciseaux*:

> LE genre de vie, les habitudes et les mœurs dans les animaux, ne sont pas aussi libres qu'on pourroit l'imaginer; leur conduite n'est pas le produit d'une pure liberté de volonté ni même un résultat de choix, mais un effet nécessaire qui dérive de la conformation, de l'organisation et de l'exercice de leurs facultés physiques [...]. (Bd. IX, S. 400)

Buffon zählt hierfür einige Beispiele aus der Vogelwelt auf (Bd. IX, S. 400f.) und folgert dann: „[...] ces lois de la Nature sont des décrets éternels, immuables, aussi constans que la forme des êtres" (Bd. IX, S. 401). Hier wird gleichzeitig deutlich, wie weit Buffon von unserer heutigen Vorstellung der Evolution entfernt ist. Die Möglichkeit, dass umgekehrt das Verhalten der Tiere über mehrere

---

604 Unter bestimmten Voraussetzungen gelten die Volterraschen Regeln. Die erste Regel von Volterra besagt, dass die Individuenzahlen von Räuber und Beute periodisch schwanken und die jeweiligen Maxima phasenweise verschoben sind. Die zweite Regel von Volterra besagt, dass trotz der Schwankungen die durchschnittlichen Individuenzahlen von Räuber und Beute konstant bleiben.

605 Loveland, a.a.O., S. 142.

Generationen hinweg durch Selektion auch die Morphologie einer Art verändern kann, sieht Buffon nicht. Die allgemeinen Überlegungen führen in diesem Artikel hin zur Beschreibung des Schnabels des *bec-en-ciseaux* (Bd. IX, S. 402).

Von anderen Vögeln, wie dem *kamichi* (Bd. IX, S. 251) oder dem *râle de terre* (Bd. IX, S. 299), bekommt der Leser zuerst einen auditiven Eindruck, dann erst folgt der visuelle.[606] Die Stimmen der Seelöwen verraten den Reisenden bei Nebel, dass sie sich dem Land nähern. Außer dem Hören der Tierstimmen wird dem Leser die Wahrnehmung einer zweiten berichtenden Stimme suggeriert, die sogar dominiert:

> Il est fréquent [...] que la description émane ainsi d'une voix anonyme, impersonnelle [...]. Le narrateur n'est point identifié. Sa fonction grammaticale est celle du pronom indéfini „on". A partir de cette origine non localisée, la description prend son essor et atteint le lecteur avec cette voix assurée et forte. En se donnant comme sans auteur, elle n'acquiert que davantage d'autorité.[607]

Auch der reale Autor Buffon beziehungsweise Montbeillard ist gelegentlich präsent. „Mais il s'accompagne, il marche dans l'ombre de cet autre locuteur, de celui qui parle avec cette voix profonde, celle d'un Logos tout-puissant, inspiré et visionnaire."[608]

Insgesamt entspricht die Darstellungsweise der Tiere in der *Histoire naturelle* den Beschreibungen in den Reiseberichten des 18. Jahrhunderts.[609] Pierre Lazlo zählt folgende Prinzipien auf, nach denen die Artikel der *Histoire naturelle* aufgebaut sind:

> 1° Eviter la rigidité. L'écriture doit simuler l'apprentissage, la multiplicité des éclairages permet de reconstituer un tout cohérent, par énumération inductive. Un simple portrait suffit au peintre de génie pour évoquer le monde extérieur tout entier;
>
> 2° Trouver des formules saisissantes. Comme la description est nécessairement longue puisque comportant de nombreuses facettes, son texte intègre des raccourcis pour tel ou tel alinéa;
>
> 3° Partir de l'expérience courante, voire même des préjugés du lecteur. Ne pas s'écarter de ce point de vue utilitaire et anthropocentré;
>
> 4° Organiser une mise en scène spectaculaire pour chacune des descriptions. Soigner tout particulièrement les *incipit*, de manière à ce que l'entrée en scène de chacun des animaux soit admirable et dramatique à souhait [...];

606 Lazlo, a.a.O., S. 76.
607 Lazlo, a.a.O., S. 76.
608 Lazlo, a.a.O., S. 76.
609 Lazlo, a.a.O., S. 69, 75, 78.

5° Coordonner le jeu des paragraphes. Chacune des parties de la description doit être autonome, et néanmoins reliée aux autres.[610]

Obwohl in jeder Monographie die gleichen Themen und Aspekte behandelt werden, sofern genügend Informationen vorhanden sind, gibt es für ihre Reihenfolge in den Artikeln kein festes Schema. Bei jedem Tier ist ein Thema oder ein Aspekt wichtiger als alle anderen. Mit diesem beginnen Buffon und Montbeillard den jeweiligen Artikel.[611] Dadurch fangen die Artikel immer wieder mit einem anderen Thema oder einem anderen Aspekt an. Außer der Tatsache, dass die Anfänge der Artikel den Leser zum Fortsetzen der Lektüre bewegen sollen, ist die Wichtigkeit ihres Inhalts ein weiterer Grund dafür, dass sich Buffon und Montbeillard oft besondere Mühe bei der stilistischen und rhetorischen Gestaltung der Anfänge geben. Die Anfänge der Monographien sind folglich oft von elegantem hohem Stil, während andere Teile schlichter geschrieben sind.[612]

Charakteristisch für den Maulwurf ist, dass er fast blind ist. Mit dieser Information beginnt Buffon die entsprechende Monographie: „LA Taupe, sans être aveugle, a les yeux si petits, si couverts, qu'elle ne peut faire un grand usage du sens de la vue" (Bd. IV, S. 307).

Die Natur hat nach Buffon jedoch für den Maulwurf einen Ausgleich geschaffen. Diese Kompensation ist finalistisch.[613] „Given their potential for creating literary effect, it is not surprising to find final causes plentiful in ‚stylish' parts of the series: opening paragraphs, major discourses, and broad views of nature."[614]

> [...] en dédommagement la Nature lui a donné avec magnificence l'usage du sixième sens, un appareil remarquable de réservoirs et de vaisseaux, une quantité prodigieuse de liqueur séminale, des testicules énormes, le membre génital excessivement long; tout cela secrétement caché à l'intérieur, et par conséquent plus actif et plus chaud. La Taupe à cet égard est de tous les animaux le plus avantageusement doué, le mieux pourvu d'organes, et par conséquent de sensations qui y sont relatives [...]. (Bd. IV, S. 307)

Buffons Begeisterung zeigt sich hier bei der Wortwahl. Auffallend sind die vielen positiven Denotationen und Konnotationen bei „magnificence", „remarquable", „prodigieuse", „énormes", „excessivement", „secrétement", den beiden Komparativen „plus actif" und „plus chaud" und den Superlativen „le plus avantageusement" und „le mieux".

Außer diesem für Buffon wichtigsten Ausgleich gibt es eine Aufzählung vieler weiterer Vorteile des Maulwurfs:

610 Lazlo, a.a.O., S. 70.
611 Roger, *Buffon*, S. 353.
612 Loveland, a.a.O., S. 39.
613 Loveland, a.a.O., S. 66.
614 Loveland, a.a.O., S. 68.

> [...] elle a de plus le toucher délicat; son poil est doux comme la soie; elle a l'ouïe très-fine, et de petites mains à cinq doigts, bien différentes de l'extrémité des pieds des autres animaux, et presque semblables aux mains de l'homme; beaucoup de force pour le volume de son corps, le cuir ferme, un embonpoint constant, un attachement vif et réciproque du mâle et de la femelle, de la crainte ou du dégoût pour toute autre société, l'art de se mettre en sûreté, de se faire en un instant un asyle, un domicile, la facilité de l'étendre et d'y trouver sans en sortir une abondante subsistance. (Bd. IV, S. 307)

Schließlich zieht Buffon die folgende positive Bilanz: „Voilà sa nature, ses mœurs et ses talens, sans doute préférables à des qualités plus brillantes et plus incompatibles avec le bonheur, que l'obscurité la plus profonde" (Bd. IV, S. 307). „Qui se serait attendu à voir chanter le bonheur de la taupe au Siècle des lumières?"[615]

Montbeillard beginnt die Monographie über den *chardonneret* folgendermaßen: „BEAUTÉ du plumage, douceur de la voix, finesse de l'instinct, adresse singulière, docilité à l'épreuve, ce charmant petit oiseau réunit tout, et il ne lui manque que d'être rare et de venir d'un pays éloigné pour être estimé ce qu'il vaut" (Bd. VIII, S. 105). Zunächst zählt er also die verschiedenen Vorzüge des Distelfinks auf. Durch das Asyndeton werden sie dem Leser als Schlagwörter präsentiert. Montbeillard zieht aus den Vorzügen das Fazit: „[...] ce charmant petit oiseau réunit tout". Das Hauptproblem sieht er bei diesem Vogel darin, dass dieser mit all seinen Vorzügen nicht genug geschätzt wird. Dies bringt Montbeillard durch die ironische Bemerkung zum Ausdruck, dem Distelfink fehle es, selten zu sein und aus einem entfernten Land zu kommen. Montbeillard fährt dann fort, indem er auf das Aussehen des Distelfinks eingeht. Ähnlich schlagwortartig hebt er hier die leuchtenden Farben hervor: „Le rouge-cramoisi, le noir-velouté, le blanc, le jaune-doré, sont les principales couleurs qu'on voit briller sur son plumage, et le mélange bien entendu de teintes plus douces ou plus sombres leur donne encore plus d'éclat" (Bd. VIII, S. 105). „Briller", „bien entendu" und „plus d'éclat" unterstreichen hier die Schönheit.

---

615 Roger, *Buffon*, S. 371.

6 Der Charakter der Tiere

Ein besonders wichtiger Aspekt der Charakterisierung der Tiere in der *Histoire naturelle* ist der Charakter der Tiere im engeren Sinne. Da die Vierfüßler und Vögel in den Artikeln immer wieder personifiziert werden, liegt es nahe, dass sie auch Charaktereigenschaften zugeschrieben bekommen. Dabei kann es sich sowohl um positive als auch um negative Charakterzüge handeln. Buffon „décrit les animaux dans une suite de monographies. Il relate leurs mœurs telles qu'elles étaient connues à l'époque, avec une partialité certaine et même un anthropomorphisme tout à fait de son siècle. Il les classe en ‚bons', en ‚mauvais' et en ‚immondes'".[616]

> Parmi les êtres qui lui semblent dignes d'attirer ses regards, il en est aussi qu'il traite avec une partialité singulière. Il a ses favoris, auxquels il prodigue toutes les qualités morales, dont il ne parle qu'avec une tendre sympathie, et il a aussi ses bêtes noires, qu'il traite en ennemis personnels, accumulant sur eux tous les défauts que son imagination lui suggère, et ne reculant point devant la calomnie lorsque la médisance ne suffit pas [...].[617]

In diesem Zusammenhang zeigt sich am deutlichsten, wie weit Buffon und Montbeillard von einer wissenschaftlichen Objektivität entfernt sind. Gerade die Tatsache, dass sie den Tieren Charakter verleihen, macht jedoch wiederum die Schilderungen lebhaft und interessant. Schon Condorcet bemerkt: „[...] les défauts tiennent souvent aux beautés".[618]

Für Buffon sind diese inneren Werte des Tieres entscheidend. In der Monographie über den Hund erklärt er, dass es nicht die physische Schönheit ist, die die Basis unserer Bewunderung für das Tier bildet:[619]

> LA grandeur de la taille, l'élégance de la forme, la force du corps, la liberté des mouvemens, toutes les qualités extérieures, ne sont pas ce qu'il y a de plus noble dans un être animé: et comme nous préférons dans l'homme l'esprit à la figure, le courage à la force, les sentimens à la beauté, nous jugeons aussi que les qualités intérieures sont ce qu'il y a de plus relevé dans l'animal; c'est par elles qu'il diffère de l'automate, qu'il s'élève au-dessus du végétal et s'approche de nous; c'est le sentiment qui ennoblit son être, le régit, le vivifie; qui commande aux organes, rend les membres actifs, fait

---

616 Georges-Louis Leclerc, comte de Buffon, *Buffon. 1788–1988*, hg. v. Jean Dorst, Paris 1988, S. 25.

617 Narcisse Michaut, *Éloge de Buffon*, Paris 1878, S. 159.

618 Condorcet, a.a.O., S. 355.

619 Hester Hastings, *Man and beast in French thought of the eighteenth century*, Baltimore [usw.] 1936 (The Johns Hopkins Studies in Romanic Literatures and Languages XXVII), S. 198.

naître le desir, et donne à la matière le mouvement progressif, la volonté, la vie. (Bd. IV, S. 192)

Eine Charakterisierung in einer Personenbeschreibung kann auf einer Beschreibung des Aussehens oder des Verhaltens basieren. Beide Möglichkeiten werden von Buffon und Montbeillard für die Darstellung des Charakters der Tiere genutzt.

6.1 Das Aussehen

Die Beschreibung des Aussehens der Tiere in der *Histoire naturelle* ist oft sehr subjektiv wertend. In diesem Zusammenhang stellt sich die Frage, ob beispielsweise ein positiv beurteiltes Aussehen mit einem positiven Charakter einhergeht oder ob das entsprechende Tier auch einen negativen Charakter haben kann.

Es gibt Tiere in der *Histoire naturelle*, deren Charakter ganz oder teilweise negativ beurteilt wird, obwohl sie schön sind.

Hier sind vor allem die Raubkatzen anzuführen, über die Buffon im Artikel über den *margay* schreibt: „[...] ces animaux cruels, dont la robe est si belle et la nature si perfide" (Bd. VI, S. 101). Es handelt sich also um einen direkten Gegensatz zwischen Aussehen und Wesen.

Besonders schön aussehende Vögel sind manchmal auch eitel. Dies gilt für den Jungfernkranich (Bd. IX, S. 214), den Ara (Bd. VIII, S. 38) und den Schwan: „Fier de sa noblesse , jaloux de sa beauté, le Cygne semble faire parade de tous ses avantages; il a l'air de chercher à recueillir des suffrages, à captiver les regards, et il les captive en effet" (Bd. IX, S. 143). Auch wenn dieser Aspekt des Charakters des Schwans eher negativ ist, werden Aussehen und Wesen des Schwans insgesamt von Buffon sehr positiv beurteilt: „Les grâces de la figure, la beauté de la forme répondent dans le Cygne à la douceur du naturel" (Bd. IX, S. 142).

Es gibt in der *Histoire naturelle* umgekehrt auch Tiere, die trotz ihres negativen Aussehens einen guten Charakter zugesprochen bekommen.

Über *macaque* und *aigrette* schreibt Buffon: „[...] ils ont tous deux les mœurs douces et sont assez dociles; mais indépendamment d'une odeur de fourmi ou de faux musc qu'ils répandent autour d'eux, ils sont si malpropres, si laids et même si affreux lorsqu'ils font la grimace, qu'on ne peut les regarder sans horreur et dégoût" (Bd. VI, S. 193).

Auch beim Storch gibt es Unterschiede zwischen Aussehen und Verhalten: „La Cicogne [...] a presque toujours l'air triste et la contenance morne; cependant elle ne laisse pas de se livrer à une certaine gaieté" (Bd. IX, S. 205).

Im Allgemeinen entsprechen sich Aussehen und Charakter der Tiere jedoch in der *Histoire naturelle*.

It appears that what Buffon loves and praises most in the horse and dog, as also in the lion and the elephant, are their moral qualities: these moral

> qualities in animals are what approximate character traits in men. Buffon follows the old theory that each animal has a certain character which is as dominant as a personality, and that this character can even be perceived in its external appearance.[620]

Weitere Beispiele für Tiere, deren Aussehen ihrem Charakter entspricht, sind die Giraffe (Bd. V, S. 144), der Karakal (Bd. V, S. 284), der Fasan (Bd. VII, S. 141), der Nashornvogel (Bd. VII, S. 376), der Ziegenmelker (Bd. VIII, S. 309f.), der Kondor (Bd. IX, S. 79), der Rabe (Bd. IX, S. 92), der Uhu (Bd. IX, S. 112), die Gans (Bd. IX, S. 154) und der Kiebitz (Bd. IX, S. 278). Auch der *labbe* ist Beispiel hierfür: „Le Labbe a dans le port et l'air de tête quelque chose de l'oiseau de proie, et son genre de vie hostile et guerrier ne dément pas sa physionomie" (Bd. IX, S. 396).

Im Artikel über den Tukan schreibt Buffon allgemeiner:

> Si l'on recherche cette physionomie, on s'apercevra aisément que tous ceux qui, relativement à la grosseur de leur corps, ont une tête légère avec un bec court et fin, ont en même temps la physionomie fine, agréable et presque spirituelle; tandis que ceux au contraire qui comme les Toucans ont un bec aussi gros que la tête, se présentent avec un air stupide, rarement démenti par leurs habitudes naturelles [...]. (Bd. VII, S. 366)

Buffon äußert sich im Artikel über die Paviane ausdrücklich zu dieser Analogie zwischen Aussehen und Charakter:

> Dans l'homme la physionomie trompe, et la figure du corps ne décide pas de la forme de l'ame; mais dans les animaux, on peut juger du naturel par la mine, et de tout l'intérieur par ce qui paroît au dehors: par exemple, en jetant les yeux sur nos Singes et nos Babouins, il est aisé de voir que ceux-ci doivent être plus sauvages, plus méchans que les autres; il y a les mêmes différences, les mêmes nuances dans les mœurs que dans les figures. L'orang-outang qui ressemble le plus à l'homme, est le plus intelligent, le plus grave, le plus docile de tous; le magot, qui commence à s'éloigner de la forme humaine, et qui approche par le museau et par les dents canines de celle des animaux, est brusque, désobéissant et maussade; et les Babouins, qui ne ressemblent plus à l'homme que par les mains, et qui ont une queue, des ongles aigus, de gros museaux, ont l'air de bêtes féroces, et le sont en effet. (Bd. VI, S. 184f.)

Bezeichnenderweise haben nach Buffon die Affen den besten Charakter, die dem Menschen äußerlich am ähnlichsten sind.

Aber auch Tiere, die dem Menschen nicht gleichen, können einen positiven Charakter haben, wie zum Beispiel der Seehund: „Le regard de cet animal est doux et son naturel n'est point farouche; ses yeux sont attentifs et semblent annoncer de l'intelligence" (Bd. VI, S. 283). Den Löwen respektiert und bewun-

---

620 Hastings, a.a.O., S. 198.

dert Buffon:[621] „L'extérieur du Lion ne dément point ses grandes qualités intérieures; il a la figure imposante, le regard assuré, la démarche fière, la voix terrible" (Bd. V, S. 244f.). Ähnlich wie der Löwe wird auch der Adler charakterisiert: „[...] il a le bec et les ongles crochus et formidables; sa figure répond à son naturel: indépendamment de ses armes, il a le corps robuste et compacte, les jambes et les ailes très-fortes, les os fermes, la chair dure, les plumes rudes, l'attitude fière et droite, les mouvemens brusques et le vol très-rapide" (Bd. IX, S. 16).

Die Jungen des Fischotters sind entwicklungsfähig:

> Ordinairement les jeunes animaux sont jolis; les jeunes loutres sont plus laides que les vielles. La tête mal faite, les oreilles placées bas, des yeux trop petits et couverts, l'air obscur, les mouvemens gauches, toute la figure ignoble, informe, un cri qui paroît machinal et qu'elles répètent à tout moment, sembleroient annoncer un animal stupide; cependant la Loutre devient industrieuse avec l'âge [...]. (Bd. VI, S. 257)

Manche Eigenschaften haben auch die Vögel nur vorübergehend. Die Gänse in der Mauser „paroissent alors honteuses et timides" (Bd. IX, S. 161).

Der Eindruck, den man von der Ente bekommt, hängt davon ab, ob sie sich gerade an Land oder im Wasser befindet:

> [...] de cette position des jambes résulte la difficulté de marcher et de garder l'équilibre sur terre; ce qui leur donne des mouvemens mal dirigés, une démarche chancelante, un air lourd qu'on prend pour de la stupidité, tandis qu'on reconnoît au contraire, par la facilité de leurs mouvemens dans l'eau, la force, la finesse, et même la subtilié de leur instinct. (Bd. IX, S. 194)

Buffon bedauert offensichtlich den Reiher, der nach seiner Einschätzung zu den von der Natur benachteiligten Tieren gehört und ein schwieriges Leben führen muss, das man ihm auch ansieht:

> [...] souffrir et patienter sont souvent leurs seules ressources, et cette peine intérieure trace sa triste empreinte jusque sur leur figure, et ne leur laisse aucune des grâces dont la Nature anime tous les êtres heureux. Le Héron nous présente l'image de cette vie de souffrance, d'anxiété, d'indigence: n'ayant que l'embuscade pour tout moyen d'industrie, il passe des heures, des jours entiers à la même place, immobile au point de laisser douter si c'est un être animé [...]. (Bd. IX, S. 219)

Buffon unterscheidet bei den Raubvögeln „deux ordres; le premier composé des oiseaux guerriers, nobles et courageux, et le second des oiseaux lâches, ignobles et gourmands" (Bd. IX, S. 59). Über den Schlangenadler schreibt er:

> [...] c'est que dans de certaines attitudes, et sur-tout vu de face, il ressembloit à l'aigle, et que vu de côté et dans d'autres attitudes, il ressembloit à la buse. Il est singulier que cette ambiguité de figure réponde à l'ambiguité de son naturel, qui tient en effet de celui de l'aigle et de celui de la buse; en

---

[621] Roger, *Buffon*, S. 367.

sorte qu'on doit à certains égards regarder le Jean-le-Blanc comme formant la nuance intermédiaire entre ces deux genres d'oiseaux. (Bd. IX, S. 60)

Aussehen und Charakter des Vampirs werden dagegen eindeutig negativ beschrieben:

Le Vampire au contraire a le museau plus alongé; il a l'aspect hideux comme le plus laides chauve-souris, la tête informe et surmontée de grandes oreilles fort ouvertes et fort droites; il a le nez contrefait, les narines en entonnoir avec une membrane au-dessus qui s'élève en forme de corne ou de crête pointue, et qui augmente de beaucoup la difformité de sa face. [...] Le Vampire est aussi malfaisant que difforme; il inquiète l'homme, tourmente et détruit les animaux. (Bd. VI, S. 116)

Manchmal werden Aussehen und Charakter von Tierarten miteinander verglichen. Adler und Geier zum Beispiel zeigen ihren Charakter durch ihre Haltung:

[...] leur attitude plus penchée que celle de l'aigle qui se tient fièrement droit, et presque perpendiculairement sur ses pieds, au lieu que le Vautour dont la situation est à demi horizontale, semble marquer la bassesse de son caractère par la positions inclinée de son corps [...]. (Bd. IX, S. 65)

Besonders negativ stellt Buffon Aussehen und Charakter des Büffels dar:

Le Buffle est d'un naturel plus dur et moins traitable que le bœuf; il obéit plus difficilement; il est plus violent; il a des fantaisies plus brusques et plus fréquentes; toutes ses habitudes sont grossières et brutes: il est, après le cochon, le plus sale des animaux domestiques, par la difficulté qu'il met à se laisser nétoyer et panser; sa figure est grosse et repoussante, son regard stupidement farouche; il avance ignoblement son cou, et porte mal sa tête, presque toujours penchée vers la terre; sa voix est un mugissement épouvantable d'un ton beaucoup plus fort et plus grave que celui d'un taureau; il a les membres maigres et la queue nue, la mine obscure, la physionomie noire comme le poil et la peau; il diffère principalement du bœuf à l'extérieur par cette couleur de la peau, qu'on aperçoit aisément sous le poil, qui n'est que peu fourni; il a le corps plus gros et plus court que le bœuf, les jambes plus hautes, la tête proportionnellement beaucoup plus petite, les cornes moins rondes, noires et en partie comprimées, un toupet de poil crêpu sur le front; il a aussi la peau plus épaisse et plus dure que le bœuf [...]. (Bd. V, S. 101f.)

6.2 Das Verhalten

Für die Charakterisierung der Tiere ist Buffon ihr Verhalten besonders wichtig:

Les mœurs résument la constitution. Dans une connaissance imparfaite de celle-ci, elles peuvent suppléer ce qui manque. Avec elles on embrasse tout le sujet; on ne risque pas de le confondre. Comme les affinités de la génération, elles sont une épreuve du caractère, déterminé par les organes, dont

> quelques-uns peuvent échapper. Mais plus que dans ces affinités, on y saisit l'effet du physique des espèces, tel que l'observation du cabinet le donne. Au demeurant Buffon ne s'en tient pas même aux mœurs. Des mœurs, il remonte à l'instinct, qui en est le principe, et il le résume dans ce mot, répété cent fois sous sa plume, le *naturel*.[622]

Gerade die Beschreibung des Verhaltens der Tiere macht die Darstellungen für den Leser interessant. „La description du comportement animal, si proche parfois du comportement humain, rend l'histoire naturelle ‚intéressante', au sens très particulier de l'adjectif dans un siècle qui l'a beaucoup utilisé, c'est-à-dire humaine et touchante."[623]

Während Buffon im *Discours sur la nature des animaux* den Unterschied im Wesen von Mensch und Tier betont (Bd. III, S. 1–86), schreibt er im *Discours sur la nature des oiseaux*, dass man mit Recht aus dem Verhalten der Vögel moralische Lehren für den Menschen gezogen habe (Bd. VII, S. 58). Dass solche Lehren auch in den Artikeln der *Histoire naturelle*, insbesondere der *Histoire naturelle des oiseaux*, zu finden sind, macht diese den Fabeln La Fontaines und dem *Spectacle de la nature* des Abbé Pluche[624] vergleichbar. Während Buffon und Montbeillard einerseits bemüht sind, Fabeln aus der Naturgeschichte zu eliminieren, kehrt die Fabel andererseits „durch die Ethologie wieder in die Zoologie zurück."[625] Dadurch, dass die Tiere „non pas seulement des caractères réels, mais un caractère idéal" zugeschrieben bekommen,[626] können philosophische und moralische Konzeptionen in der *Histoire naturelle* ausgedrückt werden.[627]

In der anthropozentrischen *Histoire naturelle* werden die Tiere unter anderem durch ihr Verhalten gegenüber dem Menschen charakterisiert. Während dieser Aspekt für die heutige Verhaltensbiologie wenig interessant ist, gibt es eine Reihe von in der *Histoire naturelle* angesprochenen Aspekten, die auch heute in der Verhaltensökologie noch aktuell sind, auch wenn sie jetzt natürlich nicht mehr zur Beschreibung eines Charakters der Tiere dienen.

6.2.1 Das Verhalten gegenüber dem Menschen

Mit ihrem Verhalten gegenüber dem Menschen werden in der *Histoire naturelle* insbesondere die domestizierten Tiere charakterisiert. Dabei haben in der Regel die Tiere, die nützlich und leicht zu zähmen sind, nach Buffon und Montbeillard

---

622 Dimier, a.a.O., S. 44f.

623 Roger, *Buffon*, S. 377.

624 Farber, *emergence*, S. 4.

625 Lepenies, *Ende*, S. 115.

626 Hémon, „Buffon", S. 231.

627 Gascar, a.a.O., S. 132.

gute Charaktereigenschaften, während die anderen oft schlechte zugeschrieben bekommen. „Des jugements d'ordre moral découlent de ces considérations utilitaires ou s'y substituent purement".[628]

Beispiele für Tiere, deren Charakter in diesem Zusammenhang positiv beurteilt wird, finden sich zahlreich bei den Vierfüßlern und den Vögeln: Ziege (Bd. IV, S. 162), Bison (Bd. V, S. 94), Rhinozeros (Bd. V, S. 130), Maki (Bd. V, S. 231), Löwe (Bd. V, S. 243), Tapir (Bd. VI, S. 37f.), Paka (Bd. VI, S. 52), Bisamratte (Bd. VI, S. 63), Gibbon (Bd. VI, S. 180), Seehund (Bd. VI, S. 276, 284), Lamantin (Bd. VI, S. 326, 328, 336), Hokkohuhn (Bd. VII, S. 194f.), Trompetervogel (Bd. VII, S. 298–300), Ara (Bd. VIII, S. 38, 45), Nachtigall (Bd. VIII, S. 76), Kanarienvogel (Bd. VIII, S. 80), Dompfaff (Bd. VIII, S. 119), Rotkehlchen (Bd. VIII, S. 156), Mehlschwalbe (Bd. VIII, S. 347) und Sekretär (Bd. IX, S. 246).

Für Buffon hängt die Möglichkeit, ein Tier zu erziehen, von dessen Intelligenz ab. Über die Kakadus schreibt er zum Beispiel: „[...] cette facilité d'éducation vient du degré de leur intelligence qui paroît supérieure à celle des autres perroquets: ils écoutent, entendent et obéissent mieux" (Bd. VIII, S. 35).

Buffon bewundert die Dressur eines Affen:

> [...] le signe et la parole suffisoient pour faire agir notre Orang-outang, il falloit le bâton pour le babouin, et le fouet pour tous les autres qui n'obéissent guère qu'à la force des coups. J'ai vu cet animal présenter sa main pour reconduire les gens qui venoient le visiter, se promener gravement avec eux et comme de compagnie; je l'ai vu s'asseoir à table, déployer sa serviette, s'en essuyer les lèvres, se servir de la cuiller et de la fourchette pour porter à sa bouche, verser lui-même sa boisson, dans un verre, le choquer, lorsqu'il y étoit invité, aller prendre une tasse et une soucoupe, l'apporter sur la table, y mettre du sucre, y verser du thé, le laisser refroidir pour le boire, et tout cela sans autre instigation que les signes où la parole de son maître et souvent de lui-même. Il ne faisoit du mal à personne, s'approchoit même avec circonspection, et se présentoit comme pour demander des caresses; il aimoit prodigieusement les bonbons, tout le monde lui en donnoit [...]. (Bd. VI, S. 154)

Diese Dressur gleicht einer Zirkusnummer. Dass Buffon von diesem „singe ‚*mondain*'"[629] beeindruckt ist, zeigt, wie weit er von der Vorstellung einer artgerechten Tierhaltung entfernt ist.

Eine von Buffon charakterisierte Surikate mag bestimmte Personen, andere nicht. Dies wird in einer Art Experiment überprüft:

> Le Surikate [...] jouoit avec les chats, et toujours innocemment; il ne mordoit qui que ce soit de la maison, mais il mordoit nombre d'autres personnes. On a observé que c'étoit par l'odorat qu'il étoit induit à mordre: lorsque quelqu'un le prenoit, le cartilage du bout du nez se plioit pendant qu'il

---

628 Gascar, a.a.O., S. 136.

629 Gayon, a.a.O., S. 552.

> flairoit, et suivant l'odeur qu'il recevoit de la personnne, il mordoit ou ne mordoit pas. Cela s'est trouvé constamment sur un assez grand nombre de gens qui ont risqué l'épreuve; et ce qu'il y a de singulier, c'est que quand il avoit mordu une fois quelqu'un, il le mordoit toujours, en sorte qu'on ne pouvoit pas dire que ce fût par humeur ou par caprice. Il y avoit des gens qui lui déplaisoient si fort, qu'il cherchoit à s'échapper pour les mordre; et quand il ne pouvoit pas attraper les jambes, il se jetoit sur les souliers et sur les jupons qu'il déchiroit; il employoit même quelquefois la ruse pour approcher les personnes qu'il vouloit mordre. (Bd. V, S. 316f.)

Manche Tiere hängen sehr an dem Menschen, der sich um sie kümmert. Es gibt Individuen, die nach dem Tod dieses Menschen sogar sterben. Montbeillard führt hierfür als Beispiel die gezähmte Nachtigall an (Bd. VIII, S. 68), Buffon die Gans (Bd. IX, S. 164f.). In diesem Zusammenhang spricht er von „une sorte d'amitié passionnée" (Bd. IX, S. 165). Hier gibt es einen Widerspruch zum *Discours sur la nature des animaux*, in dem Buffon geschrieben hatte, dass Tiere nicht zu wahrer Freundschaft, sondern nur zu Anhänglichkeit fähig seien (Bd. III, S. 62f.).

Tiere können auch eifersüchtig sein. Buffon berichtet beispielsweise Folgendes über einen Ara:

> Celui-ci est jaloux; il l'est sur-tout des petits enfans qu'il voit avoir quelque part aux caresses ou aux bienfaits de sa maîtresse; s'il en voit un sur elle, il cherche aussitôt à s'élancer de son côté en étendant les ailes; mais comme il n'a qu'un vol court et pesant, et qu'il semble craindre de tomber en chemin, il se borne à lui témoigner son mécontentement par des gestes et des mouvemens inquiets, et par des cris perçans et redoublés, et il continue ce tapage jusqu'à ce qu'il plaise à sa maîtresse de quitter l'enfant et d'aller le reprendre sur son doigt: alors il lui en témoigne sa joie par un murmure de satisfaction, et quelquefois par une sorte d'éclat qui imite parfaitement le rire grave d'une personne âgée; il n'aime pas non plus la compagnie des autres perroquets, et si on en met un dans la chambre qu'il habite, il n'a point de bien qu'on ne l'en ait débarrassé. Il semble donc que cet oiseau ne veuille partager avec qui que ce soit, la moindre caresse ni le plus petit soin de ceux qu'il aime, et que cette espèce de jalousie ne lui est inspirée que par l'attachement; ce qui le fait croire, c'est que si un autre que sa maîtresse caresse le même enfant, contre lequel il se met de si mauvaise humeur, il ne paraît pas s'en soucier et n'en témoigne aucune inquiétude. (Bd. VIII, S. 46f.)

Der Graupapagei scheint nach Buffon beim Sprechenlernen fleißig zu sein: „[...] il semble se faire des tâches et chercher à retenir sa leçon chaque jour" (Bd. VIII, S. 22f.).

Mit dem Sprechen übernimmt der Papagei nach Buffon auch Gewohnheiten des Menschen:

> Avec cette imitation de nos paroles, le Perroquet semble prendre quelque chose de nos inclinations et de nos mœurs; il aime et il hait; il a des attachemens, des jalousies, des préférences, des caprices; il s'admire, s'applaudit, s'encourage; il se réjouit et s'attriste; il semble s'émouvoir et s'attendrir

> aux caresses; il donne des baisers affectueux; dans une maison de deuil il apprend à gémir; et souvent accoutumé à répéter le nom chéri d'une personne regrettée, il rappelle à des cœurs sensibles et leurs plaisirs et leurs chagrins. (Bd. VIII, S. 27f.)

Bei manchen Tieren wird jedoch auch positiv gewertet, dass sie nicht ganz unterworfen werden können, zum Beispiel bei der Bachstelze (Bd. VIII, S. 259f.), beim Adler (Bd. IX, S. 16) und beim Schwan:

> Aux avantages de la Nature, le Cygne réunit ceux de la liberté; il n'est pas du nombre de ces esclaves que nous puissions contraindre ou renfermer: libre sur nos eaux, il n'y séjourne, ne s'établit qu'en y jouissant d'assez d'indépendance pour exclure tout sentiment de servitude et de captivité; il veut à son gré parcourir les eaux, débarquer au rivage, s'éloigner au large ou venir longeant la rive, s'abriter sous les bords, se cacher dans les joncs, s'enfoncer dans les anses les plus écartées, puis quittant la solitude, revenir à la société, et jouir du plaisir qu'il paroît prendre à goûter en s'approchant de l'homme, pourvu qu'il trouve en nous ses hôtes et ses amis, et non ses maîtres et ses tyrans. (Bd. IX, S. 143f.)

Es gibt Tauben, die völlig domestiziert sind, Zwischenformen und wildlebende Tauben (Bd. VII, S. 154–159). Bei den Kanarienvögeln unterscheidet Buffon folgende verschiedene Charaktere:

> Dans les animaux comme dans l'homme, et même dans nos petits oiseaux, la disconvenance des caractères, ou si l'on veut la différence des qualités morales nuit souvent à la convenance des qualités physiques; si quelque chose peut prouver que le caractère est une impression bonne ou mauvaise donnée par la Nature, et dont l'éducation ne peut changer les traits, c'est l'exemple de nos serins: il y en a qui sont sauvages, farouches, indépendans, qui ne veulent être ni touchés, ni caressés, [...]. Il y en a d'autres enfin qui sont très-paresseux; [...]. Tous ces caractères sont, comme l'on voit, très-distincts entr'eux, et très-différens de celui de nos serins favoris, toujours gais, toujours chantans, si familiers, si aimables, si bons maris, si bons pères, et en tout d'un caractère si doux, d'un naturel si heureux, qu'ils sont susceptibles de toutes les bonnes impressions et doués des meilleures inclinations: [...] et enfin ils apprennent tout ce qu'on veut leur montrer. C'est par ceux-ci seuls qu'on doit juger l'espèce, et je n'ai fait mention des autres que pour démontrer que le caractère, même dans les animaux, vient de la Nature, et n'appartient pas à l'éducation. (Bd. VIII, S. 83–85)

Auch wenn das Zebra, das Buffon gesehen hat, nicht gut gehorchte, geht er hier dennoch davon aus, dass ein jung domestiziertes Tier gehorsam wäre:

> Celui que nous avons vu, et qui a servi de sujet pour notre description, étoit très-sauvage lorsqu'il arriva à la ménagerie, et il ne fut jamais entièrement apprivoisé; cependant on est parvenu à le monter, mais il falloit des précautions; deux hommes tenoient la bride pendant qu'un troisième étoit dessus. Il avoit la bouche très-dure, les oreilles si sensibles, qu'il ruoit dès qu'on vouloit les toucher. Il étoit rétif comme un cheval vicieux, et têtu

comme un mulet; mais peut-être le cheval sauvage et l'onagre sont aussi peu traitable, et il y a toute apparence que si l'on accoutumoit dès le premier âge le Zèbre à l'obéissance et à la domesticité, il deviendroit aussi doux que l'âne et le cheval, et pourroit les remplacer tous deux. (Bd. V, S. 171)

In der *Histoire naturelle* gibt es einige Beispiele für Tiere, die negative Charaktereigenschaften zugesprochen bekommen, weil sie sich nur schwer oder gar nicht zähmen lassen oder weil sie schlecht gehorchen: Reh (Bd. IV, S. 262), Bär (Bd. V, S. 155), Hyäne (Bd. V, S. 295f.), Tigerkatze (Bd. VI, S. 100), Drossel (Bd. VIII, S. 190), Falke (Bd. IX, S. 41f.), Geier (Bd. IX, S. 70) und Reiher (Bd. IX, S. 224).

Ein deutliches Beispiel hierfür findet man in der Charakterisierung des Fasans von Montbeillard:

On assure que c'est toujours dans les lieux les plus humides et le long des mares qui se trouvent dans les grands bois de la Brie, que se tiennent les faisans échappés des capitaineries voisines; quoiqu'accoutumés à la société de l'homme, quoique comblés de ses bienfaits, ces faisans s'éloignent le plus qu'il est possible de toute habitation humaine; car ce sont des oiseaux très-sauvages, et qu'il est extrêmement difficile d'apprivoiser: on prétend néanmoins qu'on les accoutume à revenir au coup de sifflet, c'est-à-dire qu'ils s'accoutument à venir prendre la nourriture que ce coup de sifflet leur annonce toujours; mais dès que leur besoin est satisfait, ils reviennent à leur naturel et ne connoissent plus la main qui les a nourris; ce sont des esclaves indomptables qui ne peuvent se plier à la servitude, qui ne connoissent aucun bien qui puisse entrer en comparaison avec la liberté, qui cherchent continuellement à la recouvrer, et qui n'en manquent jamais l'occasion; les sauvages qui viennent de la perdre, sont furieux; ils fondent à grand coups de bec sur les compagnons de leur captivité, et n'épargnent pas même le paon. (Bd. VII, S. 143f.)

Auch Buffon ist wenig begeistert von Tieren, die nicht anhänglich sind. Über die Pekaris schreibt er: „[...] on les apprivoise, ou plutôt on les prive aisément en les prenant jeune; ils perdent leur férocité naturelle, mais sans se dépouiller de leur grossiéreté; car ils ne connoissent personne, ne s'attachent point à ceux qui les soignent; seulement ils ne font point de mal“ (Bd. VI, S. 41). Härter fällt sein Urteil über die Meerschweinchen aus:

Ils sont naturellement doux et privés; ils ne font aucun mal, mais ils sont également incapables de bien. Ils ne s'attachent point: doux par tempérament, dociles par foiblesse, presqu'insenibles à tout, ils ont l'air d'automates montés pour la propagation, faits seulement pour figurer une espèce. (Bd. IV, S. 288)

Wenn Affen in Gefangenschaft traurig sind, zählt für Buffon, dass sie für den Menschen weniger unterhaltend sind. Dies gilt für *alouate* (Bd. VI, S. 211) und *coaita*:

> Le Coaita s'apprivoise aisément, mais il n'a nulle gentillesse; il est peu vif, toujours triste et semble éviter la vue de l'homme; il penche souvent sa tête sur son estomac comme pour la cacher. Lorsqu'on le touche, alors il regarde en jetant un cri plaintif et ayant l'air de demander grâce. (Bd. VI, S. 215)

Besonders deutlich wird diese Einstellung bei der Charakterisierung des Affen, den Buffon als „magot" bezeichnet:

> Buffon s'intéresse d'abord au comportement de l'un des primates les plus connus dans la tradition scientifique occidentale, dénommé aujourd'hui *Macaca sylvana*: c'est le magot ou *„singe de barbarie"* d'Afrique du Nord, animal qui fut introduit à Gibraltar. Il a été étudié notamment par Aristote et Pline. Buffon et Daubenton en ont possédé un pendant plusieurs années. Ce macaque s'habitue, comme certains autres congénères de la Chine et du Japon, à des climats assez froids. Celui de Buffon était gardé l'hiver dans une chambre sans feu. Mais malgré cette longue cohabitation, Buffon ne comprend pas grand chose au comportement de cet animal, ce qui n'a rien d'étonnant car il l'observe isolé et attaché:[630]
>
> Cet animal est de tous les singes, c'est-à-dire de tous ceux qui n'ont point de queue, celui qui s'accommode le mieux de la température de notre climat. Nous en avons nourri un pendant plusieurs années. L'été il se plaisait à l'air, et l'hiver on le pouvoit tenir dans une chambre sans feu. Quoiqu'il ne fût pas délicat, il étoit toujours triste et souvent maussade; il faisoit également la grimace pour marquer sa colère ou pour montrer son appétit; ses mouvemens étoient brusques, ses manières grossières et sa physionomie encore plus laide que ridicule. Pour peu qu'il fût agité de passions, il montroit et grinçoit les dents en remuant la mâchoire; il remplissoit les poches de ses joues de tout ce qu'on lui donnoit, et il mangeoit généralement de tout, à l'exception de la viande crue, du fromage et d'autres choses fermentées: il aimoit à se jucher pour dormir sur un barreau, sur une patte de fer; on le tenoit toujours à la chaîne, parce que malgré sa longue domesticité, il n'étoit pas plus civilisé, pas plus attaché à ses maîtres; il avoit apparemment été mal éduqué; car j'en ai vu d'autres de la même espèce qui en tout étoient mieux, plus connoissans, plus obéissans, même plus gais et assez dociles pour apprendre à danser, à gesticuler en cadence, et à se laisser tranquillement vêtir et coiffer. (Bd. VI, S. 181f.)

Hier bezieht sich Buffon mehr auf die Dressur oder ihr Fehlen als auf das spontane Verhalten des Tieres, um Haltungen des Tieres zu erklären, von denen er im Artikel über den Pavian (Bd. VI, S. 184f.) sagt, dass sie der Natur des Tieres entsprechen.[631]

Manche Tiere schaden dem Menschen, indem sie stehlen wie zum Beispiel die *marmottes*: „Quoique moins enclines que le chat à dérober, elles cherchent à entrer dans les endroits où l'on renferme le lait, et elles le boivent en grande

---

630 Gayon, a.a.O., S. 565.
631 Gayon, a.a.O., S. 565.

quantité“ (Bd. IV, S. 301). Noch negativer wird der Igel charakterisiert: „[...] il a même de la malice, et de la même sorte que celle du singe. Un hérisson qui s'étoit glissé dans la cuisine, découvrit une petite marmite, en tira la viande et y fit ses ordures“ (Bd. IV, S. 379).

Wilde Papageien beißen angeblich ohne Grund: „[...] au reste, on n'a pas d'idée de la méchanceté des perroquets sauvages; ils mordent cruellement et ne démordent pas, et cela sans être provoqués“ (Bd. VIII, S. 53).

Der *crik à gorge jaune* scheint sogar schadenfroh zu sein:

> Un observateur nous a donné le détail suivant sur le naturel et les mœurs du Crik à gorge jaune. „Il se montre très-capable d'attachement pour son maître: il l'aime, mais à condition d'en être souvent caressé; il semble être fâché si on le néglige, et vindicatif si on le chagrine; il a des accès de désobéissance, il mord dans ses caprices, et rit avec éclat après avoir mordu, comme pour s'applaudir de sa méchanceté; les châtimens ou la rigueur des traitemens ne font que le révolter, l'endurcir et le rendre plus opiniâtre; on ne le ramène que par la douceur.“ (Bd. VIII, S. 55)

Außerdem zerstört der *crik* zahlreiche Gegenstände: „L'envie de dépecer, le besoin de ronger, en font un oiseau destructeur de tout ce qui l'environne; il coupe les étoffes des meubles, entame les bois des chaises, et déchire le papier et les plumes; si on l'ôte d'un endroit, l'instinct de contradiction, l'instant d'après, l'y ramène“ (Bd. VIII, S. 55). Allerdings hat er auch gute Eigenschaften: „[...] il rachette ses mauvaises qualités par des agrémens: il retient aisément tout ce qu'on veut lui faire dire; avant d'articuler il bat des ailes, s'agite et se joue sur sa perche“ (Bd. VIII, S. 55 f).

Je besser die Tiere Buffon bekannt sind, desto ausführlicher kann er ihr Verhalten gegenüber dem Menschen darstellen. Hund und Katze gehören zu den dem Menschen vertrautesten domestizierten Tieren. Sie werden von Buffon besonders gegensätzlich charakterisiert. In der *Histoire naturelle* erscheinen die entsprechenden Artikel hintereinander, der Artikel über den Hund 1755 als letzte Monographie im fünften Band, in dem wie im vierten Band domestizierte Tiere beschrieben werden, der Artikel über die Katze als erste Monographie 1756 im sechsten Band, in dem danach wildlebende Tiere beschrieben werden.[632]

Die Charakterisierung des Hundes gleicht einer Lobeshymne. Dabei hält Buffon die Schönheit des Tieres für selbstverständlich.[633] Wichtiger sind ihm die inneren Werte:

> Le Chien, indépendamment de la beauté de sa forme, de la vivacité, de la force, de la légéreté, a par excellence toutes les qualités intérieures qui peuvent lui attirer les regards de l'homme. Un naturel ardent, colère, même féroce et sanguinaire, rend le chien sauvage, redoutable à tous les animaux, et

[632] Buffon, *Œuvres philosophiques*, S. 522. – Gayon, a.a.O., S. 466.
[633] Hastings, a.a.O., S. 199.

cède dans le chien domestique aux sentimens les plus doux, au plaisir de s'attacher et au desir de plaire; il vient en rampant mettre aux pieds de son maître son courage, sa force, ses talens; il attend ses ordres pour en faire usage; il le consulte, il l'interroge, il le supplie; un coup d'œil suffit; il entend les signes de sa volonté: sans avoir, comme l'homme, la lumière de la pensée, il a toute la chaleur du sentiment; il a de plus que lui la fidélité, la constance dans ses affections; nulle ambition, nul intérêt, nul desir de vengeance, nulle crainte que celle de déplaire; [...]. (Bd. IV, S. 193)

Die kategorischen Negationen verleihen der Charakterisierung Nachdruck.[634]

> [...] il est tout zèle, toute ardeur et toute obéissance; plus sensible au souvenir des bienfaits qu'à celui des outrages, il ne se rebute pas par les mauvais traitemens; il les subit, les oublie, ou ne s'en souvient que pour s'attacher davantage; loin de s'irriter ou de fuir, il s'expose de lui-même à de nouvelles épreuves; il lèche cette main, instrument de douleur, qui vient de le frapper; il ne lui oppose que la plainte, et la désarme enfin par la patience et la soumission. (Bd. IV, S. 193)

Diese extrem positive Darstellung ist weit übertrieben. „On finit par se demander si l'homme est digne d'un tel dévouement."[635]

Nach Buffon passt sich der Hund den Menschen, bei denen er lebt, an:

> Plus docile que l'homme, plus souple qu'aucun des animaux, non seulement le Chien s'instruit en peu de temps, mais même il se conforme aux mouvemens, aux manières, à toutes les habitudes de ceux qui lui commandent; il prend le ton de la maison qu'il habite; comme les autres domestiques, il est dédaigneux chez les grands et rustre à la campagne: toujours empressé pour son maître et prévenant pour ses seuls amis, il ne fait aucune attention aux gens indifférens, et ne se déclare contre ceux qui par état ne sont faits que pour importuner; il les connoît aux vêtemens, à la voix, à leurs gestes, et les empêche d'approcher. Lorsqu'on lui a confié pendant la nuit la garde de la maison, il devient plus fier et quelquefois féroce; il veille, il fait la ronde; il sent de loin les étrangers; et pour peu qu'ils s'arrêtent ou tentent de franchir les barrières, il s'élance, s'oppose, et par des aboiemens réitérés, des efforts et des cris de colère, il donne l'alarme, avertit et combat: aussi furieux contre les hommes de proie que contre les animaux carnassiers, il se précipite sur eux, les blesse, les déchire, leur ôte ce qu'ils s'efforçoient d'enlever; mais content d'avoir vaincu il se repose sur les dépouilles, n'y touche pas, même pour satisfaire son appétit, et donne en même temps des exemples de courage, de tempérance et de fidélité. (Bd. IV, S. 193f.)

Auch diese Charakterisierung ist übermäßig positiv. Der Hund dient dem Menschen aber nicht nur als Wachhund, sondern auch als Herdenführer:

634 Loveland, a.a.O., S. 49.
635 Roger, *Buffon*, S. 372.

> [...] et le Chien fidèle à l'homme, conservera toujours une portion de l'empire, un degré de supériorité sur les autres animaux; il leur commande; il règne lui-même à la tête d'un troupeau; il s'y fait mieux entendre que la voix du berger; la sûreté, l'ordre et la discipline sont les fruits de sa vigilance et de son activité; c'est un peuple qui lui est soumis, qu'il conduit, qu'il protège et contre lequel il n'emploie jamais la force que pour y maintenir la paix. (Bd. IV, S. 195)

Buffons besondere Begeisterung gilt dem Jagdhund:

> Mais c'est sur-tout à la guerre, c'est contre les animaux ennemis ou indépendans qu'éclate son courage, et que son intelligence se déploie toute entière: les talens naturels se réunissent ici aux qualités acquises. Dès que le bruit des armes se fait entendre, dès que le son du cor ou la voix du chasseur a donné le signal d'une guerre prochaine, brillant d'une ardeur nouvelle, le Chien marque sa joie par les plus vifs transports; il annonce par ses mouvemens et par ses cris l'impatience de combattre et le desir de vaincre, marchant ensuite en silence, il cherche à reconnoître le pays, à découvrir, à surprendre l'ennemi dans son fort; il recherche ses traces; il les suit pas à pas, et par des accens différens indique le temps, la distance, l'espèce et même l'âge de celui qu'il poursuit. (Bd. IV, S. 195f.)

Das Beutetier „oppose la ruse à la sagacité" (Bd. IV, S. 196), was ihm aber letztlich nichts nützt:

> Mais le Chien, par cette supériorité que donnent l'exercice et l'éducation, par cette finesse de sentiment qui n'appartient qu'à lui, ne perd pas l'objet de sa poursuite; il démêle les points communs, délie les nœuds du fil tortueux qui seul peut y conduire; il voit de l'odorat tous les détours du labyrinthe, toutes les fausses routes où l'on a voulu l'égarer; et loin d'abandonner l'ennemi pour un indifférent, après avoir triomphé de la ruse, il s'indigne, il redouble d'ardeur, arrive enfin, l'attaque, et le mettant à mort, étanche dans le sang sa soif et sa haine.
>
> Le penchant pour la chasse ou la guerre nous est commun avec les Animaux; [...] les loups, les renards, les chiens sauvages se réunissent, s'entendent, s'aident, se relaient et partagent la proie; et lorsque l'éducation a perfectionné ce talent naturel dans le chien domestique, lorsqu'on lui a appris à réprimer son ardeur, à mesurer ses mouvemens, qu'on l'a accoutumé à une marche régulière et à l'espèce de discipline nécessaire à cet art, il chasse avec méthode, et toujours avec succès. (Bd. IV, S. 196f.)

Bezeichnenderweise zieht Buffon den abgerichteten Hund dem wilden vor.

Wildhunde sind jedoch wiederum leichter zu zähmen als Wölfe (Bd. IV, S. 197). Über die Wildhunde Amerikas schreibt Buffon: „[...] mais lorsqu'on les approche avec douceur, ils s'adoucissent, deviennent bientôt familiers, et demeurent fidellement attachés à leurs maîtres" (Bd. IV, S. 198).

Die Einzigartigkeit des Hundes wird durch eine Anapher hervorgehoben:

> L'on peut dire que le Chien est le seul animal dont la fidélité soit à l'épreuve; le seul qui connoisse toujours son maître et les amis de la mai-

son; le seul qui, lorsqu'il arrive un inconnu, s'en aperçoive; le seul qui entende son nom, et qui reconnoisse la voix domestique; le seul qui ne se confie point à lui-même; le seul qui, lorsqu'il a perdu son maître, et qu'il ne peut le retrouver, l'appelle par ses gémissemens; le seul qui dans un voyage long qu'il aura fait une fois, se souvienne du chemin et retrouve la route; le seul enfin dont les talens naturels soient évidens et l'éducation toujours heureuse. (Bd. IV, S. 198)

Die Charakterisierung der Katze ist diametral entgegengesetzt und zeigt Buffons Hass[636] auf dieses Tier. „Buffon s'est acquis une triste réputation auprès des amis des chats"[637].

Car l'essentiel de son apport concerne le comportement et le caractère supposé des chats, et son appréciation est alors d'un étonnant parti pris. Ici Buffon décrit moins le chat qu'il n'instruit contre lui un véritable procès, dans une instruction toujours menée à charge, jamais à décharge... Dès la première ligne le ton est donné:[638]

„Le Chat est un domestique infidèle, qu'on ne garde que par nécessité, pour l'opposer à un autre ennemi domestique encore plus incommode et qu'on ne peut chasser" (Bd. IV, S. 216). Buffon betrachtet die Katze also als einen Feind.[639] Seiner Meinung nach ist es immer noch besser, eine Katze zu haben als eine Invasion von Mäusen.[640] Die Katze stellt für ihn das kleinere Übel dar.

[...] car nous ne comptons pas les gens qui, ayant du goût pour toutes les bêtes, n'élèvent des chats que pour s'en amuser; l'un est l'usage, l'autre l'abus; et quoique ces animaux, surtout quand ils sont jeunes, aient de la gentillesse, ils ont en même temps une malice innée, un caractère faux, un naturel pervers, que l'âge augmente encore et que l'éducation ne fait que masquer. De voleurs déterminés, ils deviennent seulement, lorsqu'ils sont bien élevés, souples et flatteurs comme les fripons; ils ont la même adresse, la même subtilité, le même goût pour faire le mal, le même penchant à la petite rapine; comme eux ils savent couvrir leur marche, dissimuler leur dessein, épier les occasions, attendre, choisir, saisir l'instant de faire leur coup, se dérober ensuite au châtiment, fuir et demeurer éloignés jusqu'à ce qu'on les rappelle. Ils prennent aisément des habitudes de société, mais jamais des mœurs: ils n'ont que l'apparence de l'attachement; on le voit à leurs mouvemens obliques, à leurs yeux équivoques; ils ne regardent jamais en face la personne aimée; soit défiance ou fausseté, ils prennent des détours pour en approcher, pour chercher des caresses auxquelles ils ne sont sensibles que pour le plaisir qu'elles font. Bien différent de cet animal fi-

---

636 François Poplin, „Buffon, Pasumot et le sommeil paradoxal du chat", in: *Mémoires de l'Académie des sciences, arts et belles-lettres de Dijon* 130 (1989–1990), S. 297–308, hier S. 297.

637 Roger, *Buffon*, S. 371.

638 Jean Ehrard, „Écriture de chats", in: *Dix-huitième siècle* 36 (2004), S. 435–448, Zitat S. 441.

639 Poplin, a.a.O., S. 303.

640 Ehrard, „Écriture", S. 441f.

> dèle, dont tous les sentimens se rapportent à la personne de son maître, le Chat paroît ne sentir que pour soi, n'aimer que sous condition, ne se prêter au commerce que pour en abuser; et par cette convenance de naturel, il est moins incompatible avec l'homme qu'avec le chien dans lequel tout est sincère. (Bd. IV, S. 216f.)

Bei diesem Vergleich schneidet der Hund nicht nur besser ab als die Katze, sondern sogar besser als der Mensch, der hier indirekt kritisiert wird.

Wie bei vielen Tieren entsprechen sich Aussehen und Charakter bei der Katze: „La forme du corps et le tempérament sont d'accord avec le naturel, le Chat est joli, léger, adroit, propre et voluptueux: il aime ses aises, il cherche les meubles les plus mollets pour s'y reposer et s'ébattre: il est aussi très-porté à l'amour [...]" (Bd. IV, S. 217). Doch auch wenn die Katzen gerne herumtollen, sind nach Buffon selbst die jungen Katzen nicht geeignet, mit Kindern zu spielen:

> Les jeunes chats sont gais, vifs, jolis et seroient aussi très-propres à amuser les enfans si les coups de patte n'étoient pas à craindre; mais leur badinage, quoique toujours agréable et léger, n'est jamais innocent, et bientôt il se tourne en malice habituelle; et comme ils ne peuvent exercer ces talens avec quelque avantage que sur les plus petits animaux, ils se mettent à l'affût près d'une cage, ils épient les oiseaux, les souris, les rats, et deviennent d'eux-mêmes, et sans y être dressés plus habiles à la chasse que les chiens les mieux instruits. Leur naturel, ennemi de toute contrainte, les rend incapables d'une éducation suivie. (Bd. IV, S. 218)

Die Betonung liegt hier nicht darauf, dass die Katze ein guter Jäger ist und für den Menschen Mäuse fängt, sondern darauf, dass sie nicht erzogen werden kann.

> On raconte néanmoins que des moines grecs de l'île de Chypre, avoient dressé des chats à chasser, prendre et tuer les serpens dont cette île étoit infestée; mais c'étoit plutôt par le goût général qu'ils ont pour la destruction que par obéissance qu'ils chassoient; car ils se plaisent à épier, attaquer et détruire assez indifféremment tous les animaux foibles, comme les oiseaux, les jeunes lapins, les levreaux, les rats, les souris, les mulots, les chauvesouris, les taupes, les crapauds, les grenouilles, les lézards et les serpens. Ils n'ont aucune docilité; ils manquent aussi de la finesse et de l'odorat, qui dans le chien sont deux qualités éminentes; aussi ne poursuivent-ils pas les animaux qu'ils ne voient plus; ils ne les chassent pas; mais ils les attendent, les attaquent par surprise, et après s'en être joués longtemps ils les tuent sans aucune nécessité, lors même qu'ils sont le mieux nourris et qu'ils n'ont aucun besoin ce cette proie pour satisfaire leur appétit. (Bd. IV, S. 218f.)

Während der Hund also als Jagdgefährte des Menschen hochgelobt wird (Bd. IV, S. 195–197), wird die Jagd der Katze verurteilt.

Katzen haben eine Position zwischen domestiziert und wild[641] und Buffon kritisiert sie, weil sie nicht unterwürfig sind:

> On ne peut pas dire que les Chats, quoiqu'habitans de nos maisons, soient des animaux entièrement domestiques; ceux qui sont le mieux apprivoisés n'en sont pas plus asservis: on peut même dire qu'ils sont entièrement libres; ils ne font que ce qu'ils veulent, et rien au monde ne seroit capable de les retenir un instant de plus dans un lieu dont ils voudroient s'éloigner. D'ailleurs la plupart sont à demi sauvages, ne connoissent pas leurs maîtres, ne fréquentent que les greniers et les toits, et quelquefois la cuisine et l'office, lorsque la faim les presse. Quoiqu'on en élève plus que de chiens, comme on les rencontre rarement, ils ne font pas sensation pour le nombre; aussi prennent-ils moins d'attachement pour les personnes que pour les maisons: lorsqu'on les transporte à des distances assez considérables, comme à une lieue ou deux, ils reviennent d'eux-mêmes à leur grenier, et c'est apparemment parce qu'ils en connoissent toutes les retraites à souris, toutes les issues, tous les passages, et que la peine du voyage est moindre que celle qu'il faudroit prendre pour acquérir les mêmes facilités dans un nouveau pays. (Bd. IV, S. 219f.)

Bei der Katze wird die Tatsache, dass sie einen Weg wiederfindet, nicht so positiv gewertet wie beim Hund (Bd. IV, S. 198). Für die Katze stellt Buffon den praktischen Aspekt in den Vordergrund.

Buffon stellt noch andere Verhaltensweisen dar:

> Ils craignent l'eau, le froid et les mauvaises odeurs; ils aiment à se tenir au soleil: ils cherchent à se gîter dans les lieux les plus chauds, derrière les cheminées ou dans les fours; ils aiment aussi les parfums, et se laissent volontiers prendre et caresser par les personnes qui en portent: l'odeur de cette plante que l'on appelle l'herbe-aux-chats, les remue si fortement et si délicieusement, qu'ils en paroissent transportés de plaisir. On est obligé, pour conserver cette plante dans les jardins, de l'entourer d'un treillage fermé; les Chats la sentent de loin, accourent pour s'y frotter, passent et repassent si souvent par-dessus, qu'ils la détruisent en peu de temps. (Bd. IV, S. 220)

Hier liegt die Betonung darauf, dass die Katzen Schaden an der erwähnten Pflanze anrichten.

Bei der extrem negativen Charakterisierung der Katze spielen auch gesellschaftliche Hintergründe eine Rolle:

> Buffon [...] n'était pas de disposition à aimer les chats, soit; mais il n'écrit pas que pour lui-même, et à travers ce qu'il dit, c'est son époque qui parle. Une partie de notre pensée s'exprime dans nos mœurs; ou, ce qui revient au même, les mœurs du temps s'impriment dans la pensée. Dans ce que met Buffon sur le chat se perçoit le poids de l'attitude culturelle ambiante; et celle-ci n'était pas tendre pour le chat dans l'Occident chrétien. A tra-

[641] Poplin, a.a.O., S. 300.

vers les trois millénaires et les trois mille kilomètres qu'il a parcourus pour venir jusqu'à nous, il se ressent toujours de ses origines orientales. Elles l'ont particulièrement desservi au Moyen Age, où il a eu à souffrir bien des misères. L'article de Buffon se présente comme une séquelle de cette époque.

> [...]
>
> En bref, Buffon écrit au sortir d'une époque où nous traitions le chat en Infidèle, et il reste encore quelque chose de l'Arabo-Islamique dans l'image que nous en avons.[642]

Außer dem Verhalten der domestizierten Tiere wird in der *Histoire naturelle* mehrfach ein bestimmtes Verhalten der Affen gegenüber den Menschen angesprochen. Diese rauben angeblich Kinder und vergewaltigen Frauen.

Mehrere Aussagen beziehen sich dabei auf den Orang-Utan:

> Purchass ajoute en forme de note, que dans les conversations qu'il avoit eues avec Battel, il avoit appris de lui qu'un pongo lui enleva un petit nègre qui passa un an entier dans la société de ces animaux; qu'à son retour ce petit nègre raconta qu'ils ne lui avoient fait aucun mal [...].
>
> Gauthier Schoutten dit „que les singes appelés par les Indiens Orangs-outangs [...] sont passionnés pour les femmes; qu'il n'y a point de sûreté pour elles à passer dans les bois où elles se trouvent tout d'un coup attaquées et violées par ces singes." Dampier, Froger et d'autres voyageurs assurent qu'ils enlèvent des petites filles de huit ou dix ans, qu'ils les emportent au-dessus des arbres et qu'on a mille peines à les leur ôter. Un autre voyageur assure que les Orangs-outangs tâchent de surprendre les négresses; qu'ils les gardent avec eux pour en jouir; qu'ils les nourrissent très-bien: j'ai connu, dit-il, à Lowango une négresse qui étoit restée trois ans avec ces animaux [...]. (Bd. VI, S. 153)

Über die Paviane schreibt Buffon: „Si l'on en croit les voyageurs, ceux qui sont tout blancs sont les plus forts et les plus méchans de tous; ils sont très-ardents pour les femmes et assez forts pour les violer lorsqu'ils les trouvent seules; et souvent ils les outragent jusqu'à les faire mourir" (Bd. VI, S. 189f.). Über die Kapuzineraffen liest man: „Nous pouvons ajouter à ces observations que la plupart des sapajous ont une physionomie triste et mélancolique, et que néanmoins les mâles marquent assez insolemment beaucoup de desir pour les femmes" (Bd. VI, S. 212).

Bei all diesen Aussagen fällt auf, dass Buffon sich hier wenig kritisch zeigt, sondern eher sensationslustig. Auch gibt es keine deutliche negative Wertung des Verhaltens der Affen.

Extrem negativ wird jedoch das folgende Verhalten des Pavians beurteilt:

> [...] il n'étoit point hideux, et cependant il faisoit horreur: grinçant continuellement les dents, s'agitant, se débattant avec colère, on étoit obligé de le tenir enfermé dans une cage de fer, dont il rémuoit si puissamment les

[642] Poplin, a.a.O., S. 302f.

barreaux avec les mains, qu'il inspiroit la crainte aux spectateurs. C'est un animal trapu, dont le corps ramassé et les membres nerveux indiquent la force et l'agilité; qui couvert d'un poil épais et long, paroît encore beaucoup plus gros qu'il n'est; mais qui, dans le réel, est si puissant et si fort, qu'il viendroit aisément à bout d'un ou de plusieurs hommes s'ils n'étoient point armés: d'ailleurs il paroît continuellement excité par cette passion qui rend furieux les animaux les plus doux; il est insolemment lubrique, et affecte de se montrer en cet état, de se toucher, de se satisfaire seul aux yeux de tout le monde; et cette action, l'une des plus honteuses de l'humanité, et qu'aucun animal ne se permet; copiée par la main du babouin, rappelle l'idée du vice, et rend abominable l'aspect de cette bête que la Nature paroît avoir particulièrement vouée à cette espèce d'impudence; car dans tous les autres animaux, et même dans l'homme, elle a voilé ces parties: dans le babouin au contraire, elles sont tout-à-fait nues, couleur de chair et d'autant plus évidentes que le corps est couvert de longs poils. Il a de même les fesses nues et d'un rouge couleur de sang, les bourses pendantes, l'anus découvert, la queue toujours levée; il semble faire parade de toutes ces nudités, présentant son derrière plus souvent que sa tête, sur-tout dès qu'il aperçoit des femmes pour lesquelles il déploie une telle effronterie, qu'elle ne peut naître que du desir le plus immodéré. Le magot et quelques autres ont bien les mêmes inclinations; mais comme ils sont plus petits et moins pétulans, on les rend modestes à coups de fouet; au lieu que le babouin est non-seulement incorrigible sur cela, mais intraitable à tous autres égards. (Bd. VI, S. 185f.)

„Buffon qui n'était aucunement gêné, comme tous les naturalistes de son temps, pour décrire en détail la forme et la dimension des organes sexuels des animaux, ainsi que la façon de s'accoupler chez certaines espèces, fut cependant choqué [...].“[643]

En ce qui concerne macaques et babouins, il faut dire que, en troupe, ils sont généralement calmes et ne s'excitent que dans les conflits périodiques que provoquent les déplacements de hiérarchie liés ou non à la possession de femelles en rut. Lorsqu'ils vivent en contact avec les hommes, ils agissent avec eux comme s'ils étaient leurs congénères, et emploient une gestuelle innée destinée à transmettre des messages que l'on doit replacer dans leur contexte originel pour les interpréter.

Le sens de certaines mimiques nous est plus immédiatement accessible que d'autres, et Buffon attribue à la *„passion“* (peut-être la peur, la menace ou la combinaison des deux, suivant le cas) le fait de grincer des dents ou de les montrer. Mais les gestes qualifiés d'*„obscènes“* suscitent au contraire une réprobation toute anthropomorphique. Les cultures humaines distinguent, dans leurs jeux sexuels, un code policé et un code obscène; en Occident, les manifestations qualifiées d'*„obscènes“* sont perçues comme plus primitives, plus animales.[644]

---

643 Gayon, a.a.O., S. 565f.
644 Gayon, a.a.O., S. 566.

Weitaus mehr liegt Buffon die Schamhaftigkeit des Orang-Utans: „Bontius [...] dit expressément: ‚qu'il a vu [...] une femelle [...], qui sembloit avoir de la pudeur, qui se couvroit de sa main à l'aspect des hommes qu'elle ne connoissoit pas [...]'" (Bd. VI, S. 159). Über ein Pärchen schreibt Buffon: „Ils étoient tous les deux très-honteux quand on les fixoit trop; alors la femelle se jetoit dans les bras du mâle, et se cachoit le visage dans son sein, ce qui faisoit un spectacle véritablement touchant" (Bd. VI, S. 159f.).

Heute interpretiert man dieses Verhalten natürlich anders: „En fait, tous les primates, [...], entre autres animaux, n'aiment guère être regardés en face. On pense aujourd'hui que les primates tentent d'imposer leur domination sur leurs congères par le regard, ce qui leur évite en général de *„passer à l'action"* [...][645].

6.2.2 Schutz vor Feinden

Feinde der Vierfüßler und der Vögel können andere Tiere oder auch der Mensch sein.

Durch ihr Verhalten gegenüber ihren Feinden werden die Tiere von Buffon und Montbeillard einerseits als mutig oder feige charakterisiert, andererseits als intelligent oder dumm.

Relativ selten erwähnen Buffon und Montbeillard die Intelligenz der Tiere ausdrücklich, wenn beschrieben wird, wie sich diese vor ihren Feinden schützen.

Über die Orang-Utans schreibt Buffon beispielsweise: „[...] ils [...] se servent de bâtons pour se défendre" (Bd. VI, S. 153). Heute gilt der Gebrauch von Werkzeugen als ein Zeichen von Intelligenz. Buffon geht auf diesen Aspekt jedoch nicht ein.

Beispiele dafür, dass ausdrücklich auf die Weisheit der Tiere hingewiesen wird, sind aber Hase und Kaninchen. „En général, le Lièvre ne manque pas d'instinct pour sa propre conservation, ni de sagacité pour échapper à ses ennemis" (Bd. IV, S. 273). Als noch weiser als den Hasen stuft Buffon das Kaninchen ein:

> [...] le Lapin [...] a aussi plus de ressources pour échapper à ses ennemis; il se soustrait aisément aux yeux de l'homme: les trous qu'il se creuse dans la terre où il se retire pendant le jour et où il fait ses petits, le mettent à l'abri du loup, du renard et de l'oiseau de proie; il y habite avec sa famille en pleine sécurité; il y élève et y nourrit ses petits jusqu'à l'âge d'environ deux mois, et il ne les fait sortir de leur retraite pour les amener au dehors, que quand ils sont tout élevés; il leur évite par-là tous les inconvéniens du bas âge, pendant lequel au contraire les lièvres périssent en plus grand nombre, et souffrent plus que dans tout le reste de la vie.
>
> Cela seul suffit aussi pour prouver que le Lapin est supérieur au lièvre par la sagacité; tous deux sont conformés de même, et pourroient égale-

---

645 Gayon, a.a.O., S. 564.

ment se creuser des retraites; tous deux sont également timides à l'excès; mais l'un plus imbécille se contente de se former un gîte à la surface de la terre, où il demeure continuellement exposé, tandis que l'autre, par un instinct plus réfléchi, se donne la peine de fouiller la terre et de s'y pratiquer un asyle [...]. (Bd. IV, S. 280f.)

Bei den Vögeln werden erfolgreiche Strategien gegen die Feinde dargestellt. Drossel (Bd. VIII, S. 196f.) und Steinsperling (Bd. VIII, S. 232) seien misstrauisch. Der *Grand Plongeon* taucht bei Gefahr unter (Bd. IX, S. 355f.). Buffon beschreibt allerdings auch, dass die Strategien von Seetaucher und Flamingo nur bei den natürlichen Feinden erfolgreich sind, jedoch nicht beim Menschen. Bei Flamingos (Bd. IX, S. 321), Regenpfeifern (Bd. IX, S. 282), Gänsen (Bd. IX, S. 173) und Enten wird dargestellt, dass sie Wachposten aufstellen. Hierbei handelt es sich auch um Beispiele für Kooperation. Buffon schreibt über die Enten:

[...] ces oiseaux, qui sont très-défians. Jamais ils ne se posent qu'après avoir fait plusieurs circonvolutions sur le lieu où ils voudroient s'abattre, comme pour l'examiner, le reconnoître, et s'assurer s'il ne recèle aucun ennemi, et lorsqu'enfin ils s'abaissent, c'est toujours avec précaution; ils fléchissent leur vol, et se lancent obliquement sur la surface de l'eau, qu'ils effleurent et sillonnent; ensuite ils nagent au large et se tiennent toujours éloignés des rivages; en même temps quelques-uns d'entr'eux veillent à la sûreté publique, et donnent l'alarme dès qu'il y a péril [...]. (Bd. IX, S. 177f.)

Auch Murmeltiere (Bd. IV, S. 304) und Seehunde (Bd. VI, S. 282) stellen Wachposten auf.

Buffon vergleicht Reh und Hirsch. Dabei charakterisiert er das Reh als mutiger und intelligenter:

[...] il a même plus de courage que le cerf [...]; il est encore plus rusé, plus adroit à se dérober, plus difficile à suivre; il a plus de finesse, plus de ressources d'instinct. Car quoiqu'il ait le désavantage mortel de laisser après lui des impressions plus fortes, et qui donnent aux chiens plus d'ardeur et plus de véhémence d'appétit que l'odeur du cerf, il ne laisse pas de savoir se soustraire à leur poursuite par la rapidité de sa première course et par ses détours multipliés; il n'attend pas, pour employer la ruse, que la force lui manque; dès qu'il sent au contraire que les premiers efforts d'une fuite rapide ont été sans succès, il revient sur ses pas, retourne, revient encore; et lorsqu'il a confondu par ses mouvemens opposés la direction de l'aller avec celle du retour, lorsqu'il a mêlé les émanations présentes avec les émanations passées, il se sépare de la terre par un bond, et se jetant à côté, il se met ventre à terre, et laisse, sans bouger, passer près de lui la troupe entière de ses ennemis ameutés. (Bd. IV, S. 254f.)

Bei vielen Tieren betonen Buffon und Montbeillard, dass sie sich ihren Feinden gegenüber mutig verhalten, zum Beispiel beim Fuchs (Bd. IV, S. 334f.), bei den Seehunden (Bd. VI, S. 279), beim Truthahn (Bd. VII, S. 109) und bei der Gans (Bd. IX, S. 163). Selbst kleine Tiere wie die Siebenschläfer können mutig sein: „Ces petits animaux sont courageux, et défendent leur vie jusqu'à la dernière extrémité: ils ont les dents de devant très-longues et très-fortes, aussi mordent-ils violemment; ils ne craignent ni la belette, ni les petits oiseaux de proie“ (Bd. IV, S. 297). Der Mut der Tiere ist also abhängig von ihrer Anatomie und Morphologie.

Die sonst friedlichen Seelöwen verteidigen sich mutig, wenn sie angegriffen werden: „[...] ils ne deviennent dangereux que quand on les blesse grièvement ou qu'on les réduit aux abois; la nécessité leur donne alors de la fureur, ils font face à l'ennemi, et combattent avec d'autant plus de courage qu'ils sont plus maltraités“ (Bd. VI, S. 305). Verletzte Tapire rächen sich sogar: „[...] ils deviennent dangereux lorsqu'on les blesse. On en a vu se jeter sur le canot d'où le coup étoit parti, pour tâcher de se venger en le renversant“ (Bd. VI, S. 35f.). Auch Seehunde rächen sich, wenn sie angegriffen werden: „Les vieux phoques aboient contre ceux qui les frappent, et font tous leurs efforts pour mordre et se venger“ (Bd. VI, S. 279).

Pekaris und Stare kooperieren beim Verhalten gegenüber den Feinden. Über die Pekaris schreibt Buffon: „[...] ils se secourent mutuellement; ils enveloppent leurs ennemis, et blessent souvent les chiens et les chasseurs“ (Bd. VI, S. 41). Die Stare fliegen in Scharen (Bd. VIII, S. 179f.). Durch die Metapher „ordre de bataille“ (Bd. VIII, S. 180) wird hierbei ihr Mut ausgedrückt.

Der Schwan wird von Buffon als König der Wasservögel dargestellt. Die Personifikation der Tiere in der *Histoire naturelle* zeigt sich an dieser Stelle auch darin, dass es hier Hierarchien gibt, die „wissenschaftlich gar nicht nachweisbar“ sind, sondern „dem Unbewußten eines adligen Erzählers“ entspringen.[646] Der „Geist der absoluten Monarchie“[647] wird besonders deutlich in der Darstellung des Schwans, den Buffon als mutigen und großmütigen Herrscher charakterisiert:

> DANS toute société soit des animaux, soit des hommes, la violence fit les tyrans, la douce autorité fait les rois. Le lion et le tigre sur la terre, l'aigle et le vautour dans les airs, ne règnent que par la guerre, ne dominent que par l'abus de la force et par la cruauté, au lieu que le Cygne règne sur les eaux à tous les titres qui fondent un empire de paix, la grandeur, la majesté, la douceur, avec des puissances, des forces, du courage et la volonté de n'en pas abuser, et de ne les employer que pour la défense: il sait combattre et vaincre, sans jamais attaquer; roi paisible des Oiseaux d'eau, il brave les tyrans de l'air; il attend l'aigle sans le provoquer, sans le craindre; il repousse ses assauts, en opposant à ses armes la résistance de ses plumes, et les coups précipités d'une aile vigoureuse qui lui sert d'égide, et souvent la victoire couronne ses efforts. Au reste, il n'a que ce fier ennemi, tous les autres oiseaux de guerre le respectent, et il est en paix avec toute la Nature; il vit en ami plutôt qu'en roi au milieu des nombreuses peuplades des oiseaux Aquatiques, qui toutes semblent se ranger sous sa loi; il n'est que le chef, le premier habitant d'une république tranquille, où les citoyens n'ont rien à

646 Lepenies, „Speicherung“, S. 76.
647 Lepenies, *Ende*, S. 112.

craindre d'un maître qui ne demande qu'autant qu'il leur accorde, et ne veut que calme et liberté. (Bd. IX, S. 141f.)

Schon hier zu Beginn des Artikels wird also der Mut des Schwans thematisiert. Im Verlauf der Monographie betont Buffon diesen Aspekt noch einmal:

> [...] il sait éviter ses ennemis ou leur résister. Un vieux cygne ne craint pas dans l'eau le chien le plus fort; son coup d'aile pourroit casser la jambe d'un homme, tant il est prompt et violent; enfin il paroît que le Cygne ne redoute aucune embûche, aucun ennemi, parce qu'il a autant de courage que d'adresse et de force. (Bd. IX, S. 145).

Der Mut der Löwen dagegen hängt nach Buffon von dessen Erfahrung mit den Menschen ab:

> Cette supériorité de nombre et d'industrie dans l'homme, qui brise la force du lion, en énerve aussi le courage: cette qualité, quoique naturelle, s'exalte ou se tempère dans l'animal suivant l'usage heureux ou malheureux qu'il a fait de sa force. [...] en général dans toutes les parties méridionales de l'Afrique et de l'Asie, où l'homme a dédaigné d'habiter, les lions sont encore en assez grand nombre, et sont tels que la Nature les produit: accoutumés à mesurer leurs forces avec tous les animaux qu'ils rencontrent, l'habitude de vaincre les rend intrépides et terribles; ne connoissant pas la puissance de l'homme, ils n'en ont nulle crainte: n'ayant pas éprouvé la force de ses armes, ils semblent les braver; les blessures les irritent, mais sans les effrayer; ils ne sont pas même déconcertés à l'aspect du grand nombre; un seul de ces lions du désert attaque souvent une caravane entière: et lorsqu'après un combat opiniâtre et violent il se sent affoibli, au lieu de fuir il continue de se battre en retraite, en faisant toujours face et sans jamais tourner le dos. Les lions, au contraire, qui habitent aux environs des villes et des bourgades de l'Inde et de la Barbarie ayant connu l'homme et la force de ses armes, ont perdu leur courage au point d'obéir à sa voix menaçante, de n'oser l'attaquer, de ne se jeter que sur le menu bétail, et enfin de s'enfuir en se laissant poursuivre par des femmes ou par des enfans, qui leur font, à coups de bâtons, quitter prise et lâcher indignement leur proie. (Bd. V, S. 242f.)

Im Gegensatz zu den Löwen, die durch Erfahrung gelernt haben, wie gefährlich die Menschen für sie sein können, hat der Vielfraß diese Erfahrung noch nicht gemacht. Buffon erklärt dessen Verhalten gegenüber dem Menschen daher nicht mit Dummheit, sondern mit Unerfahrenheit:

> Quoique cet animal ait de la finesse et mette en œuvre des ruses réfléchies pour se saisir des autres animaux, il semble qu'il n'ait pas de sentiment distinct pour sa conservation, pas même l'instinct commun pour son salut; il vient à l'homme, s'en laisse approcher sans apparence de crainte; cette indifférence qui paroît annoncer l'imbécillité, vient peut-être d'une cause différente; il est certain que le Glouton n'est pas stupide, puisqu'il trouve les moyens de satisfaire à son appétit toujours pressant et plus qu'immodéré; il ne manque pas de courage puisqu'il attaque indifféremment tous les ani-

> maux qu'il rencontre, et qu'à la vue de l'homme il ne fuit ni ne marque par aucun mouvement, le sentiment de la peur spontanée; s'il manque donc d'attention sur lui-même, ce n'est point indifférence pour sa conservation, ce n'est qu'habitude de sécurité; comme il habite un pays presque désert, qu'il y rencontre très-rarement des hommes, qu'il n'y connoît point d'autres ennemis, que toutes les fois qu'il a mesuré ses forces avec les animaux, il s'est trouvé supérieur, il marche avec confiance et n'a pas le germe de la crainte, qui suppose quelqu'épreuve malheureuse, quelque expérience de foiblesse; on le voit par l'exemple du lion qui ne se détourne pas de l'homme, à moins qu'il n'ait éprouvé la force de ses armes; et le Glouton se traînant sur la neige dans son climat désert, ne laisse pas d'y marcher en toute sécurité, et d'y régner en lion, moins par sa force que par la foiblesse de ceux qui l'environnent. (Bd. V, S. 312f.)

Entsprechendes gilt beispielsweise auch für das Verhalten der Papageien der neuen Welt gegenüber dem Menschen (Bd. VIII, S. 41).

Nach Buffon ist der Bär mutig, lässt sich jedoch vom Menschen überraschen:

> [...] il est naturellement intrépide, ou tout au moins indifférent au danger. L'ours sauvage ne se détourne pas de son chemin, ne fuit pas à l'aspect de l'homme; cependant on prétend que par un coup de sifflet on le surprend, on l'étonne au point qu'il s'arrête et se lève sur les pieds de derrière. C'est le temps qu'il faut prendre pour le tirer, et tâcher de le tuer [...]. (Bd. V, S. 155f.)

Der Segler wird seinen Feinden gegenüber als unbesonnen charakterisiert:

> [...] l'on verra que son caractère est un mélange assez naturel de défiance et d'étourderie: sa défiance se marque par toutes les précautions qu'il prend pour cacher sa retraite [...]; mais lorsqu'ayant pris son essor, il a le sentiment actuel de sa force ou plutôt de sa vitesse, la conscience de sa supériorité sur les autres habitans de l'air, c'est alors qu'il devient étourdi, téméraire; il ne craint plus rien, parce qu'il se croit en état d'échapper à tous les dangers; et souvent, comme on l'a vu, il succombe à ceux qu'il auroit évités facilement, s'il eût voulu s'en apercevoir ou s'en défier. (Bd. VIII, S. 360)

Vor allem Vögel, die sich leicht jagen lassen, werden als dumm charakterisiert, zum Beispiel der Kreuzschnabel (Bd. VIII, S. 236f.), der Milan (Bd. IX, S. 83) und die Waldschnepfe (Bd. IX, S. 260f.). Beim Fasan zählt Montbeillard nicht nur auf, mit welchen Methoden der Vogel gejagt werden kann, sondern erweist sich selbst auch als wenig kritisch: „On dit que le Faisan est un oiseau stupide, qui se croit bien en sûreté lorsque sa tête est cachée, comme on l'a dit de tant d'autres, et qui se laisse prendre à tous les piéges" (Bd. VII, S. 152f.).

Besonders negativ werden die Tiere beurteilt, die als dumm und feige charakterisiert werden. Hierzu zählen die Mäuse (Bd. IV, S. 365) und die Tölpel (Bd. IX, S. 379f.). Buffon schreibt über die Schafe:

> [...] c'est par crainte qu'ils se rassemblent si souvent en troupeaux; le moindre bruit extraordinaire suffit pour qu'ils se précipitent et se serrent les uns contre les autres, et cette crainte est accompagnée de la plus grande stupidité; car ils ne savent pas fuir le danger [...].
>
> Ce sont donc de tous les animaux quadrupèdes les plus stupides; ce sont ceux qui ont le moins de ressource et d'instinct [...]. (Bd. IV, S. 142f.)

Nicht so negativ werden die Tiere charakterisiert, die eher nur ängstlich sind. Hierzu zählen das Ren (Bd. V, S. 82), die Haubenlerche (Bd. VIII, S. 140), der Flamingo (Bd. IX, S. 322) und der Flussregenpfeifer (Bd. IX, S. 286, 288). Über diesen schreibt Buffon sogar: „Il est donc du nombre des animaux qui sont faits pour vivre éloigné de nous, et à qui la Nature a donné pour sauvegarde l'instinct de nous fuir" (Bd. IX, S. 288).

Negativer wird die Ängstlichkeit bei Reiher und Amsel beurteilt. Montbeillard charakterisiert die Amseln folgendermaßen: „[...] ils passent communément pour être très-fins, parce qu'ayant la vue perçante, ils découvrent les chasseurs de fort loin, et se laissent approcher difficilement; mais en les étudiant de plus près, on reconnoît qu'ils sont plus inquiets que rusés, plus peureux que défians" (Bd. VIII, S. 201f.). Buffon schreibt über den Reiher: „Le Héron ajoute encore aux malheurs de sa chétive vie, le mal de la crainte et de la défiance; il paroît s'inquiéter et s'alarmer de tout" (Bd. IX, S. 221).

Im Artikel über die *oiseaux de proie nocturnes* stellt Buffon die tagaktiven Vögel übertrieben feige dar, da sie ausnutzen, dass der Nachtvogel tagsüber nicht gut sehen kann:

> [...] les autres oiseaux qui s'aperçoivent de leur crainte ou de la gêne de leur situation, viennent à l'envi les insulter; les mésanges, les pinsons, les rouge-gorges, les merles, les geais, les grives arrivent à la file: l'oiseau de nuit perché sur une branche, immobile, étonné, entend leurs mouvemens, leurs cris qui redoublent sans cesse, parce qu'il n'y répond que par des gestes bas, en tournant sa tête, ses yeux et son corps d'un air ridicule; il se laisse même assaillir et frapper sans se défendre; les plus petits, les plus foibles de ses ennemis sont les plus ardens à le tourmenter, les plus opiniâtres à le huer [...], ces mêmes petits oiseaux qui viennent pendant le jour provoquer l'oiseau de nuit avec autant d'audace que d'opiniâtreté, le fuient et le redoutent dès que l'obscurité lui permet de se mettre en mouvement et de déployer ses facultés. (Bd. IX, S. 108)

Besonders negativ dargestellt werden die Tiere, die, obwohl sie groß und stark sind, eher feige als mutig sind. Buffon schreibt dem Wolf eine „férocité sans courage" (Bd. IV, S. 328) zu.

> Le Loup a beaucoup de force [...]. Il mord cruellement, et toujours avec d'autant plus d'acharnement qu'on lui résiste moins; car il prend des précautions avec les animaux qui peuvent se défendre. Il craint pour lui, et ne se bat que par nécessité, et jamais par un mouvement de courage: lorsqu'on le tire et que la balle lui casse quelque membre, il crie, et cependant lorsqu'on l'achève à coups de bâton, il ne se plaint pas comme le chien; il est

plus dur, moins sensible, plus robuste; il marche, court, rôde des jours entiers et des nuits; il est infatigable, et c'est peut-être de tous les animaux le plus difficile à forcer à la course. Le chien est doux et courageux; le Loup, quoique féroce, est timide. Lorsqu'il tombe dans un piége, il est si fort et si longtemps épouvanté, qu'on peut ou le tuer sans qu'il se défende, ou le prendre vivant sans qu'il résiste; on peut lui mettre un collier, l'enchaîner, le museler, le conduire ensuite partout ou l'on veut sans qu'il ose donner le moindre signe de colère ou même de mécontentement. (Bd. IV, S. 323f.)

Buffon kommt nicht der Gedanke, dass diese Unterwerfung einem sinnvollen Verhalten unter natürlichen Bedingungen entspricht. Wenn ein Wolf einen Kampf gegen einen anderen verloren hat, zeigt er eine Demutshaltung und der Sieger tötet ihn nicht.

Montbeillard charakterisiert die Trappe ebenfalls übertrieben negativ:

L'Outarde quoique fort grosse, est un animal très-craintif, et qui paroît n'avoir ni le sentiment de sa propre force, ni l'instinct de l'employer; elles s'assemblent quelquefois par troupes de cinquante ou soixante, et ne sont pas plus rassurées par leur nombre que par leur force et leur grandeur; la moindre apparence de danger ou plutôt la moindre nouveauté les effraie, et elles ne pourvoient guère à leur conservation que par la fuite; elles craignent sur-tout les chiens, et cela doit être, puisqu'on se sert communément des chiens pour leur donner la chasse; mais elles doivent craindre aussi le renard, la fouine et tout autre animal si petit qu'il soit, qui sera assez hardi pour les attaquer; à plus forte raison les animaux féroces et même les oiseaux de proie contre lesquels elles oseroient bien moins se défendre: leur pusillanimité est telle que pour peu qu'on les blesse, elles meurent plutôt de la peur que de leurs blessures. (Bd. VII, S. 289f.)

6.2.3 Der Nahrungserwerb

Nach Buffon hängt der Charakter der Tiere von der Art ihres Nahrungserwerbs ab. Er schreibt explizit im Artikel über die Spechte:

LES animaux qui vivent des fruits de la terre sont les seuls qui entrent en société; l'abondance est la base de l'instinct social, de cette douceur de mœurs et de cette vie paisible qui n'appartient qu'à ceux qui n'ont aucun motif de se rien disputer; ils jouissent sans trouble du riche fonds de subsistance qui les environne; et dans ce grand banquet de la Nature, l'abondance du lendemain est égale à la profusion de la veille. Les autres animaux, sans cesse occupés à pourchasser une proie qui les fuit toujours, pressés par le besoin, retenus par le danger, sans provision, sans moyens que dans leur industrie, sans aucune ressource que leur activité, ont à peine le temps de se pourvoir, et n'ont guère celui d'aimer. Telle est la condition de tous les oiseaux chasseurs; et à l'exception de quelques lâches qui s'acharnent sur une proie morte, et s'attroupent plutôt en brigands qu'ils ne se rassemblent en amis, tous les autres se tiennent isolés et vivent solitaires: chacun est tout entier à soi, nul n'a de biens ni de sentimens à partager. (Bd. VII, S. 335)

Die Herbivoren haben also nach Buffon einen besseren Charakter als die Karnivoren. Omnivore werden an dieser Stelle nicht berücksichtigt. Buffon wirft den Karnivoren hier nicht vor, dass sie andere Tiere fressen, sondern weist darauf hin, dass ihr Charakter dadurch geprägt ist, dass sie sich ihre Nahrung mühevoll erjagen müssen.

Während in der *Histoire naturelle* die Beispiele für Fleischfresser mit schlechtem Charakter zahlreich sind, wird in den Monographien nur selten der gute Charakter der Pflanzenfresser ausdrücklich hervorgehoben. Buffon charakterisiert den *oiseau-mouche* sehr positiv als Liebhaber der Blüten:

> [...] on le voit s'arrêter ainsi quelques instans devant une fleur, et partir comme un trait pour aller à une autre; il les visite toutes, plongeant sa petite langue dans leur sein, les flattant de ses ailes sans jamais s'y fixer, mais aussi sans les quitter jamais; il ne presse ses inconstances que pour mieux suivre ses amours et multiplier ses jouissances innocentes; car cet amant léger des fleurs vit à leurs dépens sans les flétrir; il ne fait que pomper leur miel [...]. (Bd. VIII, S. 281)

Auch wenn im Allgemeinen die Pflanzenfresser nach Buffon einen besseren Charakter haben als die Fleischfresser, gibt es Ausnahmen hiervon.

Im Artikel über die Paviane hebt Buffon diesen für ihn bestehenden Gegensatz durch die konzessive Konjunktion „quoique" hervor:

> [...] au reste ces babouins, quoique méchans et féroces, ne sont pas du nombre des animaux carnassiers; ils se nourrissent principalement de fruits, de racines et de grains; ils se réunissent et s'entendent pour piller les jardins; ils se jettent les fruits de main en main et par-dessus les murs, et font de grands dégâts dans toutes les terres cultivées. (Bd. VI, S. 186)

Ausschlaggebend ist hier wieder der Schaden für den Menschen. An dieser Stelle liegt ein Widerspruch innerhalb der *Histoire naturelle* vor. 1761 in der Monographie über die Hyäne bezeichnete Buffon die Paviane noch als „carnassiers" (Bd. V, S. 293). 1766 betrachtet er sie nun als herbivor.[648] Tatsächlich sind Paviane omnivor.

Die Meisen und Häher, die pflanzliche Nahrungsvorräte anlegen, werden von Montbeillard negativ beurteilt. Bei den Meisen spricht er von einem „instinct d'avarice" (Bd. VIII, S. 270). Auch über die Häher schreibt er: „Ils ont aussi [...] l'habitude d'enfouir leurs provisions superflues [...], mais il ne se souviennent pas toujours de l'endroit où ils ont enterré leur trésor; ou bien, selon l'instinct commun à tous les avares, ils sentent plus la crainte de le diminuer, que le desir d'en faire usage" (Bd. VII, S. 328).

---

[648] Buffon, *Œuvres philosophiques*, S. 522.

In der *Histoire naturelle* gibt es relativ viele Beispiele für Karnivore, die dennoch positiv charakterisiert werden.

Im Artikel über die Dachse betont Buffon den Gegensatz, den er hier sieht, durch das adversative Adverb „cependant": „[...] ils ne sont ni malfaisans, ni gourmands comme le renard et le loup, et cependant ils sont animaux carnassiers" (Bd. IV, S. 340).

Die Fleischfresser, die weder Vögel noch Säugetiere fressen, also keine für Buffon wichtigen Tiere töten, werden meistens nicht negativ beurteilt. Bei ihnen werden eher die Jagdkünste bewundert. Beispiele hierfür sind das Rotkehlchen (Bd. VIII, S. 154), der Eisvogel (Bd. VIII, S. 364f.), der Ibis (Bd. IX, S. 236), der Lappentaucher (Bd. IX, S. 353), die Seeschwalbe (Bd. IX, S. 371, 374) und der Pelikan. Über die Pelikane schreibt Buffon: „[...] c'est un spectacle de les voir raser l'eau, s'élever de quelques piques au-dessus, et tomber le cou roide et leur sac à demi plein, puis se relevant avec effort retomber de nouveau, et continuer ce manège jusqu'à ce que cette large besace soit entièrement remplie" (Bd. IX, S. 358). Die Steinsperlinge kooperieren bei der Nahrungssuche: „[...] ils aiment la société de leurs semblables, et les appellent dès qu'ils trouvent abondance de nourriture" (Bd. VIII, S. 232).

Vom Orang-Utan berichtet Buffon, dass dieser beim Essen einer Art Austern Steine benutzt, damit sie sich nicht schließen: „[...] or le singe craignant que quand il veut les manger, elles ne lui attrapent la patte en se refermant, il jette une pierre dans la coquille qui l'empêche de se fermer, et ensuite il mange l'huître sans crainte" (Bd. VI, S. 158). Hier liegt ein Werkzeuggebrauch vor.

Ein besonders ruhiges und friedliches Leben führen nach Buffon die Wasservögel:

> La vie de l'Oiseau Aquatique est donc plus paisible et moins pénible que celle de la plupart des autres oiseaux; il emploie beaucoup moins de forces pour nager que les autres n'en dépensent pour voler; l'élément qu'il habite lui offre à chaque instant sa subsistance; il la rencontre plus qu'il ne la cherche, et souvent le mouvement de l'onde l'amène à sa portée; il la prend sans fatigue, comme il l'a trouvée sans peine ni travail, et cette vie plus douce, lui donne en même temps des mœurs plus innocentes et des habitudes pacifiques. Chaque espèce se rassemble par le sentiment d'un amour mutuel; nul des Oiseaux d'eau n'attaque son semblable, nul ne fait sa victime d'aucun autre oiseau, et dans cette grande et tranquille nation, on ne voit point le plus fort inquiéter le plus foible: bien différent de ces tyrans de l'air et de la terre, qui ne parcourent leur empire que pour le dévaster, et qui toujours en guerre avec leurs semblables, ne cherchent qu'à les détruire, le peuple ailé des eaux, par-tout en paix avec lui-même, ne s'est jamais souillé du sang de son espèce; respectant même le genre entier des Oiseaux, il se contente d'une chère moins noble, et n'emploie sa force et ses armes que contre le genre abject des reptiles et le genre muet des poissons [...]. (Bd. IX, S. 131)

Im Artikel über den Fregattvogel wird jedoch deutlich, dass es durchaus interspezifische Konkurrenz um Fische als Nahrung gibt. Dabei wird der überlegene Vogel positiver dargestellt. Buffon schreibt im Artikel über die *frégate*:

> Elle exerce sur les oiseaux de la zône torride une espèce d'empire; elle en force plusieurs, particulièrement les fous, à lui servir de pourvoyeurs; les frappant d'un coup d'aile ou les pinçant de son bec crochu, elle leur fait dégorger le poisson qu'ils avoient avalé, et s'en saisit avant qu'il ne soit tombé. Ces hostilités lui ont fait donner par les navigateurs le surnom de guerrier qu'elle mérite à plus d'un titre, car son audace la porte à braver l'homme même. (Bd. IX, S. 384)

Im Artikel über die Tölpel dagegen charakterisiert Buffon diese als „imbécilles et lâches" (Bd. IX, S. 380). Einerseits bewundert Buffon den Mut der Fregattvögel, andererseits beklagt er bei Tier und Mensch die Feindschaft von Verwandten: „Ainsi les Frégates, quoique persécuteurs nés des fous, sont voisins et parens; triste exemple dans la Nature d'un genre d'êtres qui, comme nous, trouvent souvent leurs ennemis dans leurs proches!" (Bd. IX, S. 386).

Bei der *hirondelle de rivage* gibt es intraspezifische Nahrungskonkurrenz, die von Montbeillard als normal charakterisiert wird:

> Les adultes poursuivent leur proie sur les eaux avec une telle activité, qu'on se persuaderoit qu'ils se battent: en effet ils se rencontrent, ils se choquent en courant après les mêmes moucherons, ils se les arrachent ou se les disputent en jetant des cris perçans; mais tout cela n'est autre chose que de l'émulation, telle qu'on la voit régner entre des animaux d'espèce quelconque attirés par la même proie et poussés du même appétit. (Bd. VIII, S. 350).

Im Artikel über die Schwalben schreibt Montbeillard, dass die Zugvögel ihr Land verlassen, wenn sie nicht mehr genug Nahrung finden. Dass sie nach seiner Auffassung dann Heimweh empfinden, beurteilt er positiv:

> Si un oiseau n'a point de climat, du moins il a une patrie; comme tout autre animal il reconnoît, il affectionne les lieux où il a commencé de voir la lumière, de jouir de ses facultés, où il a éprouvé les premières sensations, goûté les prémices de l'existence; il ne les quitte qu'avec regret, et lorsqu'il y est forcé par la disette; un penchant irrésistible l'y rappelle sans cesse, et ce penchant, joint à la connoissance d'une route qu'il a déjà faite, et à la force de ses ailes, le met en état de revenir dans le pays natal toutes les fois qu'il peut espérer d'y trouver le bien-être et la subsistance. (Bd. VIII, S. 328)

Buffon charakterisiert die Manguste positiv, da sie dem Menschen schadende Tiere vernichtet:

> La Mangouste est domestique en Egypte comme le chat l'est en Europe, et elle sert de même à prendre les souris et les rats; mais son goût pour la proie est encore plus vif et sont instinct plus étendu que celui du chat; car elle chasse également aux oiseaux, aux quadrupèdes, aux serpens, aux lé-

zards, aux insectes, attaque en général tout ce qui lui paroît vivant, et se nourrit de toute substance animale; son courage est égal à la véhémence de son appétit; elle ne s'effraye ni de la colère des chiens, ni de la malice des chats, et ne redoute pas même la morsure des serpens; elle les poursuit avec acharnement, les saisit et les tue, quelque venimeux qu'ils soient; [...] elle mange les œufs du crocodile comme ceux des poules et des oiseaux, elle tue et mange aussi les petits crocodiles, quoiqu'ils soient déjà très-forts, peu de temps après qu'ils sont sortis de l'œuf; [...]. (Bd. V, S. 124)

Aber auch Karnivore, die Tiere fressen, die dem Menschen nicht schaden, werden teilweise positiv charakterisiert.

Obwohl der Fuchs sowohl Tiere frisst, die Schaden anrichten (Bd. IV, S. 333), als auch solche, die dem Menschen nutzen, bewundert Buffon dessen schlaue Vorgehensweise:

> LE Renard est fameux par ses ruses, et mérite en partie sa réputation; ce que le loup ne fait que par la force, il le fait par adresse, et réussit plus souvent. Sans chercher à combattre les chiens ni les bergers, sans attaquer les troupeaux, sans traîner les cadavres, il est plus sûr de vivre. Il emploie plus d'esprit que de mouvement; ses ressources semblent être en lui-même: ce sont, comme l'on sait, celles qui manquent le moins. Fin autant que circonspect, ingénieux et prudent, même jusqu'à la patience, il varie sa conduite; il a des moyens de réserve qu'il sait n'employer qu'à propos. Il veille de près à sa conservation; quoiqu'aussi infatigable, et même plus léger que le loup, il ne se fie pas entièrement à la vîtesse de sa course; il sait se mettre en sûreté en se pratiquant un asyle où il se retire dans les dangers pressans, où il s'établit, où il élève ses petits: il n'est point animal vagabond, mais animal domicilié.
>
> Cette différence, qui se fait sentir même parmi les hommes, a de bien plus grands effets, et suppose de bien plus grandes causes parmi les animaux. L'idée seule du domicile présuppose une attention singulière sur soi-même; ensuite le choix du lieu, l'art de faire son manoir, de le rendre commode, d'en dérober l'entrée, sont autant d'indices d'un sentiment supérieur. (Bd. IV, S. 330)

Hiermit beginnt die Zivilisation.[649]

> Le Renard en est doué et tourne tout à son profit; il se loge au bord des bois, à portée des hameaux; il écoute le chant des coqs et le cri des volailles; il les savoure de loin; il prend habilement son temps, cache son dessein et sa marche, se glisse, se traîne, arrive, et fait rarement des tentatives inutiles. S'il peut franchir les clôtures, ou passer par-dessous, il ne perd pas un instant; il ravage la basse-cour; il y met tout à mort, se retire ensuite lestement en emportant sa proie, qu'il cache sous la mousse ou porte à son terrier: il revient quelques momens après en chercher une autre, qu'il emporte et cache de même, mais dans un autre endroit; ensuite une troisième, une quatrième, jusqu'à ce que le jour ou le mouvement dans la maison l'avertisse

---

[649] Roger, *Buffon*, S. 374.

> qu'il faut se retirer et ne plus revenir. Il fait la même manœuvre dans les pipées et dans les boqueteaux où l'on prend les grives et les bécasses au lacet; il devance le pipeur, va de très-grand matin, et souvent plus d'une fois par jour, visiter les lacets, les gluaux, emporte successivement les oiseaux qui se sont empêtrés, les dépose tous en différens endroits, sur-tout au bord des chemins, dans les ornières, sous de la mousse, sous un genièvre, les y laisse quelquefois deux ou trois jours, et sait parfaitement les retrouver au besoin. Il chasse les jeunes levreaux en plaine, saisit quelquefois les lièvres au gîte, ne les manque jamais lorsqu'ils sont blessés, déterre les lapreaux dans les garennes, découvre les nids de perdrix, de cailles, prend la mère sur les œufs, et détruit une quantité prodigieuse de gibier. (Bd. IV, S. 330f.)

Einen herausragend guten Charakter hat nach Buffon der Löwe. Buffon schreibt diesem majestätische Qualitäten zu.[650] Der Löwe erweist sich gemäß seiner Darstellung als großmütig:

> Je pourrois citer ici un grand nombre de faits particuliers dans lesquels j'avoue que j'ai trouvé quelqu'exagération, mais qui cependant sont assez fondés pour prouver au moins, par leur réunion, que sa colère est noble, son courage magnanime, son naturel sensible. On l'a vu souvent dédaigner de petits ennemis, mépriser leurs insultes et leur pardonner des libertés offensantes; on l'a vu réduit en captivité, s'ennuyer sans s'aigrir, prendre au contraire des habitudes douces, obéir à son maître, flater la main qui le nourrit, donner quelquefois la vie à ceux qu'on avoit dévoués à la mort en les lui jetant pour proie; et comme s'il se fût attaché par cet acte généreux, leur continuer ensuite la même protection, vivre tranquillement avec eux, leur faire part de sa subsistance, se la laisser même quelquefois enlever toute entière, et souffrir plutôt la faim que de perdre le fruit de son premier bienfait. (Bd. V, S. 244)

Dass der Löwe vielleicht doch einfach satt ist oder die ihm vorgeworfenen Tiere nicht fressen mag, kommt Buffon nicht in den Sinn. Nach Buffon hat der Löwe auch keine Freude am Töten, sondern tötet nur aus Notwendigkeit:

> On pourroit dire aussi que le Lion n'est pas cruel, puisqu'il ne l'est que par nécessité, qu'il ne détruit qu'autant qu'il consomme, et que dès qu'il est repu il est en pleine paix; tandis que le tigre, le loup et tant d'autres animaux d'espèce inférieure, tels que le renard, la fouine, le putois, le furet, donnent la mort pour le seul plaisir de la donner, et que dans leurs massacres nombreux, ils semblent plutôt vouloir assouvir leur rage que leur faim. (Bd. V, S. 244)

Bei der Jagd ist der Löwe nach Buffon mutig und versteckt sich nicht aus Feigheit oder Hinterhältigkeit, sondern angeblich nur, weil die anderen Tiere ihn fürchten:

> Le Lion, lorsqu'il a faim, attaque de face tous les animaux qui se présentent; mais comme il est très-redouté, et que tous cherchent à éviter sa ren-

[650] Michaut, a.a.O., S. 159f.

contre, il est souvent obligé de se cacher et de les attendre au passage; il se tapit sur le ventre dans un endroit fourré, d'où il s'élance avec tant de force, qu'il les saisit souvent du premier bond [...]. (Bd. V, S. 256)

Dans l'histoire du lion, comme dans la plupart des histoires écrites par Buffon, la description (rapide) du corps et celle des mœurs sont données après une sorte de définition morale, avec laquelle elles doivent „être d'accord". Le lion étant noble et d'un courage magnanime, sa nature est d'attaquer ses proies *de face*; qu'il soit en réalité contraint le plus souvent de les surprendre sournoisement est un accident qui ne peut altérer cette nature.[651]

Dass der Löwe frisch gerissene Beute bevorzugt, spricht nach Buffon ebenfalls für ihn: „[...] il ne se jette pas volontiers sur des cadavres infects, et il aime mieux chasser une nouvelle proie que de retourner chercher les restes de la première" (Bd. V, S. 256). Auch dass der Löwe eher andere Tiere als den Menschen anfällt, ist für Buffon positiv (Bd. V, S. 258).

Der Adler hat für Buffon die gleichen bewundernswerten Eigenschaften wie der Löwe:

L'Aigle a plusieurs convenances physiques et morales avec le lion; la force, et par conséquent l'empire sur les autres oiseaux, comme le lion sur les quadrupèdes; la magnanimité, il dédaigne également les petits animaux et méprise leurs insultes; ce n'est qu'après avoir été longtemps provoqué par les cris importuns de la corneille ou de la pie, que l'Aigle se détermine à les punir de mort; d'ailleurs il ne veut d'autre bien que celui qu'il conquiert, d'autre proie que celle qu'il prend lui-même; la tempérance, il ne mange presque jamais son gibier en entier, et il laisse comme le lion les débris et les restes aux autres animaux. Quelqu'affamé qu'il soit, il ne se jette jamais sur les cadavres. (Bd. IX, S. 14f.)

Diese Charakterisierung ist übertrieben. „Buffon ira jusqu'à chercher des ‚convenances physiques et morales' entre l'aigle et le lion, entre le vautour et le tigre, poursuivant le parallèle au-delà du nécessaire, et même du vraisemblable."[652]

Buffon bemerkt, dass das Adlerpaar für die Jagd kooperiert: „[...] le mâle et la femelle paroissent s'entendre pour la chasse" (Bd. IX, S. 21).

In der Monographie über den Papageitaucher werden die Raubvögel allgemein als „fiers" charakterisiert (Bd. IX, S. 413).

Im Artikel über die Greifvögel teilt Buffon die tagaktiven Raubvögel genauer nach ihrem Charakter ein:

Nous diviserons les oiseaux de proie diurnes en deux ordres, dont le premier sera composé des oiseaux guerriers, nobles et courageux, tels que les aigles, les faucons, autours, éperviers, pie-grièches; et le second contiendra les oiseaux lâches, ignobles et gourmands, tels que les vautours, les milans les buses et les corbeaux. Entre ces deux ordres si différens pour le naturel

[651] Reynaud, a.a.O., S. 356.
[652] Roger, *Buffon*, S. 367.

et les mœurs, il se trouve comme partout ailleurs quelques nuances intermédiaires, quelques espèces qui tiennent aux deux ordres ensemble, et qui participent au naturel des oiseaux nobles et des oiseaux ignobles. (Bd. IX, S. 9f.)

Als besonders mutig stellt Buffon den Falken dar: „Le Faucon est peut-être l'oiseau dont le courage est le plus franc, le plus grand relativement à ses forces: il fond sans détour et perpendiculairement sur sa proie; au lieu que l'autour et la plupart des autres arrivent de côté" (Bd. IX, S. 43). Bei der interspezifischen Konkurrenz um Nahrung mit dem Milan wird der Falke ebenfalls positiv charakterisiert:

> [...] on le voit fréquemment attaquer le milan, soit pour exercer son courage, soit pour lui enlever une proie; mais il lui fait plutôt la honte que la guerre; il le traite comme un lâche, le chasse, le frappe avec dédain et ne le met point à mort, parce que le milan se défend mal, et que probablement sa chair répugne au Faucon encore plus que sa lâcheté ne lui déplaît. (Bd. IX, S. 44)

Ebenfalls als mutig werden *pie-grièches* (Bd. IX, S. 53f.) und *condor* (Bd. IX, S. 77, 80f.) charakterisiert.

In der *Histoire naturelle* sind die Beispiele für Fleischfresser mit negativem Charakter zahlreich.

Bei der Schnepfe (Bd. IX, S. 256) und dem Specht bestimmt die schwierige Nahrungssuche ihren Charakter:

> [...] le Pic assujéti à une tâche pénible, ne peut trouver sa nourriture qu'en perçant les écorces et la fibre dure des arbres qui la recèlent; occupé sans relâche à ce travail de necessité, il ne connoît ni délassement ni repos; souvent même il dort et passe la nuit dans l'attitude contrainte de la besogne du jour; il ne partage pas les doux ébats des autres habitans de l'air; il n'entre point dans leurs concerts, et n'a que des cris sauvages, dont l'accent plaintif, en troublant le silence des bois, semble exprimer ses efforts et sa peine: ses mouvemens sont brusques; il a l'air inquiet, les traits et la physionomie rudes, le naturel sauvage et farouche; il fuit toute société, même celle de son semblable [...]. (Bd. VII, S. 336)

Bei den domestizierten Hunden wirkt sich nach Buffon der Überfluss an Nahrung negativ aus: „Ces animaux, qui de leur naturel sont très-vigilans, très-actifs, et qui sont faits pour le plus grand mouvement, deviennent dans nos maisons, par la surcharge de la nourriture, si pesans et si paresseux, qu'ils passent toute leur vie à ronfler, dormir et manger" (Bd. IV, S. 211f.). An dieser Stelle wird also ausnahmsweise ein negativer Einfluss des Menschen auf den Hund dargestellt. Bei den fleischfressenden Meisen verstärkt die Domestikation nach Montbeillard den negativen Charakter:

> [...] enfin elles cherchent dans la campagne de petits oiseaux morts, et si elles en trouvent de vivans affoiblis par la maladie, embarrassés dans les pié-

> ges, en un mot sur qui elles aient de l'avantage, fussent-ils de leur espèce, elles leur percent le crâne et se nourrissent de leur cervelle; et cette cruauté n'est pas toujours justifiée par le besoin, puisqu'elles se la permettent lors même qu'elle leur est inutile, par exemple, dans une volière où elles ont en abondance la nourriture qui leur convient [...]. On a remarqué que celles que l'on tient en cage, sont avides de sang, de viande gâtée, de graisse rance et de suif fondu ou plutôt brûlé par la flamme de la chandelle; il semble que leur goût se déprave dans l'état de domesticité. (Bd. VIII, S. 265)

Extrem negativ werden die omnivoren Schweine charakterisiert:

> De tout les Quadrupèdes, le Cochon paroît être l'animal le plus brut; les imperfections de la forme semblent influer sur le naturel; toutes ses habitudes sont grossières, tous ses goût sont immondes, toutes ses sensations se réduisent à une luxure furieuse et à une gourmandise brutale, qui lui fait dévorer indistinctement tout ce qui se présente, même sa progéniture au moment qu'elle vient de naître. Sa voracité dépend apparemment du besoin continuel qu'il a de remplir la grande capacité de son estomac; et la grossiéreté de ses appétits, de l'hébétation du sens du goût et du toucher. [...] Ils ont donc le toucher fort obtus et le goût aussi grossier que le toucher [...]. (Bd. IV, S. 179f.)
>
> Cependant on ne peut nier qu'ils ne soient avides de sang et de chair sanguinolente et fraîche, puisque les cochons mangent leurs petits, et même des enfans au berceau: dès qu'ils trouvent quelque chose de succulent, d'humide, de gras et d'onctueux, ils le lèchent et finissent bientôt par l'avaler. J'ai vu plusieurs fois un troupeau entier de ces animaux s'arrêter, à leur retour des champs, autour d'un morceau de terre glaise nouvellement tirée; tous léchoient cette terre, qui n'étoit que très-légèrement onctueuse, et quelques-uns en avaloient une assez grande quantité. Leur gourmandise est, comme l'on voit, aussi grossière que leur naturel est brutal; ils n'ont aucun sentiment bien distinct; [...]. (Bd. IV, S. 186f.)

Mit den Opfern des Vielfraßes hat Buffon Mitleid:

> [...] ces pauvres animaux précipitent leur courses; en vain ils se frottent contre les arbres et font les plus grands efforts pour se délivrer; l'ennemi, assis sur leur croupe ou sur leur cou, continue à leur sucer le sang, à creuser leur plaie, à les dévorer en détail avec le même acharnement, la même avidité, jusqu'à qu'il les ait mis à mort; [...]. (Bd. V, S. 311f.)

Negativ charakterisiert werden insbesondere die Tiere, die dem Menschen und den von ihm gehaltenen Tieren schaden. Hier ist vor allem der Wolf zu nennen:

> Il est naturellement grossier et poltron, mais il devient ingénieux par besoin, et hardi par nécessité; pressé par la famine, il brave le danger, vient attaquer les animaux qui sont sous la garde de l'homme, ceux surtout qu'il peut emporter aisément, comme les agneaux, les petits chiens, les chevreaux; et lorsque cette maraude lui réussit, il revient souvent à la charge, jusqu'à ce qu'ayant été blessé ou chassé et maltraité par les hommes et les chiens, il se recèle pendant le jour dans son fort, n'en sort que la nuit, parcourt la campagne, rôde autour des habitations, ravit les animaux abandon-

nés, vient attaquer les bergeries, gratte et creuse la terre sous les portes, entre furieux, met tout à mort avant de choisir et d'emporter sa proie. Lorsque ces courses ne lui produisent rien, il retourne au fond des bois, se met en quête, cherche, suit à la piste, chasse, poursuit les animaux sauvages, dans l'espérance qu'un autre loup pourra les arrêter, les saisir dans leur fuite, et qu'ils en partageront la dépouille. Enfin lorsque le besoin est extrême, il s'expose à tout; il attaque les femmes et les enfans, se jette même quelquefois sur les hommes, devient furieux par ces excès, qui finissent ordinairement par la rage et la mort. (Bd. IV, S. 317f.)

Auch die Kooperation der Wölfe bei der Nahrungsbeschaffung wertet Buffon negativ:

> Le Loup est [...] l'ennemi de toute société; il ne fait pas même compagnie à ceux de son espèce: lorsqu'on les voit plusieurs ensemble, ce n'est point une société de paix, c'est un attroupement de guerre, qui se fait à grand bruit avec des hurlemens affreux, et qui dénote un projet d'attaquer quelque gros animal, comme un cerf, un bœuf, ou de se défaire de quelque redoutable mâtin. Dès que leur expédition militaire est consommée, ils se séparent et retournent en silence à leur solitude. (Bd. IV, S. 319)

Buffon ignoriert hier die Tatsache, dass Wölfe in Rudeln leben. Besonders negativ ist für Buffon, dass der Wolf auch Menschenfleisch frisst:

> Il aime la chair humaine, et peut-être s'il étoit le plus fort, n'en mangeroit-il pas d'autre. On a vu des loups suivre les armées, arriver en nombre à des champs de bataille où l'on n'avoit enterré que négligemment les corps, les découvrir, les dévorer avec une insatiable avidité, et ces mêmes loups, accoutumés à la chair humaine, se jeter ensuite sur les hommes, attaquer le berger plutôt que le troupeau, dévorer des femmes et emporter des enfans. (Bd. IV, S. 324f.)

Buffon berichtet auch von einem Wolf, den er bei sich hatte aufziehen lassen: „J'en ai eu un qui ayant été élevé en toute liberté dans une basse-cour avec des poules pendant dix-huit ou dix-neuf mois, ne les avoit jamais attaquées; mais pour son coup d'essai il les tua toutes en une nuit sans en manger aucune" (Bd. IV, S. 328).

„[...] la Loutre est méchante de son naturel", da der Fischotter mehr Fische im Fischteich tötet, als er fressen kann (Bd. VI, S. 258). Flughunde hält Buffon ebenfalls für „méchans", da sie nicht nur Geflügel und kleine Tiere angreifen, sondern auch den Menschen (Bd. V, S. 329f.). Auch Hyänen haben nach Buffon ein „naturel féroce" und greifen Tiere und Menschen an (Bd. V, S. 295f.). Ähnlich urteilt Buffon über die Schakale, die Tiere und Leichen fressen (Bd. V, S. 288f.).

Zu Beginn des Artikels über Panther, Schneeleopard und Leopard verurteilt Buffon den Charakter der Katzenartigen:

> LE genre des animaux cruels est l'un des plus nombreux et des plus variés; le mal semble ici, comme ailleurs, se reproduire sous toutes sortes de formes, et se revêtir de plusieurs natures. Le lion et le tigre, comme espèces

> isolées, sont en première ligne; toutes les autres, savoir, les panthères, les onces, les léopards, les guépards, les lynx, les caracals, les jaguars, les couguars, les ocelots, les servals, les margais et les chats ne font qu'une même et méchante famille, dont les différentes branches se sont plus ou moins étendues, et ont plus ou moins varié suivant les différens climats: tous ces animaux se ressemblent par le naturel, quoiqu'ils soient très-différens pour la grandeur et par la figure; ils ont tous les yeux étincelans, le museau court, et les ongles aigus, courbés et rétractibles; ils sont tous nuisibles, féroces, indomptables; le chat qui en est la dernière est la plus petite espèce, quoique réduit en servitude, n'en est ni moins perfide, ni moins volontaire; le chat sauvage a conservé le caractère de la famille; il est aussi cruel, aussi méchant, aussi déprédateur en petit, que ses consanguins le sont en grand; ils sont tous également carnassiers, également ennemis des autres animaux. L'homme avec toutes ses forces n'a jamais pu les détruire; on a de tout temps employé contre eux le feu, le fer, le poison, les pièges; mais comme tous les individus multiplient beaucoup, et que les espèces elles-mêmes sont fort multipliées, les efforts de l'homme se sont bornés à les faire reculer et à les resserrer dans les déserts, d'où ils ne sortent jamais sans répandre la terreur et causer autant de dégât que d'effroi; un seul tigre échappé de sa forêt suffit pour alarmer tout un peuple et le forcer à s'armer; que seroit-ce si ces animaux sanguinaires arrivoient en troupe, et s'ils s'entendoient comme les chiens sauvages ou les chacals dans leurs projets de déprédations? La Nature a donné cette intelligence aux animaux timides, mais heureusement les animaux fiers sont tous solitaires; ils marchent seuls et ne consultent que leur courage, c'est-à-dire, la confiance qu'ils ont en leur force. (Bd. V, S. 271f.)

Die Raubvögel allgemein haben nach Buffon ebenfalls einen negativen Charakter:

> Tous les Oiseaux de proie ont plus de dureté dans le naturel et plus de férocité que les autres oiseaux; [...]. Cette cruauté, comme toutes les autres duretés naturelles, n'est produite que par un sentiment encore plus dur, qui est le besoin pour soi-même et la nécessité. Tous les animaux qui, par la conformation de leur estomac et de leur intestins, sont forcés de se nourrir de chair et de vivre de proie, quand même ils seroient nés doux, deviennent bientôt offensifs et méchans par le seul usage de leurs armes, et prennent ensuite de la férocité dans l'habitude des combats: comme ce n'est qu'en détruisant les autres qu'ils peuvent satisfaire à leurs besoins, et qu'ils ne peuvent les détruire qu'en leur faisant continuellement la guerre, ils portent une ame de colère qui influe sur toutes leurs actions, détruit tous les sentimens doux [...].
>
> Un autre effet de cette dureté naturelle et acquise est l'insociabilité: les Oiseaux de proie, ainsi que les quadrupèdes carnassiers, ne se réunissent jamais les uns avec les autres; ils mènent, comme les voleurs, une vie errante et solitaire [...]. (Bd. IX, S. 5 – 7)

Besonders negativ werden die Geier charakterisiert:

> L'on a donné aux aigles le premier rang parmi les Oiseaux de proie, non parce qu'ils sont plus forts et plus grands que les vautours, mais parce qu'ils sont plus généreux, c'est-à-dire moins bassement cruels; leurs mœurs sont plus fières, leurs démarches plus hardies, leur courage plus noble, ayant au moins autant de goût pour la guerre que d'appétit pour la proie; les Vautours au contraire n'ont que l'instinct de la basse gourmandise et de la voracité; ils ne combattent guère les vivans que quand ils ne peuvent s'assouvir sur les morts. L'aigle attaque ses ennemis ou ses victimes corps à corps; seul il les poursuit, les combat, les saisit; les Vautours au contraire, pour peu qu'ils prévoient de résistance, se réunissent en troupes comme de lâches assassins, et sont plutôt des voleurs que des guerriers, des oiseaux de carnage que des oiseaux de proie; car dans ce genre, il n'y a qu'eux qui se mettent en nombre et plusieurs contre un; il n'y a qu'eux qui s'acharnent sur les cadavres au point de les déchiqueter jusqu'aux os; la corruption, l'infection les attire au lieu de les repousser; les éperviers, les faucon et jusqu'aux plus petits oiseaux montrent plus de courage, car ils chassent seuls, et presque tous dédaignent la chair morte, et refusent celle qui est corrompue: dans les Oiseaux comparés aux quadrupèdes, le Vautour semble réunir la force et la cruauté du tigre, avec la lâcheté et la gourmandise du chacal, qui se met également en troupes pour dévorer les charognes et déterrer les cadavres; tandis que l'aigle a, comme nous l'avons dit, le courage, la noblesse, la magnanimité et la munificence du lion. (Bd. IX, S. 64f.)

Einen ebenso negativen Charakter wie die Geier haben nach Buffons Meinung auch die Möwen, bei denen Buffon insbesondere intraspezifische und interspezifische Konkurrenz um Nahrung darstellt:

> TOUS ces oiseaux Goélands et Mouettes sont également voraces et criards; on peut dire que ce sont les vautours de la mer; ils la nétoient des cadavres de toute espèce qui flottent à sa surface, ou qui sont rejetés sur les rivages. Aussi lâches que gourmands, ils n'attaquent que les animaux foibles, et ne s'acharnent que sur les corps morts. Leur port ignoble, leurs cris importuns, leur bec tranchant et crochu présentent les images désagréables d'oiseaux sanguinaires et bassement cruels; aussi les voit-on se battre avec acharnement entr'eux pour la curée [...]; mais toutes, grandes et petites, étant en liberté, s'épient, se guettent sans cesse pour se piller et se dérober réciproquement la nourriture ou la proie: tout convient à leur voracité; le poisson frais ou gâté, la chair sanglante, récente ou corrompue, les écailles, les os même, tout se digère ou se consume dans leur estomac; [...]. (Bd. IX, S. 387)

Nach Montbeillard spielt bei den Karnivoren generell die Konkurrenz um Nahrung eine prägende Rolle für deren Charakter. Im Artikel über den Raben schreibt er über „cette antipathie nécessaire qui est entre tous les animaux carnassiers, ennemis nés de tous les foibles qui peuvent devenir leur proie, et de tous les forts qui peuvent la leur disputer“ (Bd. IX, S. 104).

6.2.4 Die Konkurrenz

Bei den meisten Beispielen für die Darstellung von Konkurrenz in der *Histoire naturelle* handelt es sich um die Konkurrenz um Nahrung oder um Fortpflanzungspartner.

Es gibt aber auch weitere Beispiele für intraspezifische und interspezifische Konkurrenz, mit denen Buffon und Montbeillard die Tiere charakterisieren.

Intraspezifische Konkurrenz gibt es beispielsweise bei den *oiseaux-mouches*: „Quelquefois même ils se livrent entr'eux de très-vifs combats" (Bd. VIII, S. 281).

Buffon stellt eine intraspezifische Konkurrenz der Damhirsche um ein Territorium dar. Dabei charakterisiert er diese Tiere als gut organisierte und mutige Kämpfer:

> Dans les parcs, lorsqu'ils se trouvent en grand nombre; ils forment ordinairement deux troupes qui sont bien distinctes, bien séparées, et qui bientôt deviennent ennemies, parce qu'ils veulent également occuper le même endroit du parc; chacune de ces troupes a son chef qui marche le premier, et c'est le plus fort et le plus âgé; les autres suivent et tous se disposent à combattre pour chasser l'autre troupe du bon pays. Ces combats sont singuliers par la disposition qui paroît y régner; ils s'attaquent avec ordre, se battent avec courage, se soutiennent les uns les autres et ne se croient pas vaincus par un seul échec; car le combat se renouvelle tous les jours, jusqu'à ce que les plus forts chassent les plus foibles et les relèguent dans le mauvais pays. (Bd. IV, S. 252f.)

„Ainsi apparaissent, de manière encore fugitive, les notions de ‚territoire', de société animales et de ‚mâle dominant'."[653]

Die Seelöwenmännchen kämpfen konsequent um ihren Liegeplatz: „[...] ils se battent aussi pour conserver la place que chaque mâle occupe toujours sur une grosse pierre qu'il a choisie pour domicile; et, lorsqu'un autre mâle vient pour l'en chasser, le combat commence et ne finit que par la fuite ou par la mort du plus faible" (Bd. VI, S. 306).

Es gibt auch interspezifische Konkurrenz um Plätze, wobei sich die stärkere Art durchsetzt:

> Ces Ours-marins ne craignent aucun des autres animaux de la mer; cependant ils paroissent fléchir devant le lion-marin, car ils l'évitent avec soin et ne s'en approchent jamais, quoique souvent établis sur le même terrein; mais ils font une guerre cruelle à la loutre-marine (saricovienne), qui étant plus petite et plus foible, ne peut se défendre contr'eux. (Bd. VI, S. 293f.)

---

[653] Roger, *Buffon*, S. 375.

Die Distelfinken sind nach Montbeillard nur friedlich im Umgang mit Artgenossen, nicht mit Artfremden:

> On ne croiroit pas qu'avec tant de vivacité et de pétulance, les Chardonnerets fussent si doux et même si dociles. Ils vivent en paix les uns avec les autres; ils se recherchent, se donnent des marques d'amitié en toute saison, et n'ont guère de querelles que pour la nourriture. Ils sont moins pacifiques à l'égard des autres espèces; ils battent les serins et les linottes, mais ils sont battus à leur tour par les mésanges. Ils ont le singulier instinct de vouloir toujours se coucher au plus haut de la volière, et l'on sent bien que c'est une occasion de rixe lorsque d'autres oiseaux ne veulent point leur céder la place. (Bd. VIII, S. 109f.)

Buffon hat zwei Möwenarten selbst beobachtet: „[...] nous avons eu le grand goéland à manteau noir et le goéland à manteau gris" (Bd. IX, S. 390). Ihren Charakter beurteilt er negativ: „ils donnèrent d'abord des signes évidens de leur mauvais naturel, se poursuivant sans cesse, et le plus grand ne souffrant jamais que le petit mangeât ni se tînt à côté de lui" (Bd. IX, S. 390). Trotz der negativen Wertung kann Buffon dem Verhalten dieser Vögel einen Denkanstoß für das moralische Verhalten der Menschen abgewinnen:

> [...] leur paresse se marquoit jusque dans leur colère; car quand le plus grand poursuivoit l'autre, il se contentoit de le suivre au pas, comme s'il n'eût pas été pressé de l'atteindre; ce dernier à son tour ne sembloit doubler le pas qu'autant qu'il le falloit pour éviter le combat, et dès qu'il se sentoit suffisamment éloigné, il s'arrêtoit, et répétoit la même manœuvre autant de fois qu'il étoit nécessaire pour être toujours hors de la portée de son ennemi, après quoi tous deux restoient tranquilles, comme si la distance suffisoit pour détruire l'antipathie. Le plus foible ne devroit-il pas toujours trouver ainsi sa sûreté en s'éloignant du plus fort? Mais malheureusement la tyrannie est dans les mains de l'homme, un instrument qu'il déploie et qu'il étend aussi loin que sa pensée. (Bd. IX, S. 391)

Friedfertige Vögel werden zum Teil besser beurteilt, wie beispielsweise der Feldsperling: „[...] le Friquet [...] fuit le séjour et la rencontre du moineau qui est plus fort et plus méchant que lui" (Bd. VIII, S. 230).

Montbeillard hält die Meisen nicht für von Grund auf schlecht:

> D'ailleurs quoique les Mésanges se battent et s'entre-dévorent quelquefois, sur-tout certaines espèces qui ont l'une pour l'autre une antipathie marquée, elles vivent aussi quelquefois de bonne intelligence entr'elles, et même avec des oiseaux d'une autre espèce; et l'on peut dire qu'elles ne sont pas essentiellement cruelles comme les pie-grièches, mais seulement par accès et dans certaines circonstances qui ne sont pas toutes bien connues. J'en ai vu qui bien loin d'abuser de leur force, le pouvant faire sans aucun risque, se sont montrées capables de la sensibilité et de l'intérêt que la foiblesse devroit toujours inspirer au plus fort. Ayant mis dans la cage où étoit une mésange bleue, deux petites mésanges noires prises dans le nid, la bleue les adopta pour ses enfans, leur tint lieu d'une mère tendre, et parta-

gea avec eux sa nourriture ordinaire, ayant grand soin de leur casser elle-même les graines trop dures qui s'y trouvoient mêlées. Je doute fort qu'une pie-grièche eût fait cette bonne action. (Bd. VIII, S. 269)

Buffon bewundert den Wagemut der *oiseaux-mouches*:

> Rien n'égale la vivacité de ces petits oiseaux, si ce n'est leur courage ou plutôt leur audace. On les voit poursuivre avec furie des oiseaux vingt fois plus gros qu'eux; s'attacher à leur corps, et se laissant emporter par leur vol, les becqueter à coups redoublés jusqu'à ce qu'ils aient assouvi leur petite colère. (Bd. VIII, S. 281)

Nach Montbeillard reagiert der *rossignol* eifersüchtig auf den Gesang anderer Vögel:

> [...] on en a vu un autre qui s'agitoit, gonfloit sa gorge et faisoit entendre un gazouillement de colère toutes les fois qu'un serin qui étoit près de lui se disposoit à chanter, et il étoit venu à bout par ses menaces de lui imposer le silence, tant il est vrai que la supériorité n'est pas toujours exempte de jalousie! Seroit-ce par une suite ce cette passion de primer, que ces oiseaux sont si attentif à prendre leurs avantages, et qu'ils se plaisent à chanter dans un lieu résonnant ou bien à portée d'un écho? (Bd. VIII, S. 62)

Montbeillard verteidigt den Kuckuck. Bezüglich des jungen Kuckucks im Nest seines Wirtsvogels schreibt er:

> [...] enfin plusieurs croient qu'avant de prendre son essor, le nourrisson dévore la nourrice qui lui avoit tout donné jusqu'à son propre sang: il semble qu'on ait voulu faire du Coucou un archétype d'ingratitude; mais il ne falloit pas lui prêter des crimes physiquement impossible: n'est-il pas impossible en effet que le jeune coucou, à peine en état de manger seul, ait assez de force pour dévorer un pigeon ramier, une alouette, un bruant, une fauvette? [...] il n'est pas vrai qu'il ait l'habitude de dévorer ni sa nourrice ni les petits de sa nourrice [...]. (Bd. VII, S. 349f.)

Montbeillard genügt es jedoch nicht klarzustellen, dass der Kuckuck den Wirtsvogel nicht frisst. Er behauptet, der Kuckuck sei dankbar:

> Au reste, bien loin d'être ingrat, le Coucou paroît conserver le souvenir du bienfait, et n'y être pas insensible. On prétend qu'en arrivant de son quartier d'hiver, il se rend avec empressement au lieu de sa naissance, et que lorsqu'il y retrouve sa nourrice ou ses frères nourriciers, tous éprouvent une joie réciproque [...]. (Bd. VII, S. 351)

Interessant ist hier auch, dass Montbeillard die „frères nourriciers" anführt. An anderer Stelle erwähnt er, dass wegen der Größe des Kuckucks manchmal Eier oder Jungvögel der Wirte aus dem Nest gestoßen werden (Bd. VII, S. 357). Die Tatsache, dass der junge Kuckuck aktiv die Eier und Jungvögel aus dem Nest befördert, passt nicht zu Montbeillards Plädoyer für den Kuckuck.

6.2.5 Die Kooperation

Beispiele für Kooperation gibt es in der *Histoire naturelle* nicht nur beim Schutz vor Feinden und beim Nahrungserwerb.

Insgesamt werden allein lebende Tiere in der *Histoire naturelle* eher negativ beurteilt. Der Dachs zum Beispiel sei „paresseux, défiant, solitaire“ (Bd. IV, S. 338).

Soziale Tiere werden in der Regel positiver charakterisiert.

Obwohl die Meisen Gesellschaft mögen, beurteilt Montbeillard ihren Charakter hier jedoch negativ:

> En général toutes les mésanges, quoiqu'un peu féroces, aiment la société de leurs semblables, et vont par troupes plus ou moins nombreuses: lorsqu'elles ont été séparées par quelqu'accident, elles se rappellent mutuellement et sont bientôt réunies; cependant elles semblent craindre de s'approcher de trop près; sans doute que, jugeant des dispositions de leurs semblables par les leurs propres, elles sentent qu'elles ne doivent pas s'y fier: telle est la société des méchans. (Bd. VIII, S. 265f.)

Seehunde (Bd. VI, S. 278) und Lamantine (Bd. VI, S. 330) dagegen helfen sich gegenseitig.

Soziales Verhalten der Vögel bietet Buffon und Montbeillard Gelegenheit zu moralischen Überlegungen. Montbeillard schreibt über die Seidenschwänze:

> Ces oiseaux sont d'un caractère tout-à-fait social; ils vont ordinairement par grandes troupes et quelquefois ils forment des volées innombrables; mais outre ce goût général qu'ils ont pour la société, ils paroissent capables entr'eux d'un attachement de choix, et d'un sentiment particulier de bienveillance, indépendant même de l'attrait réciproque des sexes; car nonseulement le mâle et la femelle se caressent mutuellement et se donnent tour à tour à manger; mais on a observé les mêmes marques de bonne intelligence, de bonne amitié de mâle à mâle comme de femelle à femelle. Cette disposition à aimer, qui est une qualité si agréable pour les autres, est souvent sujète à de grands inconvéniens pour celui qui en est doué; elle suppose toujours en lui plus de douceur que d'activité, plus de confiance que de discernement, plus de simplicité que de prudence, plus de sensibilité que d'énergie; elle le précipite dans les pièges que des êtres moins aimans et plus dominés par l'intérêt personnel, multiplient sous ses pas; aussi ces oiseaux passent-ils pour être des plus stupides, et ils sont de ceux qu'on prend en plus grand nombre. (Bd. VIII, S. 217f.)

Das Verhalten der jungen Störche stellt Buffon als Vorbild für den Menschen dar:

> On a souvent vu des cigognes jeunes et vigoureuses, apporter de la nourriture à d'autres, qui se tenant sur le bord du nid, paroissoient languissantes et affoiblies, soit par quelqu'accident passager, soit que réellement la Cigogne, comme l'ont dit les anciens, ait le touchant instinct de soulager la vieillesse, et que la Nature, en plaçant jusque dans des cœurs bruts ces

pieux sentiments auxquels les cœurs humains ne sont que trop souvent infidèles, ait voulu nous en donner l'exemple. (Bd. IX, S. 207)

Enthusiastisch bewundert[654] Buffon die Kooperation der Biber, die für ihn ein Zeichen von Intelligenz ist:

> Les Castors sont peut-être le seul exemple qui subsiste comme un ancien monument de cette espèce d'intelligence des brutes, qui, quoiqu'infiniment inférieure par son principe à celle de l'homme, suppose cependant des projets communs et des vues relatives; projets qui ayant pour base la société, et pour objet une digue à construire, une bourgade à élever, une espèce de république à fonder, supposent aussi une manière quelconque de s'entendre et d'agir de concert. (Bd. VI, S. 233f.)

Einen Vergleich mit den Bienen lässt Buffon nicht zu: „Les Castors, dira-t-on, sont parmi les Quadrupèdes ce que les abeilles sont parmi les insectes. Quelle différence!“ (Bd. VI, S. 234). Die Arbeiten der Insekten seien

> des travaux purement mécaniques qui ne supposent aucune intelligence, aucun projet concerté, aucune vue générale; des travaux qui n'étant que le produit d'une nécessité physique, un résultat de mouvemens communs, s'exercent toujours de la même façon dans tous les temps et dans tous les lieux, par une multitude qui ne s'est point assemblée par choix, mais qui se trouve réunie par force de nature. Ce n'est donc pas la société, c'est le nombre seul qui opère ici; c'est une puissance aveugle, qu'on ne peut comparer à la lumière qui dirige toute société [...]. (Bd. VI, S. 235)

Die Arbeit der Biber kann man nach Buffon mit der der wilden Menschen vergleichen:

> [...] je ne parle point de cette lumière pure, de ce rayon divin, qui n'a été départi qu'à l'homme seul; les Castors en sont assurément privés, comme tous les autres animaux: mais leur société n'étant point une réunion forcée, se faisant au contraire par une espèce de choix, et supposant au moins un concours général et des vues communes dans ceux qui la composent, suppose au moins aussi une lueur d'intelligence qui, quoique très-différente de celle de l'homme par le principe, produit cependant des effets assez semblables pour qu'on puisse les comparer, non pas dans la société plénière et puissante, telle qu'elle existe parmi les peuples anciennement policés, mais dans la société naissante, chez des hommes sauvages, laquelle seule peut avec équité être comparée à celle des animaux.
>
> Voyons donc le produit de l'une et de l'autre de ces sociétés; voyons jusqu'où s'étend l'art du Castor, et où se borne celui du sauvage. Rompre une branche pour s'en faire un bâton, se bâtir une hutte, la couvrir de feuillages pour se mettre à l'abri, amasser de la mousse ou du foin pour se faire un lit, sont des actes communs à l'animal et au sauvage; les ours font des huttes, les singes ont des bâtons, plusieurs autres animaux se pratiquent un domicile propre, commode, impénétrable à l'eau. [...] couper et transporter

---

[654] Gascar, a.a.O., S. 160.

un gros arbre, élever un carbet, construire une pyrogue, sont au contraire des opérations qui supposent nécessairement un travail commun et des vues concertées. Ces ouvrages sont aussi les seuls résultats de la société naissante chez les nations sauvages, comme les ouvrages des Castors sont les fruits de la société perfectionnée parmi ces animaux: car il faut observer qu'ils ne songent point à bâtir, à moins qu'ils n'habitent un pays libre, et qu'ils n'y soient parfaitement tranquilles. (Bd. VI, S. 235f.)

Den Biber als einzelnes Tier hält Buffon nicht für besonders intelligent (Bd. VI, S. 237f.).

Die bauenden Biber charakterisiert Buffon dagegen als geniale Konstrukteure und eifrige Handwerker[655]:

Cette construction paroît énorme pour des animaux de cette taille, et suppose en effet un travail immense; mais la solidité avec laquelle l'ouvrage est construit, étonne encore plus que sa grandeur. L'endroit de la rivière où ils établissent cette digue est ordinairement peu profond; s'il se trouve sur le bord un gros arbre qui puisse tomber dans l'eau, ils commencent par l'abattre pour en faire la pièce principale de leur construction: cet arbre est souvent plus gros que le corps d'un homme; ils le scient, ils le rongent au pied, et sans autre instrument que leurs quatre dents incisives, ils le coupent en assez peu de temps, et le font tomber du côté qu'il leur plaît, c'est-à-dire en travers sur la rivière; ensuite ils coupent les branches de la cime de cet arbre tombé, pour le mettre de niveau et le faire porter partout également. Ces opérations se font en commun; plusieurs castors rongent ensemble le pied de l'arbre pour l'abattre; plusieurs aussi vont ensemble pour en couper les branches lorsqu'il est abattu; d'autres parcourent en même temps les bords de la rivière, et coupent de moindres arbres, les uns gros comme la jambe, les autres comme la cuisse; ils les dépècent et les scient à une certaine hauteur pour en faire des pieux; ils amènent ces pièces de bois, d'abord par terre jusqu'au bord de la rivière, et ensuite par eau jusqu'au lieu de leur construction; ils en font une espèce de pilotis serré, qu'ils enfoncent encore en entrelaçant des branches entre les pieux.

Cette opération suppose bien des difficultés vaincues [...]. (Bd. VI, S. 239f.)

Buffon stellt übertrieben bewundernd den Bau des Deiches und der Behausungen dar (Bd. VI, S. 239 – 243). Dabei ist das Verhalten der Biber nach Buffon vorbildlich[656] und es gibt keinen Streit unter ihnen:

[...] on peut dire que leur société est souvent composée de cent cinquante ou deux cents ouvriers associés, qui tous ont travaillé d'abord en corps pour élever le grand ouvrage public, et ensuite par compagnie pour édifier des habitations particulières. Quelque nombreuse que soit cette société, la paix s'y maintient sans altération; le travail commun a resserré leur union; les commodités qu'ils se sont procurées, l'abondance des vivres qu'ils

655 Gascar, a.a.O., S. 160.
656 Gascar, a.a.O., S. 160.

> amassent et consomment ensemble, servent à l'entretenir; des appétits modérés, des goûts simples, de l'aversion pour la chair et le sang, leur ôtent jusqu'à l'idée de rapine et de guerre: ils jouissent de tous les biens que l'homme ne sait que desirer. Amis entr'eux, s'ils ont quelques ennemis dehors, ils savent les éviter; ils s'avertissent en frappant avec leur queue sur l'eau un coup qui retenti au loin dans toutes les voûtes des habitations; chacun prend son parti, ou de plonger dans le lac, ou de se receler dans leurs murs qui ne craignent que le feu du ciel ou le fer de l'homme, et qu'aucun animal n'ose entreprendre d'ouvrir ou renverser. Ces asyles sont non-seulement très-sûrs, mais encore très-propres et très-commodes; [...]. (Bd. VI, S. 243f.)

Buffons Beschreibung der Behausungen der Biber erinnert an die Häuser der Menschen (Bd. VI, S. 244).

Trotz aller Begeisterung über die Bauten der Biber schätzt Buffon die Verbände der Vögel, insbesondere der Zugvögel, noch höher als die der Vierfüßler:

> L'INSTINCT social n'est pas donné à toutes les espèces d'oiseaux; mais dans celles où il se manifeste, il est plus grand, plus décidé que dans les autres animaux. Non seulement leurs atroupemens sont plus nombreux et leurs réunions plus constantes que celles des quadrupèdes, mais il semble que ce n'est qu'aux oiseaux seuls qu'appartient cette communauté de goûts, de projets, de plaisirs, et cette union des volontés qui fait le lien de l'attachement mutuel, et le motif de la liaison générale. Cette supériorité d'instinct social dans les oiseaux, suppose d'abord une nombreuse multiplication, et vient ensuite de ce qu'ils ont plus de moyens et de facilités de se rapprocher, de se rejoindre, de demeurer et voyager ensemble, ce qui les met à portée de s'entendre et de se communiquer assez d'intelligence pour connoître les premières lois de la société, qui dans toute espèce d'êtres ne peut s'établir que sur un plan dirigé par des vues concertées. C'est cette intelligence qui produit entre les individus l'affection, la confiance et les douces habitudes de l'union, de la paix et de tous les biens qu'elle procure. En effet, si nous considérons les sociétés libres ou forcées des animaux quadrupèdes, soit qu'ils se réunissent furtivement et à l'écart dans l'état sauvage, soit qu'ils se trouvent rassemblés avec indifférence ou regret sous l'empire de l'homme et atroupés en domestiques ou en esclaves, nous ne pourrons les comparer aux grandes sociétés des oiseaux, formées par pur instinct, entretenues par goût, par affection, sous les auspices de la pleine liberté. (Bd. IX, S. 278f.)

Gerade weil der Mensch auf die Vögel weniger Einfluss ausüben kann, bewundert Buffon ihre Verbände:

> Nous avons vu les pigeons chérir leur commun domicile, et s'y plaire d'autant plus qu'ils y sont plus nombreux; nous voyons les cailles se rassembler, se reconnoître, donner et suivre l'avis général du départ; nous savons que les oiseaux gallinacés ont même dans l'état sauvage des habitudes sociales que la domesticité n'a fait que seconder sans contraindre leur nature;

enfin nous voyons tous les oiseaux qui sont écartés dans les bois, ou dispersés dans les champs, s'atrouper à l'arrière saison, et après avoir égayé de leurs jeux les derniers beaux jours de l'automne, partir de concert pour aller chercher ensemble des climats plus heureux et des hivers tempérés; et tout cela s'exécute indépendamment de l'homme, quoiqu'à l'entour de lui, et sans qu'il puisse y mettre obstacle, au lieu qu'il anéantit ou contraint toute société, toute volonté commune dans les animaux quadrupèdes; en les désunissant il les a dispersés; la marmotte sociale par instinct, se trouve reléguée, solitaire à la cime des montagnes; le castor encore plus aimant, plus uni et presque policé, a été repoussé dans le fond des déserts; l'homme a détruit ou prévenu toute société entre les animaux; il a éteint celle du cheval, en soumettant l'espèce entière au frein; il a gêné celle même de l'éléphant, malgré la puissance et la force de ce géant des animaux, malgré son refus constant de produire en domesticité. Les oiseaux seuls ont échappé à la domination du tyran; il n'a rien pu sur leur société qui est aussi libre que l'empire de l'air; toutes ses atteintes ne peuvent porter que sur la vie des individus; il en diminue le nombre, mais l'espèce ne souffre que cet échec, et ne perd ni la liberté, ni son instinct, ni ses mœurs. Il y a même des oiseaux que nous ne connoissons que par les effets de cet instinct social, et que nous ne voyons que dans les momens de l'atroupement général et de leur réunion en grande compagnie: telle est en général la société de la plupart des espèces d'oiseaux d'eau, et en particulier celle des Pluviers. (Bd. IX, S. 280f.)

6.2.6 Das Paarungsverhalten

Das Paarungsverhalten ist für Buffon sehr wichtig: „Buffon note tout ce qu'il peut connaître du comportement animal, en particulier du comportement sexuel et de tout ce qui s'y rattache: rapports du mâle et de la femelle avant et après l'accouplement, préparation d'un nid ou d'un ‚lit'"[657].

Buffon und Montbeillard stellen bei vielen Tierarten vor der eigentlichen Paarung eine Konkurrenz um Fortpflanzungspartner dar.

Bei den Vierfüßlern wird oft der harte Konkurrenzkampf der Männchen um die Weibchen beschrieben, beispielsweise bei Schafen (Bd. IV, S. 143), Schweinen (Bd. IV, S. 187), Hirschen (Bd. IV, S. 240), Damhirschen (Bd. IV, S. 253), Meerschweinchen (Bd. IV, S. 287), Seehunden (Bd. VI, S. 282) und Seelöwen (Bd. VI, S. 306). Bezeichnend für Buffons Einstellung zu den Wölfen und den Löwen ist die Darstellung ihrer Kämpfe. Während die Wölfe als blutrünstig charakterisiert werden, steht bei den Löwen der würdige Sieger im Vordergrund:

C'est en hiver que les louves deviennent en chaleur: plusieurs mâles suivent la même femelle; et cet attroupement est encore plus sanguinaire que le premier; car ils se la disputent cruellement; ils grondent, ils frémissent, ils

[657] Roger, *Buffon*, S. 374.

se battent, ils se déchirent, et il arrive souvent qu'ils mettent en pièces celui d'entr'eux qu'elle a préféré. Ordinairement elle fuit longtemps, lasse tous ses aspirans, et se dérobe pendant qu'ils dorment, avec le plus alerte ou le mieux aimé. (Bd. IV, S. 319f.)

> Les lions sont très-ardens en amour; lorsque la femelle est en chaleur, elle est quelquefois suivie de huit ou dix mâles, qui ne cessent de rugir autour d'elle et de se livrer des combats furieux, jusqu'à ce que l'un d'entr'eux, vainqueur de tous les autres, en demeure paisible possesseur et s'éloigne avec elle. (Bd. V, S. 254)

Auch bei den Vögeln werden Konkurrenzkämpfe der Männchen um die Weibchen dargestellt. Montbeillard schreibt im Artikel über das Rebhuhn: „Faire la guerre et l'amour ne sont presque qu'une même chose pour la plupart des animaux" (Bd. VII, S. 201). Den Kampf der Männchen um die Weibchen erwähnen Buffon und Montbeillard beispielsweise bei Steinhühnern (Bd. VII, S. 213f.), Staren (Bd. VIII, S. 181), Enten (Bd. IX, S. 184), Waldschnepfen (Bd. IX, S. 264) und Kiebitzen (Bd. IX, S. 274). Bei den Monographien über die Vögel stehen auch bei der Darstellung der Konkurrenzkämpfe um Weibchen oft moralische Aspekte im Vordergrund. Im Artikel über die *combattans* rechtfertigt Buffon diese Kämpfe:

> Il est peut-être bizarre de donner à des animaux un nom qui ne paroît fait pour l'homme en guerre; mais ces oiseaux nous imitent; non-seulement ils se livrent entr'eux des combats seul à seul, des assauts corps à corps, mais ils combattent aussi en troupes réglées, ordonnées et marchant l'une contre l'autre: ces phalanges ne sont composées que de mâles, qu'on prétend être dans cette espèce beaucoup plus nombreux que les femelles: celles-ci attendent à part la fin de la bataille, et restent le prix de la victoire. L'amour paroît donc être la cause de ces combats, les seuls que doive avouer la Nature, puisqu'elle les occasionne et les rend nécessaires par un de ses excès, c'est-à-dire, par la disproportion qu'elle a mise entre le nombre des mâles et des femelles de cette espèce. (Bd. IX, S. 270)

Montbeillard vergleicht die Eifersucht der Fasane mit der des Menschen:

> [...] on se gardera bien de renfermer plusieurs mâles dans la même enceinte; car ils se battroient certainement, et finiroient peut-être par se tuer; il faut même faire en sorte qu'ils ne puissent ni se voir ni s'entendre; autrement les mouvemens d'inquiétude ou de jalousie que s'inspireroient les uns les autres ces mâles si peu ardens pour leurs femelles, et cependant si ombrageux pour leurs rivaux, ne manqueroient pas d'étouffer ou d'affoiblir des mouvemens plus doux, et sans lesquels il n'est point de génération. Ainsi, dans quelques animaux, comme dans l'homme, le degré de la jalousie n'est pas toujours proportionné au besoin de jouir. (Bd. VII, S. 147)

Der Hahn wird als besonders eifersüchtig charakterisiert:

> [...] sa jalousie ne l'irrite que contre ses concurrens; s'il se présente un autre coq, sans lui donner le temps de rien entreprendre, il accourt l'œil en feu, les plumes hérissées, se jette sur son rival et lui livre un combat opiniâ-

tre jusqu'à ce que l'un ou l'autre succombe, ou que le nouveau venu lui cède le champ de bataille; le desir de jouir, toujours trop violent, le porte non-seulement à écarter tout rival, mais même tout obstacle innocent; il bat et tue quelquefois les poussins pour jouir plus à son aise de la mère: mais ce seul desir est-il la cause de sa fureur jalouse? Au milieu d'un sérail nombreux et avec toutes les ressources qu'il sait se faire, comment pourroit-il craindre le besoin ou la disette? Quelque véhémens que soient ses appétits, il semble craindre encore plus le partage qu'il ne desire la jouissance; et comme il peut beaucoup, sa jalousie est au moins plus excusable et mieux sentie que celle des autres sultans: d'ailleurs il a comme eux une poule favorite qu'il cherche de préférence, et à laquelle il revient presqu'aussi souvent qu'il va vers les autres. (Bd. VII, S. 65f.)

Schon die jungen Hähne kämpfen: „[...] à deux mois les jeunes mâles chantent déjà comme les coqs et se battent les uns contre les autres; ils sentent qu'ils doivent se haïr, quoique le fondement de leur haine n'existe pas encore" (Bd. VII, S. 94).

Nur bei wenigen Tierarten wird in der *Histoire naturelle* eine Partnerwahl seitens des Weibchens erwähnt. Obwohl er bei den Hirschen den Kampf der Männchen um die Weibchen beschreibt, stellt Buffon auch die Vorlieben der Weibchen dar: „Les biches préfèrent les vieux cerfs, non pas parce qu'ils sont plus courageux, mais parce qu'ils sont beaucoup plus ardens et plus chauds que les jeunes" (Bd. IV, S. 240f.). Den Geschmack der Hündin teilt Buffon nicht: „[...] lorsqu'elle peut choisir, elle préfère toujours ceux de la plus grosse et de la plus grande taille, quelque laids et quelque disproportionnés qu'ils puissent être" (Bd. IV, S. 210). Dass die Weibchen nach Merkmalen für Gesundheit oder Stärke aussuchen, kommt Buffon hier nicht in den Sinn. Der Aspekt der Stärke wird beim Hahn angesprochen: „Un bon coq est celui qui a du feu dans les yeux, de la fierté dans la démarche, de la liberté dans ses mouvemens, et toutes les proportions qui annoncent la force: un coq ainsi fait [...] inspirera de l'amour à un grand nombre de poules" (Bd. VII, S. 63). Besonders positiv sieht Buffon die Partnerwahl beim Biber: „Se connoissant, prévenus l'un pour l'autre par habitude, par les plaisirs et les peines d'un travail commun, chaque couple ne se forme point au hasard, ne se joint pas par pure nécessité de nature, mais s'unit par choix et s'assortit par goût" (Bd. VI, S. 246).

Dass bei Balz und Paarung oft die Männchen die aktiveren Partner sind, führt Buffon im Artikel über den Kanarienvogel folgendermaßen aus:

> Toute expression subite de la voix est dans les animaux un indice vif de passion; et comme l'amour est de toutes les émotions intérieures celle qui les remue le plus souvent et qui les transporte le plus puissamment, ils ne manquent guère de manifester leur ardeur. Les oiseaux par leur chant, le taureau par son mugissement, le cheval par le hennissement, l'ours par son gros murmure, annoncent tous un seul et même desir. L'ardeur de ce desir

n'est pas à beaucoup près aussi grande, aussi vive dans la femelle que dans le mâle; aussi ne l'exprime-t-elle que rarement par la voix: celle de la serine n'est tout au plus qu'un petit ton de tendre satisfaction, un signe de contentement qui n'échappe qu'après avoir écouté longtemps et après s'être laissé pénétrer de la prière ardente du mâle, qui s'efforce d'exciter ses desirs en lui transmettant les siens. Néanmoins cette femelle a, comme toutes les autres, grand besoin de l'usage de l'amour dès qu'elle est une fois excitée; car elle tombe malade et meurt, lorsqu'étant séparés, celui qui a fait naître sa passion ne peut la satisfaire. (Bd. VIII, S. 91f.)

Buffon beurteilt sexuelle Aktivität grundsätzlich positiv. Über den Ziegenbock schreibt er beispielsweise: „Le bouc est un assez bel animal, très-vigoureux et très-chaud" (Bd. IV, S. 164). Auch der Hahn wird als heißblütig beschrieben:

Ses desirs ne sont pas moins impetueux que ses besoins paroissent être fréquens. Le matin, lorsqu'on lui ouvre la porte du poulailler où il a été renfermé pendant la nuit, le premier usage qu'il fait de sa liberté est de se joindre à ses poules; il semble que chez lui le besoin de manger ne soit que le second [...]. (Bd. VII, S. 63f.)

[...] on sait [...] que cet accouplement dure d'autant moins qu'il est plus souvent répété, et que le coq semble s'applaudir après par un battement d'ailes et par une espèce de chant de joie ou de victoire [...]. (Bd. VII, S. 72f.)

Ebenfalls bei Truthahn (Bd. VII, S. 100f.), Eisvogel (Bd. VIII, S. 365), Reiher (Bd. IX, S. 223) und Flussregenpfeifer (Bd. IX, S. 287) geht die Initiative zur Paarung vom Männchen aus.

Bei einer Kreuzung von Fasan und Huhn erkennt Montbeillard selbst, dass der Mensch von sich auf die Tiere schließt:

On a encore observé de ne donner au coq-faisan que des poules qui n'avoient jamais été cochées, et même de les renouveler à chaque couvée, soit pour exciter davantage le Faisan, (car l'homme juge toujours des autres êtres par lui-même), soit parce qu'on a prétendu remarquer que lorsque les mêmes poules étoient fécondées une seconde fois par le même faisan, il en résultoit une race dégénérée. (Bd. VII, S. 152)

Bei vielen Vögeln wird ihr Gesang beschrieben, zum Beispiel bei Rotkehlchen (Bd. VIII, S. 153), Staren (Bd. VIII, S. 181), Kohlmeisen (Bd. VIII, S. 271f.) und Kleibern (Bd. VIII, S. 276). Besonders gefühlvoll ist nach Montbeillard der Gesang des *rossignol*:

[...] c'est dans ces tons passionnés que l'on reconnoît le langage du sentiment qu'un époux heureux adresse à une compagne chérie, et qu'elle seule peut lui inspirer; tandis que dans d'autres phrases plus étonnantes peut-être, mais moins expressives, on reconnoît le simple projet de l'amuser et de lui plaire, ou bien de disputer devant elle le prix du chant à des rivaux jaloux de sa gloire et de son bonheur. (Bd. VIII, S. 58f.)

Dagegen sei es schwierig, eine Nachtigall in Gefangenschaft zum Singen zu bringen: „L'amour et la gaieté ne se commandent pas, encore moins les chants qu'ils inspirent" (Bd. VIII, S. 65).

Auch Raben, die Montbeillard nicht mag, werden im Zusammenhang mit der Paarung positiv charakterisiert:

> Chaque mâle a sa femelle à qui il demeure attaché plusieurs années de suite; car ces oiseaux si odieux, si dégoûtants pour nous, savent néanmoins s'inspirer un amour réciproque et constant; ils savent aussi l'exprimer, comme la tourterelle, par des caresses graduées, et semblent connoître les nuances des préludes et la volupté des détails. Le mâle, si l'on en croit quelques anciens, commence toujours par une espèce de chant d'amour, ensuite on les voit approcher leurs becs, se caresser, se baiser [...]. (Bd. IX, S. 97)

Wenn es im Interesse der Arterhaltung ist, verurteilt Montbeillard auch die Vögel nicht, bei denen es keine festen Paare gibt:

> Aussitôt que les Cailles sont arrivées dans nos contrées, elles se mettent à pondre; elles ne s'apparient point comme je l'ai déjà remarqué, et cela seroit difficile, si le nombre des mâles est, comme on l'assure, beaucoup plus grand que celui des femelles; la fidélité, la confiance, l'attachement personnel, qui seroient des qualités estimables dans les individus, seroient nuisibles à l'espèce; la foule des mâles célibataire troubleroit tous les mariages, et finiroit par les rendre stériles; au lieu que n'y ayant point de mariage, ou plutôt n'y en ayant qu'un seul de tous les mâles avec toutes les femelles, il y a moins de jalousie, moins de rivalité, et si l'on veut, moins de moral dans leurs amours; mais aussi il y a beaucoup de physique; on a vu un mâle réitérer dans un jour jusqu'à douze fois ses approches avec plusieurs femelles; et la Nature qui leur inspire cette espèce de libertinage en tire parti pour la multiplication de l'espèce; [...]. (Bd. VII, S. 230)

Im *Discours sur la nature des animaux* schreibt Buffon ohnehin wie bereits erwähnt über die Liebe: „C'est qu'il n'y a que le physique de cette passion qui soit bon; c'est que [...] le moral n'en vaut rien" (Bd. III, S. 59).

Tiere, die während der Paarungszeit leichter zu fangen sind, werden nicht einfach als dumm beurteilt. Beispiele hierfür sind Hirsch (Bd. IV, S. 247f.), Wachtel (Bd. VII, S. 232) und Auerhahn:

> Le Tetras, qui dans tout autre temps est fort difficile à approcher, se laisse surprendre très-aisément lorsqu'il est en amour, et sur-tout tandis qu'il fait entendre son cri de rappel; il est alors si étourdi du bruit qu'il fait lui-même, ou, si l'on veut, tellement enivré, que ni la vue d'un homme, ni même les coups de fusil ne le déterminent à prendre sa volée; il semble qu'il ne voie ni n'entende, et qu'il soit dans une espèce d'extase; c'est pour cela que l'on dit communément, et que l'on a même écrit que le Tetras est alors sourd et aveugle; cependant il ne l'est guère que comme le sont en pareille circonstance, presque tous les animaux, sans en excepter l'homme; tous éprouvent plus ou moins cette extase d'amour; mais apparemment qu'elle est plus marquée dans le Tetras; car en Allemagne on donne le nom

d'*auer hahn* aux amoureux qui paroissent avoir oublié tout autre soin, pour s'occuper uniquement de l'objet de leur passion, et même à toute personne qui montre une insensibilité stupide pour ses plus grands intérêts. (Bd. VII, S. 171f.)

Auch wenn das Weibchen der aktivere Partner bei der Paarung ist, wertet Buffon dies nicht unbedingt negativ. Beispiele hierfür findet man in den Monographien über den Bären (Bd. V, S. 154) und den Lamantin (Bd. VI, S. 330). Das Lamaweibchen „se prosterne pour attendre le mâle, et l'invite par ses soupirs" (Bd. VI, S. 25). Wie bei Hahn und Hühnern (Bd. VII, S. 65f.) wird die Situation der Seelöwen mit der in einem Serail verglichen. Bei den Seelöwen jedoch geht die Initiative zur Paarung von den Weibchen aus. Buffon schreibt über die Männchen:

> [...] mais ce qui paroîtroit singulier si l'on n'en avoit pas l'exemple dans nos sérails, c'est que dans le temps des amours ils sont moins complaisans et plus fiers; il faut que la femelle fasse les premières avances; non-seulement le mâle sultan paroît être indifférent et dédaigneux, mais il marque encore de la mauvaise humeur, et ce n'est qu'après qu'elle a réitéré plusieurs fois ses prévenances qu'il se laisse toucher de sensibilité, et se rend à ses instances; tous deux alors se jettent à la mer; ils y font différentes évolutions, et après avoir nagé doucement pendant quelque temps ensemble, la femelle revient la première à terre et s'y renverse sur le dos pour attendre et recevoir son maître. (Bd. VI, S. 308)

Mit den Metaphern der Trunkenheit und des Feuers stellt Buffon die Paarung der Schwäne dar:

> Le couple amoureux se prodigue les plus douces caresses, et semble chercher dans le plaisir, les nuances de la volupté; ils y préludent en entrelaçant leurs cous; ils respirent ainsi l'ivresse d'un long embrassement; ils se communiquent le feu que les embrase, et lorsqu'enfin le mâle s'est pleinement satisfait, la femelle brûle encore; elle le suit, l'excite, l'enflamme de nouveau, et finit par le quitter à regret pour aller éteindre le reste de ses feux en se lavant dans l'eau. (Bd. IX, S. 146)

Die Katze dagegen wird als zudringlich charakterisiert:

> [...] il est aussi très-porté à l'amour; et ce qui est rare dans les Animaux, la femelle paroît être plus ardente que le mâle; elle l'invite, elle le cherche, elle l'appelle; elle annonce par de hauts cris la fureur de ses desirs, ou plutôt l'excès de ses besoins; et lorsque le mâle la fuit ou la dédaigne, elle le poursuit, le mord, et le force pour ainsi dire à la satisfaire, quoique les approches soient toujours accompagnées d'une vive douleur. (Bd. IV, S. 217).

Die Meerschweinchen sind nach Buffon frühreif (Bd. IV, S. 286) und die Ratten „aussi lascif que voraces" (Bd. IV, S. 363). Buffon schätzt auch nicht, wenn sich Enten mit anderen Arten paaren: „[...] elle est ardente en amour et le mâle est jaloux; il s'approprie ordinairement deux ou trois femelles qu'il conduit, protège et féconde; à leur défaut on l'a vu rechercher des alliances peu assorties, et la femelle n'est guère plus réservée à recevoir des caresses étrangères." (Bd. IX,

S. 188). Beim Experiment der Paarung eines Distelfinkmännchens mit einem Kanarienweibchen spricht Montbeillard von „cette espèce d'adultère physique" (Bd. VIII, S. 108). Im Artikel über die Turteltauben bezeichnet Buffon die Paarungen verschiedener Taubenarten als „ces unions qu'on peut regarder comme illégitimes, puisqu'elles ne sont pas dans le cours ordinaire de la Nature" (Bd. VII, S. 242f.).

Aber auch Tiere, die zu wenig Interesse am Paarungspartner zeigen, werden negativ charakterisiert. Beispiele hierfür sind das Schaf (Bd. IV, S. 143f.), der Specht (Bd. VII, S. 336), der Kuckuck (Bd. VII, S. 359), die Rohrdommel (Bd. IX, S. 229) und die Wasserralle:

> [...] chacun va vivre seul; aucun ne se recherche, et cet instinct solitaire et sauvage prévaut même dans le temps des amours; car à l'exception des instans de l'approche nécessaire, le mâle se tient écarté de sa femelle, sans prendre auprès d'elle aucun des tendres soins des oiseaux amoureux, sans l'amuser ni l'égayer par le chant, sans ressentir ni goûter ces doux plaisirs qui retracent et rappellent ceux de la jouissance; tristes êtres qui ne savent pas respirer près de l'objet aimé; amours encore plus tristes, puisqu'elles n'ont pour but qu'une insipide fécondité. (Bd. IX, S. 304)

Tierpaare, die länger zusammen bleiben, werden dagegen positiv charakterisiert. Zu diesen Tieren gehören Seeotter (Bd. VI, S. 265) und Lamantin (Bd. VI, S. 328). Besonders positiv schildert Buffon das Zusammenleben des Biberpaares:

> [...] ils passent ensemble l'automne et l'hiver; contens l'un de l'autre ils ne se quittent guère; à l'aise dans leur domicile, ils n'en sortent que pour faire des promenades agréables et utiles; ils en rapportent des écorces fraîches qu'ils préfèrent à celles qui sont sèches ou trop imbibées d'eau. (Bd. VI, S. 246)

Nach Buffon und Montbeillard trauern Orang-Utan (Bd. VI, S. 156), Lamantin (Bd. VI, S. 330f.), Distelfink (Bd. VIII, S. 111) und Hornwehrvogel nach dem Verlust ihres Partners. Diesen Vogel charakterisiert Buffon folgendermaßen:

> Avec cet appareil d'armes très-offensives, et qui le rendroient formidable au combat, le Kamichi n'attaque point les oiseaux, et ne fait la guerre qu'aux reptiles; il a même les mœurs douces et le naturel profondément sensible, car le mâle et la femelle se tiennent toujours ensemble; fidèles jusqu'à la mort, l'amour qui les unit, semble survivre à la perte que l'un ou l'autre fait de sa moitié; celui qui reste, erre sans cesse en gémissant, et se consume près des lieux où il a perdu ce qu'il aime. (Bd. IX, S. 251)

Insbesondere bei der Paarung der Vögel stellen Buffon und Montbeillard die Liebe in den Mittelpunkt, zum Beispiel bei der Dohle (Bd. VII, S. 317), der Gans (Bd. IX, S. 157) und dem Storch (Bd. IX, S. 201). Die Paarung der Turteltauben stellt Buffon folgendermaßen dar:

> [...] c'est l'ardeur excessive que ces oiseaux ressentent dans la saison de l'amour: la Tourterelle est encore plus tendre, disons plus lascive que le pi-

geon, et met aussi dans ses amours, des préludes plus singuliers. Le pigeon mâle se contente de tourner en rond autour de sa femelle en piaffant et se donnant des grâces. Le mâle tourterelle, soit dans les bois, soit dans une volière, commence par saluer la sienne en se prosternant devant elle dix-huit ou vingt fois de suite; il s'incline avec vivacité et si bas, que son bec touche à chaque fois la terre ou la branche sur laquelle il est posé, il se relève de même; les gémissemens les plus tendres accompagnent ces salutations; d'abord la femelle y paroît insensible; mais bientôt l'émotion intérieure se déclare par quelques sons doux, quelques accens plaintifs qu'elle laisse échapper, et lorsqu'une fois elle a senti le feu des premières approches, elle ne cesse de brûler; elle ne quitte plus son mâle; elle lui multiplie les baisers, les caresses, l'excite à la jouissance et l'entraîne aux plaisirs jusqu'au temps de la ponte où elle se trouve forcée de partager son temps, et de donner des soins à sa famille. (Bd. VII, S. 243)

Während Buffon im *Discours sur la nature des animaux* noch den moralischen Aspekt der Liebe ablehnt (Bd. III, S. 59), preist er in der *Histoire naturelle des oiseaux* die idealisierte Liebe der Tauben[658]:

> Tous ont de certaines qualités qui leur sont communes, l'amour de la société, l'attachement à leurs semblables, la douceur des mœurs, la chasteté, c'est-à-dire, la fidélité réciproque et l'amour sans partage du mâle et de la femelle; la propreté, le soin de soi-même qui supposent l'envie de plaire; l'art de se donner des grâces qui le suppose encore plus; les caresses tendres, les mouvemens doux, les baisers timides qui ne deviennent intimes et pressans qu'au moment de jouir; ce moment même ramené quelques instans après par de nouveaux desirs, de nouvelles approches également nuancées, également senties; un feu toujours durable, un goût toujours constant, et pour plus grand bien encore la puissance d'y satisfaire sans cesse: nulle humeur, nul dégoût, nulle querelle; tout le temps de la vie employé au service de l'amour et au soin de ses fruits; toutes les fonctions pénibles également réparties; le mâle aimant assez pour les partager et même se charger des soins maternels, couvant régulièrement à son tour, et les œufs et les petits, pour en épargner la peine à sa compagne, pour mettre entr'elle et lui cette égalité dont dépend le bonheur de toute union durable: quels modèles pour l'homme s'il pouvoit ou savoit les imiter! (Bd. VII, S. 165f.)

6.2.7 Die Brutpflege und die Aufzucht der Nachkommen

Nicht nur bei den Vögeln, sondern auch bei den Vierfüßlern gibt es Arten, bei denen sich die Männchen an der Aufzucht der Nachkommen beteiligen. Beispiele hierfür sind Reh (Bd. IV, S. 256), Kaninchen (Bd. IV, S. 283), Seeotter (Bd. VI, S. 265) und Seelöwe (Bd. VI, S. 310). Besonders vermenschlicht wird die Familie des Seebären: „[...] ces petits déjà forts, jouent souvent ensemble, et lorsqu'ils

---

[658] Gascar, a.a.O., S. 175.

viennent à se battre, celui qui est le vainqueur est caressé par le père, et le vaincu est protégé et secouru par la mère“ (Bd. VI, S. 297).

Weitaus häufiger als in der *Histoire des quadrupèdes* findet man aber in der *Histoire naturelle des oiseaux* Beispiele für Arten, bei denen sich die Männchen an der Brutpflege oder an der Aufzucht der Jungen oder an beidem beteiligen: *pigeon* (Bd. VII, S. 163), *choucas* (Bd. VII, S. 317), *rossignol* (Bd. VIII, S. 70), *cou-jaune* (Bd. VIII, S. 149), *proyer* (Bd. VIII, S. 176), *merle solitaire* (Bd. VIII, S. 207f.), *martin* (Bd. VIII, S. 215), *verdier* (Bd. VIII, S. 242f.), *motteux* (Bd. VIII, S. 253), *lavandière* (Bd. VIII, S. 256), *oiseau-mouche* (Bd. VIII, S. 282), *colibri* (Bd. VIII, S. 286), *hirondelle de fenêtre* (Bd. VIII, S. 343f., 348), *corbeau* (Bd. IX, S. 98–100), *canard* (Bd. IX, S. 185), *cigogne* (Bd. IX, S. 203), *vanneau* (Bd. IX, S. 276) und *grand pluvier* (Bd. IX, S. 287).

Der Charakter bestimmter Kanarienvögel wird in diesem Zusammenhang besonders positiv dargestellt:

> [...] nos serins favoris, toujours gais, toujours chantans, si familiers, si aimables, si bons maris, si bons pères, et en tout d'un caractère si doux, d'un naturel si heureux, qu'ils sont susceptibles de toutes les bonnes impressions et doués des meilleures inclinations: ils récréent sans cesse leur femelle par leur chant; ils la soulagent dans la pénible assiduité de couver; ils l'invitent à changer de situation, à leur céder la place et couvent eux-mêmes tous les jours pendant quelques heures; ils nourrissent aussi leurs petits, [...]. (Bd. VIII, S. 84f.)

Montbeillard schildert lebhaft Brutpflege und Aufzucht bei den Rauchschwalben:

> Ils font deux pontes par an; la première d'environ cinq œufs, la seconde de trois: tandis que la femelle couve, le mâle passe la nuit sur le bord du nid; il dort peu, car on l'entend babiller dès l'aube du jour, et il voltige presque jusqu'à la nuit close; lorsque les petits sont éclos, les père et mère leur portent sans cesse à manger, et ont grand soin d'entretenir la propreté dans le nid, jusqu'à ce que les petits devenus plus forts, sachent s'arranger de manière à leur épargner cette peine; mais ce qui est plus intéressant, c'est de voir les vieux donner aux jeunes les premières leçons de voler, en les animant de la voix, leur présentant d'un peu loin la nourriture, et s'éloignant encore à mesure qu'ils s'avancent pour la recevoir, les poussant doucement et non sans quelque inquiétude, hors du nid, jouant devant eux et avec eux dans l'air, comme pour leur offrir un secours toujours présent, et accompagnant leur action d'un gazouillement si expressif, qu'on croiroit en entendre le sens. Si on joint à cela ce que dit Boërhaave d'un de ces oiseaux, qui étant allé à la provision, et trouvant à son retour la maison où étoit son nid embrasée, se jeta au travers des flammes, pour porter nourriture et secours à ses petits, on jugera avec quelle passion les Hirondelles aiment leur géniture. (Bd. VIII, S. 336)

Häufiger wird auch dargestellt, wie Elterntiere versuchen, ihre Jungen vor Feinden zu schützen. Selbst so kleine Vögel wie die Meisen verteidigen ihre Nachkommen: „si d'autres oiseaux attaquent leur géniture, elles la défendent avec intrépidité, fondent sur l'ennemi, et à force de courage font respecter la foiblesse" (Bd. VIII, S. 268). Über die Pirolmutter schreibt Montbeillard:

> [...] lorsque les petits sont éclos, non-seulement elle leur continue ses soins affectionnés pendant très-longtemps, mais elle les défend contre leurs ennemis et même contre l'homme, avec plus d'intrépidité qu'on n'en attendroit d'un si petit oiseau. On a vu le père et la mère s'élancer courageusement sur ceux qui leur enlevoient leur couvée, et ce qui est encore plus rare, on a vu la mère prise avec le nid, continuer de couver en cage et mourir sur ses œufs. (Bd. VIII, S 240)

Beim Schwan kämpft hauptsächlich das Männchen:

> Les fruits d'amours si vives sont tendrement chéris et soignés; la mère recueille nuit et jour ses petits sous ses ailes, et le père se présente avec intrépidité pour les défendre contre tout assaillant; son courage, dans ces momens, n'est comparable qu'à la fureur avec laquelle il combat un rival qui vient le troubler dans la possession de sa bien aimée; dans ces deux circonstances, oubliant sa douceur, il devient féroce et se bat avec acharnement; [...] ici comme ailleurs, les passions furieuses naissent de la passion la plus douce, et c'est l'amour qui enfante la guerre. (Bd. IX, S. 146f.)

Montbeillard beschreibt ein geschicktes Täuschungsmanöver bei der Rebhuhnfamilie:

> [...] mais enfin si un chien s'emporte et qu'il les approche de trop près, c'est toujours le mâle qui part le premier en poussant des cris particuliers, réservés pour cette seule circonstance; il ne manque guère de se poser à trente ou quarante pas; et on en a vu plusieurs fois revenir sur le chien en battant des ailes, tant l'amour paternel inspire de courage aux animaux les plus timides! mais quelquefois il inspire encore à ceux-ci une sorte de prudence et des moyens combinés pour sauver leur couvée: on a vu le mâle, après s'être présenté, prendre la fuite, mais fuir pesamment et en traînant l'aile, comme pour attirer l'ennemi par l'espérance d'une proie facile; et fuyant toujours assez pour n'être point pris, mais pas assez pour décourager le chasseur, il l'écarte de plus en plus de la couvée; d'autre côté, la femelle qui part un instant après le mâle s'éloigne beaucoup plus et toujours dans une autre direction; à peine s'est-elle abattue qu'elle revient sur-le-champ en courant le long des sillons, et s'approche de ses petits qui se sont blottis chacun de son côté dans les herbes et dans les feuilles; elle les rassemble promptement, et avant que le chien qui s'est emporté après le mâle ait eu le temps de revenir, elle les a déjà emmenés fort loin, sans que le chasseur ait entendu le moindre bruit: c'est une remarque assez généralement vraie parmi les animaux, que l'ardeur qu'ils éprouvent pour l'acte de la génération est la mesure des soins qu'ils prennent pour le produit de cet acte: tout est conséquent dans la Nature, et la Perdrix en est un exemple; car il y a peu d'oiseaux aussi lascif, comme il en est peu qui soignent leurs petits avec une vigilance plus assidue et plus courageuse [...]. (Bd. VII, S. 203f.)

In der *Histoire naturelle* wird eher positiv bemerkt, wenn sich das Männchen an Brutpflege oder Aufzucht der Jungen oder an beidem beteiligt. Es wird weniger kritisiert, wenn sich das Männchen nicht beteiligt. Buffon schreibt in der Monographie über die Gans: „Au reste, le mâle ne partage que ses plaisirs avec la femelle, et lui laisse tous les soins de l'incubation" (Bd. IX, S. 157). Aber auch wenn sich hauptsächlich oder ausschließlich das Weibchen um die Nachkommen kümmert, wird dies in der *Histoire naturelle* insgesamt positiv dargestellt.

Buffon bemerkt, dass Männchen und Weibchen zu verschiedenen Zeiten aggressiv werden: „Pour la laie, elle ne devient furieuse que quand on attaque ses petits; et en général, dans presque tous les animaux sauvages, le mâle devient plus ou moins féroce lorsqu'il cherche à s'accoupler, et la femelle lorsqu'elle a mis bas" (Bd. IV, S. 187). Entsprechend äußert sich Buffon auch im Artikel über die Raubvögel (Bd. IX, S. 7). Ein deutliches Beispiel für dieses Verhalten ist das der Löwin:

> Dans ces animaux, toutes les passions, même les plus douces, sont excessives, et l'amour maternel est extrême. La lionne naturellement moins forte, moins courageuse et plus tranquille qui le lion, devient terrible dès qu'elle a des petits; elle se montre alors avec encore plus de hardiesse que le lion; elle ne connoît point le danger; elle se jette indifféremment sur les hommes et sur les animaux qu'elle rencontre; elle les met à mort, se charge ensuite de sa proie, la porte et la partage à ses lionceaux, auxquels elle apprend de bonne heure à sucer le sang et à déchirer la chair. D'ordinaire elle met bas dans des lieux très-écartés et de difficile accès, et lorsqu'elle craint d'être découverte, elle cache ses traces en retournant plusieurs fois sur ses pas, ou bien elle les efface avec sa queue; quelquefois même, lorsque l'inquiétude est grande, elle transporte ailleurs ses petits; et quand on veut les lui enlever, elle devient furieuse, et les défend jusqu'à la dernière extrémité. (Bd. V, S. 255)

Buffon stellt bei den Vierfüßlern mehrere Muttertiere dar, die ihre Jungen verteidigen. Dieses Verhalten beschreibt er außer bei der Löwin bei folgenden Arten: *loup* (Bd. IV, S. 322), *rat* (Bd. IV, S. 363), *ours* (Bd. V, S. 153) und *ours-marin* (Bd. VI, S. 295). Das Seeotterweibchen riskiert sein Leben bei der Verteidigung seines Jungen:

> [...] si l'on vient à le lui enlever, elle jette des cris et des gémissements lamentables; il faut même user de précautions lorsqu'on veut le lui dérober; car, quoique douce et timide, elle le défend avec un courage qui tient au désespoir, et se fait souvent tuer sur la place plutôt que de l'abandonner. (Bd. VI, S. 266)

Auch Vogelweibchen verteidigen ihr Gelege und ihre Jungen. Beispiele hierfür sind *gélinotte du Canada* (Bd. VII, S. 192) und *oie* (Bd. IX, S. 163). Besonders mutig wird das Huhn dargestellt:

> Mais si elle s'oublie elle-même pour conserver ses petits, elle s'expose à tout pour les défendre; paroît-il un épervier dans l'air, cette mère si foible,

> si timide, et qui en toute autre circonstance chercheroit son salut dans la fuite, devient intrépide par tendresse; elle s'élance au-devant de la serre redoutable, et par ses cris redoublés, ses battemens d'ailes et son audace, elle en impose souvent à l'oiseau carnassier qui rebuté d'une résistance imprévue, s'éloigne et va chercher une proie plus facile; [...]. (Bd. VII, S. 84)

Bei einigen Vierfüßlern schildert Buffon, wie sich das Muttertier um seine Jungen kümmert, zum Beispiel bei Rehen (Bd. IV, S. 256f.), Bibern (Bd. VI, S. 246), Seeottern (Bd. VI, S. 265f.), Seehunden (Bd. VI, S. 278) und Lamantinen (Bd. VI, S. 336–338). Besonders ausführlich stellt Buffon den Einsatz der Tapirmutter dar:

> La femelle se fait suivre par son petit, et l'accoutume de bonne heure à entrer dans l'eau où il joue et plonge devant sa mère qui semble lui donner des leçons pour cet exercice. Le père n'a point de part à l'éducation; car on trouve les mâles toujours seuls, à l'exception du temps où les femelles sont en chaleur.
>
> La mère tapir paroît avoir grand soin de son petit. Non-seulement elle lui apprend à nager, jouer et plonger dans l'eau, mais encore, lorsqu'elle est à terre, elle s'en fait constamment accompagner ou suivre; et si le petit reste en arrière, elle retourne de temps en temps sa trompe dans laquelle est placé l'organe de l'odorat, pour sentir s'il suit ou s'il est trop éloigné, et dans ce cas elle l'appelle et l'attend pour se mettre en marche. (Bd. VI, S. 35)

Bei einigen Vogelarten wird dargestellt, wie sich das Weibchen um das Gelege und die Nachkommen kümmert, zum Beispiel bei Truthuhn (Bd. VII, S. 104f., 107), Auerhuhn (Bd. VII, S. 173), Lerche (Bd. VIII, S. 126f.), Haubenlerche (Bd. VIII, S. 138f.), Ammer (Bd. VIII, S. 174) und Ziegenmelker (Bd. VIII, S. 307f.). Obwohl die jungen Sumpfschnepfen nach Buffon hässlich sind, kümmert sich ihre Mutter um sie: „[...] ils paroissent laids et informes; la mère ne les en aime pas moins" (Bd. IX, S. 266). Das Huhn wird als besonders eifrig beim Brüten charakterisiert:

> [...] si ses recherches sont heureuses, et qu'elle trouve des œufs vrais ou feints dans un lieu retiré et convenable, elle se pose aussitôt dessus, les environne de ses ailes, les échauffe de sa chaleur, les remue doucement les uns après les autres comme pour en jouir plus en détail, et leur communiquer à tous un égal degré de chaleur; elle se livre tellement à cette occupation qu'elle en oublie le boire et le manger; on diroit qu'elle comprend toute l'importance de la fonction qu'elle exerce; aucun soin n'est omis, aucune précaution n'est oubliée pour achever l'existence de ces petits êtres commencés, et pour écarter les dangers qui les environnent. Ce qu'il y a de plus digne de remarque, c'est que la situation d'une couveuse, quelqu'insipide qu'elle nous paroisse, est peut-être moins une situation d'ennui qu'un état de jouissance continuelle, d'autant plus délicieuse qu'elle est plus recueillie, tant la Nature semble avoir mis d'attraits à tout ce qui a rapport à la multiplication des êtres! (Bd. VII, S. 74f.)

Bei der Aufzucht der Küken wird das Huhn als ebenso engagiert charakterisiert:

> On juge bien que cette mère qui a montré tant d'ardeur pour couver, qui a couvé avec tant d'assiduité, qui a soigné avec tant d'intérêt des embryons qui n'existoient point encore pour elle, ne se refroidit pas lorsque ses poussins sont éclos; son attachement fortifié par la vue de ces petits êtres qui lui doivent la naissance, s'accroît encore tous les jours par les nouveaux soins qu'exige leur foiblesse; sans cesse occupée d'eux, elle ne cherche de la nourriture que pour eux; si elle n'en trouve point, elle gratte la terre avec ses ongles pour lui arracher les alimens qu'elle recèle dans son sein, et elle s'en prive en leur faveur; elle les rappelle lorsqu'ils s'égarent, les met sous ses ailes à l'abri des intempéries, et les couve une seconde fois; elle se livre à ces tendres soins avec tant d'ardeur et de souci que sa constitution en est sensiblement altérée, et qu'il est facile de distinguer de toute autre poule une mère qui mène ses petits, soit à ses plumes hérissées et à ses ailes traînantes, soit au son enroué de sa voix et à ses différentes inflexions toutes expressives, et ayant toutes une forte empreinte de sollicitude et d'affection maternelle. (Bd. VII, S. 83f.)

Das Huhn kümmert sich auch um Eier und Küken von Wasservögeln:

> [...] elle paroît avoir toutes les qualités du bon cœur; mais ce qui ne fait pas autant d'honneur au surplus de son instinct, c'est que si par hasard on lui a donné à couver des œufs de cane, ou de tout autre oiseau de rivière, son affection n'est pas moindre pour ces étrangers qu'elle le seroit pour ses propres poussins; elle ne voit pas qu'elle n'est que leur nourrice ou leur *bonne* et non pas leur mère, et lorsqu'ils vont, guidés par la nature, s'ébattre ou se plonger dans la rivière voisine, c'est un spectacle singulier de voir la surprise, les inquiétudes, les transes de cette pauvre nourrice qui se croit encore mère, et qui pressée du desir de les suivre au milieu des eaux, mais retenue par une répugnance invincible pour cet élément, s'agite, incertaine sur le rivage, tremble et se désole, voyant toute sa couvée dans un péril évident, sans oser lui donner de secours. (Bd. VII, S. 84)

Tiere, die sich nur wenig um ihre Nachkommen kümmern, werden in der *Histoire naturelle* grundsätzlich negativ charakterisiert. Buffon schreibt beispielsweise über das weibliche Schaf: „[...] elle n'a qu'autant d'instinct qu'il en faut pour ne pas refuser les approches du mâle, pour choisir sa nourriture et pour reconnoître son agneau“ (Bd. IV, S. 143f.). Auch die Seelöwen kümmern sich nach Buffon kaum um ihre Nachkommen:

> Dans la mêlée, la plupart des femelles oublient leur petits, et tâchent de s'éloigner du lieu de la scène en fuyant; ce qui suppose un naturel bien différent de celui des ours-marins, dont les femelles emportent leurs petits, lorsqu'elles ne peuvent les défendre; cependant il y a quelquefois des mères lionnes qui emportent aussi leurs petits dans leur gueule, d'autres qui ont assez de naturel pour ne les point abandonner, et qui se font même assommer sur la place, en cherchant à les défendre; mais il faut que ce soit une exception, car Steller dit positivement que ces femelles ne paroissent avoir que très-peu d'attachement pour leur petits, et que quand on les leur

enlève, elles ne paroissent point en être émues; il ajoute qu'il a pris des petits plusieurs fois lui-même devant le père et la mère, sans courir le moindre risque et sans que ces animaux insensibles ou dénaturés se soient mis en devoir de les secourir ou de les venger. (Bd. VI, S. 307)

Nach Buffon verteidigen auch die Meerschweinchen ihre Jungen nicht gegen Feinde (Bd. IV, S. 287) und behandeln sie noch wesentlich schlechter: „La mère n'allaite ses petits que pendant douze ou quinze jours; elle les chasse dès qu'elle reprend le mâle; c'est au plus tard trois semaines après qu'elle a mis bas; et s'ils s'obstinent à demeurer auprès d'elle, leur père les maltraite et les tue" (Bd. IV, S. 287).

Auch bei den Vögeln gibt es Beispiele für Arten, die sich nach Buffon und Montbeillard nicht gut um ihre Nachkommen kümmern. Die Stare machen sich nach Montbeillard wenig Mühe beim Nestbau (Bd. VIII, S. 181f.), und die Austernfischer bebrüten nach Buffon nicht gewissenhaft ihre Eier, sondern überlassen es teilweise der Sonne, die Eier zu erwärmen (Bd. IX, S. 294). Als wenig kritisch erweist sich Buffon bei der Beschreibung des Verhaltens der Eiderenten:

> Le mâle n'aide point la femelle à couver, et il fait seulement sentinelle aux environs pour avertir si quelqu'ennemi paroît; la femelle cache alors sa tête, et lorsque le danger est pressant, elle prend son vol, et va joindre le mâle qui, dit-on, la maltraite s'il arrive quelque malheur à la couvée. (Bd. IX, S. 327)

Besonders schlecht behandeln nach Buffon die Raubvögel ihre Nachkommen:

> [...] ils ont presque tous, plus ou moins, l'habitude dénaturée de chasser leurs petits hors du nid bien plutôt que les autres, et dans le temps qu'ils leur devroient encore des soins et des secours pour leur subsistance. Cette cruauté, comme toutes les autres duretés naturelles, n'est produite que par un sentiment encore plus dur, qui est le besoin pour soi-même et la nécessité. [...] ils portent une ame de colère qui influe sur toutes leurs actions, détruit tous les sentimens doux, et affoiblit même la tendresse maternelle. Trop pressé de son propre besoin, l'Oiseau de proie n'entend qu'impatiemment et sans pitié les cris de ses petits, d'autant plus affamés qu'ils deviennent plus grands: si la chasse se trouve difficile, et que la proie vienne à manquer, il les expulse, les frappe, et quelquefois les tue dans un accès de fureur causée par la misère. (Bd. IX, S. 6)

Ein konkretes Beispiel für diese Grausamkeit findet man bei der Darstellung der Adler:

> On prétend même que dès qu'ils deviennent un peu grands, la mère tue le plus foible ou le plus vorace de ses petits; la disette seule peut produire ce sentiment dénaturé, les père et mère n'ayant pas assez pour eux-mêmes, cherchent à réduire la famille, et dès que les petits commencent à être assez forts pour voler et se pourvoir d'eux-mêmes, ils les chassent au loin sans leur permettre de jamais revenir. (Bd. XI, S. 17)

Nur selten wird in der *Histoire naturelle* entschuldigt, wenn sich Elterntiere nur wenig um ihre Nachkommen kümmern. Montbeillard verteidigt jedoch nicht nur leidenschaftlich den jungen Kuckuck (Bd. VII, S. 349–351, 357), sondern auch das Kuckucksweibchen:

> [...] on peut donc dire que dans la saison de l'amour, le superflu de la nourriture étant presqu'entièrement absorbé par l'accroissement des plumes, ne peut fournir que très-peu à la reproduction de l'espèce; que c'est par cette raison que la femelle coucou ne pond ordinairement qu'un œuf, ou tout au plus deux; que cet oiseau ayant moins de ressource en lui-même pour l'acte principal de la génération, il a aussi moins d'ardeur pour tous les actes accessoires tendans à la conservation de l'espèce, tels que la nidification, l'incubation, l'éducation des petits, tous actes qui partent du même principe et gardent entr'eux une sorte de proportion. D'ailleurs, de cela seul que les mâles de cette espèce ont l'instinct de manger les œufs des oiseaux, la femelle doit cacher soigneusement le sien; elle ne doit pas retourner à l'endroit où elle l'a déposé, de peur de l'indiquer à son mâle; elle doit donc choisir le nid le mieux caché, le plus éloigné des endroits qu'il fréquente; elle doit même, si elle a deux œufs, les distribuer en différens nids; elle doit les confier à des nourrices étrangères et se reposer sur ces nourrices de tous les soins nécessaires à leur entier développement: c'est aussi ce qu'elle fait, en prenant néanmoins toutes les précautions qui lui sont inspirées par la tendresse pour sa géniture, et sachant résister à cette tendresse même pour qu'elle ne se trahisse point par indiscrétion. Considérés sous ce point de vue, les procédés du Coucou rentreroient dans la règle générale, et supposeroient l'amour de la mère pour ses petits et même un amour bien entendu, qui préfère l'intérêt de l'objet aimé à la douce satisfaction de lui prodiguer ses soins; d'ailleurs la seule dispersion de ses œufs en différens nids, quelle qu'en puisse être la cause, soit la nécessité de les dérober à la voracité du mâle, soit la petitesse du nid, suffiroit seule et très-évidemment, pour lui en rendre l'incubation impossible [...]. (Bd. VII, S. 352–354)

Bei der *perdrix grecque* kann es nach Montbeillard im Interesse des Geleges selbst sein, dass das Weibchen dieses vorübergehend verlässt:

> [...] il peut même arriver qu'elle quitte la couvée par amour pour la couvée même; ce sera lorsque voyant son mâle attentif à la voix d'une autre perdrix qui le rappelle, et prêt à l'aller trouver, elle vient s'offrir à ses desirs pour prévenir une inconstance qui seroit nuisible à la famille; elle tâche de le rendre fidèle en le rendant heureux. (Bd. VII, S. 213)

Hier zeigt sich wieder deutlich der moralische Aspekt des Verhaltens der Vögel.

7 Analyse einzelner Artikel

7.1 *Du Cheval*

Die Monographie über das Pferd erscheint 1754 im vierten Band der *Histoire naturelle.*[659]

Der Artikel über das Pferd hat innerhalb der *Histoire naturelle* eine herausragende Bedeutung, weil er die erste Monographie über einen Vierfüßler ist. Diese erste Stelle entspricht bei Buffon gemäß dem *Premier Discours* einem ersten Rang, den das Pferd für den Menschen an Notwendigkeit und Nützlichkeit einnimmt (Bd. II, S. 29). „La science de Buffon est faite pour l'homme; elle étudie d'abord ce qui lui sert".[660] Auffallend ist auch, dass es sich um die mit Abstand längste Monographie über einen Vierfüßler oder einen Vogel handelt (Bd. IV, S. 7–85).[661]

Buffon beginnt die Monographie folgendermaßen:

> LA plus noble conquête que l'homme ait jamais faite, est celle de ce fier et fougueux animal qui partage avec lui les fatigues de la guerre et la gloire des combats. (Bd. IV, S. 7)

„Ce début est peut-être un peu pompeux, il n'est pas ridicule. La suite de l'article prouve que Buffon sait parler du cheval en naturaliste et en cavalier".[662] Buffon beginnt den Artikel über das Pferd mit dem Superlativ „LA plus noble conquête", der schon seine positive Einschätzung des Tieres zum Ausdruck bringt. Subjekt des Relativsatzes „que l'homme ait jamais faite" ist der Mensch, der im Zentrum der *Histoire naturelle* steht. Hier zeigt sich auch „une morale de l'asservissement du règne animal"[663]. Die Alliteration bei „fier et fougueux animal" hebt den positiven Charakter des Pferdes hervor. Das Pferd teilt mit dem Menschen „les fatigues de la guerre et la gloire des combats". Diese Antithese betont, dass das Pferd sowohl wenig erfreuliche als auch erfreuliche Erlebnisse mit dem Menschen teilt. Bezeichnend ist auch, dass der später geadelte Buffon nicht zuerst das Pferd als Helfer bei der Landwirtschaft, sondern als Begleiter im Kampf charakterisiert.

---

659 Buffon, *Œuvres philosophiques*, S. 522.

660 Buffon, *Un autre Buffon*, S. 178.

661 In der von mir benutzten Ausgabe ist die Monographie über das Pferd 79 Seiten lang, die zweitlängste ist die über den Elefanten, die 54 Seiten umfasst (Bd. V, S. 1–54), und die drittlängste ist die über den Hahn, deren Länge 40 Seiten beträgt (Bd. VII, S. 59–98).

662 Georges-Louis Leclerc, comte de Buffon, *Les Époques de la nature*, hg. v. Roger, Jacques, Paris 1962, S. CXV.

663 Gascar, a.a.O., S. 135.

> Buffon aime les chevaux, mais les élégants chevaux de selle, fins et nerveux, que l'on est fier de montrer à ses amis. Le fort cheval de carrosse, le puissant tracteur de camions n'ont pas droit à la même attention. Le cheval de Buffon est aristocratique: comme son maître – mais pas comme Buffon – il ne connaît que „les fatigues de la guerre". Féodalité pas morte.[664]

In diesem ersten Satz der Monographie kann man auch eine stilistische Besonderheit sehen:

> „La plus noble conquête
> que l'homme ait jamais faite
> est celle de ce fier et fougueux animal qui partage avec lui les fatigues de la guerre & la gloire des combats."
>
> La troisième partie est en 6/8, c'est-à-dire au galop. Le style étant l'homme même, le cheval étant le mouvement même, l'allure transparaît dans l'écriture, et le cheval trouve à s'exprimer à travers Buffon. Cette fois, c'est d'image mentale sonore qu'il s'agit, mais le jeu porte toujours sur les homologies de l'appareil locomoteur, sur le pied et la main, en même temps qu'il coordonne le geste et la parole.[665]

Die Vorstellung des Pferdes als Begleiter des Menschen wird in dem folgenden Satz ausgeführt. Dabei handelt es sich um einen für Buffon typischen langen Satz aus 172 Wörtern, der größtenteils parataktisch gefügt ist.

> Aussi intrépide que son maître, le Cheval voit le péril et l'affronte; il se fait au bruit des armes, il l'aime, il le cherche et s'anime de la même ardeur: il partage aussi ses plaisirs, à la chasse, aux tournois, à la course; il brille, il étincelle; mais docile autant que courageux, il ne se laisse point emporter à son feu; il sait réprimer ses mouvemens; non-seulement il fléchit sous la main de celui qui le guide, mais il semble consulter ses desirs, et obéissant toujours aux impressions qu'il en reçoit, il se précipite, se modère ou s'arrête, et n'agit que pour y satisfaire: c'est une créature qui renonce à son être pour n'exister que par la volonté d'un autre, qui sait même la prévenir; qui par la promptitude et la précision de ses mouvemens, l'exprime et l'exécute; qui sent autant qu'on le desire, et ne rend qu'autant qu'on veut; qui se livrant sans réserve, ne se refuse à rien, sert de toutes ses forces, s'excède et même meurt pour mieux obéir. (Bd. IV, S. 7)

Das Pferd wird als unerschrocken charakterisiert, was durch eine Klimax unterstrichen wird: „[...] il se fait au bruit des armes, il l'aime, il le cherche et s'anime de la même ardeur". Das folgende Asyndeton bewirkt den Eindruck einer Akzeleration des Satzes und gibt auf diese Weise die Aufregung des Pferdes wieder: „[...] il partage aussi ses plaisirs, à la chasse, aux tournois, à la course; il brille, il étincelle". Das Pferd ist jedoch nicht nur mutig, sondern auch folgsam. Diese Folgsamkeit beschreibt Buffon im weiteren Verlauf des Satzes. Bei der Aussage „c'est une créature qui renonce à son être pour n'exister que par la volonté d'un

---

664 Buffon, *Un autre Buffon*, S. 178.

665 Gayon, a.a.O., S. 472.

autre“ werden die Agierenden nicht präzisiert.[666] „*Un autre* désigne le cavalier, donc un homme. Son propre autre est ordinairement un homme, et *être* dans le cas présent. La créature, ayant un être humain, est assimilée à un homme, ce qui convient à la capacité de renoncement.“[667] Die Folgsamkeit des Pferdes findet ihren Höhepunkt in der Tatsache, dass das Pferd „même meurt pour mieux obéir“. Mit dieser Aussage beschließt Buffon den Satz.

> The value and beauty of the horse lie not only in his ability to be useful to man, but in his power to feel enthusiasm for the activities in which man leads him, in his docility, and in his natural disposition to seek man. Buffon recognizes a mutual attraction between man and horse just like that between man and dog.[668]

Es folgt ein Vergleich der Pferde, die vom Menschen aufgezogen werden, mit wildlebenden Pferden. Zunächst erscheint der Einfluss des Menschen als Perfektion: „Voilà le Cheval dont les talens sont développés, dont l'art a perfectionné les qualités naturelles, qui dès le premier âge a été soigné et ensuite exercé, dressé au service de l'homme“ (Bd. IV, S. 7f.).

Letztlich zieht Buffon jedoch die in Freiheit aufgewachsenen Pferde vor:

> La Nature est plus belle que l'art, et dans un être animé la liberté des mouvemens fait la belle Nature: voyez ces chevaux qui se sont multipliés dans les contrées de l'Amérique espagnole, et qui vivent en chevaux libres; leur démarche, leur course, leurs sauts, ne sont ni gênés, ni mesurés; fier de leur indépendance, ils fuient la présence de l'homme, ils dédaignent ses soins; ils cherchent et trouvent eux-mêmes la nourriture qui leur convient; ils errent, ils bondissent en liberté dans des prairies immenses, où ils cueillent les productions nouvelles d'un printemps toujours nouveau: sans habitation fixe, sans autre abri que celui d'un ciel serein, ils respirent un air plus pur que celui de ces palais voûtés où nous les renfermons en pressant les espaces qu'ils doivent occuper; aussi ces chevaux sauvages sont-ils beaucoup plus forts, plus légers, plus nerveux que la plupart des chevaux domestiques; ils ont ce que donne la Nature, la force et la noblesse; les autres n'ont que ce que l'art peut donner, l'adresse et l'agrément. (Bd. IV, S. 8f.)

Die Natur tritt hier als Schöpfer auf. Auch das am besten dressierte Pferd hat nicht die Noblesse des Wildpferdes.[669] „[...] l'image de la première forme, immédiatement sortie des mains de la Nature, dans sa beauté, sa noblesse et sa liberté primitives, s'imposera comme un idéal au-delà de tout ‚perfectionnement' possible.“[670] Der Charakter der wildlebenden Pferde wird in diesem Absatz schon durch ihren Stolz angesprochen. Im nächsten Absatz geht Buffon näher auf den Charakter ein:

---

666 Gayon, a.a.O., S. 471.
667 Gayon, a.a.O., S. 471.
668 Hastings, a.a.O., S. 198.
669 Roger, *Buffon*, S. 394.
670 Roger, *Buffon*, S. 394f.

> Le naturel de ces animaux n'est point féroce; ils sont seulement fiers et sauvages; quoique supérieurs par la force à la plupart des autres animaux, jamais ils ne les attaquent, et s'ils en sont attaqués, ils les dédaignent, les écartent ou les écrasent: ils vont aussi par troupes, et se réunissent pour le seul plaisir d'être ensemble; car ils n'ont aucune crainte, mais ils prennent de l'attachement les uns pour les autres; comme l'herbe et les végétaux suffisent à leur nourriture, qu'ils ont abondamment de quoi satisfaire leur appétit et qu'ils n'ont aucun goût pour la chair des animaux, ils ne leur font point la guerre; ils ne se la font point entr'eux; ils ne se disputent pas leur subsistance; ils n'ont jamais occasion de ravir une proie ou de s'arracher un bien, sources ordinaires de querelles et de combats parmi les autres animaux carnassiers; ils vivent donc en paix, parce que leurs appétits sont simples et modérés, et qu'ils ont assez pour se rien envier. (Bd. IV, S. 9f.)

Die Pferde haben also nicht zuletzt deswegen einen so positiven Charakter, weil sie Pflanzenfresser sind und sich unter diesen fast paradiesischen Verhältnissen, die Buffon beschreibt, nicht um ihre Nahrung streiten müssen.

Die positiven Charaktereigenschaften der Wildpferde sind nach Buffon auch bei jungen Pferden, die zusammen aufgezogen werden, zu beobachten:

> Tout cela peut se remarquer dans les jeunes chevaux qu'on élève ensemble et qu'on mène en troupeaux; ils ont le mœurs douces et les qualités sociales; leur force et leur ardeur ne se marquent ordinairement que par des signes d'émulation; ils cherchent à se devancer à la course, à se faire et même s'animer au péril en se défiant à traverser une rivière, sauter un fossé [...]. (Bd. IV, S. 10)

Buffon „fait vivre l'animal sous les yeux du lecteur [...]. Buffon n'a jamais vu les troupeaux de chevaux dans la pampa, mais il les imagine d'après ceux qu'il connaît."[671]

Anschließend gibt Buffon Aussagen zur Verbreitung der Wildpferde von antiken und modernen Autoren wieder, wobei er diese teilweise zitiert (Bd. IV, S. 10–12).

Buffon erweist sich als Pferdekenner, indem er ausführlich Ratschläge für die Aufzucht von Pferden gibt (Bd. IV, S. 12–18) und die verschiedenen Gangarten der Pferde präzise bespricht[672] (Bd. IV, S. 18–27). Im Zusammenhang mit den Gangarten des Pferdes beschreibt Buffon auch allgemein den Gang der Vierfüßler:

> Les Quadrupèdes marchent ordinairement en portant à la fois en avant une jambe de devant et une jambe de derrière; lorsque la jambe droite de devant part, la jambe gauche de derrière suit et avance en même temps, et ce pas étant fait, la jambe gauche de devant part à son tour conjointement avec la jambe droite de derrière, et ainsi de suite. Comme leur corps porte sur qua-

---

671 Roger, *Buffon*, S. 368f.

672 Dimier, a.a.O., S. 70.

> tre points d'appui qui forment un carré long, la manière la plus commode de se mouvoir est d'en changer deux à la fois en diagonale, de façon que le centre de gravité du corps de l'animal ne fasse qu'un petit mouvement et reste toujours à peu près dans la direction des deux points d'appui qui ne sont pas en mouvement dans les trois allures naturelles du Cheval, le pas, le trot et le galop: cette règle de mouvement s'observe toujours, mais avec des différences. (Bd. IV, S. 20f.)

Die Beschreibung ist hier präzise und technisch.[673]

Erst nach den Gangarten des Pferdes beschreibt Buffon das Aussehen. Dies ist kein Nachteil, da Buffon davon ausgehen kann, dass seine Leser Pferde kennen. Die zahlreichen Vergleiche mit anderen Tieren dienen dazu, das gute Aussehen des Pferdes zu betonen:

> Le Cheval est de tous les animaux celui qui, avec une grande taille, a le plus de proportion et d'élégance dans les parties de son corps; car en lui comparant les animaux qui sont immédiatement au-dessus et au-dessous, on verra que l'âne est mal fait, que le lion a la tête trop grosse, que le bœuf a les jambes trop minces et trop courtes pour la grosseur de son corps, que le chameau est difforme, et que les plus gros animaux, le rhinocéros et l'éléphant, ne sont, pour ainsi dire, que des masses informes. Le grand alongement des mâchoires est la principale cause de la différence entre la tête des Quadrupèdes et celle de l'homme; c'est aussi le caractère le plus ignoble de tous; cependant, quoique les mâchoires du cheval soient fort alongées, il n'a pas comme l'âne un air d'imbécillité, ou de stupidité comme le bœuf: la régularité des proportions de sa tête lui donne au contraire un air de légéreté qui est bien soutenu par la beauté de son encolure. Le Cheval semble vouloir se mettre au-dessus de son état de Quadrupède en élevant sa tête; dans cette noble attitude il regarde l'homme face à face; [...]. (Bd. IV, S. 27f.)

Das Pferd wird hier dem Menschen angenähert durch eine „accession à la verticalité".[674]

> [...] ses yeux sont vifs et bien ouverts, ses oreilles sont bien faites et d'une juste grandeur, sans être courtes comme celles du taureau, ou trop longues comme celles de l'âne; sa crinière accompagne bien sa tête, orne son cou et lui donne un air de force et de fierté; sa queue traînante et touffue couvre et termine avantageusement l'extrémité de son corps: bien différente de la courte queue du cerf, de l'éléphant, et de la queue nue de l'âne, du chameau, du rhinocéros, la queue du cheval est formée par des crins épais et longs qui semblent sortir de la croupe, parce que le tronçon dont ils sortent est fort court; il ne peut relever sa queue comme le lion; mais elle lui sied mieux quoiqu'abaissée, et comme il peut la mouvoir de côté, il s'en sert utilement pour chasser les mouches qui l'incommodent; car quoique sa

---

673 Roger, *Buffon*, S. 368.
674 Gayon, a.a.O., S. 471f.

peau soit très-ferme, et qu'elle soit garnie partout d'un poil épais et serré, elle est cependant très-sensible.

> L'attitude de la tête et du cou contribue plus que celle de toutes les autres parties du corps à donner au cheval un noble maintien; la partie supérieure de l'encolure dont sort la crinière, doit s'élever d'abord en ligne droite en sortant du garrot, et former ensuite, en approchant de la tête, une courbe à peu près semblable à celle du cou d'un cygne [...]. (Bd. IV, S. 28f.)

Nur der Hals des Schwans, der einer anderen Tierklasse angehört, kann als Modell für den Hals des Pferdes dienen. Der Schwan ist für Buffon der Herrscher der Vögel (Bd. IX, S. 141f.). Daher ist er ein würdiger Vergleich für das Pferd.

Bemerkenswert ist auch, dass Buffon einen anatomischen Fachbegriff wie „garrot" benutzt und nicht erklärt.[675]

Während die Beschreibung zunächst nur deskriptiv war, wird sie nun normativ. Dies wird deutlich an den mehrfachen Wiederholungen der Formulierungen „doit" und „il faut" (Bd. IV, S. 29). Ein gutaussehendes und gesundes Pferd muss für Buffon bestimmte Merkmale aufweisen.

Buffon zeigt sich wieder als Pferdekenner, indem er ausführlich beschreibt, woran man die Konstitution und das Alter des Pferdes erkennen kann (Bd. IV, S. 29–33). Das Alter erkennt man insbesondere an den Zähnen (Bd. IV, S. 31f.).

Danach beschäftigt sich Buffon mit der Zucht von Pferden (Bd. IV, S. 34–54). Dabei erläutert er, ab welchem Alter man die Pferde zur Zucht einsetzen (Bd. IV, S. 34) und welche Rassen man verwenden sollte (Bd. IV, S. 34f.).

In diesem Zusammenhang geht er auch auf genetische Fragestellungen ein. „[...] le Cheval est de tous les animaux celui qu'on a le plus observé, et on a remarqué qu'il communique par la génération, presque toutes ses bonnes et mauvaises qualités, naturelles et acquises [...]" (Bd. IV, S. 35). Buffon geht also davon aus, dass auch erworbene Eigenschaften, d.h. Modifikationen, vererbt werden. Diese falsche These ist auch Anfang des 19. Jahrhunderts noch eine Grundlage von Lamarcks Evolutionstheorie. Buffon und Lamarck kannten sich. Lamarck hat jedoch nie anerkannt, was er den Ideen Buffons zu verdanken hatte.[676]

Buffon vergleicht die Ähnlichkeit zwischen den Pferdeeltern und ihren Nachkommen mit der zwischen menschlichen Eltern und ihren Kindern:

> [...] dans cette espèce d'animaux, comme dans l'espèce humaine, la progéniture ressemble assez souvent aux ascendans paternels ou maternels; seulement il semble que dans les chevaux, la femelle ne contribue pas à la génération tout-à-fait autant que dans l'espèce humaine: le fils ressemble plus souvent à sa mère que le poulain ne ressemble à la sienne; [...]. (Bd. IV, S. 36)

---

675 Loveland, a.a.O., S. 46.
676 Roger, *Buffon*, S. 485f.

Buffon benutzt hier die vorsichtige Formulierung „il semble que". Etwas später stellt er die falsche These, dass beim Pferd der Hengst mehr Eigenschaften an die Nachkommen vererbe als die Stute, selbst in Frage:

> Au reste, ces observations que l'on a faites sur le produit des jumens, et qui semblent concourir toutes à prouver que dans les Chevaux le mâle influe beaucoup plus que la femelle sur la progéniture, ne me paroissent pas encore suffisantes pour établir ce fait d'une manière indubitable et irrévocable; [...] et qu'en général dans l'espèce des Chevaux comme dans l'espèce humaine, il y eût égalité dans l'influence du mâle et de la femelle sur leur progéniture; cela me paroît naturel et d'autant plus probable, qu'on a remarqué, même dans les haras, qu'il naissoit à peu près un nombre égal de poulains et poulines: ce qui prouve qu'au moins pour le sexe la femelle influe pour sa moitié. (Bd. IV, S. 38f.)

Buffon hat die richtige Intuition, dass Hengst und Stute gleichermaßen Merkmale an die Nachkommen vererben. Dass für die Festlegung des Geschlechts der Säugetiere gerade das Vorhandensein des X- oder Y-Chromosoms in den männlichen Keimzellen entscheidend ist, ist zu seiner Zeit noch nicht bekannt.

Buffon erläutert, wie man herausfindet, ob die Stuten empfängnisbereit sind (Bd. IV, S. 39f.), wie Land und Nahrung beschaffen sein sollten (Bd. IV, S. 40f.) und was man bei der Deckung der Tiere beachten sollte (Bd. IV, S. 41–44).

Im Zusammenhang mit der Zucht stellt Buffon auch seine Theorien zur Herkunft der Arten und Rassen vor.

> Il y a dans la Nature un prototype général dans chaque espèce, sur lequel chaque individu est modelé, mais qui semble, en se réalisant, s'altérer ou se perfectionner par les circonstances; en sorte que, relativement à de certaines qualités, il y a une variation bizarre en apparence dans la succession des individus, et en même temps une constance qui paroît admirable dans l'espèce entière: le premier animal, le premier cheval, par exemple, a été le modèle extérieur et le moule intérieur sur lequel tous les Chevaux qui sont nés, tous ceux qui existent et tous ceux qui naîtront ont été formés; mais ce modèle, dont nous ne connoissons que les copies, a pu s'altérer ou se perfectionner en communiquant sa forme et se multipliant: l'empreinte originaire subsiste en son entier dans chaque individu; mais quoiqu'il y en ait des millions, aucun de ces individus n'est cependant semblable en tout à un autre individu, ni par conséquent au modèle dont il porte l'empreinte [...] et ce qu'il y a de singulier, c'est qu'il semble que le modèle du beau et du bon soit dispersé par toute la terre, et que dans chaque climat il n'en réside qu'une portion qui dégénère toujours, à moins qu'on ne la réunisse avec une autre portion prise au loin [...]. (Bd. IV, S. 44f.)

Während die Vorstellung eines „moule intérieur" überholt ist, ist die Erkenntnis, dass Inzuchten degenerieren, durchaus aktuell. Wichtig ist auch die Feststellung, dass alle Individuen sich unterscheiden:

> Affirmation importante, car elle ruine toute définition de l'espèce comme collection d'êtres absolument semblables. Il serait donc tentant d'y voir

l'origine d'une pensée „populationnelle" au sens d'Ernst Mayr, c'est-à-dire d'une conception de l'espèce comme „population" composée d'individus tous différents entre eux. Conception dont on attribue généralement le mérite à Darwin.[677]

Nach Buffon sind Klima und Nahrung für Veränderungen verantwortlich, die auch vererbt werden (Bd. IV, S. 44, 46–49). Das stimmt nicht, da Modifikationen nicht erblich sind.

Nachvollziehbar ist jedoch der Gedanke, dass das Klima auf den Menschen, der sich entsprechend kleiden kann, weniger Einfluss als auf die Tiere hat (Bd. IV, S. 49f.). Buffons Schlussfolgerung hierzu lautet: „[...] il n'est pas étonnant que les races humaines paroissent être moins sujettes au climat, et qu'il se trouve des hommes forts, bien faits et même spirituels dans tous les pays" (Bd. IV, S. 50).

Für die Zucht spielen noch weitere Faktoren eine Rolle: Auswahl der Pferde nach Färbung, Größe und Rasse (Bd. IV, S. 50f.) und Zeitpunkt und Kontrolle der Deckung (Bd. IV, S. 51). Gegebenenfalls ist Hilfe bei der Geburt angebracht: „[...] on aide celles dont l'accouchement est difficile; on y met la main, on remet le poulain en situation, et quelquefois même lorsqu'il est mort, on le tire avec des cordes" (Bd. IV, S. 52). Durch die Wiederholung des Subjektes „on" entsteht hier der Eindruck einer Gebrauchsanweisung, und Buffon zeigt sich als Kenner der Materie.

Im Zusammenhang mit der Frage, wie lange die Pferde fruchtbar sind, wird auch ein moralischer Aspekt angesprochen: „[...] et l'on a fait sur ces animaux la même remarque que sur les hommes, c'est que ceux qui ont commencé de bonne heure finissent aussi plutôt [...]" (Bd. IV, S. 53). Buffon geht auch auf die Lebenserwartung ein. Dabei stellt er eine allgemeine Faustregel auf:

> La durée de la vie des Chevaux est, comme dans toutes les autres espèces d'animaux, proportionnée à la durée du temps de leur accroissement; l'homme qui est quatorze ans à croître, peut vivre six ou sept fois autant de temps, c'est-à-dire quatre-vingt-dix ou cent ans: le Cheval dont l'accroissement se fait en quatre ans, peut vivre six ou sept fois autant de temps, c'est-à-dire vingt-cinq ou trente ans. Les exemples qui pourroient être contraires à cette règle sont si rares, qu'on ne doit pas même les regarder comme une exception dont on puisse tirer des conséquences; [...]. (Bd. IV, S. 53f.)

Als Nächstes bespricht Buffon die verschiedenen Pferderassen.

> Dans tous les Animaux, chaque espèce est variée suivant les différens climats, et les résultats généraux de ces variétés forment et constituent les différentes races, dont nous ne pouvons saisir que celles qui sont les plus marquées, c'est-à-dire, celles qui diffèrent sensiblement les unes des autres, en négligeant toutes les nuances intermédiaires qui sont ici, comme en

677 Roger, *Buffon*, S. 389.

tout, infinies; nous en avons même encore augmenté le nombre et la confusion en favorisant le mélange de ces races [...]. (Bd. IV, S. 54)

Buffon impliziert hier die Vorstellung der ununterbrochenen Kette der Wesen in der Natur. Daneben spricht er auch den Einfluss des Menschen als Züchter an. Insgesamt ergibt sich eine Vielzahl an Rassen. „[...] au lieu qu'il faut de l'habitude et même une assez longue expérience pour connoître les chevaux des différens pays: nous n'avons sur cela que les lumières que nous avons pu tirer des livres des voyageurs et des ouvrages des plus habiles écuyers de France" (Bd. IV, S. 54f.). Buffon weist also ausdrücklich darauf hin, dass die folgende Beschreibung der Pferderassen unterschiedlicher Länder auf Berichten anderer beruhen.

Zuerst werden die Berber beschrieben, bei denen Buffon je nach Herkunftsland eine Reihenfolge der besten und weniger guten Pferde auflistet (Bd. IV, S. 55f.). Danach beschreibt Buffon die spanischen Pferde, die er nach den Berbern auf den zweiten Rang setzt (Bd. IV, S. 56f.). Hier hinterfragt Buffon bestehende Vorurteile.

> Les Espagnols [...] estiment même les chevaux zains autant que nous les méprisons: l'un et l'autre de ces préjugés, quoique contraires, sont peut-être tout aussi mal fondés, puisqu'il se trouve de très-bons chevaux avec toutes sortes de marques, et de même d'excellens chevaux qui sont zains. (Bd. IV, S. 56f.)

Danach beschreibt Buffon die englischen Pferde, wobei er den Bericht einer Pferdewette wiedergibt (Bd. IV, S. 57f.). Es folgt die Beschreibung der italienischen und der dänischen Pferde (Bd. IV, S. 58f.). Schwedische und polnische Pferde werden angeführt (Bd. IV, S. 59), danach werden isländische und norwegische Pferde beschrieben (Bd. IV, S. 59f.). Von den norwegischen Pferden gibt Buffon an, wie sie sich gegen Bären verteidigen können oder auch nicht. Es folgen Beschreibungen der Pferde aus Nordland, Deutschland, Ungarn und Holland (Bd. IV, S. 60–62). Bei den Pferden der einzelnen französischen Regionen gibt Buffon jeweils an, ob sie zum Beispiel für die Jagd, den Krieg oder als Zugpferd besonders geeignet sind (Bd. IV, S. 62).

Nach diesen bekannteren Rassen geht Buffon auf Berichte über weniger bekannte ausländische Rassen ein. Hierbei gibt er sowohl Aussagen moderner als auch antiker Autoren wieder (Bd. IV, S. 63).

Zuerst beschreibt Buffon, wie die Araber mit ihren Pferden umgehen (Bd. IV, S. 64–68). Sie legen Wert auf reinrassige Pferde:

> [...] ils distinguent les races par des noms différens, et ils en font trois classes; la première est celle des chevaux nobles, de race pure et ancienne des deux côtés; la seconde est celle des chevaux de race ancienne, mais qui se sont mésalliés, et la troisième est celle des chevaux communs [...]. (Bd. IV, S. 65)

Buffon berichtet zum Beispiel, dass die Pferde der Araber mit im Zelt schlafen, die Araber ihre Pferde nicht schlagen und wann sie ihnen zu essen und zu trinken geben (Bd. IV, S. 66f.).

Nach den Arabern sind für Buffon die zweitschönsten Pferde die persischen (Bd. IV, S. 68). Auch hier beschreibt er, wie sie in ihrem Heimatland gehalten werden (Bd. IV, S. 68–70). Buffon schätzt die indischen und chinesischen Pferde gering (Bd. IV, S. 70–72). Er bevorzugt die Pferde der Tataren (Bd. IV, S. 71–73).

Pferde aus trockenen und heißen Gebieten können nach Buffon nicht in feuchten Gebieten leben (Bd. IV, S. 73).

Buffon schreibt richtigerweise, dass es in Amerika zur Zeit seiner Entdeckung keine Pferde gab und die aus Europa eingeführten sich dann dort vermehrt haben (Bd. IV, S. 73).[678] Buffon stellt in diesem Kontext eine allgemeine Regel dar:

> Les Chevaux ont à peu près également multiplié dans les pays chauds et dans les pays froids du continent de l'Amérique. Il paroît seulement qu'ils sont dévenus plus petits; mais cela leur est commun avec tous les autres animaux qui ont été transportés d'Europe en Amérique; car les bœufs, les chèvres, les moutons, les cochons, les chiens, sont plus petits en Canada qu'en France; et ce qui paroîtra peut-être beaucoup plus singulier, c'est que tous les animaux d'Amérique, même ceux qui sont naturels au climat, sont beaucoup plus petits en général que ceux de l'ancien continent. La Nature semble s'être servie dans ce nouveau monde d'une autre échelle de grandeur; l'homme est le seul qu'elle ait mesuré avec le même module; mais je donnerai ailleurs les faits sur lesquels je fonde cette observation générale. (Bd. IV, S. 73f.)

Heute ist man mit der Formulierung solcher allgemeinen Regeln wesentlich vorsichtiger. Buffon kommt in seiner Abhandlung über die Tiere des neuen Kontinents noch einmal auf diese Regel zurück (Bd. III, S. 3–5).

Buffon berichtet, wie die Pferde in der Ukraine im Freiland (Bd. IV, S. 74f.) und wie sie in Finnland im Wald leben (Bd. IV, S. 75f.). Diese halbwilden Pferde bilden den Übergang zu den Wildpferden. Buffon beschreibt, wie die Tataren Wildpferde jagen (Bd. IV, S. 76f.).

Dann gibt Buffon die Einschätzung antiker Autoren zu einzelnen Pferderassen wieder (Bd. IV, S. 77f.).

Aus allen Ausführungen zu den Pferderassen zieht Buffon folgende Schlussfolgerung: „Il résulte de tous ces faits, que les chevaux arabes ont été de tout temps et sont encore les premiers chevaux du monde, tant pour la beauté que pour la bonté" (Bd. IV, S. 78). Es sind rein ästhetische Kriterien[679], die Buffon Folgendes vermuten lassen: „le climat de l'Arabie est peut-être le vrai climat des

678 Ursprünglich stammen die Pferde aus Amerika. Von dort sind Ende des Pliozäns Individuen über die Beringstraße, die damals eine Landbrücke war, nach Asien gelangt. Dann sind die Pferde in Amerika ausgestorben. Von Asien sind Individuen nach Europa gekommen.

679 Roger, *Buffon*, S. 389.

chevaux“ (Bd. IV, S. 78). Die Araber haben viel zur Perfektion ihrer Pferde beigetragen[680]

> par les soins particuliers qu'ils ont pris de tous les temps, d'ennoblir les races, en ne mettant ensemble que les individus les mieux faits et de la première qualité; [...] par cette attention suivie pendant des siècles ils ont pu perfectionner l'espèce au-delà de ce que la Nature auroit fait dans le meilleur climat [...]. (Bd. IV, S. 78)

Buffon erkennt also durchaus die Verdienste einer systematischen Selektion seitens der Züchter, aber die Araber arbeiten auch in einem günstigen Klima.[681]

Beispielsweise bei der Besprechung der Kastration der Pferde benutzt Buffon viele Fachtermini: „bourses“, „bistouri“, „testicules“, „vaisseaux“ und „ligamens“ (Bd. IV, S. 79). Buffon deckt einen Fehler bei Plinius auf, den er aber zu erklären versucht:

> Pline dit que les dents de lait ne tombent point à un Cheval qu'on fait hongre avant qu'elles soient tombées; j'ai été à portée de vérifier ce fait, et il ne s'est pas trouvé vrai; les dents de lait tombent également aux jeunes chevaux hongres et aux jeunes chevaux entiers; et il est probable que les anciens n'ont hasardé ce fait que parce qu'ils l'ont cru fondé sur l'analogie de la chûte des cornes du cerf et du chevreuil, qui en effet ne tombent point lorsque l'animal a été coupé. (Bd. IV, S. 80)

Buffon erwähnt auch, dass Pferde sich haaren und manchmal auch das Horn wechselt (Bd. IV, S. 80).

Dann beschäftigt sich Buffon mit dem Verhalten der Pferde, zunächst mit dem Wiehern, bei dem er verschiedene Arten unterscheidet: „On peut distinguer dans tous cinq sortes de hennissemens différens, relatifs à différentes passions; le hennissement d'alégresse [...]; le hennissement du desir [...]; le hennissement de la colère [...]: celui de la crainte [...]: celui de la douleur [...]“ (Bd. IV, S. 80f.). Bei der Beschreibung des Verhaltens vergleicht Buffon das Pferd mit dem Menschen und dem Rind und vermenschlicht das Pferd:

> [...] à l'âge de puberté la voix des mâles et des femelles devient plus forte et plus grave, comme dans l'homme et dans la plupart des autres animaux. Lorsque le Cheval est passionné d'amour, de desir, d'appétit, il montre les dents et semble rire; il les montre aussi dans la colère et lorsqu'il veut mordre; il tire quelquefois la langue pour lécher, mais moins fréquemment que le bœuf, qui lèche beaucoup plus que le Cheval, et qui cependant est moins sensible aux caresses: le Cheval se souvient aussi beaucoup plus longtemps des mauvais traitemens, et il se rebute aussi plus aisément que le bœuf; son naturel ardent et courageux lui fait donner d'abord tout ce qu'il possède de

[680] Roger, *Buffon*, S. 390.
[681] Roger, *Buffon*, S. 390.

> forces; et lorsqu'il sent qu'on exige encore davantage, il s'indigne et refuse, au lieu que le bœuf qui de sa nature est lent et paresseux, s'excède et se rebute moins aisément. (Bd. IV, S. 81f.)

Danach informiert Buffon seine Leser darüber, dass das Pferd weniger lange schläft als der Mensch (Bd. IV, S. 82).

Bei der Beschreibung, wie das Pferd trinkt, dienen Affe, Mensch, Hund und Esel zum Vergleich (Bd. IV, S. 82–84). Buffon warnt davor, die Pferde zu kaltes Wasser trinken zu lassen, da sie davon krank werden können (Bd. IV, S. 82f.).

Buffon begründet, warum er nicht weiter auf Krankheiten der Pferde eingehen kann, obwohl er die Beschäftigung mit diesem Thema als sehr sinnvoll ansieht:

> Je ne parlerai pas des autres maladies des chevaux; ce seroit trop étendre l'Histoire Naturelle, que de joindre à l'histoire d'un animal celle de ses maladies: cependant, je ne puis terminer l'histoire du Cheval, sans marquer quelques regrets de ce que la santé de cet animal utile et précieux, a été jusqu'à présent abandonnée aux soins et à la pratique, souvent aveugles, de gens sans connoissances et sans lettres. La médecine que les anciens ont appelée Médecine vétérinaire, n'est presque connue que de nom. Je suis persuadé que si quelque médecin tournoit ses vues de ce côté-là, et faisoit de cette étude son principal objet, il en seroit bientôt dédommagé par d'amples succès; que non-seulement il s'enrichiroit, mais même qu'au lieu de se dégrader il s'illustreroit beaucoup; et cette médecine ne seroit pas si conjecturale et si difficile que l'autre: la nourriture, les mœurs, l'influence du sentiment, toutes les causes en un mot étant plus simples dans l'animal que dans l'homme, les maladies doivent aussi être moins compliquées, et par conséquent plus faciles à juger et à traiter avec succès; sans compter la liberté qu'on auroit toute entière, de faire des expériences, de tenter de nouveaux remèdes, et de pouvoir arriver sans crainte et sans reproches à une grande étendue de connoissances en ce genre, dont on pourroit même par analogie tirer des inductions utiles à l'art de guérir les hommes. (Bd. IV, S. 84f.)

Buffon sieht also auch den Aspekt, dass ein erfolgreicher Tierarzt reich und berühmt werden kann. Die Einschätzung, die Veterinärmedizin sei einfacher als die Humanmedizin, ist zu optimistisch. Man merkt, dass den Naturwissenschaftler Buffon die Experimente interessieren. Bezeichnend ist vor allem der letzte Gedanke der Heilung von Menschen. Am Ende der Monographie über das Pferd steht wie am Anfang dieses Artikels der Mensch im Mittelpunkt.

Die vielen Einzelinformationen in dieser Monographie wirken teilweise etwas anekdotisch, entsprechen aber dem Gedanken, alles Wissen über Pferde zusammenzutragen und darzustellen. Dabei denkt Buffon an das Interesse seiner Leserschaft:

> Buffon n'oublie pas que ses lecteurs ne seront pas tous des naturalistes. Il s'adresse à un public cultivé, qui s'intéresse à la science et à la philosophie,

> mais aussi, plus ou moins consciemment, à une élite aristocratique qu'il imagine sur le modèle anglais des grands propriétaires terriens, passionnés de chevaux, de chasse, et soucieux de faire valoir leurs domaines.[682]

Die Informationen zur Zucht der Pferde sind besonders ausführlich: „Il est significatif que ces développements soient beaucoup plus longs et détaillés à propos du cheval, qui concerne directement le maître, qu'à propos du bœuf ou du mouton, qu'on abandonne plus facilement au régisseur ou au fermier“[683].

Einerseits richtet Buffon seine Darstellung auf seine Leserschaft aus, andererseits unterscheidet sich Buffons Charakterisierung des Pferdes deutlich von älteren Beschreibungen: „On ne trouvera pas ici les chevaux merveilleux de la mythologie ou de l'épopée, ni le cheval du blason, ni les miracles thérapeutiques à base de corne de cheval pulvérisée, tout ce qu'un naturaliste du seizième siècle aurait cru devoir raconter.“[684]

7.2 *Du Tigre*

Die Monographie über den Tiger (Bd. V, S. 260–270) erscheint 1761 im neunten Band der *Histoire naturelle*.[685]

Buffon beginnt den Artikel über den Tiger mit einem Vergleich mit dem Löwen:

> DANS la classe des animaux carnassiers le lion est le premier, le Tigre est le second; et comme le premier, même dans un mauvais genre, est toujours le plus grand et souvent le meilleur, le second est ordinairement le plus méchant de tous. A la fierté, au courage, à la force, le lion joint la noblesse, la clémence, la magnanimité, tandis que le Tigre est bassement féroce, cruel sans justice, c'est-à-dire sans nécessité. (Bd. V, S. 260)

Auffallend sind hier die deutlichen Wertungen. Die fleischfressenden Tiere werden negativ beurteilt: „un mauvais genre“. Buffon benutzt dabei die Begriffe „classe“ und „genre“ synonym. Er geht davon aus, dass der Rangerste „toujours le plus grand et souvent le meilleur“, während der Rangzweite „ordinairement le plus méchant de tous“ ist. Er legt eine subjektive Rangfolge fest, bei der der Löwe an erster Stelle steht und, obwohl er Fleischfresser ist, durch sechs Substantive charakterisiert wird, die alle positive Bedeutungen haben: „fierté“, „courage“ und „force“, dazu kommen „noblesse“, „clémence“ und „magnanimité“. Der Tiger, der nach Buffon nur auf dem zweiten Rang hinter dem Löwen ist, wird dagegen durch die Adjektive „féroce“ und „cruel“ charakterisiert, deren negative Bedeutungen noch durch die Ergänzungen „bassement“ und „sans justi-

682 Roger, *Buffon*, S. 354.
683 Roger, *Buffon*, S. 354.
684 Buffon, *Un autre Buffon*, S. 177.
685 Buffon, *Œuvres philosophiques*, S. 522.

ce“ und durch die Erklärung „c’est-à-dire sans nécessité“ verstärkt werden. Dadurch wird die Unterlegenheit und fehlende Würde des Tigers betont.[686] Die Charakterisierung des Tigers ist inspiriert von Hass, Verachtung und Abscheu.[687]

Die folgende Verallgemeinerung lässt sich nicht nur auf Tiere, sondern auch auf Menschen beziehen: „Il en est de même dans tout ordre de choses où les rangs sont donnés par la force; le premier, qui peut tout, est moins tyran que l’autre, qui ne pouvant jouir de la puissance plénière, s’en venge en abusant du pouvoir qu’il a pu s’arroger“ (Bd. V, S. 260).

Danach kommt Buffon auf den direkten Vergleich von Löwe und Tiger zurück:

> Aussi le Tigre est-il plus à craindre que le lion: celui-ci souvent oublie qu’il est le roi, c’est-à-dire le plus fort de tous les animaux; marchant d’un pas tranquille, il n’attaque jamais l’homme, à moins qu’il ne soit provoqué; il ne précipite ses pas, il ne court, il ne chasse que quand la faim le presse. Le Tigre au contraire, quoique rassasié de chair, semble toujours être altéré de sang; sa fureur n’a d’autres intervalles que ceux du temps qu’il faut pour dresser des embûches; il saisit et déchire une nouvelle proie avec la même rage qu’il vient d’exercer et non pas d’assouvir, en dévorant la première; il désole le pays qu’il habite; il ne craint ni l’aspect ni les armes de l’homme; il égorge, il dévaste les troupeaux d’animaux domestiques, met à mort toutes les bêtes sauvages, attaque les petits éléphans, les jeunes rhinocéros, et quelquefois même ose braver le lion. (Bd. V, S. 261f.)

Der Löwe wird als König personifiziert. Nach Buffon greift er den Menschen nur an, wenn er provoziert wurde, und jagt ausschließlich, um seinen Hunger zu stillen. Der folgende Satzanfang hebt schon den Unterschied hervor: „Le Tigre au contraire [...]“. Buffon charakterisiert den Tiger als ein blutrünstiges Tier, das in Rage den Menschen, domestizierte und wilde Tiere, selbst die größten, angreift.

Im zweiten Absatz des Artikels nennt Buffon Löwe und Tiger als Beispiele dafür, dass das Aussehen dem Charakter entspricht:

> La forme du corps est ordinairement d’accord avec le naturel. Le lion a l’air noble, la hauteur de ses jambes est proportionnés à la longueur de son corps; l’épaisse et grande crinière qui couvre ses épaules et ombrage sa face, son regard assuré, sa démarche grave, tout semble annoncer sa fierté et majestueuse intrépidité. Le Tigre trop long de corps, trop bas sur ses jambes, la tête nue, les yeux hagards, la langue couleur de sang, toujours hors de la gueule, n’a que les caractères de la basse méchanceté et de l’insatiable cruauté; il n’a pour tout instinct qu’une rage constante, une fureur aveugle, qui ne connoît, qui ne distingue rien, et qui lui fait souvent dévorer ses propres enfans, et déchirer leur mère lorsqu’elle veut les défendre. Que ne

---

[686] Gascar, a.a.O., S. 159.

[687] Michaut, a.a.O., S. 160f.

> l'eût-il à l'excès cette soif de son sang! ne pût-il l'éteindre qu'en détruisant dès leur naissance, la race entière des monstres qu'il produit! (Bd. V, S. 261)

Aussehen und Charakter des Löwen werden wieder sehr positiv dargestellt, während der Tiger übertrieben negativ charakterisiert wird. Die negative Schilderung des Verhaltens des Tigers findet ihren Höhepunkt in der Behauptung, der Tiger verschlinge oft seine eigenen Nachkommen und zerreiße ihre Mutter, wenn sie sie verteidigen will. Buffons Hass auf den Tiger kommt in den beiden Exklamationen zum Ausdruck, in denen er ein Aussterben des Tigers wünscht. Ebenso subjektiv ist die negative Bezeichnung der Tiger als Monster.

Selbst bei den Ausführungen über die Verbreitung des Tigers im dritten Absatz äußert Buffon sich subjektiv:

> Heureusement pour le reste de la Nature, l'espèce n'en est pas nombreuse, et paroît confinée aux climats les plus chauds de l'Inde orientale. Elle se trouve au Malabar, à Siam, à Bengale, dans les mêmes contrées qu'habitent l'éléphant et le rhinocéros; on prétend même que souvent le Tigre accompagne ce dernier, et qu'il le suit pour manger sa fiente, qui lui sert de purgation ou de rafraîchissement [...]. (Bd. V, S. 261)

Durch die Formulierung „on prétend" distanziert sich Buffon etwas von der darauf folgenden Aussage. Die sich dann anschließenden Ausführungen stellt er jedoch nicht in Frage: „[...] il fréquente avec lui les bords des fleuves et des lacs; car comme le sang ne fait que l'altérer, il a souvent besoin d'eau pour tempérer l'ardeur qui le consume; [...]" (Bd. V, S. 261). Dass der Tiger einfach viel Durst haben könnte, weil er in einer heißen Gegend lebt, kommt Buffon nicht in den Sinn. Richtig ist jedoch die Beobachtung, dass der Tiger am Wasser auch jagt:

> [...] et d'ailleurs il attend près des eaux les animaux qui y arrivent, et que la chaleur du climat contraint d'y venir plusieurs fois chaque jour: c'est-là qu'il choisit sa proie, ou plutôt qu'il multiple ses massacres; car souvent il abandonne les animaux qu'il vient de mettre à mort pour en égorger d'autres; il semble qu'il cherche à goûter de leur sang; il le savoure, il s'en enivre; et lorsqu'il leur fend et déchire le corps, c'est pour y plonger la tête, et pour sucer à longs traits le sang dont il vient d'ouvrir la source qui tarit presque toujours avant que sa soif ne s'éteigne. (Bd. V, S. 261f.)

Obwohl Buffon die Jagd des Tigers als blutiges Massaker schildert, ist er doch beeindruckt von der Kraft dieses Tieres:

> Cependant quand il a mis à mort quelques gros animaux, comme un cheval, un buffle, il ne les éventre pas sur place, s'il craint d'y être inquiété; pour les dépecer à son aise, il les emporte dans les bois, en les traînant avec tant de légéreté, que la vîtesse de sa course paroît à peine ralentie par la masse énorme qu'il entraîne. Ceci seul suffiroit pour faire juger de sa force; mais pour en donner une idée plus juste, arrêtons-nous un instant sur les dimensions et les proportions du corps de cet animal terrible. (Bd. V, S. 262)

Buffon berichtet, wie groß der Tiger ungefähr wird, dass Reisende seine Größe mit der eines Pferdes oder eines Büffels verglichen haben oder auch gesagt haben, er sei viel größer als der Löwe. Ein nach Buffon vertrauenswürdiger Zeuge habe einen besonders großen Tiger gesehen. Allerdings sei die im *cabinet* vorhandene Tigerhaut kleiner (Bd. V, S. 262f.).

Jedoch verweist Buffon an dieser Stelle auf seinen Artikel über den Hirsch und auf von ihm durchgeführte Sektionen, die belegen, dass unter schlechten Bedingungen gehaltene Tiere kleiner blieben als natürlich aufgewachsene. Ebenfalls habe das Klima Einfluss auf die Größe eines Tieres und auf die Reproduktion (Bd. V, S. 263f.).

Am Anfang des fünften Absatzes sagt Buffon, dass die meisten Reisenden auch Leoparden und Panther als Tiger bezeichnet haben,

> [...] mais le vrai tigre, le seul qui doit porter ce nom, est un animal terrible; sa peau n'est pas tigrée [...], c'est-à-dire parsemée de taches arrondies; il a seulement sur un fond de poil fauve des bandes noires qui s'étendent transversalement sur tout le corps, et qui forment des anneaux sur la queue dans toute sa longueur. (Bd. V, S. 264)

Bei dieser Beschreibung des Aussehens des Tigers geht es darum, das Tier identifizieren zu können und nicht mit anderen zu verwechseln.

Dann untersucht Buffon, was antike und moderne Autoren über den Tiger geschrieben haben: „Il a été peu connu des anciens, et mal décrit par les modernes. Aristote qui est en Histoire Naturelle le guide des uns et des autres, n'en fait aucune mention. Pline dit seulement que le Tigre est un animal d'une vîtesse terrible, *tremendae velocitatis animal*, [...]" (Bd. V, S. 264). Hier wird Buffons Wertschätzung für Aristoteles deutlich. Plinius wird sogar zitiert. Buffon führt noch weitere antike Autoren an und fasst zusammen:

> [...] le Tigre est donc un animal féroce, d'une vîtesse terrible, dont le corps est marqué de bandes longues, et dont la taille surpasse celle du lion. Voilà les seules notions que les anciens nous aient données d'un animal aussi remarquable; les modernes, comme Gesner et les autres Naturalistes qui ont parlé du Tigre, n'ont presque rien ajouté au peu qu'en ont dit les anciens. (Bd. V, S. 265)

Hier wird Buffons Geringschätzung der modernen Autoren deutlich. Das Wenige, das diese ergänzt haben, hält er offensichtlich nicht für erwähnenswert.

Zu Beginn des sechsten Absatzes beschreibt Buffon das Skelett und die Haut des Tigers, der in der *ménagerie* war. Dabei vergleicht er wieder mit dem Löwen:

> Quoique le tigre, dont le squelette et la peau nous sont venus de la ménagerie, ne soit pas parvenu à sa juste grandeur, la seule vue de cette peau bourrée donne encore l'idée d'un animal formidable, et l'examen du squelette ne permet pas d'en douter. L'on voit sur les os des jambes des rugosités qui marquent des attaches de muscles encore plus fortes que celles du

> lion; ces os sont aussi solides, mais plus courts, et comme nous l'avons dit, la hauteur des jambes dans le Tigre n'est pas proportionnée à la grande longueur du corps. (Bd. V, S. 265f.)

Dass Buffon die Beine zu kurz findet, ist wieder eine subjektive Wertung. Buffon versucht, von der Anatomie auf die Lebensweise zu schließen, und kommt zu dem falschen Schluss, dass der Tiger nicht schnell laufen könne. „Ce n'est donc point la célérité de sa course, mais la vîtesse du saut que Pline a voulu désigner, et qui rend en effet cet animal terrible, parce qu'il n'est pas possible d'en éviter l'effet." (Bd. V, S. 266). Buffon versucht also, die Aussage von Plinius zu erklären.

Wichtig für den Charakter des Tigers ist auch sein Verhalten beim Versuch der Domestikation:

> Le Tigre est peut-être le seul de tous les animaux dont on ne puisse fléchir le naturel; ni la force, ni la contrainte, ni la violence ne peuvent le dompter. Il s'irrite des bons comme des mauvais traitemens; la douce habitude qui peut tout, ne peut rien sur cette nature de fer; le temps, loin de l'amollir en tempérant les humeurs féroces, ne fait qu'aigrir le fiel de sa rage; il déchire la main qui le nourrit comme celle qui le frappe; il rugit à la vue de tout être vivant; chaque objet lui paroît une nouvelle proie qu'il dévore d'avance de ses regards avides, qu'il menace par des frémissemens affreux, mêlés d'un grincement de dents, et vers lequel il s'élance souvent malgré les chaînes et les grilles qui brisent sa fureur sans pouvoir la calmer. (Bd. V, S. 266f.)

Dass der Tiger nicht domestiziert werden kann, unterstreicht für Buffon dessen negativen Charakter.

Im achten Absatz zitiert Buffon den Bericht eines Augenzeugen: „Pour achever de donner une idée de la force de ce cruel animal, nous croyons devoir citer ici ce que le père Tachard, témoin oculaire, rapporte d'un combat d'un jeune tigre contre des éléphans." (Bd. V, S. 267). Aus dem darauf folgenden längeren Zitat (Bd. V, S. 267f.) zieht Buffon den Schluss: „On sent par ce simple récit, quelle doit être la force et la fureur de cet animal; puisque celui-ci, quoique jeune encore et n'ayant pas pris tout son accroissement, quoique réduit en captivité, quoique retenu par des liens, quoique seul contre trois, étoit encore assez redoutable [...]" (Bd. V, S. 268). Die Anapher, mit der hier die Konzessionen aufgezählt werden, betont, wie gefährlich der Tiger ist.

Dann erwähnt Buffon den Königstiger, von dem er richtigerweise bemerkt, dass er keine eigene Art darstellt. Bezüglich der Verbreitung des Königstigers ist Buffon ebenfalls richtig informiert: „[...] il ne se trouve qu'aux Indes orientales, et non pas au Brésil, comme l'ont écrit quelques-uns de nos Naturalistes" (Bd. V, S. 268). Die ironische Bezeichnung „nos Naturalistes" ist hier sehr kritisch. Buffon kritisiert auch, dass viele Reisende, die sich zur Verbreitung der Tiger geäußert haben, in Wirklichkeit Leoparden, Panther und Schneeleoparden meinten (Bd. V, S. 268f.).

Im zehnten Absatz geht Buffon auf die Fortpflanzung der Tiger ein. Wieder dient der Löwe als Ausgangspunkt für einen Vergleich:

> L'espèce du Tigre a donc toujours été plus rare et beaucoup moins répandue que celle du lion: cependant la tigresse produit, comme la lionne, quatre ou cinq petits; elle est furieuse en tout temps, mais sa rage devient extrême lorsqu'on les lui ravit: elle brave tous les périls, elle suit les ravisseurs, qui se trouvant pressés sont obligés de lui relâcher un de ses petits; elle s'arrête, le saisit, l'emporte pour le mettre à l'abri, revient quelques instans après et les poursuit jusqu'aux portes des villes ou jusqu'à leurs vaisseaux: et lorsqu'elle a perdu tout espoir de recouvrer sa perte, des cris forcenés et lugubres, des hurlements affreux expriment sa douleur cruelle et font encore frémir ceux qui les entendent de loin. (Bd. V, S. 269)

Während man bei einem um seine Nachkommen kämpfenden oder trauernden Muttertier eher mit der Darstellung eines positiven, Mitleid hervorrufenden Charakters rechnet, dient diese Situation hier nur dazu, die Gefährlichkeit der Tigerin hervorzuheben.

Auch die Stimme des Tigers wird mit der des Löwen verglichen:

> Le Tigre fait mouvoir la peau de sa face, grince des dents, frémit, rugit comme fait le lion; mais son rugissement est différent; quelque voyageurs l'ont comparé au cri de certains grands oiseaux. *Tigrides indomitae rancant, rugiuntque Leones* [...]. Ce mot *rancant* n'a point d'équivalent en françois; ne pourrions-nous pas lui en donner un, et dire, les tigres rauquent et les lions rugissent; car le son de la voix du tigre est en effet très-rauque? (Bd. V, S. 269f.)

Um das Brüllen des Tigers genau zu beschreiben, leitet Buffon ein Wort aus der lateinischen Sprache ab. Bemerkenswerterweise bezeichnet das Verb „rauquer" heute tatsächlich das Brüllen des Tigers.

Am Anfang des letzten Absatzes gibt Buffon an, dass die Haut des Tigers in Asien für Sitz- und Kissenbezüge verarbeitet werde, in Europa aber weniger gefragt sei (Bd. V, S. 270).

> Au reste, c'est la seule petite utilité qu'on puisse tirer de cet animal très-nuisible, dont on a prétendu que la sueur étoit un venin et le poil de la moustache un poison sûr pour les hommes et pour les animaux; mais c'est assez du mal très-réel qu'il fait de son vivant, sans chercher encore des qualités imaginaires et des poisons dans la dépouille; d'autant que les Indiens mangent de sa chair et ne la trouvent ni mal saine, ni mauvaise; et que si le poil de sa moustache pris en pilule, tue, c'est qu'étant dur est roide, une telle pilule fait dans l'estomac le même effet qu'un paquet de petites aiguilles. (Bd. V, S. 270)

Hier versucht Buffon, Fabeln zu eliminieren. Dass der Schweiß des Tigers nicht giftig ist, belegt Buffon durch die Tatsache, dass Menschen sein Fleisch essen können. Für die angeblich tödliche Wirkung der Schnauzhaare sucht Buffon nach einer anderen Erklärung als der des Giftes.

7.3 *De l'Éléphant*

Der Artikel über den Elefanten (Bd. V, S. 1–54) erscheint 1764 im elften Band der *Histoire naturelle*.[688]

Bei Buffons Charakterisierung des Elefanten ist folgender Sachverhalt bemerkenswert:

> Weder Buffon noch Louis Daubenton hatten einen Elefanten gesehen, als sie ihn für die *Histoire naturelle* beschrieben, was Cuvier zu der lapidaren Feststellung veranlaßte, diese Schilderung sei weniger exakt als die des Aristoteles; sie benutzten die Beschreibungen von Claude Perrault, der einen Elefanten hatte sezieren können. Sein Skelett wurde im Cabinet du Roi aufbewahrt.[689]

Das auffallendste Merkmal des Elefanten ist seine Größe. Mit diesem Aspekt beginnt Buffon die Monographie: „L'ÉLÉPHANT est, si nous voulons ne nous pas compter, l'être le plus considérable de ce monde; il surpasse tous les animaux terrestres en grandeur, et il approche de l'homme par l'intelligence, autant au moins que la matière peut approcher de l'esprit." (Bd. V, S. 1). Größe ist für Buffon sehr positiv, und der Vergleich mit dem Menschen wertet den Elefanten weiter auf.

Verglichen wird der Elefant auch mit Hund, Biber und Affe:

> L'Éléphant, le chien, le castor et le singe sont de tous les êtres animés ceux dont l'instinct est le plus admirable: mais cet instinct, qui n'est que le produit de toutes les facultés, tant intérieures qu'extérieures de l'animal, se manifeste par des résultats bien différens dans chacune de ces espèces. (Bd. V, S. 1)

Der Superlativ „le plus admirable" unterstreicht Buffons Bewunderung für den Instinkt dieser Tiere.

Zunächst geht Buffon auf den Hund ein:

> Le chien est naturellement, et lorsqu'il est livré à lui seul, aussi cruel, aussi sanguinaire que le loup; seulement il s'est trouvé dans cette nature féroce un point flexible sur lequel nous avons appuyé; le naturel du chien ne diffère donc de celui des autres animaux de proie, que par ce point sensible, qui le rend susceptible d'affection et capable d'attachement; c'est de la Nature qu'il tient le germe de ce sentiment, que l'homme ensuite a cultivé,

---

688 Buffon, *Œuvres philosophiques*, S. 522.

689 Lepenies, *Ende*, S. 30.

> nourri, développé par une ancienne et constante société avec cet animal, qui seul en étoit digne, qui, plus susceptible, plus capable qu'un autre des impressions étrangères, a perfectionné dans le commerce toutes ses facultés relatives. Sa sensibilité, sa docilité, son courage, ses talens, tout jusqu'à ses manières, s'est modifié par l'exemple, et modelé sur les qualités de son maître; l'on ne doit donc pas lui accorder en propre tout ce qu'il paroît avoir; ses qualités les plus relevées, les plus frappantes, sont empruntées de nous; il a plus d'acquis que les autres animaux, parce qu'il est plus à portée d'acquérir; que loin d'avoir comme ceux de la répugnance pour l'homme, il a pour lui du penchant; que ce sentiment doux, qui n'est jamais muet, s'est annoncé par l'envie de plaire, et a produit la docilité, la fidélité, la soumission constante, et en même temps le degré d'attention nécessaire pour agir en conséquence et toujours obéir à propos. (Bd. V, S. 1f.)

Der Hund hat also nach Buffon alle seine positiven Eigenschaften nur vom Menschen.

Dann beschäftigt sich Buffon mit dem Affen:

> Le singe au contraire est indocile autant qu'extravagant; sa nature est en tout point également révêche; nulle sensibilité relative, nulle reconnoissance des bons traitemens, nulle mémoire des bienfaits; de l'éloignement pour la société de l'homme, de l'horreur pour la contrainte, du penchant à toute espèce de mal, ou pour mieux dire, une forte propension à faire tout ce qui peut nuire ou déplaire. Mais ces défauts réels sont compensés par des perfections apparentes; il est extérieurement conformé comme l'homme; il a des bras, des mains, des doigts; l'usage seul de ces parties le rend supérieur pour l'adresse aux autres animaux, et les rapports qu'elles lui donnent avec nous par la similitude des mouvemens et par la conformité des actions nous plaisent, nous déçoivent et nous font attribuer à des qualités intérieures ce qui ne dépend que de la forme des membres. (Bd. V, S. 2f.)

Nach Buffon hat der Affe also einen sehr negativen Charakter und ähnelt nur äußerlich dem Menschen.

Als Nächstes wendet sich Buffon dem Biber zu:

> Le castor, qui paroit être fort au-dessous du chien et du singe par les facultés individuelles, a cependant reçu de la Nature un don presque équivalent à celui de la parole; il se fait entendre à ceux de son espèce, et si bien entendre qu'ils se réunissent en société, qu'ils agissent de concert, qu'ils entreprennent et exécutent de grands et longs travaux en commun; et cet amour social, aussi bien que le produit de leur intelligence réciproque, ont plus de droit à notre admiration que l'adresse du singe et la fidélité du chien. (Bd. V, S. 3)

Buffon bewundert die Zusammenarbeit der Biber also mehr als den Hund oder den Affen. Er fasst zusammen: „Le chien n'a donc que de l'esprit (qu'on me permette, faute de termes, de profaner ce nom); le chien, dis-je, n'a donc que de l'esprit d'emprunt; le singe n'en a que l'apparence, et le castor n'a du sens que pour lui seul et les siens“ (Bd. V, S. 3). Auch wenn Buffon sich hier erlaubt, das Substantiv „esprit“ im Zusammenhang mit Tieren zu verwenden, stellt er den Elefanten über die drei anderen Tiere:

> L'Éléphant leur est supérieur à tous trois; il réunit leurs qualités les plus éminentes. La main est le principal organe de l'adresse du singe; l'Éléphant au moyen de sa trompe, qui lui sert de bras et de main, et avec laquelle il peut enlever et saisir les plus petites choses comme les plus grandes, les porter à sa bouche, les poser sur son dos, les tenir embrassées ou les lancer au loin, a donc le même moyen d'adresse que le singe; et en même temps il a la docilité du chien; il est comme lui susceptible de reconnaissance et capable d'un fort attachement; il s'accoutume aisément à l'homme, se soumet moins par la force que par les bons traitemens, le sert avec zèle, avec fidélité, avec intelligence. Enfin l'Éléphant comme le castor, aime la société de ses semblables; il s'en fait entendre; on les voit souvent se rassembler, se disperser, agir de concert; et s'ils n'édifient rien, s'ils ne travaillent point en commun, ce n'est peut-être que faute d'assez d'espace et de tranquillité; car les hommes se sont très-anciennement multipliés dans toutes les terres qu'habite l'Éléphant: il vit donc dans l'inquiétude, et n'est nulle part paisible possesseur d'un espace assez grand, assez libre pour s'y établir à demeure. Nous avons vu qu'il faut toutes ces conditions et tous ces avantages pour que les talens du castor se manifestent, et que partout où les hommes se sont habitués, il perd son industrie et cesse d'édifier. (Bd. V, S. 3f.)

Der Elefant vereinigt also nach Buffon die Vorzüge der drei anderen Tiere in sich. In seiner Lobrede auf den Elefanten sucht Buffon auch nach einer Erklärung, warum der Elefant keine Bauwerke konstruiert. Es kommt Buffon nicht in den Sinn, dass der Elefant dies nicht nötig hat oder auch nicht kann. Buffon „n'a jamais vu d'éléphant en dehors de Versailles, et c'est d'après les voyageurs et les autres naturalistes qu'il chante ses louanges:“[690]

> Chaque être dans la Nature a son prix réel et sa valeur relative; si l'on veut juger au juste de l'un et de l'autre dans l'Éléphant, il faut lui accorder au moins l'intelligence du castor, l'adresse du singe, le sentiment du chien, et y ajouter ensuite les avantages particuliers, uniques de la force, de la grandeur et de la longue durée de la vie; il ne faut pas oublier ses armes ou défenses, avec lesquelles il peut percer et vaincre le lion; il faut se représenter que sous ses pas il ébranle la terre, que de sa main il arrache les arbres, que d'un coup de son corps il fait brêche dans un mur; que terrible par la force, il est encore invincible par la seule résistance de sa masse, par l'épaisseur du cuir qui la couvre; qu'il peut porter sur son dos une tour armée en guerre et chargée de plusieurs hommes; que seul il fait mouvoir des machines et transporte des fardeaux que six chevaux ne pourroient remuer; qu'à cette force prodigieuse il joint encore le courage, la prudence, le sang froid, l'obéissance exacte; qu'il conserve de la modération, même dans ses passions les plus vives; qu'il est plus constant qu'impétueux en amour; que dans la colère il ne méconnoît pas ses amis; qu'il n'attaque jamais que ceux

690 Roger, *Buffon*, S. 369.

qui l'ont offensé; qu'il se souvient des bienfaits aussi longtemps que des injures; que n'ayant nul goût pour la chair et ne se nourrissant que de végétaux, il n'est pas né l'ennemi des autres animaux; qu'enfin il est aimé de tous, puisque tous le respectent et n'ont nulle raison de le craindre. (Bd. V, S. 4f.)

Der Elefant wird hier als weise charakterisiert.[691] Auffallend ist, wie viele dieser positiven Eigenschaften sich auf für den Menschen nützliche Aspekte beziehen.

Bei aller Begeisterung für den Elefanten kritisiert Buffon jedoch Fabeln der Antike und Glauben fremder Völker:

> Aussi les hommes ont-ils dans tous les temps pour ce grand, pour ce premier animal, une espèce de vénération. Les anciens le regardoient comme un prodige, un miracle de la Nature (et c'est en effet son dernier effort); ils ont beaucoup exagéré ses facultés naturelles; ils lui ont attribué sans hésiter des qualités intellectuelles et des vertus morales. Pline, Ælien, Solin, Plutarque et d'autres auteurs plus modernes n'ont pas craint de donner à ces animaux des mœurs raisonnées, une religion naturelle et innée, l'observance d'un culte, l'adoration quotidienne du soleil et de la lune, l'usage de l'ablution avant l'adoration, l'esprit de divination, la piété envers le ciel et pour leurs semblables qu'ils assistent à la mort; et qu'après leur décès ils arrosent de leurs larmes et recouvrent de terre. Les Indiens, prévenus de l'idée de la métempsycose, sont encore persuadé aujourd'hui qu'un corps aussi majestueux que celui de l'Éléphant, ne peut être animé que par l'ame d'un grand homme ou d'un roi. On respecte à Siam, à Laos, à Pégu, les éléphans blancs comme les manes vivans des empereurs de l'Inde; ils ont chacun un palais, une maison composée d'un nombreux domestique, une vaisselle d'or, des mets choisis, des vêtements magnifiques, et sont dispensés de tout travail, de toute obéissance. L'empereur vivant est le seul devant lequel ils fléchissent les genoux, et ce salut leur est rendu par le monarque: cependant les attentions, les respects, les offrandes les flattent sans les corrompre; ils n'ont donc pas une ame humaine; cela seul devroit suffire pour le démontrer aux Indiens. (Bd. V, S. 5f.)

Hier streut Buffon Kritik an den Menschen ein. Er kommt zu folgendem Schluss:

> En écartant les fables de la crédule antiquité, en rejetant aussi les fictions puériles de la superstition toujours subsistante, il reste encore assez à l'Éléphant, aux yeux même du philosophe, pour qu'il doive le regarder comme un être de la première distinction; il est digne d'être connu, d'être observé. Nous tâcherons donc d'en écrire l'histoire sans partialité, c'est-à-dire sans admiration ni mépris; nous le considérerons d'abord dans son etat de nature lorsqu'il est indépendant et libre, et ensuite dans sa condition de servitude ou de domesticité, où la volonté de son maître est en partie le mobile de la sienne. (Bd. V, S. 6)

---

[691] Michaut, a.a.O., S. 161f.

Nach der Begeisterung, die Buffon bis zu dieser Stelle für den Elefanten gezeigt hat, ist eine nach heutiger Auffassung objektive Darstellung der Naturgeschichte des Elefanten im weiteren Verlauf der Monographie jedoch nicht denkbar.

Buffon beginnt gemäß seiner Ankündigung mit der Charakterisierung des wildlebenden Elefanten: „Dans l'état sauvage, l'Éléphant n'est ni sanguinaire, ni féroce; il est d'un naturel doux, et jamais il ne fait abus de ses armes ou de sa force; il ne les emploie, il ne les exerce que pour se défendre lui-même ou pour protéger ses semblables; il a les mœurs sociales [...]" (Bd. V, S. 7). Schon hier entwirft Buffon wieder ein positives Bild des Elefanten.

Dann beschreibt Buffon die Jagd auf Elefanten (Bd. V, S. 7f.). Dabei werden die Elefanten personifiziert: „[...] ils sont susceptibles et délicats sur le fait des injures" (Bd. V, S. 8). Auch erweist sich Buffon als zu wenig kritisch gegenüber den Äußerungen der antiken Autoren: „[...] les anciens ont écrit que les Éléphans arrachent l'herbe des endroits où le chasseur a passé, et qu'ils se la donnent de main en main, pour que tous soient informés du passage et de la marche de l'ennemi." (Bd. V, S. 8).

Buffon beschreibt das Habitat der Elefanten und stellt dar, wie die Elefanten baden (Bd. V, S. 8f.).

Dann geht er auf die Nahrung der Elefanten ein. In diesem Zusammenhang können die Elefanten auch großen Schaden anrichten:

> [...] lorsqu'ils arrivent à des terres ensemencées, ils y font un dégât prodigieux; leur corps étant d'un poids énorme, ils écachent et détruisent dix fois plus de plantes avec leurs pieds qu'ils n'en consomment pour leur nourriture, laquelle peut monter à cent cinquante livres d'herbe par jour. N'arrivant jamais qu'en nombre, ils dévastent donc une campagne en une heure; aussi les Indiens et les Nègres cherchent tous les moyens de prévenir leur visite et de les détourner, en faisant de grands bruits, de grands feux autour de leurs terres cultivées; souvent malgré ces précautions, les éléphans viennent s'en emparer, en chassent le bétail domestique, font fuir les hommes et quelquefois renversent de fond en comble leurs minces habitations. (Bd. V, S. 9)

Im Zusammenhang mit der Fortpflanzung personifiziert Buffon den Elefanten wieder und charakterisiert ihn sehr positiv. „Et surtout, après beaucoup d'autres, il insiste sur sa pudeur, qui le conduit à cacher soigneusement ses amours:"[692]

> On vient très-rarement à bout de les séparer les uns des autres; car ordinairement ils prennent tous ensemble le même parti d'attaquer, de passer indifféremment ou de fuir.
>
> Lorsque les femelles entrent en chaleur, ce grand attachement pour la société cède à un sentiment plus vif; la troupe se sépare par couples que le desir avoit formés d'avance, ils se prennent par choix, se dérobent, et dans leur marche l'amour paroît les précéder et la pudeur les suivre; car le mys-

---

[692] Roger, *Buffon*, S. 370.

> tère accompagne leurs plaisirs. On ne les a jamais vus s'accoupler; ils craignent surtout les regards de leurs semblables et connoissent peut-être mieux que nous cette volupté pure de jouir dans le silence et de ne s'occuper que de l'objet aimé. Ils cherchent le bois le plus épais, ils gagnent les solitudes les plus profondes pour se livrer sans témoins, sans trouble et sans réserve à toutes les impulsions de la Nature; elles sont d'autant plus vives et plus durable qu'elles sont plus rares et plus longtemps attendues. La femelle porte deux ans; lorsqu'elle est pleine, le mâle s'en abstient; et ce n'est qu'à la troisième année que renaît la saison des amours. (Bd. V, S. 9f.)

Buffon stellt nun kurz die Entwicklung des Jungtieres dar. Damit der Leser eine bessere Vorstellung von der Größe bekommt, vergleicht er es mit einem Rind: „[...] l'Éléphant à six mois est déjà plus gros qu'un bœuf" (Bd. V, S. 10).

Im Gegensatz zum wildlebenden Elefanten steht der domestizierte:

> [...] car on n'imagine pas à quel point l'esclavage et les alimens apprêtés détériorent le tempérament et changent les habitudes naturelles de l'Éléphant. On vient à bout de le dompter, de le soumettre, de l'instruire; et comme il est plus fort et plus intelligent qu'un autre, il sert plus à propos, plus puissamment et plus utilement; mais apparemment le dégoût de sa situation lui reste au fond du cœur; car quoiqu'il ressente de temps en temps les plus vives atteintes de l'amour, il ne produit ni ne s'accouple dans l'état de domesticité. Sa passion contrainte dégénère en fureur; ne pouvant se satisfaire sans témoin, il s'indigne, il s'irrite, il devient insensé, violent, et l'on a besoin des chaînes les plus fortes et d'entraves de toutes espèces pour arrêter ses mouvemens et briser sa colère. Il diffère donc de tous les animaux domestiques que l'homme traite ou manie comme des êtres sans volonté, il n'est pas du nombre de ces esclaves nés que nous propageons, mutilons ou multiplions pour notre utilité; ici l'individu seul est esclave, l'espèce demeure indépendante et refuse constamment d'accroître au profit du tyran. Cela seul suppose dans l'Éléphant des sentimens élevés au-dessus de la nature commune des bêtes: ressentir les ardeurs les plus vives et refuser en même temps de se satisfaire, entrer en fureur d'amour et conserver la pudeur, sont peut-être le dernier effort des vertus humaines et ne sont dans ce majestueux animal que des actes ordinaires, auxquels il n'a jamais manqué; l'indignation de ne pouvoir s'accoupler sans témoins, plus forte que la passion même, en suspend, en détruit les effets, excite en même temps la colère, et fait que dans ces momens il est plus dangereux que tout autre animal indompté. (Bd. V, S. 10f.)

Selbst Buffon erscheint diese Schilderung etwas fragwürdig, aber er ist nicht kritisch genug: „Nous voudrions, s'il étoit possible, douter de ce fait; mais les Naturalistes, les historiens, les voyageurs assurent tous de concert que les Éléphans n'ont jamais produit dans l'état de domesticité" (Bd. V, S. 11f.). „Si nous savons aujourd'hui que les auteurs avaient tort, Buffon a visiblement pris plaisir à chanter les louanges de cet ‚animal' qui se trouve si fort au-dessus des ‚bêtes' (le changement de vocabulaire est significatif)".[693]

Das nächste in der Monographie behandelte Thema ist die Art, wie die Elefanten gefangen werden. Buffon beschreibt die Vorgehensweise kurz und führt mehrere Zitate von Augenzeugenberichten dafür an (Bd. V, S. 12–16).

Der Charakter des domestizierten Elefanten ist hauptsächlich durch sein Verhalten dem Menschen gegenüber festgelegt. Buffon stellt ihn sehr positiv dar:

> L'Éléphant une fois dompté devient le plus doux, le plus obéissant de tous les animaux; il s'attache à celui qui le soigne; il le caresse, le prévient et semble deviner tout ce qui peut lui plaire; en peu de temps il vient à comprendre les signes et même à entendre l'expression des sons; il distingue le ton impératif, celui de la colère ou de la satisfaction, et il agit en conséquence. Il ne se trompe point à la parole de son maître; il reçoit ses ordres avec attention, les exécute avec prudence, avec empressement, sans précipitation; car ses mouvemens sont toujours mesurés et son caractère paroît tenir de la gravité de sa masse; on lui apprend aisément à fléchir les genoux pour donner plus de facilité à ceux qui veulent le monter; il caresse ses amis avec sa trompe, en salue les gens qu'on lui fait remarquer; il s'en sert pour enlever des fardeaux et aide lui-même à se charger; il se laisse vêtir et semble prendre plaisir à se voir couvert de harnois dorés et de housses brillantes; on l'attelle, on l'attache par des traits à des chariots, des charrues, des navires, des cabestans; il tire également, continuellement et sans se rebuter, pourvu qu'on ne l'insulte pas par des coups donnés mal-à-propos, et qu'on ait l'air de lui savoir gré de la bonne volonté avec laquelle il emploie ses forces; celui qui le conduit ordinairement est monté sur son cou et se sert d'une verge de fer dont l'extrémité fait le crochet, ou qui est armée d'un poinçon avec lequel on le pique sur la tête, à côté des oreilles pour l'avertir, le détourner ou le presser; mais souvent la parole suffit, surtout s'il a eu le temps de faire connoissance complète avec son conducteur et de prendre en lui une entière confiance; son attachement devient quelquefois si fort, si durable, et son affection si profonde, qu'il refuse ordinairement de servir sous tout autre, et qu'on l'a quelquefois vu mourir de regret d'avoir dans un accès de colère tué son gouverneur. (Bd. V, S. 16f.)

Nur ganz nebenbei kommt hier zur Sprache, dass der Elefant auch sehr gefährlich sein kann.

Im Zusammenhang mit Fortpflanzung und Verbreitung der Elefanten erwähnt Buffon auch die Lebenserwartung: „[...] plus la vie des animaux et courte, plus leur production est nombreuse; dans l'Éléphant la durée de la vie compense le petit nombre; et s'il est vrai, comme on l'assure, qu'il vive deux siècles [...]" (Bd. V, S. 17f.). Buffon macht zwar die Einschränkung „s'il est vrai", geht aber von dieser Zahl aus, die wesentlich zu hoch angesetzt ist. Elefanten werden nur

[693] Roger, *Buffon*, S. 370.

bis zu sechzig Jahre alt. Hier zeigt sich, dass das Wissen über die Tiere anderer Länder noch gering ist.

Buffon berichtet von dem Nutzen der Elefanten als Kriegstiere, Transportmittel und bei Paraden (Bd. V, S. 18–20).

Nach den Buffon vorliegenden Berichten sind zu seiner Zeit in Afrika die Elefanten zahlreicher als in Asien. Buffon hinterfragt die Gründe hierfür und kommt bezeichnenderweise zu der Erkenntnis, das dies an den Menschen liege:

> Après avoir conféré les témoignages des historiens et des voyageurs, il nous a paru que les Élephans sont actuellement plus nombreux, plus fréquens en Afrique qu'en Asie; ils y sont aussi moins défians, moins sauvages, moins retirés dans les solitudes; il semble qu'ils connoissent l'impéritie et le peu de puissance des hommes auxquels ils ont affaire dans cette partie du monde; ils viennent tous les jours et sans aucune crainte jusqu'à leurs habitations; ils traitent les nègres avec cette indifférence naturelle et dédaigneuse qu'ils ont pour tous les animaux; ils ne les regardent pas comme des êtres puissans, forts et redoutables, mais comme une espèce cauteleuse, qui ne sait que dresser des embûches, qui n'ose les attaquer en face, et qui ignore l'art de les réduire en servitude. C'est en effet par cet art connu de tout temps des Orientaux, que ces animaux ont été réduits à un moindre nombre; les éléphans sauvages, qu'ils rendent domestiques, deviennent par la captivité autant d'eunuques volontaires, dans lesquels se tarit chaque jour la source des générations; au lieu qu'en Afrique, où ils sont tous libres, l'espèce se soutient et pourroit même augmenter en perdant davantage, parce que tous les individus travaillent constamment à sa réparation. Je ne vois pas qu'on puisse attribuer à une autre cause cette différence de nombre dans l'espèce; [...]. (Bd. V, S. 21f.)

Der Charakter des Elefanten hängt also ab von den Aktivitäten des Menschen in der Umgebung. Da die Neger nach Buffon weniger gefährliche Feinde sind, ist der Elefant in Afrika weniger scheu. Der asiatische Elefant ist gemäß Buffon mutiger und intelligenter.[694] Dies liegt wahrscheinlich an der „éducation plus perfectionnée à Ceylan qu'ailleurs" (Bd. V, S. 22).

Buffon ist der Meinung, dass das Klima in Indien eher besser für die Elefanten ist als das in Afrika (Bd. V, S. 22) und vergleicht die Elefanten: „En général, les éléphans d'Asie l'emportent par la taille et par la force sur ceux de l'Afrique, [...]" (Bd. V, S. 22). Hier ist Buffon falsch informiert, denn der afrikanische Elefant ist der größere.

Beeindruckt ist Buffon auch von der Kraft der Elefanten: „La force de ces animaux est proportionnée à leur grandeur; [...]" (Bd. V, S. 23). Diese Kraft zeigt sich nicht nur in der Menge, die sie tragen können (Bd. V, S. 23), sondern auch bei der Fortbewegung. Buffon vergleicht sie hierfür mit dem seinen Lesern gut bekannten Pferd:

[694] Gayon, a.a.O., S. 574f.

> On peut encore juger de leur force, par la vîtesse de leurs mouvemens comparée à la masse de leur corps; ils font au pas ordinaire à peu près autant de chemin qu'un cheval en fait au petit trot, et autant qu'un cheval au galop lorsqu'ils courent: ce qui, dans l'état de liberté, ne leur arrive guère que quand ils sont animés de colère ou poussés par la crainte. (Bd. V, S. 23f.)

Gerade für den domestizierten Elefanten ist der Vergleich mit dem Pferd interessant: „Un éléphant domestique rend peut-être à son maître plus de service que cinq ou six chevaux [...]" (Bd. V, S. 24). Buffon berichtet, wie viel Nahrung der Elefant braucht, was diese kostet, womit man ihn ernährt und dass der Elefant häufig badet (Bd. V, S. 24f.). Beim Transport der vielen Lasten charakterisiert Buffon die Elefanten als geschickt und bemüht:

> [...] que joignant l'intelligence à la force ils ne cassent ni n'endommagent rien de ce qu'on leur confie; qu'ils font tourner et passer ces paquets du bord des eaux dans un bateau sans les laisser mouiller, les posant doucement et les arrangeant où l'on veut les placer, et quand ils les ont déposés dans l'endroit qu'on leur montre, ils essaient avec leur trompe s'ils sont bien situés; et que quand c'est un tonneau qui roule, ils vont d'eux-mêmes chercher des pierres pour le caler et l'établir solidement. (Bd. V, S. 25)

Buffon geht noch einmal auf die Lebenserwartung der Elefanten ein: „Quelques auteurs ont écrit qu'il vivoit quatre ou cinq cents ans, d'autres deux ou trois cent ans, et d'autres enfin cent vingt, cent trente ou cent cinquante ans." (Bd. V, S. 25). Auch wenn andere Autoren sich noch mehr geirrt haben, sind die von Buffon angenommenen zweihundert Jahre immer noch bei weitem zuviel. Buffon geht davon aus, dass die Elefanten in kälterem Klima weniger lange leben (Bd. V, S. 26f.).

„Après avoir indiqué les principaux faits au sujet de l'espèce, examinons en détail les facultés de l'individu, les sens, les mouvemens, la grandeur, la force, l'adresse, l'intelligence." (Bd. V, S. 27). Das Asyndeton unterstreicht hier die Steigerung der positiven Aspekte.

Buffon geht an dieser Stelle auf die Sinne des Elefanten ein und beginnt mit einer Beschreibung der Augen:

> L'Éléphant a les yeux très-petits relativement au volume de son corps, mais ils sont brillans et spirituels, et ce qui les distingue de ceux de tous les autres animaux, c'est l'expression pathétique du sentiment et la conduite presque réfléchie de tous leurs mouvemens; il les tourne lentement et avec douceur vers son maître, il a pour lui le regard de l'amitié, celui de l'atttention lorsqu'il parle, le coup d'œil de l'intelligence quand il l'a écouté, celui de la pénétration lorsqu'il veut le prévenir: il semble réfléchir, délibérer, penser et ne se déterminer qu'après avoir examiné et regardé à plusieurs fois et sans précipitation, sans passion, les signes auxquels il doit obéir. Les chiens dont les yeux ont beaucoup d'expression, sont des animaux trop vifs pour qu'on puisse distinguer aisément les nuances successives de leurs

> sensations; mais comme l'Éléphant est naturellement grave et modéré, on lit, pour ainsi dire, dans ses yeux, dont les mouvemens se succèdent lentement, l'ordre et la suite de ses affections intérieures. (Bd. V, S. 27f.)

Der Elefant wird wieder deutlich personifiziert und positiv charakterisiert. Seine Augen interessieren in Bezug auf sein Verhältnis zum Menschen.

Im Zusammenhang mit dem Gehör des Elefanten erzählt Buffon von Kunststücken, die dieser lernen kann:

> Il a l'ouïe très-bonne, et cet organe est à l'extérieur, comme celui de l'odorat, plus marqué dans l'Éléphant que dans aucun autre animal; ses oreilles sont très-grandes, beaucoup plus longues, même à proportion du corps, que celles de l'âne, et aplaties contre la tête, comme celles de l'homme [...]. Il se délecte au son des instrumens, et paroît aimer la musique; il apprend aisément à marquer la mesure, à se remuer en cadence et à joindre à propos quelques accens au bruit des tambours et au son des trompettes. Son odorat est exquis, et il aime avec passion les parfums de toute espèce et surtout les fleurs odorantes; il les choisit, il les cueille une à une, il en fait des bouquets; et après en avoir savouré l'odeur, il les porte à sa bouche et semble les goûter. (Bd. V, S. 28)

Auch beim Geruchssinn interessiert weniger, was dieser dem Tier in Freiheit nützt, als was für die Menschen hübsch anzuschauen ist.

Für den Tastsinn greift Buffon wieder auf einen Vergleich mit dem Menschen zurück:

„A l'égard du sens du toucher, il ne l'a, pour ainsi dire, que dans la trompe; mais il est aussi délicat, aussi distinct dans cette espèce de main que dans celle de l'homme. [...] On ne peut même disconvenir que cette main de l'Éléphant n'ait plusieurs avantages sur la nôtre: [...]" (Bd. V, S. 29).

Buffon ist restlos begeistert vom Rüssel des Elefanten:

> La délicatesse du toucher, la finesse de l'odorat, la facilité du mouvement et la puissance de succion se trouvent donc à l'extrémité du nez de l'Éléphant. De tous les instrumens dont la Nature a si libéralement muni ses productions chéries, la trompe est peut-être le plus complet et le plus admirable; c'est non-seulement un instrument organique, mais un triple sens, dont les fonctions réunies et combinées sont en même temps la cause et produisent les effets de cette intelligence et de ces facultés, qui distinguent l'Éléphant et l'élèvent au-dessus de tous les animaux. Il est moins sujet qu'aucun autre aux erreurs du sens de la vue, parce qu'il les rectifie promptement par le sens du toucher, et que se servant de sa trompe comme d'un long bras pour toucher les corps au loin, il prend, comme nous, des idées nettes de la distance par ce moyen; au lieu que les autres animaux (à l'exception du singe et quelques autres, qui ont des espèces de bras et de mains) ne peuvent acquérir ces mêmes idées qu'en parcourant l'espace avec leur corps. (Bd. V, S. 30f.)

Die Beschäftigung mit dem Rüssel des Elefanten bietet Buffon Gelegenheit zu theoretischeren Überlegungen zum Gedächtnis:

> Le toucher est de tous les sens celui qui est le plus relatif à la connoissance; la délicatesse du toucher donne l'idée de la substance des corps, la flexibilité dans les parties de cet organe donne l'idée de leur forme extérieure, la puissance de succion celle de leur pesanteur, l'odorat celle de leurs qualités, et la longueur du bras celle de leur distance, ainsi par un seul et même membre, et pour ainsi dire, par un acte unique ou simultané, l'Éléphant sent, aperçoit et juge plusieurs choses à la fois: or, une sensation multiple équivaut en quelque sorte à la réflexion: donc quoique cet animal soit, ainsi que tous les autres, privé de la puissance de réfléchir, comme ses sensations se trouvent combinées dans l'organe même, qu'elles sont contemporaines, et, pour ainsi dire, indivises les unes avec les autres, il n'est pas étonnant qu'il ait de lui-même des espèces d'idées et qu'il acquière en peu de temps celles qu'on veut lui transmettre. La réminiscence doit être ici plus parfaite que dans aucune autre espèce d'animal, car la mémoire tient beaucoup aux circonstances des actes, et toute sensation isolée quoique très-vive, ne laisse aucune trace distincte ni durable; mais plusieurs sensations combinées et contemporaines font des impressions profondes et des empreintes étendues; en sorte que si l'Éléphant ne peut se rappeler une idée par le seul toucher, les sensations voisines et accessoires de l'odorat et de la force de succion, qui ont agi en même temps que le toucher, lui aident à s'en rappeler le souvenir; dans nous-mêmes, la meilleure manière de rendre la mémoire fidelle, est de se servir successivement de tous nos sens pour considérer un objet, et c'est faute de cet usage combiné des sens que l'homme oublie plus de choses qu'il n'en retient. (Bd. V, S. 31f.)

Buffon übt hier Kritik am Menschen, der zu viel vergisst. Seine Überlegungen zum Lernen mit möglichst vielen Sinnen sind durchaus modern.

Dass der Elefant nur ein kleines Gehirn hat, sieht Buffon als Beweis dafür an, dass das Gehirn nicht der Sitz der Gefühle sei (Bd. V, S. 32).

Trotz seiner Bewunderung für den Elefanten beurteilt Buffon dessen Aussehen sehr negativ:

> [...] cet animal est supérieur aux autres par l'intelligence, malgré l'énormité de sa masse, malgré la disproportion de sa forme; car l'Éléphant est en même temps un miracle d'intelligence et un monstre de matière; le corps très-épais et sans aucune souplesse, le cou court et presque inflexible; la tête petite et difforme; les oreilles excessives et le nez encore beaucoup plus excessif; les yeux trop petits, ainsi que la gueule, le membre génital et la queue; les jambes massives, droites et peu flexibles; le pied si court et si petit qu'il paroît être nul; la peau dure, épaisse et calleuse; toutes ces difformités paroissant d'autant plus, que toutes sont modelées en grand, toutes d'autant plus désagréables à l'œil, que la plupart n'ont point d'exemple dans le reste de la Nature; aucun animal n'ayant ni la tête, ni les pieds, ni le nez, ni les oreilles, ni les défenses faites ou placées comme celles de l'éléphant. (Bd. V, S. 32f.)

Buffon macht sich Gedanken über die Nachteile, die der Körperbau für den Elefanten mit sich bringt (Bd. V, S. 33f.).

Obwohl die antiken Autoren schrieben, dass das Elefantenjunge die Milch der Mutter mit dem Mund saugt (Bd. V, S. 34), ist Buffon der Meinung, dass es dies mit dem Rüssel mache:

> Mais si le jeune éléphant avoit une fois pris l'usage ou l'habitude de pomper avec la bouche en suçant la mamelle de sa mère, pourquoi la perdroit-il pour tout le reste de sa vie? pourquoi ne se sert-il jamais de cette partie pour pomper l'eau lorsqu'il est à portée? pourquoi feroit-il toujours une action double, tandis qu'une simple suffiroit? pourquoi ne lui voit-on jamais rien prendre avec sa gueule que ce qu'on jette dedans lorsqu'elle est ouverte? Il paroît donc très-vraisemblable que le petit éléphant ne tette qu'avec la trompe; [...]. (Bd. V, S. 34f.)

Die vier rhetorischen Fragen, die Buffon durch die Anapher mit dem Interrogativpronomen „pourquoi" hervorhebt, unterstreichen die Argumente für seine Sichtweise. Buffon hat hier jedoch Unrecht.

Buffon glaubt auch nicht, wie die antiken Autoren, dass Elefanten in der gleichen Stellung wie die anderen Säugetiere kopulieren. Seiner Meinung nach geht dies aufgrund der Lage der Geschlechtsorgane nicht. Buffon stellt sich vor, dass das Weibchen sich für die Kopulation auf den Rücken legen muss (Bd. V, S. 36f.). Auch mit dieser Vorstellung irrt sich Buffon. Sie dient ihm jedoch als Erklärung dafür, dass Elefanten sich in Gefangenschaft nicht fortpflanzen:

> [...] la femelle doit non-seulement consentir, mais il faut encore qu'elle provoque le mâle par une situation indécente, qu'apparemment elle ne prend jamais que quand elle se croit sans témoins. La pudeur n'est-elle donc qu'une vertu physique qui se trouve aussi dans les bêtes? elle est au moins, comme la douceur, la modération, la tempérance, l'attribut général et le bel apanage de tout sexe féminin. (Bd. V, S. 37f.)

Buffon schmeichelt an dieser Stelle den Frauen, die einen wichtigen Teil der Leserschaft des 18. Jahrhunderts darstellen.

Buffon beschreibt das Brüllen des Elefanten, das er mit dem des Tigers und des Löwen vergleicht: „[...] le cri de l'Éléphant se fait entendre de plus d'une lieue, et cependant il n'est pas effrayant comme le rugissement du tigre ou du lion." (Bd. V, S. 38).

Die Haut des Elefanten vergleicht er mit „l'écorce d'un vieux chêne" (Bd. V, S. 39). Sie kann wie die des Menschen erkranken (Bd. V, S. 39). Der Elefant pflegt sie durch häufiges Waschen (Bd. V, S. 40).

Buffon beschreibt die Beine des Elefanten, die Ohren, die er mit einem Fächer vergleicht, und den Schwanz, der für die Neger mit einem Aberglauben verbunden sei (Bd. V, S. 40f.).

Klima, Nahrung und Gefangenschaft beziehungsweise Freiheit beeinflussen Wachstum und Größe des Tieres (Bd. V, S. 41f.).

Bei der Fortbewegung ist bemerkenswert, dass der Elefant auch schwimmen und folglich mit Lasten Flüsse überqueren kann (Bd. V, S. 43).

Obwohl der Elefant ein Pflanzenfresser ist, gehört er nicht zu den Wiederkäuern (Bd. V, S. 43f.). Bei der Beschreibung der Nahrungsaufnahme wird der Elefant wieder personifiziert und positiv charakterisiert:

> Quelque grand que soit l'appétit de l'Éléphant, il mange avec modération, et son goût pour la propreté l'emporte sur le sentiment du besoin; son adresse à séparer avec sa trompe les bonnes feuilles d'avec les mauvaises, et le soin qu'il a de les bien secouer pour qu'il n'y reste point d'insectes ni de sable, sont des choses agréables à voir; il aime beaucoup le vin, les liqueurs spiritueuses, l'eau-de-vie, l'arac. On lui fait faire les corvées les plus pénibles et les entreprises les plus fortes en lui montrant un vase rempli de ces liqueurs, et en le lui promettant pour prix de ses travaux; il paroît aimer aussi la fumée du tabac, mais elle l'étourdit et l'enivre; il craint toutes les mauvaises odeurs, et il a une horreur si grande pour le cochon, que le seul cri de cet animal l'émeut et le fait fuir. (Bd. V, S. 44f.)

Auch dass der Elefant Alkohol und Tabak mag, wird hier positiv dargestellt.

Buffon berichtet ergänzend von Elefanten, die er 1771 beziehungsweise 1773 selbst gesehen hat, und sagt, dass das Männchen schwieriger zu führen gewesen sei als das Weibchen. Das Weibchen habe sich nur einmal für eine schlechte Behandlung gerächt: „[...] elle prit le seul moyen qu'elle avoit de se venger; ce fut de remplir sa trompe et de jeter le volume d'un seau d'eau au visage et sur le corps de celui qui l'avoit le plus harcelée“ (Bd. V, S. 45).

Dann zitiert Buffon andere seiner Meinung nach vertrauenswürdige Berichte (Bd. V, S. 45f.). Ein Elefant habe seinen Führer getötet und dessen Kind als neuen Führer gewählt; ein anderer habe einen Soldaten verteidigt; ein dritter habe einen Soldaten, der ihm im Weg war, zur Seite gesetzt. Diese Berichte seien von „M. de Bussy, qui a demeuré dix ans dans l'Inde. Il avoit plusieurs éléphans à son service“ (Bd. V, S. 46–48). Ebenso wichtig scheinen Buffon die Berichte der *Académie des Sciences* über den Elefanten der Menagerie von Versailles, der sich bei schlechter Behandlung räche und der sich schon einmal befreit habe (Bd. V, S. 48f.). Der Elefant erkenne sein Glück, wenn er einem Prinzen diene und werde traurig, wenn er weniger ehrbare Dienste verrichten müsse. Dies unter anderem berichtet „le P. Vincent Marie“ (Bd. V, S. 49f.). François Pyrard bemerkt, dass der Elefant sehr gehorsam sei (Bd. V, S. 50). Die holländischen Reisenden sagen, der Elefant habe ein gutes Gedächtnis (Bd. V, S. 50). Nach „le P. Philippe“ folge der Elefant dem Jäger, der ihn gefangen hat, wie ein Lamm, wenn dieser ihm gut zurede (Bd. V, S. 51). Tavernier berichtet unter anderem, dass Elefanten, die schon einmal in eine Falle getappt waren und entkommen sind, einen Ast abbrächen und damit den Boden nach weiteren Fallen absuchten (Bd. V, S. 51f.). Edward Terri berichtet, wie Elefanten auf Befehl Menschen ärgern oder töten (Bd. V, S. 52f.). Ein anderer Reisender beschreibt, wie die Elefanten in Gruppen leben (Bd. V, S. 53.). Wenn eine solche Gruppe von Elefanten einen Fluss überquere, würden die erwachsenen Tiere ihre Jungen sozusagen von Hand zu Hand über den Fluss transportieren (Bd. V, S. 53f.). Es gäbe auch einzeln lebende Elefantenmännchen, die sehr böse seien (Bd. V, S. 54). Obwohl einige dieser Berichte sehr unwahrscheinlich sind, kommentiert Buffon sie nicht.

Es folgt eine abschließende Bemerkung:

> Nous pourrions citer encore plusieurs autres faits aussi curieux et aussi intéressants que ceux qu'on vient de lire; mais nous aurions bientôt excédé les limites que nous avons tâché de nous prescrire dans cet ouvrage; nous ne serions pas même entrés dans un aussi grand détail, si l'Éléphant n'étoit de tous les animaux le premier à tous égards, celui par conséquent qui méritoit le plus d'attention. (Bd. V, S. 54)

7.4 *Nomenclature des Singes*

Der Artikel *Nomenclature des Singes*[695] erscheint 1766 im vierzehnten Band der *Histoire naturelle* und ist den Monographien über die verschiedenen Affen vorangestellt.[696]

Zu Beginn des Artikels *Nomenclature des Singes* schmeichelt Buffon seinen Lesern, indem er davon ausgeht, dass sie kritikfähige Erwachsene sind:

> Comme endoctriner des Écoliers, ou parler à des Hommes, sont deux choses différentes; que les premiers reçoivent sans examen & même avec avidité l'arbitraire comme le réel, le faux comme le vrai, dès qu'il leur est présenté sous la forme de documens; que les autres au contraire rejettent avec dégoût ces mêmes documens, lorsqu'ils ne sont pas fondés; nous ne nous servirons d'aucune des méthodes qu'on a imaginées pour entasser sous le même nom de *Singe*, une multitude d'animaux d'espèces différentes & même très-éloignées.[697]

Rhetorisch geschickt kann Buffon seine Leser, die sich sicherlich lieber als erwachsene Menschen denn als Schüler sehen, für seine Sichtweise gewinnen und gleichzeitig Kritik an den Klassifikatoren üben, die viele Tiere unter dem Oberbegriff *Singe* zusammengefasst haben.

Buffon verwendet dieses Signifiant ebenfalls, wobei das Signifié bei ihm einen kleineren Umfang hat als bei den von ihm kritisierten Klassifikatoren:

> J'appelle *singe* un animal sans queue, dont la face est aplatie, dont les dents, les mains, les doigts & les ongles ressemblent à ceux de l'homme, & qui, comme lui, marche debout sur ses deux pieds: cette définition tirée de la

---

695 Buffon/Daubenton, *Histoire naturelle,* Bd. 14, S. 1–19. – In der von mir verwendeten Ausgabe ist nur der zweite Teil des Artikels *Nomenclature des singes* abgedruckt, der sich nicht im engeren Sinne mit der Nomenklatur der Affen beschäftigt. Er ist mit *Les Singes* (Bd. VI, S. 125–148) überschrieben.

696 Buffon, *Œuvres philosophiques*, S. 522.

697 Buffon/Daubenton, *Histoire naturelle*, Bd. 14, S. 1.

nature même de l'animal & de ses rapports avec celle de l'homme, exclut, comme l'on voit, tous les animaux qui ont des queues, tous ceux qui ont la face relevée ou le museau long; tous ceux qui ont les ongles courbés, crochus ou pointus; tous ceux qui marchent plus volontiers sur quatre que sur deux pieds.[698]

Buffon gibt nicht nur eine Definition des Begriffs *singe*, sondern präzisiert auch, welche Tiere dementsprechend nicht gemeint sind. Die für die Zuordnung der Tiere wichtigen Merkmale sind Schwanz, Gesicht, Zähne, Hände, Finger, Nägel und Gangart. Die Ähnlichkeit mit dem Menschen spielt eine entscheidende Rolle bei der Einordnung.

„D'après cette notion fixe & précise, voyons combien il existe d'espèces d'animaux auxquels on doive donner le nom de *singe*."[699] Bei der *Nomenclature des Singes* geht es Buffon also nicht mehr um die Frage, ob höhere taxonomische Einheiten als die Art sinnvoll sind, sondern nur noch darum, wie man die Affen einteilen kann. Dass Buffon nur eine erste Gruppe von Affen als „singes" bezeichnen will, trägt jedoch zur terminologischen Verwirrung bei:

Le premier groupe contribue à la confusion terminologique car il reçoit le nom de „singes" comme le groupe entier. Il faut rappeler ici que le terme de *primate* existait déjà dans le *Systema naturae* de Linné. La confusion vient de ce que Buffon voulait que le vocable français „singe" fût l'équivalent de l'anglais „ape" qui désigne aujourd'hui les pongidés, et que le mot „guenon" fût l'équivalent de „monkey" (mot qui provient probablement du portugais „macaco").[700]

Buffon geht aus von den Beschreibungen der Antike, in denen nur eine Affenart dargestellt wird: „[...] le *pithecos* des Grecs, le *simia* des Latins, est un *singe*, un vrai *singe*".[701] Buffons Bewunderung der Antike geht so weit, dass er die Existenz dieser Affenart bestätigt, obwohl er nie ein Individuum dieser Art gesehen hat, was nicht von ungefähr kommt, denn es handelt sich hierbei um das Junge des Magots.[702]

Während der in der Antike bekannte Affe kleiner als der Mensch ist, sei der Orang-Utan so groß wie der Mensch:

Mais depuis les Anciens, depuis la découvertes des parties méridionales de l'Afrique & des Indes, on a trouvé un autre singe avec cet attribut de grandeur, un singe aussi haut, aussi fort que l'homme, aussi ardent pour les femmes que pour ses femelles; un singe qui sait porter des armes; qui se

[698] Buffon/Daubenton, *Histoire naturelle*, Bd. 14, S. 1f.
[699] Buffon/Daubenton, *Histoire naturelle*, Bd. 14, S. 2.
[700] Gayon, a.a.O., S. 559. – Die Familie der *Pongidae* ist die der Menschenaffen.
[701] Buffon/Daubenton, *Histoire naturelle*, Bd. 14, S. 2.
[702] Gayon, a.a.O., S. 559.

> sert de pierres pour attaquer, & de bâtons pour se défendre, & qui d'ailleurs ressemble encore à l'homme plus que le pithèque; [...].[703]

Buffon zeigt sich beeindruckt von der Größe und Stärke des Tieres und davon, dass der Orang-Utan angeblich nicht nur Weibchen seiner Art begehrt, sondern auch Frauen. Biologisch interessanter ist die Beschreibung des Werkzeuggebrauchs, der als ein Maß für die Intelligenz gilt. Das Aussehen des Orang-Utans vergleicht Buffon mit dem des Menschen. Er erwähnt, dass *Orang-outang* „Homme sauvage" bedeutet, und führt einen weiteren Namen an, den die Eingeborenen diesem Tier gegeben haben: „[...] cet orang-outang ou ce pongo, n'est en effet qu'un animal, mais un animal très-singulier, que l'homme ne peut voir sans rentrer en lui-même, sans se reconnoître, sans se convaincre que son corps n'est pas la partie la plus essentielle de sa nature."[704] Der Unterschied zwischen Mensch und Tier liegt für Buffon also nicht im Aussehen, sondern im Wesen. Die wissenschaftliche Bezeichnung für den Orang-Utan ist heute *Pongo pygmeus*.[705]

> Comme la plupart des naturalistes de son temps, Buffon confondait dans une „seule et même espèce" les petits de deux différentes espèces de pongidés: orang-outan et chimpanzé, qu'il dénommait *jocko*. D'autre part, il assimilait sous le nom de *pongo* les adultes de ces deux espèces distinctes, la grande différence de taille étant pour lui un important critère de classification. L'orang-outan mâle adulte de l'Asie de l'Est porte une sorte de visière des deux côtés de la tête, son prognathisme est très prononcé et il acquiert une coloration (brune) plus foncée que celle (rousse) des petits de son espèce; de plus un énorme goître se développe avec l'âge. Le chimpanzé adulte manifeste lui aussi de grandes différences par rapport à ses petits: la taille d'abord mais plus particulièrement un crâne qui s'éloigne beaucoup de celui de l'homme par son prognathisme, par ses grosses canines et par la charnière osseuse, sur laquelle s'attachent les muscles de la mâchoire. Des exemplaires adultes avaient déjà été décrits du temps de Buffon, mais il ne semble pas qu'il les ait vus lui-même.[706]

Als dritte Art ordnet Buffon den Gibbon den *singes* zu, den er jedoch aufgrund seiner langen Arme als „difforme" ansieht.[707]

Nach den *singes* kommt für Buffon die Familie der *babouins*. Auch für diese Tiergruppe gibt er an, wie er sie definiert und wer nicht dazugehört. Buffon erwähnt den Namen, den Aristoteles benutzt hat, sowie den italienischen und den deutschen Namen.[708] Hier geht es Buffon um die Identifikation der Tiere.

---

[703] Buffon/Daubenton, *Histoire naturelle*, Bd. 14, S. 2.
[704] Buffon/Daubenton, *Histoire naturelle*, Bd. 14, S. 2.
[705] Gayon, a.a.O., S. 559.
[706] Gayon, a.a.O., S. 560f.
[707] Buffon/Daubenton, *Histoire naturelle*, Bd. 14, S. 2.
[708] Buffon/Daubenton, *Histoire naturelle*, Bd. 14, S. 3.

Buffon unterscheidet drei Arten, von denen er Aussehen und Verbreitung angibt.[709] Diese drei Arten sind „le babouin proprement dit", „le mandrill" und „l'ouanderou", der tatsächlich ein Makake „(*Macaca sylenus*)" ist.[710]

> Mais comme la Nature ne connoît pas nos définitions, qu'elle n'a jamais rangé ses ouvrages par tas, ni les êtres par genres, que sa marche au contraire va toujours par degrés, & que son plan est nuancé par-tout & s'étend en tout sens, il doit se trouver entre le genre du singe & celui du babouin quelque espèce intermédiaire qui ne soit précisément ni l'un ni l'autre, & qui cependant participe des deux.[711]

An dieser Stelle spielt Buffon auf die Kette beziehungsweise das Netz der Wesen an und darauf, dass die Gattungen nur von Menschen geschaffene Gruppierungen seien. „Ce texte de 1766 reprend apparamment des affirmations de 1749; en fait, il s'appuie sur quinze ans de travail, d'étude et de description des espèces animales."[712]

Dass Buffon hier die Kontinuität der Natur anführt, hat auch rhetorische Funktion als Überleitung zur nächsten Art.[713] Das Zwischenglied zwischen *singe* und *babouin* ist für Buffon der *magot*, den er im Vergleich zu *singe* und *babouin* beschreibt und dessen Verbreitung und antiken Namen er angibt.[714] Der kurze wirbellose Schwanz des Magots ist für Buffon ein wichtiger Unterschied zum Pavian, aber die lange Schnauze ist eine Gemeinsamkeit.[715]

Nach den *singes* und *babouins* kommen für Buffon die *guenons*. Er erklärt, dass er diesen Namen wegen der Länge des Schwanzes dieser Tiere gewählt habe, und zählt neun verschiedene Arten auf.[716] Bei diesen von Buffon *guenons* genannten Arten handelt es sich hauptsächlich um Makaken und Meerkatzenartige.[717] Tatsächlich haben die Makaken nicht den langen Schwanz der Meerkatzenartigen, der nicht greifen kann.[718] Buffon geht bei den Arten, die bereits den Griechen der Antike bekannt waren, auf die griechischen Namen ein und gibt die von ihm gewählten entsprechenden französischen Namen an. Bei den Arten, die den antiken Autoren noch nicht bekannt waren, entscheidet sich Buffon für den Namen, den die Tiere in ihrem Herkunftsland haben.[719]

---

709 Buffon/Daubenton, *Histoire naturelle*, Bd. 14, S. 3.
710 Gayon, a.a.O., S. 559.
711 Buffon/Daubenton, *Histoire naturelle*, Bd. 14, S. 3f.
712 Roger, *Buffon*, S. 384.
713 Loveland, a.a.O., S. 94.
714 Buffon/Daubenton, *Histoire naturelle*, Bd. 14, S. 4.
715 Gayon, a.a.O., S. 559.
716 Buffon/Daubenton, *Histoire naturelle*, Bd. 14, S. 4–6.
717 Gayon, a.a.O., S. 559.
718 Gayon, a.a.O., S. 559.
719 Buffon/Daubenton, *Histoire naturelle*, Bd. 14, S. 4–6.

Auch zwischen *babouins* und *guenons* gibt es nach Buffon eine Zwischenart, die er beschreibt. Er nennt sie *maimon* und gibt an, wo sie lebt und dass sie von anderen Autoren als *singe à queue de cochon* oder als *singe à queue de rat* bezeichnet wurde.[720] Heute wird diese Art im Französischen „macaque à queue de cochon“ genannt.[721]

Die bis zu dieser Stelle von Buffon beschriebenen Affenarten sind Arten des alten Kontinents.

> Voilà les animaux de l'ancien continent, auxquels on a donné le nom commun de *singe*, quoiqu'ils soient non-seulement d'espèces éloignées, mais même de genres assez différens; & ce qui a mis le comble à l'erreur & à la confusion, c'est qu'on a donné ces mêmes noms de *singe*, de *cynocéphale*, de *kébe* & de *cercopithèque*, noms faits, il y a quinze cents ans par les Grecs, à des animaux d'un nouveau monde, qu'on n'a découverts que depuis deux ou trois siècles.[722]

Hier wird deutlich, dass es Buffon darum geht, dass die Arten aufgrund ihres Namens nicht verwechselt werden können.

Buffon teilt die Neuweltaffen in zwei Gruppen ein: „[...] nous ferons deux classes sous les noms de *sapajous* & de *sagoins*“[723]. Er erläutert, dass die Arten der neuen Welt andere sind als die der alten Welt, und führt als Beweis an, dass die Merkmale der Affenarten der alten Welt ganz verschieden von denen der Affenarten der neuen Welt sind. Die Affen Amerikas haben keine Backentaschen, keine Hornhaut am Gesäß und ihre Nasenscheidewand ist breiter.[724] Das letzte Merkmal ist heute grundlegend für die Klassifikation.[725] Buffon findet einen Vergleich der Neuweltaffen unter sich sinnvoller:

> [...] ces deux familles diffèrent l'une de l'autre par un caractère remarquable; tous les sapajous se servent de leur queue comme d'un doigt, pour s'accrocher & même pour saisir ce qu'ils ne peuvent prendre avec la main; les sagoins au contraire ne peuvent se servir de leur queue pour cet usage; leur face, leurs oreilles, leur poil sont aussi différens: on peut donc en faire aisément deux genres distincts & séparés.[726]

Dieses Kriterium, ob der Schwanz ein Greifschwanz ist, wird heute nicht mehr als ausreichend angesehen, denn es gibt auch Kapuzinerartige, die keinen Greifschwanz haben.[727] Es fällt auf, dass Buffon in diesem Absatz „familles“ und „gen-

---

720 Buffon/Daubenton, *Histoire naturelle*, Bd. 14, S. 6.

721 Gayon, a.a.O., S. 559.

722 Buffon/Daubenton, *Histoire naturelle*, Bd. 14, S. 6.

723 Buffon/Daubenton, *Histoire naturelle*, Bd. 14, S. 6.

724 Buffon/Daubenton, *Histoire naturelle*, Bd. 14, S. 6f.

725 Gayon, a.a.O., S. 560.

726 Buffon/Daubenton, *Histoire naturelle*, Bd. 14, S. 7.

727 Gayon, a.a.O., S. 560.

res“ synonym benutzt. Im vorhergehenden Absatz wählte er die Bezeichnung „classes“ mit ebenfalls der gleichen Bedeutung. Hier wird deutlich, dass er diese höheren taxonomischen Einheiten nicht unterscheidet. Er lehnt es ab, sie hierarchisch und systematisch zu benutzen.[728] Manchmal ist ihre Verwendung sogar inkohärent, denn Buffon spricht von den Affen als „la classe entière de ces animaux“[729], obwohl er die Neuweltaffen in zwei Klassen eingeteilt hat.[730]

Buffon will den Neuweltaffen die Namen geben, die sie in ihren Herkunftsländern haben, und wenn ihm diese nicht bekannt sind, will er sie nach einem Merkmal benennen, anhand dessen sie zu erkennen sind.[731] Auch hier wird wieder deutlich, wie wichtig ihm die Identifikation der Arten ist.

Buffon unterscheidet insgesamt 30 Affenarten.[732] Von diesen gibt er an, zu welchen Gruppen sie gehören.[733] Buffon kennt auch Varietäten innerhalb dieser Arten. Dabei ist er sich einer gewissen Unsicherheit bei der Abgrenzung von Arten und Varietäten durchaus bewusst:

> [...] mais, comme nous ne sommes pas absolument certain que quelques-unes de ces variétés ne puissent être en effet des espèces distinctes, nous tâcherons de leur donner aussi des noms qui ne seront que précaires, supposé que ce ne soient que des variétés, & qui pourront devenir propres & spécifiques, si ce sont réellement des espèces distinctes & séparées.[734]

Dieser erste Teil des Artikels *Nomenclature des Singes* zeigt deutlich, wie wichtig Buffon die Einteilung der Affenarten ist, auch wenn die Klassifikation der Affen bei Buffon von der heutigen abweicht.

> La classification involontaire que Buffon fait des singes est un mélange de méthodes utilisées par les classificateurs de l'époque (par exemple Linné), mais il n'a pas recours aux différences des dents, élément si important lorsqu'on veut distinguer les singes du Nouveau Monde, ceux de l'Ancien Monde, et les deux derniers des prosimiens. Son effort s'inspire en réalité d'un mélange de pensée scientifique et de pensée totémique. Cette dernière se manifeste souvent chez Buffon dans des classifications où il n'y a pas de case vide, parce que peuplées d'*animaux intermédiaires*.[735]

Während der erste Teil der *Nomenclature des Singes* sich im engeren Sinne mit der Nomenklatur und Klassifikation der Affen beschäftigt, spricht der zweite Teil allgemeinere Aspekte an.

---

[728] Gayon, a.a.O., S. 559.
[729] Buffon/Daubenton, *Histoire naturelle*, Bd. 14, S. 7.
[730] Gayon, a.a.O., S. 559.
[731] Buffon/Daubenton, *Histoire naturelle*, Bd. 14, S. 7.
[732] Heute kennt man insgesamt etwa 200 Arten Affen und Halbaffen.
[733] Buffon/Daubenton, *Histoire naturelle*, Bd. 14, S. 7f.
[734] Buffon/Daubenton, *Histoire naturelle*, Bd. 14, S. 8.
[735] Gayon, a.a.O., S. 560.

Buffon kritisiert zunächst die Bezeichnung „quadrupèdes“, da sie auf zu viele Tiere angewendet werde:

> [...] nous trouverons que c'est sans raison suffisante qu'on leur a donné généralement à tous le nom de Quadrupèdes. Si les exceptions n'étoient qu'en petit nombre, nous n'attaquerions pas l'application de cette dénomination. Nous avons dit et nous savons que nos définitions, nos noms, quelque généraux qu'ils puissent être, ne comprennent jamais tout; qu'il existe toujours des êtres en-déça ou au-delà; qu'il s'en trouve de mitoyens; [...] l'homme n'a imaginé les noms généraux que pour aider à sa mémoire, [...]. (Bd. VI, S. 125)

Buffon spielt hier auf die Kette der Wesen an und kritisiert die Klassifikatoren. Er bezweifelt, dass höhere taxonomische Einheiten wirklich existieren.[736]

Solange Buffon es mit Tieren mit vier Pfoten zu tun hat, stellt er nicht die Frage, ob es legitim ist, die Vierfüßler zu isolieren. Im Zusammenhang mit den Affen beschäftigt er sich mit dieser Frage, und die direkte Antwort ist, dass viele der angeblichen Vierfüßler keine sind.[737]

„Le nom de Quadrupède suppose que l'animal ait quatre pieds“ (Bd. VI, S. 125). Hiervon zählt Buffon als Ausnahmen Lamantin, Affe, Fledermaus und ähnliche Arten auf (Bd. VI, S. 125–127). Nach Buffon gibt es eine Vielzahl solcher Ausnahmen: „[...] la dénomination de quadrupède paroîtra mal appliquée à plus de la moitié des animaux [...]“ (Bd., VI, S. 127). Dann zählt Buffon die Tiere auf, die seiner Meinung nach zu Recht „quadrupèdes“ genannt werden (Bd. VI, S. 127f.). Buffon vergleicht nicht die Anatomie der Tiere, sondern bezieht sich nur auf deren Morphologie.

Die Tiere, deren Extremitäten nicht mit vier Füßen enden, bilden für Buffon die Verbindungen zum Menschen und zu anderen Tiergruppen:

> Les quadrumanes remplissent le grand intervalle qui se trouve entre l'homme et les quadrupèdes; les bimanes sont un terme moyen dans la distance encore plus grande de l'homme aux cétacées; les bipèdes avec des ailes font la nuance des Quadrupèdes aux oiseaux, et le fissipèdes qui se servent de leurs pieds comme des mains, remplissent tous les degrés qui se trouvent entre les quadrumanes et les quadrupèdes. (Bd. VI, S. 128f.)

Die Definitionen der Menschen sind nach Buffon immer ungenau (Bd. VI, S. 129). „Mais par quelle raison ces termes généraux qui paroissent être le chef-d'œuvre de la pensée, sont-ils si défectueux?“ (Bd. VI, S. 129). Zur Klärung dieser Frage schlägt Buffon einen Vergleich vor: „Comparons les œuvres de la Nature aux ouvrages de l'homme“ (Bd. VI, S. 129). Buffon vergleicht die Statue eines Bildhauers mit einem von der Natur geschaffenen Wesen und stellt fest, dass der Mensch nur an der Oberfläche bleibt (Bd. VI, S. 130–132).

Von den Künsten kommt Buffon nun auf die Wissenschaften zu sprechen:

---

736 Gayon, a.a.O., S. 231f.

737 Roger, *Buffon*, S. 378.

> Ce qui est vrai pour les arts, l'est aussi pour le sciences; seulement elles sont moins bornées, parce que l'esprit est leur seul instrument, parce que dans les arts il est subordonné aux sens, et que dans les sciences il leur commande, d'autant qu'il s'agit de connoître et non pas d'opérer, de comparer et non pas d'imiter: or l'esprit, quoique resserré par les sens, quoique souvent abusé par leurs faux rapports, n'en est ni moins pur, ni moins actif; l'homme qui a voulu savoir, a commencé par les rectifier, par démontrer leurs erreurs; il les a traités comme des organes mécaniques, des instrumens qu'il faut mettre en expérience pour les vérifier et juger de leurs effets: marchant ensuite la balance à la main et le compas de l'autre, il a mesuré et le temps et l'espace: il a reconnu tous les dehors de la Nature, et ne pouvant en pénétrer l'intérieur par les sens, il l'a deviné par comparaison et jugé par analogie; [...]. (Bd. VI, S. 132f.)

Buffon entwirft hier ein sehr positives und poetisches Bild des Wissenschaftlers.

Die Vorstellungen von einem „moule" und von „molécules organique vivantes" (Bd. VI, S. 133) sind überholt, aber die Idee von „même fonds d'organisation" (Bd. VI, S. 135), also einer Einheit des Bauplans, ist aktuell, und die Charakteristika des Lebens, die Buffon anspricht (Bd. VI, S. 134–136), zählen auch heute noch zu den Kennzeichen des Lebens: „[...] les traits principaux sont la nutrition, le développement et la reproduction; traits généraux et communs à toute substance organisée, traits éternels et divins, que le temps, loin d'effacer ou de détruire, ne fait que renouveler et rendre plus évidens" (Bd. VI, S. 136). Alle Lebewesen ähneln sich also, weil sie, um zu existieren, diese drei Funktionen erfüllen mussten, ohne die es kein Leben gäbe.[738]

Trotz dieser Gemeinsamkeiten aller Lebewesen gibt es natürlich auch Unterschiede:

> Si de ce grand tableau des ressemblances, dans lequel l'univers vivant se présente, comme ne faisant qu'une même famille, nous passons à celui des différences, où chaque espèce réclame une place isolée, et doit avoir son portrait à part, on reconnoîtra qu'à l'exception de quelques espèces majeures, telles que l'éléphant, le rhinocéros, l'hippopotame, le tigre, le lion, qui doivent avoir leur cadre, tous les autres semblent se réunir avec leurs voisins et former des groupes de similitudes dégradées, des genres [...]. (Bd. VI, S. 136)

Buffon erkennt hier also Gruppierungen von Tieren an. Trotzdem kritisiert er die Klassifikatoren, die nach einzelnen Kriterien vorgehen: „[...] des genres que nos nomenclateurs ont présentés par un lacis de figures, dont les unes se tiennent par les pieds, les autres par les dents, par les cornes, par le poil et par d'autres rapports encore plus petits; [...]" (Bd. VI, S. 136).

---

[738] Roger, *Sciences*, S. 580.

Die Tiergruppe, die dem Menschen am nächsten steht, ist die der Affen:

> [...] et ceux même dont la forme nous paroît la plus parfaite, c'est-à-dire la plus approchante de la nôtre, les Singes se présentent ensemble et demandent déjà des yeux attentifs pour être distingués les uns des autres, parce que c'est moins à la forme qu'à la grandeur qu'est attaché le privilége de l'espèce isolée, et que l'homme lui-même, quoique d'espèce unique, infiniment différente de toutes celles des animaux, n'étant que d'une grandeur médiocre, est moins isolé et a plus de voisins que les grands animaux. On verra dans l'histoire de l'orang-outang, que si l'on ne faisoit attention qu'à la figure, on pourroit également regarder cet animal comme le premier des singes ou le dernier des hommes, parce qu'à l'exception de l'ame, il ne lui manque rien de tout ce que nous avons, et parce qu'il diffère moins de l'homme pour le corps, qu'il ne diffère des autres animaux auxquels on a donné le même nom de singe.[739] (Bd. VI, S. 136f.)

Buffon unterschätzt hier den morphologischen Abstand zwischen Mensch und Menschenaffen, was der gängigen Auffassung im 17. und 18. Jahrhundert entspricht.[740]

Es folgt ein ausführlicher Vergleich von Mensch und Affe. Dabei impliziert die morphologische und physiologische Affinität zwischen den Menschenaffen und dem Menschen für Buffon keine intellektuelle Affinität.[741] Buffon erweist sich als Dualist.[742] Er übernimmt den von Tyson schon Ende des 17. Jahrhunderts vertretenen Standpunkt, dass der Hauptunterschied zwischen Mensch und Orang-Utan darin bestehe, dass Letzterer nicht fähig sei, seine Sprechorgane zu nutzen.[743]

> L'ame, la pensée, la parole ne dépendent donc pas de la forme ou de l'organisation du corps; rien ne prouve mieux que c'est un don particulier et fait à l'homme seul, puisque l'orang-outang qui ne parle ni ne pense, a néanmoins le corps, les membres, le sens, le cerveau et la langue entièrement semblables à l'homme [...]. (Bd. VI, S. 137)

Descartes hat als Erster diese Identifikation von Denken und Sprache ausgedrückt. Buffon scheint nicht viele Ideen Descartes' zu teilen, aber auch für ihn hat der Mensch eine andere metaphysische Natur.[744]

Abgesehen davon, dass Buffon dem Orang-Utan fälschlicherweise keinerlei Denken zugesteht, ist ihm auch nicht bekannt, dass die Affen aufgrund anatomi-

---

739 Da der Schimpanse der nächste Verwandte des Menschen ist, vergleicht man heute den Menschen weniger mit dem Orang-Utan als mit dem Schimpansen. Buffon unterscheidet Schimpanse und Orang-Utan nicht; s. Gayon, a.a.O., S. 560f.

740 Gayon, a.a.O., S. 545–547.

741 Gayon, a.a.O., S. 561f.

742 Gayon, a.a.O., S. 223f.

743 Wokler, a.a.O., S. 2301, 2310.

744 Gayon, a.a.O., S. 562.

scher Merkmale keine so differenzierten Laute produzieren können, wie sie für menschliche Sprachen nötig sind.

Buffon schreibt weiter: „[...] l'orang-outang [...] peut faire ou contrefaire tous les mouvemens, toutes les actions humaines, et [...] cependant il ne fait aucun acte de l'homme“ (Bd. VI, S. 137). Das bedeutet: „[...] l'intervalle qui sépare le singe et l'homme est infranchissable. Le plus déshérité des hommes agit humainement, l'orang-outang reproduit non pas des *actes* mais des *actions* humaines.“[745]

Buffon kommt Kritikern zuvor, die ihm vorwerfen könnten, dass er den Affen nicht mit dem kultivierten Menschen vergleichen dürfe, sondern dass er als Vergleichspunkt den wilden Menschen wählen müsse (Bd. VI, S. 137). Seine Darstellung des Wilden ist im Gegensatz zu Rousseaus Vorstellung sehr negativ:

> [...] la tête couverte de cheveux hérissés ou d'une laine crépue; la face voilée par une longue barbe, surmontée de deux croissans de poils encore plus grossiers, qui par leur largeur et leur saillie raccourcissent le front, et lui font perdre son caractère auguste, et non-seulement mettent les yeux dans l'ombre, mais les enfoncent et les arrondissent comme ceux des animaux; les lèvres épaisses et avancées; le nez aplati, le regard stupide ou farouche; les oreilles, le corps et membres velus; les ongles longs, épais et crochus; une semelle calleuse en forme de corne sous la plante des pieds: et pour attributs du sexe, des mamelles longues et molles, la peau du ventre pendante jusque sur les genoux; les enfans se vautrant dans l'ordure et se traînant à quatre; le père et la mère assis sur leurs talons, tous hideux, tous couverts d'une crasse empestée. (Bd. VI, S. 137f.)

Buffon glaubt auch an „les mélanges forcés ou volontaires des négresses aux singes, dont le produit est rentré dans l'une ou l'autre espèce“ (Bd. VI, S. 138). Wenn man an diese Vorstellung glaubt, wird die Artunterscheidung natürlich schwierig (Bd. VI, S. 138).

Dennoch zieht Buffon eine scharfe Trennlinie zwischen Affe und Mensch:

> Je l'avoue, si l'on ne devoit juger que par la forme, l'espèce du singe pourroit être prise pour une variété dans l'espèce humaine: le Créateur n'a pas voulu faire pour le corps de l'homme un modèle absolument différent de celui de l'animal; il a compris sa forme, comme celle de tous les animaux, dans un plan général; mais en même temps qu'il lui a départi cette forme matérielle semblable à celle du singe, il a pénétré ce corps animal de son souffle divin [...]. (Bd. VI, S. 138f.)

Es fällt auf, dass Buffon an dieser Stelle nicht von der schöpfenden Kraft der Natur spricht, sondern von „le Créateur“ und „son souffle divin“. Der Mensch ist keine Produktion der Natur, sondern eine Kreation des Schöpfers.[746] Diese Sichtweise ist sicherlich bei einer für das 18. Jahrhundert so heiklen Frage wie

[745] Gayon, a.a.O., S. 548.
[746] Gayon, a.a.O., S. 172.

der nach dem Unterschied zwischen Tier und Mensch auch von Vorteil, um Probleme mit der Kirche zu vermeiden.[747]

Buffon macht ein Gedankenexperiment, indem er sich vorstellt, der Schöpfer hätte seinen „souffle divin" noch einem anderen Lebewesen gewährt: „[...] s'il eût fait la même faveur, je ne dis pas au Singe, mais à l'espèce la plus vile, à l'animal qui nous paroît le plus mal organisé, cette espèce seroit bientôt devenue la rivale de l'homme; vivifiée par l'esprit, elle eût primé sur les autres, elle eût pensé, elle eût parlé" (Bd. VI, S. 139).

Buffons Fazit lautet: „[...] quelque ressemblance qu'il y ait donc entre l'Hottentot et le Singe, l'intervalle qui les sépare est immense, puisqu'à l'intérieur il est rempli par la pensée et au dehors par la parole" (Bd. VI, S. 139). Hier wird gleichzeitig die Einheit der Menschheit und die Diskontinuität zwischen menschlicher und tierischer Natur bestätigt.[748] In der Debatte der Aufklärung über die Intelligenz der Tiere, insbesondere der Affen, nimmt Buffon also eine andere Position ein als Rousseau, der davon ausgeht, dass die Sprache nicht natürlich für den Menschen sei und der Orang-Utan sie vielleicht erwerben könne.[749] Für Buffon gilt: „[...] même les Hottentots, décrits sous une lumière fort péjorative [...] sont plus proches de l'homme européen que ne le sont les orangsoutans des hommes les plus primitifs, car ces hommes démunis de tout ne le sont cependant pas de la parole".[750]

> L'ame en général a son action propre et indépendante de la matière, mais comme il a plu à son divin Auteur de l'unir avec le corps, l'exercice de ses actes particuliers dépend de la constitution des organes matériels: [...] or il y a deux éducations qui me paroissent devoir être soigneusement distinguées, parce que leurs produits sont fort différens; l'éducation de l'individu qui est commune à l'homme et aux animaux, et l'éducation de l'espèce qui n'appartient qu'à l'homme: un jeune animal, tant par l'incitation que par l'exemple, apprend en quelques semaines d'âge à faire tout ce que ses père et mère font; il faut des années à l'enfant, parce qu'en naissant il est sans comparaison beaucoup moins avancé, moins fort et moins formé que ne le sont les petits animaux; il l'est même si peu, que dans ce premier temps il est nul pour l'esprit relativement à ce qu'il doit être un jour. (Bd. VI, S. 139f.)

Gerade diese lange Abhängigkeit des Kindes von seinen Eltern ist jedoch für seine geistige Entwicklung wichtig (Bd. VI, S. 140). Buffon macht hierzu ein Gedankenexperiment:

> [...] et si nous supposions qu'un enfant dans ce même petit temps devînt assez formé, assez fort de corps pour quitter ses parens et s'en séparer sans besoin, sans retour, y auroit-il une différence apparente et sensible entre

[747] Gascar, a.a.O., S. 162.
[748] Gayon, a.a.O., S. 548.
[749] Goodman, a.a.O., S. 68f.
[750] Gayon, a.a.O., S. 564.

> cet enfant et l'animal? quelque spirituels que fussent les parens, auroient-ils pu dans ce court espace de temps préparer, modifier ses organes, et établir la moindre communication de pensées entre leur ame et la sienne? pourroient-ils éveiller sa mémoire, ni la toucher par des actes assez souvent réitérés pour y faire impression? pourroient-ils même exercer ou dégourdir l'organe de la parole? (Bd. VI, S. 141)

Die rhetorischen Fragen unterstreichen, wie wichtig es für die Entwicklung des Kindes ist, lange bei den Eltern zu sein. Schon durch die lange Gemeinschaft von Mutter und Kind entsteht nach Buffon eine Gesellschaft und eine Sprache (Bd. VI, S. 142f.).

> Dès qu'elle commence à se former, l'éducation de l'enfant n'est plus une éducation purement individuelle, puisque ses parens lui communiquent non-seulement ce qu'ils tiennent de la Nature, mais encore ce qu'ils ont reçu de leurs aïeux et de la société dont ils font partie; ce n'est plus une communication faite par des individus isolés, qui comme dans les animaux, se borneroit à transmettre leurs simples facultés; c'est une institution à laquelle l'espèce entière a part, et dont le produit fait la base et le lieu de la société. (Bd. VI, S. 143)

„L'individu né au sein d'une véritable société reçoit par son éducation tout l'héritage intellectuel de cette société, grâce au langage qui est une institution sociale."[751]

Buffon unterscheidet deutlich Denken und Intelligenz. Die Intelligenz ist nach Buffon messbar an der Zeit, die die Jungtiere von ihren Eltern abhängig sind:[752]

> Parmi les animaux même, quoique tous dépourvus du principe pensant, ceux dont l'éducation est la plus longue sont aussi ceux qui paroissent avoir le plus d'intelligence; l'éléphant, qui de tous est le plus longtemps à croître, et qui a besoin des secours de sa mère pendant toute la première année, est aussi le plus intelligent de tous: le cochon d'Inde, auquel il ne faut que trois semaines d'âge pour prendre tout son accroissement et se trouver en état d'engendrer, est peut-être par cette seule raison l'un des plus stupides; et à l'égard du Singe dont il s'agit ici de décider la nature, quelque ressemblant qu'il soit à l'homme, il a néanmoins une si forte teinture d'animalité, qu'elle se reconnoît dès le moment de la naissance; car il est à proportion plus fort et plus formé que l'enfant; il croît beaucoup plus vîte; les secours de la mère ne lui sont nécessaires que pendant les premiers mois; il ne reçoit qu'une éducation purement individuelle, et par conséquent aussi stérile que celle des autres animaux. (Bd. VI, S. 143f.)

Schon durch seine Entwicklung unterscheidet sich der Affe nach Buffon also deutlich vom Menschen. Im Gegensatz zur Schwäche des Kindes ist gerade die Stärke des jungen Affen ein Zeichen für sein Eingeschlossensein in der Animali-

---

751 Roger, *Sciences*, S. 562.

752 Gayon, a.a.O., S. 562.

tät.[753] Auch die „éducation purement individuelle“ des Affen unterscheidet sich essentiell von der Erziehung des Kindes, dem das Erbe der früheren Generationen übertragen wird.[754] Diese unterschiedliche Erziehung erscheint hier als Zeichen und als Bedingung des Unterschiedes zwischen Tier und Mensch.[755]

Für den Affen gilt also nach Buffon:

> Il est donc animal, et malgré sa ressemblance à l'homme, bien loin d'être le second dans notre espèce, il n'est pas le premier dans l'ordre des animaux, puisqu'il n'est pas le plus intelligent: c'est uniquement sur ce rapport de ressemblance corporelle qu'est appuyé le préjugé de la grande opinion qu'on s'est formée des facultés du Singe; il nous ressemble, a-t-on dit, tant à l'extérieur qu'à l'intérieur; il doit donc non-seulement nous imiter, mais faire encore de lui-même tout ce que nous faisons. (Bd. VI, S. 144)

Nach Buffon kann der Affe den Menschen jedoch nicht einmal imitieren, wenigstens wenn man diese Imitation im engsten Sinne versteht, der Bewusstsein und Vorhaben impliziert.[756] Buffon führt hierfür einen Vergleich mit zwei Pendeluhren an:

> Qu'on donne à deux corps bruts la même impulsion; qu'on construise deux pendules, deux machines pareilles, elles se mouveront de même, et l'on auroit tort de dire que ces corps bruts ou ces machines ne se meuvent ainsi que pour s'imiter. Il en est de même du Singe relativement au corps de l'homme; ce sont deux machines construites, organisées de même, qui par nécessité de nature se meuvent a très-peu près de la même façon: néanmoins parité n'est pas imitation; l'une gìt dans la manière, et l'autre n'existe que par l'esprit. L'imitation suppose le dessein d'imiter; le Singe est incapable de former ce dessein, qui demande une suite de pensées, et par cette raison l'homme peut, s'il le veut, imiter le Singe, et le singe ne peut pas même vouloir imiter l'homme. (Bd. VI, S. 145)

Einerseits sagt Buffon, dass man das Verhalten des Affen nicht nach menschlichen Maßstäben beurteilen solle, andererseits charakterisiert er das Verhalten des Affen negativ:

> [...] en l'observant avec quelque attention, on s'apercevra aisément que tous ses mouvemens sont brusques, intermittens, précipités, et que pour les comparer à ceux de l'homme, il faudroit leur supposer une autre échelle ou plutôt un module différent: toutes les actions du Singe tiennent de son éducation qui est purement animale; elles nous paroissent ridicules, inconséquentes, extravagantes, parce que nous nous trompons d'échelle, en les rapportant à nous, et que l'unité qui doit leur servir de mesure est très-différente de la nôtre: comme sa nature est vive, son tempérament chaud, son naturel pétulant, qu'aucune de ses affections n'a été mitigée par

753 Gayon, a.a.O., S. 549.
754 Gayon, a.a.O., S. 549.
755 Gayon, a.a.O., S. 549.
756 Gayon, a.a.O., S. 549.

l'éducation, toutes ses habitudes sont excessives et ressemblent beaucoup plus au mouvement d'un maniaque qu'aux actions d'un homme ou même d'un animal tranquille: c'est par la même raison que nous le trouvons indocile, et qu'il reçoit difficilement les habitudes qu'on voudroit lui transmettre: il est insensible aux caresses et n'obéit qu'au châtiment; on peut le tenir en captivité, mais non pas en domesticité; toujours triste ou revêche, toujours répugnant, grimaçant, on le dompte plutôt qu'on ne le prive [...]. (Bd. VI, S. 146f.)

Buffon bevorzugt den Hund und den Elefanten, die der Mensch seiner Meinung nach besser erziehen kann (Bd. VI, S. 147).[757]

Einen weiteren Unterschied zwischen Mensch und Affe sieht Buffon darin, dass der Affe nicht auf der ganzen Welt verbreitet ist (Bd. VI, S. 147).

Buffon fasst die Unterschiede abschließend zusammen:

Ainsi ce Singe, que les philosophes, avec le vulgaire, ont regardé comme un être difficile à définir, dont la nature étoit au moins équivoque et moyenne entre celle de l'homme et celle des animaux, n'est dans la vérité qu'un pur animal, portant à l'extérieur un masque de figure humaine, mais dénué à l'intérieur de la pensée et de tout ce qui fait l'homme; un animal audessous de plusieurs autres par les facultés relatives, et encore essentiellement différent de l'homme, par le naturel, par le tempérament, et aussi par la mesure du temps nécessaire à l'éducation, à la gestation, à l'accroissement du corps, à la durée de la vie, c'est-à-dire par toutes les habitudes réelles qui constituent ce qu'on appelle nature dans un être particulier. (Bd. VI, S. 147f.)

Tous les naturalistes et philosophes de l'époque n'insistent pas autant que Buffon [...] sur le fait qu'il existe une différence essentielle entre les anthropoïdes et l'homme, malgré leur ressemblance si frappante. [...] Linné [...] classât les hommes parmi les primates [...]. Quels que soient les exemples de ressemblance en corps et en comportement qu'on lui a signalés, Buffon n'a jamais changé d'avis quant à la spécificité absolue de l'homme par rapport au reste des animaux, spécificité d'un être spirituel dont la parole est la manifestation la plus claire. Le Buffon philosophe, qui postule l'existence d'un univers spirituel intérieur inaccessible à l'observateur, prédomine ici sur le Buffon naturaliste, qui voudrait ne voir en l'homme qu'un animal supérieur.[758]

---

757 Gayon, a.a.O., S. 172.

758 Gayon, a.a.O., S. 564f.

7.5 *Du Moineau-Franc*

Die Monographie über den Sperling (Bd. VIII, S. 223–228) erscheint 1775 im dritten Band der *Histoire naturelle des oiseaux* und ist ein Artikel Buffons.[759]

In dieser Monographie wird deutlich, dass der Sperling zu den Vögeln gehört, die Buffon nicht mag, weil sie dem Menschen schaden. Mit diesem Thema beginnt er daher auch den Artikel *Du moineau-Franc*. Schon der Vergleich „les Moineaux sont comme les rats attachés à nos habitations“ (Bd. VIII, S. 223) ist ausgesprochen abwertend. Die Sperlinge werden charakterisiert als „paresseux et gourmands“ (Bd. VIII, S. 223). Aus diesen negativen Eigenschaften ergibt sich für Buffon ihr Verhalten:

> [...] c'est sur des provisions toutes faites, c'est-à-dire, sur le bien d'autrui qu'ils prennent leur subsistance; nos granges et nos greniers, nos basse-cours, nos colombiers, tous les lieux, en un mot, où nous rassemblons ou distribuons des grains, sont les lieux qu'ils fréquentent de préférence [...]. (Bd. VIII, S. 223)

Der Gebrauch der Pronomen der ersten Person Plural schafft eine Einheit von Autor und Leser. Dieser Einheit stehen die schadenden Sperlinge gegenüber, was durch die Wiederholung des Possessivpronomens bei der Aufzählung, wo sie ihre Nahrung suchen, noch unterstrichen wird. Umgekehrt bringen die Sperlinge nach Buffons Meinung dem Menschen keinerlei Nutzen: „[...] car leur plume ne sert à rien, leur chair n'est pas bonne à manger, leur voix blesse l'oreille, leur familiarité est incommode, leur pétulance grossière est à charge [...]“ (Bd. VIII, S. 223f.). Dem Wiederholungsglied „nos“ wird mit dieser Anapher „leur“ gegenübergestellt. Dies verstärkt den Gegensatz zwischen Autor und Leser einerseits und den Sperlingen andererseits. In diesem Zusammenhang berichtet Buffon auch, dass an manchen Orten ein Preis auf das Leben der Sperlinge ausgesetzt sei (Bd. VIII, S. 224).

Im zweiten Absatz der Monographie geht Buffon dann ein auf die Möglichkeiten zur Vernichtung der Sperlinge. Er sagt, dass es schwierig sei, diese Vögel zu fangen, weil sie die ihnen gestellten Fallen erkennen:

> Et ce qui les rendra éternellement incommodes, c'est non-seulement leur très-nombreuse multiplication, mais encore leur défiance, leur finesse, leurs ruses et leur opiniâtreté à ne pas désemparer les lieux qui leur conviennent; ils sont fins, peu craintifs, difficiles à tromper; ils reconnoissent aisément les piéges qu'on leur tend; ils impatientent ceux qui veulent se donner la peine de les prendre [...]. (Bd. VIII, S. 224)

759 Buffon, *Œuvres philosophiques*, S. 523.

Die Hyperbel „éternellement incommodes“ und die Hervorhebung durch „mais encore“, auf die die Aufzählung bezüglich des geschickten Verhaltens der Sperlinge folgt, zeigen deutlich Buffons Ablehnung. Er beschreibt eine Art, wie man die Sperlinge fangen könne, die aber auch nicht immer Erfolg habe (Bd. VIII, S. 224). Auch nütze es nichts, ihre Nester zu zerstören:

> [...] leur nid est composé de foin au-dehors et de plumes en dedans; si vous le détruisez, en vingt-quatre heures ils en font un autre, si vous jetez leurs œufs, qui sont communément au nombre de cinq ou six et souvent davantage, huit ou dix jours après ils pondent de nouveaux; si vous les tirez sur les arbres ou sur les toits, ils ne s'en récèlent que mieux dans vos greniers. (Bd. VIII, S. 224)

Hier spricht Buffon den Leser direkt an. Anapher und Asyndeton sollen dem Leser zeigen, wie nutzlos jede Vorgehensweise gegen diese Vögel ist. Dann betont Buffon noch einmal, wovon sich die Sperlinge ernähren: „[...] leur principale nourriture est notre meilleur grain“ (Bd. VIII, S. 225). Der Superlativ unterstreicht den Schaden, den die Sperlinge anrichten. Buffon zählt, ähnlich wie am Anfang dieses Artikels, auf, wo und wann diese Vögel ihre Nahrung suchen:

> [...] ils suivent le laboureur dans le temps des semailles, les moissonneurs pendant celui de la récolte, les batteurs dans les granges, la fermière lorsqu'elle jette le grain à ses volailles; ils le cherchent dans les colombiers et jusque dans le jabot des jeunes pigeons qu'ils percent pour l'en tirer [...]. (Bd. VIII, S. 225)

Außerdem fressen die Sperlinge „les mouches à miel et détruisent ainsi de préférence les seuls insectes qui nous soient utiles“ (Bd. VIII, S. 225). Auch die Insekten werden also danach eingeteilt, ob sie dem Menschen nutzen oder schaden. Durch den absolutistischen Ausdruck „les seuls“ wird wieder verdeutlicht, wie viel Schaden die Sperlinge anrichten. „[...] enfin ils sont si malfaisans, si incommodes, qu'il seroit à désirer qu'on trouvât quelque moyen de les détruire“ (Bd. VIII, S. 225). Buffon berichtet, dass man ihm eine Möglichkeit der Vernichtung der Sperlinge genannt hat. Hier ist er als Autor präsent: „[...] j'en ai fait l'épreuve sans succès“ (Bd. VIII, S. 225). Obwohl er diesen Versuch mit Interesse durchgeführt habe, weil Sperlinge nahe seinen Volieren leben, habe die Methode keinen Erfolg gehabt (Bd. VIII, S. 225f.).

Der dritte Absatz beschäftigt sich mit einem ganz anderen Thema, nämlich der Käfighaltung und dem Verhalten in Gefangenschaft (Bd. VIII, S. 226f.). In diesem Zusammenhang wird auch die Lebensdauer erwähnt: „[...] ils vivent plusieurs années, sur-tout s'ils y sont sans femelles, car on prétend que l'usage immodéré qu'ils en font abrège beaucoup leur vie“ (Bd. VIII, S. 226). Durch die Formulierung „on prétend“ schafft Buffon eine gewisse Distanz. Trotzdem zeigt sich hier der moralische Aspekt.

Ganz deutlich wird dieser dann im nächsten Absatz, in dem Buffon das Paarungsverhalten der Sperlinge beschreibt:

> Les mâles se battent à outrance pour avoir des femelles, et le combat est si violent, qu'ils tombent souvent à terre. Il y a peu d'oiseaux si ardens, si puissans en amour. On en a vu se joindre jusqu'à vingt fois de suite, toujours avec le même empressement, les mêmes trépidations, les mêmes expressions de plaisir; et ce qu'il y a de singulier, c'est que la femelle paroît s'impatienter la première d'un jeu qui doit moins la fatiguer que le mâle, mais qui peut lui plaire aussi beaucoup moins, parce qu'il n'y a nul préliminaire, nulles caresses, nul assortiment à la chose; beaucoup de pétulance sans tendresse, toujours des mouvemens précipités, qui n'indiquent que le besoin pour soi-même: comparez les amours du pigeon à celles du Moineau, vous y verrez presque toutes les nuances du physique au moral. (Bd. VIII, S. 227)

Offensichtlich werden die Vögel in diesem Absatz personifiziert. Die immer gleiche Hektik bei ihrer Kopulation und das Fehlen von Zärtlichkeiten wird betont durch die Wiederholungen von „même" und „nul": „toujours avec le même empressement, les mêmes trépidations, les mêmes expressions de plaisir", „il n'y a nul préliminaire, nulles caresses, nul assortiment à la chose". Der Imperativ am Ende des Absatzes fordert den Leser auf zu einem Vergleich zwischen der moralischen Liebe der Tauben und der physischen Liebe der Sperlinge. Hier nehmen Buffons Ausführungen den Stil einer Predigt an[760] und stehen im Gegensatz zum *Discours sur la nature des animaux*, in dem er über die Liebe noch schrieb: „C'est qu'il n'y a que le physique de cette passion qui soit bon; c'est que, malgré ce que peuvent dire les gens épris, le moral n'en vaut rien." (Bd. III, S. 59).

Im fünften und letzten Absatz des Artikels behandelt Buffon den Nestbau (Bd. VIII, S. 227f.). Hierbei fällt ihm besonders folgendes Verhalten der Sperlinge auf:

> [...] mais ce qu'il y a de singulier, c'est qu'ils y ajoutent une espèce de calotte par-dessus qui couvre le nid [...]; tandis que quand ils établissent leur nid dans des trous ou dans des lieux couverts, ils se dispensent avec raison de faire cette calotte, qui devient inutile puisqu'il est à couvert. L'instinct se manifeste donc ici par un sentiment presque raisonné, et qui suppose au moins la comparaison de deux petites idées. (Bd. VIII, S. 228)

Auch wenn Buffon den Tieren im *Discours sur la nature des animaux* generell jede Form von Verstand abspricht, benutzt er hier die Formulierungen „instinct presque raisonné" und „comparaison de deux petites idées". Es gibt auch Sperlinge, die „plus paresseux, mais en même temps plus hardis" (Bd. VIII, S. 228)

---

[760] Gascar, a.a.O., S. 176.

sind: Sie verjagen andere Vögel von ihren Nistplätzen und übernehmen diese dann (Bd. VIII, S. 228).

Buffon folgert insgesamt:

> Il y a, comme l'on voit, dans ce petit peuple diversité de mœurs, et par conséquent un instinct plus varié, plus perfectionné que dans la plupart des autres oiseaux, et cela vient sans doute de ce qu'ils fréquentent la société; ils sont à demi domestiques sans être assujétis ni moins indépendans; ils en tirent tout ce qui leur convient sans y rien mettre du leur, et ils y acquièrent cette finesse, cette circonspection, cette perfection d'instinct qui se marque par la variété de leurs habitudes relatives aux situations, aux temps et aux autres circonstances. (Bd. VIII, S. 228)

Die verschiedenen Verhaltensweisen setzen also einen besseren Instinkt voraus. Dieser bessere Instinkt wiederum ergibt sich für Buffon aus dem Kontakt, den die Sperlinge mit den Menschen haben. Buffon wiederholt, dass nur die Sperlinge Nutzen aus diesem Kontakt ziehen. Die Klimax „cette finesse, cette circonspection, cette perfection d'instinct" zeigt, wie wenig diese Form von Instinkt vom Verstand entfernt ist, da die Sperlinge ihr Verhalten den äußeren Umständen anpassen.

7.6 *De la Fauvette*

Der Artikel über die Grasmücke (Bd. VIII, S. 141–146) wird 1778 im fünften Band der *Histoire naturelle des oiseaux* veröffentlicht.[761] Es handelt sich dabei um eine Monographie Buffons, an der auch Bexon mitgearbeitet hat.[762]

Buffon beginnt den Artikel mit einer Darstellung des Übergangs vom Winter zum Frühjahr. Zu diesem Zweck beschreibt er zunächst den Zustand der Natur im Winter:

> LE triste hiver, saison de mort, est le temps du sommeil, ou plutôt de la torpeur de la Nature. Les insectes sans vie, les reptiles sans mouvement, les végétaux sans verdure et sans accroissement, tous les habitans de l'air détruits ou relégués, ceux des eaux renfermés dans des prisons de glace, et la plupart des animaux terrestres confinés dans les cavernes, les antres et les terriers; tout nous présente les images de la langueur et de la dépopulation; [...]. (Bd. VIII, S. 141)

Die als negativ empfundene Leblosigkeit der Natur zu dieser Jahreszeit wird ausgedrückt durch die Begriffe „triste", „mort", „sommeil" und „torpeur". Der im nächsten Satz folgende Parallelismus mit der Wiederholung von „sans" gibt

---

761 Buffon, *Œuvres philosophiques*, S. 523.

762 Buffon, *Manuscrits*, S. 25f., 39.

die Eintönigkeit der Natur wieder. Die Tiere aller drei Elemente, der Luft, des Wassers und der Erde, sind nicht zu sehen.

Einen Gegensatz zu dieser „dépopulation“ bildet im Frühjahr die Rückkehr der Vögel:

> [...] mais le retour des Oiseaux au printemps est le premier signal et la douce annonce du réveil de la Nature vivante; et les feuillages renaissans et les bocages revêtus de leur nouvelle parure, sembleroient moins frais et moins touchans sans les nouveaux hôtes qui viennent les animer et y chanter l'amour. (Bd. VIII, S. 141)

Wie schon im ersten Teil des Satzes wird die Natur personifiziert. Dem „sommeil“ und der „torpeur“ wird nun der „réveil“ entgegengesetzt. Die Metaphern „les feuillages renaissans et les bocages revêtus de leur nouvelle parure“ werden im 18. Jahrhundert häufig verwendet.[763] Die Vögel werden als „nouveaux hôtes“ personifiziert.

Da der erste Absatz diese allgemeinen Überlegungen enthält, wird erst im zweiten Absatz auf die Grasmücken eingegangen:

> De ces hôtes des bois, les Fauvettes sont les plus nombreuses, comme les plus aimables; vives, agiles, légères et sans cesse remuées, tous leurs mouvemens ont l'air du sentiment, tous leurs accens, le ton de la joie, et tous leurs jeux, l'intérêt de l'amour. Ces jolis oiseaux arrivent au moment où les arbres développent leurs feuilles et commencent à laisser épanouir leurs fleurs; [...]. (Bd. VIII, S. 141)

Dass die Grasmücken zu den Vögeln gehören, die die Autoren mögen, zeigt der Superlativ „les plus aimables“. Ihre Lebhaftigkeit wird durch die Aufzählung „vives, agiles, légères et sans cesse remuées“ betont. Auffallend ist hier, dass Buffon nicht „se remuant“ schreibt.[764] „Remuées“ drückt aus, dass dieses Verhalten mehr zum Wesen der Grasmücken gehört und weniger aktiv von ihnen beeinflusst wird. Die folgende Anapher mit dem Wiederholungsglied „tous“ hebt die am Ende des Absatzes als „tendre gaieté“ (Bd. VIII, S. 142) bezeichnete Fröhlichkeit der Grasmücken hervor. Die in „jolis“ enthaltene positive Wertung liegt ebenfalls eher in dem vom Menschen beobachteten Verhalten begründet als in der Federfärbung der Grasmücken.

Über das Aussehen schreibt Buffon nämlich im dritten Absatz der Monographie: „A ce mérite des grâces naturelles, nous voudrions réunir celui de la beauté; mais en leur donnant tant de qualités aimables, la Nature semble avoir oublié de parer leur plumage“ (Bd. VIII, S. 142). Die hier personifizierte Natur ist anders vorgegangen, als der Mensch es sich wünschen würde.

---

763 Gascar, a.a.O., S. 174.

764 Dimier, a.a.O., S. 266f.

Im vierten Absatz geht Buffon genauer ein auf das Aussehen und das Habitat der *Fauvette proprement dite* (Bd. VIII, S. 142). Diese beiden Themen werden allgemein schon vorher angesprochen, das Habitat im zweiten und das Aussehen im dritten Absatz.

Im nächsten Absatz wird das mit der Reproduktion zusammenhängende Verhalten dargestellt. Dabei verteidigt Buffon die Grasmücken gegen das Vorurteil, dass sie in der Liebe flatterhaft seien:

> C'est un petit spectacle de les voir s'égayer et se poursuivre, leurs attaques sont légères, et ces combats innocens se terminent toujours par quelques chansons. La Fauvette fut l'emblême des amours volages comme la tourterelle de l'amour fidèle; cependant la Fauvette vive et gaie n'en est ni moins aimante, ni moins fidèlement attachée, et la tourterelle triste et plaintive n'en est que plus scandaleusement libertine. Le mâle de la Fauvette prodigue à sa femelle mille petits soins pendant qu'elle couve; il partage sa sollicitude pour les petits qui viennent d'éclore, et ne la quitte pas même après l'éducation de la famille; son amour semble durer encore après ses desirs satisfaits. (Bd. VIII, S. 143)

Die Vögel werden hier wieder deutlich personifiziert. Der Mensch als Beobachter ist präsent durch den Anfang des Absatzes: „C'est un petit spectacle de les voir s'égayer et se poursuivre".

Als Nächstes beschäftigt sich Buffon mit dem Nest und den Eiern der Grasmücken: „[...] cinq œufs que la mère abandonne lorsqu'on les a touchés, tant cette approche d'un ennemi lui paroît d'un mauvais augure pour sa future famille" (Bd. VIII, S. 143). Hier zeigt sich die Personifikation darin, dass die Grasmücke abergläubisch sein soll. Die Beobachtung mag richtig sein, die Interpretation jedoch ist falsch. In diesem Zusammenhang fragt sich Buffon, warum die Grasmücke, die sonst keine fremden Eier annimmt, den Kuckuck großzieht. Den Kuckuck bezeichnet er dabei als „ennemi" und als „hideux petit étranger" (Bd. VIII, S. 143). Während Montbeillard in der Monographie über den Kuckuck diesen verteidigt, gehört Buffons Sympathie hier offensichtlich nicht dem Kuckuck, sondern der Grasmücke. Buffon erklärt sich die Tatsache, dass die Grasmücke das Ei des Kuckucks annimmt, damit, dass dieser meistens sein Ei ins Nest der *fauvette babillarde* lege und diese ein anderes „naturel" haben könne als die anderen Arten (Bd. VIII, S. 143).

Damit ist Buffon beim Charakter der Grasmücke angelangt: „Celle-ci est d'un caractère craintif" (Bd. VIII, S. 143). Sie fliehe vor Vögeln, die gleich schwach wie sie sind, und sinnvollerweise vor ihrem Feind, dem Würger (Bd. VIII, S. 143f.). Lange hält die Angst aber nicht an: „[...] mais l'instant du péril passé tout est oublié, et le moment d'après, notre fauvette reprend sa gaieté, ses mouvemens et son chant" (Bd. VIII, S. 144). Interessant ist hier, dass Buffon das Possessivpronomen „notre" verwendet. Dadurch erweckt er den Eindruck, dass Leser und Autor gemeinsam den Vogel beobachten. Es folgt die Beschreibung weiterer Verhaltensweisen der Grasmücke (Bd. VIII, S. 144).

Im siebten Absatz geht Buffon näher darauf ein, dass die Grasmücken Zugvögel sind und wovon sie sich ernähren (Bd. VIII, S. 144).

Der folgende Absatz beschäftigt sich mit dem Gesang der *fauvette à tête noire*, der schöner sein soll als der aller anderen Arten und den Buffon mit dem Gesang der Nachtigall vergleicht (Bd. VIII, S. 144). Wichtig ist hier auch, dass der Mensch sich am Gesang der Grasmücke erfreuen kann: „[...] et l'on en jouit bien plus longtemps" (Bd. VIII, S. 144). Buffon drückt seine Begeisterung folgendermaßen aus:

> [...] leur voix est facile, pure et légère; et leur chant s'exprime par une suite de modulations peu étendues, mais agréables, flexibles et nuancées; ce chant semble tenir de la fraîcheur des lieux où il se fait entendre; il en peint la tranquillité, il en exprime même le bonheur; car les cœurs sensibles n'entendent pas, sans une douce émotion, les accens inspirés par la Nature aux êtres qu'elle rend heureux. (Bd. VIII, S. 144f.)

Durch das Pars pro toto, bei dem Buffon „cœurs" anstelle von „hommes" benutzt, betont er die Ergriffenheit der sensiblen Zuhörer.

Im neunten Absatz kommt Buffon noch einmal zurück auf das Nisten, die Eier und die Jungvögel, diesmal speziell bezüglich der *fauvette à tête noire* (Bd. VIII, S. 145).

Danach entwirft Buffon das Bild einer solchen im Käfig gehaltenen Mönchsgrasmücke:

> On l'élève aussi en cage, et de tous les oiseaux qu'on peut mettre en volière, cette fauvette est un des plus aimables. L'affection qu'elle marque pour son maître est touchante; elle a pour l'accueillir un accent particulier, une voix plus affectueuse; à son approche elle s'élance vers lui contre les mailles de sa cage, comme pour s'efforcer de rompre cet obstacle et de le joindre, et par un continuel battement d'ailes accompagné de petits cris, elle semble exprimer l'empressement et la reconnoissance. (Bd. VIII, S. 145)

Für Buffon zeigt sich hier der positive Charakter der Mönchsgrasmücke in ihrem Verhalten gegenüber dem Menschen.

Im elften Absatz berichtet Buffon, dass die im Käfig aufgezogenen Jungvögel ihren Gesang verbessern, wenn sie eine Nachtigall hören können (Bd. VIII, S. 145f.). Wenn die in Freiheit lebenden Grasmücken in den Süden ziehen, werden die gefangen gehaltenen unruhig: „[...] comme s'ils savoient qu'ils ont un voyage à faire, et ce desir de changer de lieu est si profond et si vif, qu'ils périssent alors en grand nombre du regret de ne pouvoir se satisfaire" (Bd. VIII, S. 146).

Im nächsten Absatz folgt eine Beschreibung des Aussehens der *fauvette à tête noire* (Bd. VIII, S. 146). Zunächst werden die Jungvögel beschrieben, dann das Männchen und schließlich das Weibchen.

Außerdem werden Angaben zur geographischen Verbreitung der Mönchsgrasmücke gemacht (Bd. VIII, S. 146).

Im dreizehnten und letzten Absatz gibt Buffon noch eine Varietät der *fauvette à tête noire* an (Bd. VIII, S. 146).

7.7 *Du Paon*

Die Monographie über den Pfau (Bd. VII, S. 119–140) erscheint 1771 im zweiten Band der *Histoire naturelle des oiseaux* unter Buffons Namen. 1775 teilt Buffon den Lesern jedoch im *Avertissement* des dritten Bandes mit, dass es sich um einen Artikel Montbeillards handelt.[765]

Montbeillard bewundert beim Pfau vor allem das Aussehen. Daher beginnt er mit diesem Thema die Monographie:

> SI l'empire appartenoit à la beauté et non à la force, la Paon seroit sans contredit le roi des Oiseaux; il n'en est point sur qui la Nature ait versé ses trésors avec plus de profusion: la taille grande, le port imposant, la démarche fière, la figure noble, les proportions du corps élégantes et sveltes, tout ce qui annonce un être de distinction lui a été donné; une aigrette mobile et légère, peinte des plus riches couleurs, orne sa tête et l'élève sans la charger; son incomparable plumage, semble réunir tout ce qui flatte nos yeux dans le coloris tendre et frais des plus belles fleurs, tout ce qui les éblouit dans les reflets pétillans des pierreries, tout ce qui les étonne dans l'éclat majestueux de l'arc-en-ciel, non-seulement la Nature a réuni sur le plumage du Paon toutes les couleurs du ciel et de la terre pour en faire le chef-d'œuvre de sa magnificence, elles les a encore mêlées, assorties, nuancées, fondues de son inimitable pinceau, et en a fait un tableau unique, où elles tirent de leur mélange avec des nuances plus sombres, et de leurs oppositions entr'elles, un nouveau lustre et des effets de lumière si sublimes que notre art ne peut ni les imiter ni les décrire. (Bd. VII, S. 119)

Schon gleich zu Beginn wird die positive Wertung deutlich durch das Substantiv „beauté". Durch die mit der Metapher „le roi des Oiseaux" angesprochene Hierarchie werden die Vögel personifiziert. Ebenfalls die Natur wird personifiziert:[766] „[...] il n'en est point sur qui la Nature ait versé ses trésors avec plus de profu-

[765] Buffon, *Œuvres philosophiques*, S. 523. – Ders., *Œuvres d'histoire naturelle*, Bd. 27, S. VI.
[766] Höhne, a.a.O., S. 51.

sion“. Bei der folgenden Aufzählung dieser Schätze beinhalten die Adjektive eine positive Wertung: „grande“, „imposant“, „fière“, „noble“ und „élégantes et sveltes“. Zusammenfassend schreibt Montbeillard: „[...] tout ce qui annonce un être de distinction lui a été donné.“ Der Superlativ „des plus riches couleurs“ betont die Schönheit ebenso wie das Prädikat „orne“. Einerseits ist das Gefieder des Pfaus für Montbeillard „incomparable“, andererseits vergleicht er es indirekt mit Blumen, Edelsteinen und dem Regenbogen. Diese drei Vergleichspunkte werden durch die Anapher mit dem Wiederholungsglied „tout ce qui“ verbunden. „Nos yeux“ vereinigt dabei Autor und Leser als Beobachter. Der mit der Anapher verbundene Parallelismus unterstreicht die positive Bedeutung von „coloris tendre et frais“, des Superlativs „des plus belles fleurs“, von „éblouit“, „reflets pétillans“, „étonne“ und „éclat majestueux“. Die Natur wird als Maler personifiziert. Die Farben des Himmels beziehen sich auf den Regenbogen, die der Erde auf die Blumen und Edelsteine. Dadurch, dass die Natur beim Pfau alle Farben vereinigt, wird er „le chef-d'œuvre de sa magnificence“ und „un tableau unique“, das die Natur mit ihrem Pinsel malt, der „inimitable“ ist. Der Mensch kann diese Farben weder malen noch beschreiben: „[...] notre art ne peut ni les imiter ni les décrire.“

Im zweiten und dritten Absatz schildert Montbeillard dann lebhaft, wie sich die Schönheit des Pfaus noch verstärkt beim Anblick seines Weibchens:

> Tel paroît à nos yeux le plumage du Paon, lorsqu'il se promène paisible et seul dans un beau jour de printemps; mais si sa femelle vient tout-à-coup à paroître, si les feux de l'amour se joignant aux secrètes influences de la saison, le tirent de son repos, lui inspirent une nouvelle ardeur et de nouveaux desirs, alors toutes ses beautés se multiplient, ses yeux s'animent et prennent de l'expression, son aigrette s'agite sur sa tête, et annonce l'émotion intérieure; les longues plumes de sa queue déploient, en se relevant, leurs richesses éblouissantes; sa tête et son cou se renversant noblement en arrière, se dessinent avec grâce sur ce fond radieux, où la lumière du soleil se joue en mille manières, se perd et se reproduit sans cesse, et semble prendre un nouvel éclat plus doux et plus moëleux, de nouvelles couleurs, plus variées et plus harmonieuses; chaque mouvement de l'oiseau produit des milliers de nuances nouvelles, des gerbes de reflets ondoyans et fugitifs, sans cesse remplacés par d'autres reflets et d'autres nuances toujours diverses et toujours admirables.
>
> Le Paon ne semble alors connoître ses avantages que pour en faire hommage à sa compagne qui en est privée, sans en être moins chérie, et la vivacité que l'ardeur de l'amour mêle à son action, ne fait qu'ajouter de nouvelles grâces à ses mouvemens qui sont naturellement nobles, fiers et majestueux, et qui dans ces momens sont accompagnés d'un murmure énergique et sourd qui exprime le desir. (Bd. VII, S. 119f.)

Danach beschreibt Montbeillard, wie sich der Pfau verhält, wenn er seine Federn verliert und wenn sie sich wieder erneuert haben:

> Mais ces plumes brillantes qui surpassent en éclat le plus belles fleurs, se flétrissent aussi comme elles et tombent chaque année. Le Paon, comme s'il sentoit la honte de sa perte, craint de se faire voir dans cet état humiliant et cherche les retraites le plus sombres pour s'y cacher à tous les yeux, jusqu'à ce qu'un nouveau printemps lui rendant sa parure accoutumée, le ramène sur la scène pour y jouir des hommages dûs à sa beauté; car on prétend qu'il en jouit en effet, qu'il est sensible à l'admiration, que le vrai moyen de l'engager à étaler ses belles plumes, c'est de lui donner des regards d'attention et des louanges; et qu'au contraire lorsqu'on paroît le regarder froidement et sans beaucoup d'intérêt, il replie tous ses trésors et les cache à qui ne sait point les admirer. (Bd. VII, S. 120f.)

Nach diesen vier Absätzen, die sich durch eine subjektive Darstellungsweise und eine deutliche Personifikation des Pfaus auszeichnen, behandelt Montbeillard in den nächsten vier Absätzen (Bd. VII, S. 121–123) die Herkunft und die Geschichte der Verbreitung des Pfaus auf objektivere Weise. In diesem Zusammenhang erwähnt er die allgemeine Regel, dass Tiere in ihrem natürlichen Klima größer sind und mehr Nachkommen haben (Bd. VII, S. 121). Die Verbreitung wurde vom Menschen beeinflusst, der den Pfau in der neuen Welt naturalisiert hat. Da der Pfau nur wenig flugfähig ist, gilt für ihn „la loi générale du climat" (Bd. VII, S. 122f.). Nach diesem Gesetz ist es den Tieren warmer Länder des alten Kontinents nicht möglich, die neue Welt zu erreichen.

Das nächste komplexe Thema ist das der Fortpflanzung. Montbeillard vergleicht dabei das Verhalten des Pfaus mit dem des Hahns (Bd. VII, S. 123). Männchen und Weibchen haben beim Pfau ein „tempérament fort lascif" (Bd. VII, S. 123). Im Zusammenhang mit der Produktion der Eier benutzt Montbeillard zwei Fachtermini: „oviductus" (Bd. VII, S. 123) und „ova zephyria" (Bd. VII, S. 124). Die Fabel, dass die Pfaumännchen ihre Weibchen dadurch befruchten, dass sie vor ihnen ihr Rad schlagen, lehnt Montbeillard ab (Bd. VII, S. 124). Bei der Frage nach dem Alter, in dem der Pfau fruchtbar ist, greift er auf Angaben antiker Autoren zurück: „[...] selon Aristote et Columelle, et même selon Pline" (Bd. VII, S. 125). Montbeillard gibt auch an, wann sich Männchen und Weibchen beim Pfau paaren (Bd. VII, S. 125). Dies ist wichtig für die Zucht.

Dann beschreibt Montbeillard Anzahl und Aussehen der Eier (Bd. VII, S. 125f.). Während der Zeit des Brütens meidet das Weibchen das Männchen:

> Pendant tout le temps de l'incubation la paone évite soigneusement le mâle, et tâche sur-tout de lui dérober sa marche lorsqu'elle retourne à ses œufs; car dans cette espèce, comme dans celle du coq et bien d'autres, le mâle plus ardent et moins fidèle au vœu de la Nature, est plus occupé de son plaisir particulier que de la multiplication de son espèce; et s'il peut surprendre la couveuse sur ses œufs, il les casse en s'approchant d'elle, et peut-être y met-il de l'intention, et cherche-t-il à se délivrer d'un obstacle qui l'empêche de jouir. Quelques-uns ont cru qu'il ne les cassoit que par son empressement à les couver lui-même, ce seroit un motif bien différent. L'Histoire Naturelle aura toujours beaucoup d'incertitudes; il faudroit

> pour les lui ôter, observer tout par soi-même; mais qui peut tout observer? (Bd. VII, S. 126)

Hier stellt Montbeillard verschiedene Interpretationen des Verhaltens des Pfaus vor und weist auf die Unsicherheiten in der Naturgeschichte hin. Die rhetorische Frage am Ende des Absatzes verdeutlicht, dass niemand alles beobachten kann. Als Nächstes gibt Montbeillard Hinweise, was man bei der Zucht beachten muss, während das Weibchen brütet (Bd. VII, S. 126f.).

Danach beschäftigt er sich mit den Jungvögeln: ihrem Schlüpfen, ihrer Nahrung und dem Verhalten ihrer Mutter. Dabei gibt er auch an, um welche Dinge sich der Mensch bei der Aufzucht kümmern muss (Bd. VII, S. 127f.). Diese Hinweise werden durch die Formulierungen „il faut" (Bd. VII, S. 127) und „on doit" (Bd. VII, S. 128) betont.

Es folgt die Darstellung des Verhaltens eines Huhns, das die Jungen des Pfaus sieht:

> On dit que si une poule ordinaire qui mène ses poussins, voit une couvée de petits paoneaux, qu'elle se dégoûte de ses petits, et les abandonne pour s'attacher à ces étrangers; ce que je rapporte ici, non comme un fait vrai, mais comme un fait à vérifier, d'autant plus qu'il ne paroît s'écarter du cours ordinaire de la Nature, et que dans les premiers temps, les petits paoneaux ne sont pas beaucoup plus beaux que les poussins. (Bd. VII, S. 128f.)

Dies ist ein Beispiel dafür, dass Montbeillards kritische Haltung für uns heute nicht kritisch genug ist.

Im folgenden Absatz berichtet Montbeillard, wie in der Antike Pfauen gezüchtet wurden (Bd. VII, S. 129). Dies zeigt, wie wichtig die Antike für den Autor ist.

Dann gibt er an, wann den jungen Pfauen ihr Kopfschmuck wächst (Bd. VII, S. 129), und kommt damit zum Aussehen zurück. Montbeillard hat gezählt, aus wie viel Federn dieser Kopfschmuck besteht: „[...] mais je n'ai pas observé un assez grand nombre d'individus pour assurer qu'il ne puisse pas y en avoir plus ou moins" (Bd. VII, S. 130). Hier zeigt sich ein statistisches Bewusstsein.

Auf eine genauere Beschreibung des Aussehens des Kopfschmucks (Bd. VII, S. 130) folgt ein Vergleich des Aussehens von Männchen und Weibchen (Bd. VII, S. 130). Hier nennt Montbeillard natürlich insbesondere den Schwanz des Männchens. Während Willulghby glaube, dass nur Pfau und Truthahn ein Rad schlagen können (Bd. VII, S. 130), informiert Montbeillard die Leser, dass es noch weitere Vögel gibt, die diese Fähigkeit haben, und verweist auf in der *Histoire naturelle des oiseaux* noch folgende Monographien: „[...] cependant on verra dans le cours de cette histoire, qu'elle leur est commune avec quelques tetras ou coqs de bruyère et quelques pigeons" (Bd. VII, S. 131). Montbeillard beschreibt dann ausführlich das Aussehen der Schwanzfedern und die Färbung der Körperfedern (Bd. VII, S. 131f.). Dabei zeigt er wie zu Beginn des Artikels deutlich seine Begeisterung.

Danach wendet er sich dem Verhalten der Pfauen zu: „Les Paons paroissent se caresser réciproquement avec le bec; mais en y regardant de plus près, j'ai reconnu qu'ils se grattoient les uns les autres autour de la tête où ils ont des pous très-vifs et très-agiles; [...]" (Bd. VII, S. 132). Montbeillard erwähnt also auch Parasiten der Pfauen. Danach beschreibt er, wie die Pfauen fressen, trinken, schlafen, ihre Exkremente verscharren und klettern (Bd. VII, S. 132f.). Beim Klettern auf die Dächer der Häuser richten sie viel Schaden an (Bd. VII, S. 133).

Die Stimme der Pfauen ist unangenehm für den Menschen: „[...] leur voix qu'on s'accorde à trouver désagréable, peut-être parce qu'elle trouble le sommeil, et d'après laquelle on prétend que s'est formé leur nom dans presque toutes les langues" (Bd. VII, S. 133). Hier fällt der Hinweis auf die Namen des Pfaus auf. Montbeillard vergleicht die Stimme des Pfaus mit einer Trompete (Bd. VII, S. 133). Im Zusammenhang mit der Stimme gibt es viele Fabeln, die Montbeillard eliminieren will: „[...] ce n'est qu'en prêtant aux paons nos mauvais raisonnemens et même nos vices, qu'on a pu supposer que leur cri n'étoit autre chose qu'un gémissement arraché à leur vanité toutes les fois qu'ils aperçoivent la laideur de leurs pieds" (Bd. VII, S. 133). Sein Fazit aus den angeführten Fabeln (Bd. VII, S. 133f.) ist: „[...] tant il est vrai que toute chose dont on a beaucoup parlé a fait dire beaucoup d'inepties!" (Bd. VII, S. 134).

Im folgenden Absatz beschreibt Montbeillard die „sympathie" zwischen den Pfauen und den Tauben und den Pfauen und den Truthähnen (Bd. VII, S. 134). Durch diese Wortwahl werden die Vögel wieder personifiziert.

Danach diskutiert er verschiedene Angaben über die Lebensdauer der Pfauen, wobei er hundert Jahre als deutlich zu viel ablehnt (Bd. VII, S. 134f.).

Anschließend kommt er noch einmal auf die Nahrung zurück und sagt auch, was die Pfauen nicht fressen dürfen (Bd. VII, S. 135).

Als Nächstes beschreibt er, wie man die Pfauen jagt (Bd. VII, S. 135). Während die Griechen nur das Federkleid der Pfauen bewunderten, haben die Römer auch ihr Fleisch gegessen (Bd. VII, S. 135f.). Montbeillard kritisiert die Römer wegen ihres „luxe excessivement destructeur" (Bd. VII, S. 136). Dann berichtet er, welchen Preis Pfauen in verschiedenen Epochen hatten (Bd. VII, S. 136f.). Im 18. Jahrhundert werden nur junge Pfauen gegessen, die alten dienen in ihrem Federkleid als Dekoration (Bd. VII, S. 137). Solche präparierte Pfauen hatten noch einen anderen Zweck: „[...] c'étoit sur un paon ainsi préparé que nos anciens chevaliers faisoient, dans les grandes occasions, leur vœu appelé le vœu du paon" (Bd. VII, S. 137). Bei der Frage, ob die Pfaueneier eine gute Nahrung für den Menschen sind, zitiert Montbeillard verschiedene Meinungen der Antike und der Moderne. Er selbst hält es für möglich, dass das Klima Einfluss auf die Qualität der Eier hat (Bd. VII, S. 137f.). Auch die Federn brachten den Menschen schon vor dem 18. Jahrhundert auf verschiedene Weise Nutzen (Bd. VII, S. 138).

Dann stellt Montbeillard eine Varietät des Pfaus vor, den weißen Pfau. Wie beim Hasen und beim Hermelin geht Montbeillard davon aus, dass der Einfluss des Klimas kalter Länder für die Entstehung dieser Varietät ausschlaggebend war (Bd. VII, S. 138). Er gibt die geographische Verbreitung der weißen Varietät an (Bd. VII, S. 138f.). Montbeillard wundert sich, dass sich noch kein Wissenschaftler damit beschäftigt hat, weitere, nicht nur äußerliche Unterschiede zwischen dem weißen und dem normal gefärbten Pfau herauszufinden. Hier kritisiert er die Wissenschaftler:

> [...] il me semble qu'une seule observation de ce genre seroit plus intéressante, feroit plus pour l'Histoire Naturelle, que d'aller compter scrupuleusement toutes les plumes des Oiseaux, et décrire laborieusement toutes les teintes, et demi-teintes de chacune de leurs barbes dans les quatre parties du monde. (Bd. VII, S. 139)

Reste der normalen Färbung sind auch beim weißen Pfau noch erkennbar, „tant l'empreinte des couleurs primitives étoit profonde!“ (Bd. VII, S. 139f.). Montbeillard fände ein Experiment interessant, bei dem man in einem warmen Land versuchte, aus weißen Pfauen wieder normal gefärbte zu züchten (Bd. VII, S. 140).

Schließlich gibt Montbeillard noch einen weiteren Pfau an: „On peut rapporter au paon ordinaire et au paon blanc le paon panaché“ (Bd. VII, S. 140). Dieser kann seinem Aussehen entsprechend durch die Kreuzung der beiden anderen entstanden sein (Bd. VII, S. 140). Montbeillard vermisst bei den naturwissenschaftlichen Werken nähere Angaben zur „histoire particulière“ des *paon panaché*.

7.8 *Les Perroquets*

Buffon stellt die allgemeine Abhandlung über die Papageien (Bd. VIII, S. 1–18) den Monographien über die einzelnen Papageien des alten und des neuen Kontinents voran. Diese Artikel erscheinen 1779 im sechsten Band der *Histoire naturelle des oiseaux*.[767] Auf seine Abhandlung über die Papageien ist Buffon besonders stolz.[768]

Er beginnt sie folgendermaßen:

> LES animaux que l'homme a les plus admirés sont ceux qui lui ont paru participer à sa nature. Il s'est émerveillé toutes les fois qu'il en a vu quel-

767 Buffon, *Œuvres philosophiques*, S. 523.

768 Buffon, *Correspondance*, Bd. I, S. 388. – Ders., *Manuscrits*, S. 220.

ques-uns faire ou contrefaire des actions humaines, le singe par la ressemblance des formes extérieures, et le perroquet par l'imitation de la parole, lui ont paru des êtres privilégiés, intermédiaires entre l'homme et la brute: faux jugement produit par la première apparence, mais bientôt détruit par l'examen et la réflexion. (Bd. VIII, S. 1)

Der Ausgangspunkt der Überlegungen ist der Mensch, der die Tiere, die im ähneln, bewundert. Doch schon die Alliteration „paru participer" im ersten Satz lenkt die Aufmerksamkeit des Lesers darauf, dass diese Tiere nur scheinbar an der Natur des Menschen teilhaben. Die „sauvages" interessieren sich nur für Affen und Papageien: „[...] ce sont les seuls animaux qui aient fixé leur stupide attention" (Bd. VIII, S. 1). Auffallend ist hier die „stupide attention".[769] Die „sauvages" werden offensichtlich nicht wie bei Rousseau als Ideal dargestellt.

Im nächsten Absatz (Bd. VIII, S. 2f.) vergleicht Buffon den Affen mit dem Menschen und macht ein kurzes Gedankenexperiment: „Que seroit-ce, si, par une combinaison de nature aussi possible que toute autre, le singe eût eu la voix du Perroquet, et comme lui la faculté de la parole?" (Bd. VIII, S. 2). Dann hätte die Menschheit kaum mehr davon überzeugt werden können, dass der Affe nur ein Tier ist (Bd. VIII, S. 2).

Nach Buffons Meinung hat die Natur nur dem Menschen die Fähigkeit gegeben, sich zu perfektionieren: „[...] elle lui ait réservé la faculté de se perfectionner; caractère unique et glorieux, qui seul fait notre prééminence, et constitue l'empire de l'homme sur tous les autres êtres" (Bd. VIII, S. 3). Die Hervorhebung des „caractère unique et glorieux qui seul [...]" unterstreicht, wie groß für Buffon die Distanz zwischen Mensch und Tier ist. Diese in ihrer Absolutheit falsche Ansicht entspricht den Ausführungen im *Discours sur la nature des animaux*, in dem Buffon schreibt, dass die Tiere keinen Verstand hätten.

Buffon unterscheidet zwei Arten der Vervollkommnungsfähigkeit: die Erziehung des Individuums, die auch bei den Tieren möglich ist, und die Vervollkommnung der ganzen Art, die es nur beim Menschen gibt (Bd. VIII, S. 3). Buffon gibt ein optimistisches Ziel der Menschheit an: „cette perfection glorieuse, qui est le plus beau titre de sa supériorité, et qui seule peut faire son bonheur" (Bd. VIII, S. 3).

Der Grund für die Perfektionierung der Menschheit liegt in der Gesellschaft, die damit beginnt, dass sich die Mutter lange um die Kinder kümmert (Bd. VIII, S. 4). Die Gesellschaft wird hier positiv gesehen. Sicherlich kann der Papagei Wörter aussprechen wie der Mensch, „mais jaser n'est pas parler, et les paroles ne font langue que quand elles expriment l'intelligence" (Bd. VIII, S. 4f.). Die Tiere sind jedoch nicht intelligent, weil die „famille constante [...] premier degré de toute société, et source unique de toute intelligence" sei (Bd. VIII,

[769] Höhne, a.a.O., S. 69.

S. 5). Diese Ausführungen sind vergleichbar mit entprechenden im Artikel *Nomenclature des Singes*.

Die Papageien können zwar am besten die Sprache der Menschen imitieren, sind aber nicht die einzigen Vögel, die dazu fähig sind. Buffon zählt weitere Arten auf (Bd. VIII, S. 5f.). Daneben gibt es Arten, die lernen, bestimmte Melodien zu singen, was der Papagei nicht kann (Bd. VIII, S. 6).

Buffon unterscheidet zwei Arten der Nachahmung bei den Tieren: „l'une réfléchie ou sentie, et l'autre machinale et sans intention" (Bd. VIII, S. 6). Bei der zweiten Form gilt nach Buffon für die Individuen: „[...] plus ils sont stupides, plus cette imitation tracée dans l'espèce est parfaite" (Bd. VIII, S. 6). Im Unterschied zu dieser „imitation naturelle" ist die andere Form „artificielle" (Bd. VIII, S. 7). Hierbei kann das Tier seine erlernten Fähigkeiten nicht an seine Artgenossen weitergeben: „[...] le perroquet le mieux instruit ne transmettra pas le talent de la parole à ses petits" (Bd. VIII, S. 7). Während die natürliche Nachahmung nur von der Organisation der Tiere abhängt, verlangt die künstliche „des facultés particulières qui semblent tenir à l'intelligence, telles que la sensibilité, l'attention, la mémoire" (Bd. VIII, S. 7). Tiere, die der Mensch erziehen kann, sind durch diese Besonderheit ausgezeichnet, und die leicht erziehbaren Arten, zum Beispiel der Hund, werden den anderen überlegen durch ihre Beziehungen zu dem Menschen (Bd. VIII, S. 7). Von einer Degeneration durch die Domestikation spricht Buffon hier nicht.

Den Vögeln kann der Mensch ebenso bestimmte Dinge beibringen wie den Vierfüßlern: „On apprend aux agamis à faire à peu près tout ce que font nos chiens: un serin bien élevé marque son affection par des caresses aussi vives, plus innocentes et moins fausses que celle du chat [...]" (Bd. VIII, S. 8). Die *agamis* werden mit den bekanntesten Haustieren, den Hunden, verglichen. Die Nähe der Hunde zu den Menschen wird durch das Possessivpronomen „nos" ausgedrückt. Während die *agamis* nur fast an die Hunde heranreichen, schneidet der *serin* im Vergleich zu der Katze gut ab, denn das Verhalten der Katze wird abgewertet. In diesem Zusammenhang zitiert Buffon einen Brief, in dem ausführlich das Verhalten eines gezähmten Bussards dargestellt wird (Bd. VIII, S. 8–11). Buffon selbst nennt als Beispiel für Vögel, die man dressieren kann, neben Raubvögeln auch Brieftauben (Bd. VIII, S. 8–11). Er vergleicht die Erziehung der Tiere mit der eines Kindes und betont wieder den für ihn bestehenden prinzipiellen Unterschied zwischen Tier und Mensch:

> Tout me semble prouver que si l'homme voulait donner autant de temps et de soins à l'éducation d'un oiseau ou de tout autre animal, qu'on en donne à celle d'un enfant, ils feroient par imitation tout ce que celui-ci fait par intelligence; la seule différence seroit dans le produit: l'intelligence toujours féconde se communique et s'étend à l'espèce entière toujours en augmentant; au lieu que l'imitation nécessairement stérile, ne peut ni s'étendre, ni même se transmettre par ceux qui l'ont reçue. (Bd. VIII, S. 11)

Der Mensch verändert die Tiere so, dass sie ihm nützlicher werden (Bd. VIII, S. 11). Wenn ein domestizierter Vogel in den Wald fliegt, wird er von seinen frei lebenden Artgenossen angegriffen. Buffon nennt hierfür Beispiele, die er selbst gesehen hat, und verweist auf den Brief über den Bussard, in dem dieses Verhalten beschrieben wird (Bd. VIII, S. 12). Erst wenn der Vogel alle Merkmale der Domestikation verloren hat, dulden ihn die freilebenden Vögel wieder, „comme si ces mêmes caractères rappeloient à ceux-ci le sentiment de la crainte qu'ils ont de l'homme leur tyran, et la haine que méritent ses suppôts ou ses esclaves" (Bd. VIII, S. 12).

Insgesamt sind die Vögel die freiesten Lebewesen: „Au reste, les Oiseaux sont de tous les êtres de la Nature les plus indépendans et les plus fiers de leur liberté, parce qu'elle est plus entière, et plus étendue que celle de tous les autres animaux [...]" (Bd. VIII, S. 12). Die Superlative betonen die Freiheit der Vögel im Vergleich zu den anderen Tieren. Durch ihren Stolz werden die Vögel personifiziert und charakterisiert. Der Vogel „voit tous les animaux terrestres comme des êtres lourds et rampans attachés à la terre" (Bd. VIII, S. 12). Nur den Menschen muss der Vogel fürchten, denn „il peut atteindre, frapper et porter la mort au loin" (Bd. VIII, S. 12). Die Klimax verdeutlicht hier die Gefahr, die vom Menschen ausgeht. Außer den Vögeln wird auch die Natur personifiziert: „La Nature, en donnant des ailes aux Oiseaux, leur a départi les attributs de l'indépendance et les instrumens de la haute liberté; aussi n'ont-ils de patrie que le ciel qui leur convient [...]" (Bd. VIII, S 12). Noch einmal hebt Buffon hier die Freiheit der Vögel hervor. Seine Begeisterung drückt er in einem sehr poetischen Stil aus:

> [...] la plupart n'arrivent que quand la douce haleine du printemps a tapissé les forêts de verdure; quand elle fait éclore les germes qui doivent les nourrir; quand ils peuvent s'établir, se gîter, se cacher sous l'ombrage; quand enfin la Nature vivifiant les puissances de l'amour, le ciel et la terre semblent réunir leurs bienfaits pour combler leur bonheur. (Bd. VIII, S. 13)

Verbunden sind die einzelnen Satzteile durch die Anapher mit dem Wiederholungsglied „quand". Auffallend sind die Metaphern in „la douce haleine du printemps a tapissé les forêts de verdure". Natur, Himmel und Erde werden personifiziert. „Ciel" und „terre" betonen, dass die ganze Natur um das Glück der Vögel bemüht ist.

Doch gerade der Frühling birgt auch viele Gefahren: „Cependant cette saison de plaisir devient bientôt un temps d'inquiétude; tout-à-l'heure ils auront à craindre ces mêmes ennemis au dessus desquels ils planoient avec mépris [...]" (Bd. VIII, S. 13). Der Gegensatz wird hier verdeutlicht durch die Antithese bei „plaisir" und „inquiétude". Auch „craindre" und „mépris" sind gegensätzlich. Buffon zählt auf, welche Feinde, zu denen auch Kinder gehören, die Brut der Vögel zerstören (Bd. VIII, S. 13). Diese wird durch Periphrasen bezeichnet als „ce qu'ils ont de plus cher" und als „produit de l'amour" (Bd. VIII, S. 13). Die Vogelmutter wird durch ihre heldenhafte Mutterliebe personifiziert:

> […] souvent la tendre mère se sacrifie dans l'espérance de sauver ses petits, elle se laisse prendre plutôt que de les abandonner; elle préfère de partager et de subir le malheur de leur sort à celui d'aller seule l'annoncer par ses cris à son amant, qui néanmoins pourroit seul la consoler en partageant sa douleur. L'affection maternelle est donc un sentiment plus fort que celui de la crainte, et plus profond que celui de l'amour puisqu'ici cette affection l'emporte sur les deux dans le cœur d'une mère, et lui fait oublier son amour, sa liberté et sa vie. (Bd. VIII, S. 13)

Besonders die Klimax „son amour, sa liberté et sa vie" betont die Selbstlosigkeit des Verhaltens der Vogelmutter.

Buffon bedauert, dass Glück und Sorge für die Vögel im Frühjahr zusammengehören und drückt dies in drei rhetorischen Fragen aus:

> Pourquoi le temps des grands plaisirs est-il aussi celui des grandes sollicitudes? pourquoi les jouissances les plus délicieuses sont-elles toujours accompagnées d'inquiétudes cruelles, mêmes dans les êtres les plus libres et les plus innocens? n'est-ce pas un reproche qu'on peut faire à la Nature, cette mère commune de tous les êtres? Sa bienfaisance n'est jamais pure ni de longue durée. (Bd. VIII, S. 14)

Die Antithese von „plaisirs" und „sollicitudes" wird noch verstärkt durch die Wiederholung von „grand" beziehungsweise „grandes". Die beiden ersten Fragen sind nicht nur durch die Anapher mit dem Wiederholungsglied „pourquoi" verbunden, sondern auch durch einen Parallelismus. Diese formale Wiederholung entspricht einer inhaltlichen, wodurch die Fragestellung eindringlicher wird. Die Antithese von „jouissances" und „inquiétudes" wird in der zweiten Frage verstärkt durch die Adjektive „les plus délicieuses" und „cruelles". Hier verstärkt besonders der Superlativ den Gegensatz. Die zweite Frage ist erweitert durch „même dans les êtres les plus libres et les plus innocens". Durch „même" und die beiden Superlative macht Buffon deutlich, dass seine Überlegungen auch für alle anderen Tiere gelten. Die dritte rhetorische Frage wiederholt nicht den Inhalt der beiden ersten, sondern ist ein Vorwurf an die als Mutter aller Wesen personifizierte Natur, der im folgenden Satz noch erläutert wird. Man merkt, dass Buffon Anteil am Schicksal der Vogelfamilie nimmt: „Ce couple heureux qui s'est réuni par choix, qui a établi de concert, construit en commun son domicile d'amour et prodigué les soins les plus tendres à sa famille naissante, craint à chaque instant qu'on ne la lui ravisse […]" (Bd. VIII, S. 14).

Wenn es den Vogeleltern gelingt, ihre Jungen großzuziehen, kommt ein weiterer Feind: „[…] l'oiseau de proie arrive comme la foudre et fond sur la famille entière" (Bd. VIII, S. 14). Die Schnelligkeit und damit die Gefahr des Raubvogels wird herausgestellt durch den Vergleich „comme la foudre", das Prädikat „fond" und die onomatopoetische Alliteration bei „foudre", „fond" und „famille". Die Raubvögel werden von allen anderen Vögeln gefürchtet (Bd. VIII, S. 14). „L'état le plus libre de la Nature a donc aussi des tyrans" (Bd. VIII, S. 14).

Die Antithese von „libre“ und „tyrans“ wird noch verstärkt durch den Superlativ „le plus libre“.

> [...] l'aigle méprise le lion et lui enlève impunément sa proie; il tyrannise également les habitans de l'air et ceux de la terre, et il auroit peut-être envahi l'empire d'une grande portion de la Nature, si les armes de l'homme ne l'eussent relégué sur le sommet des montagnes et repoussé jusqu'aux lieux inaccessibles où il jouit encore sans trouble et sans rivalité de tous les avantages de sa domination tyrannique. (Bd. VIII, S. 14f.)

Der Mensch wird hier als Retter der Natur dargestellt.

Als Nächstes beschäftigt sich Buffon mit dem Rang der Vögel und weist ihnen hier einen ersten Platz zu: „[...] dans la chaîne du grand ordre des êtres, ils doivent êtres après l'homme placés au premier rang“ (Bd. VIII, S. 15). Buffon spricht hier von der Kette der Wesen und zeichnet die Vögel dadurch aus, dass er sie unmittelbar hinter den Menschen stellt. Dass Buffon hier auf die Vorstellung der Kette zurückgreift und nicht auf das Netz, hat also auch rhetorische Funktion.[770] „La Nature a rassemblé, concentré dans le petit volume de leur corps plus de force qu'elle n'en a départi aux grandes masses des animaux les plus puissans [...]; elle leur a cédé un empire plus étendu sur les habitans de l'air, de la terre et des eaux [...]“ (Bd. VIII, S. 15). Die Vögel fressen Insekten, Reptilien, Fische und Vierfüßler (Bd. VIII, S. 15). Sie nähern sich der Natur des Menschen durch „la marche à deux pieds, l'imitation de la parole, la mémoire musicale“ (Bd. VIII, S. 15f.).

Nach all diesen allgemeinen Überlegungen, die Buffon für wichtiger hält, beschäftigt er sich konkreter mit den Papageien: „Mais descendons de ces considérations générales sur les Oiseaux, à l'examen particulier du genre des Perroquets“ (Bd. VIII, S. 16). Die zahlreichen Arten der Papageien zeigen, dass bei den Vögeln, ähnlich wie bei den Vierfüßlern, in den südlichen Ländern bestimmte Arten nur in der alten und andere Arten nur in der neuen Welt leben (Bd. VIII, S. 16). Dementsprechend teilt Buffon die Papageien ein: „C'est sur ce fait général que j'ai établi le fondement de la nomenclature de ces oiseaux“ (Bd. VIII, S. 16). Hier wird deutlich, dass die Klassifizierung in der *Histoire naturelle des oiseaux* für Buffon nicht unwichtig ist. Bezüglich der Verbreitung der Papageien stellt Buffon die rhetorische Frage: „Y a-t-il une preuve plus démonstrative de cette vérité générale que nous avons exposée dans l'histoire des animaux quadrupèdes?“ (Bd. VIII, S. 16).

Einwände der Gegner seiner Verbreitungstheorie nimmt Buffon vorweg, indem er mögliche Fragen und Erläuterungen selbst gibt und folgert: „Cette objection qui d'abord paroît fondée [...]“ (Bd. VIII, S. 17). Der Einwand, dass Berge zwar für Elefanten, aber nicht für Vögel ein Hindernis bedeuten, ist nur

[770] Loveland, a.a.O., S. 90.

scheinbar begründet, da Vogelarten, die Wärme benötigen, aufgrund der Kälte keine hohen Gebirge überwinden können (Bd. VIII, S. 18). „[...] ainsi cette objection loin d'ébranler le systême, ne fait que le confirmer et le rendre plus général" (Bd. VIII, S. 18). Allerdings räumt Buffon ein, dass es bei den Vögeln Ausnahmen gibt, die von warmen Ländern einer Welt zu warmen Ländern der anderen gelangen können. Dies sind Arten, die gut fliegen und schwimmen können und daher „la vaste étendue des mers" überqueren können (Bd. VIII, S. 18). Hier betont der Pleonasmus „vaste étendue" die Weite. Die Papageien gehören nicht zu diesen Arten: „[...] et comme les Perroquets n'ont ni les pieds palmés, ni le vol élevé et longtemps soutenu, aucun de ces oiseaux n'a pu passer d'un continent à l'autre, à moins d'y avoir été transporté par les hommes" (Bd. VIII, S. 18). Der Einfluss des Menschen zeigt sich also auch durch die Verbreitung von Tierarten. Bezeichnend ist, dass Buffon im Artikel über die Papageien sowohl am Anfang als auch am Ende vom Menschen spricht (Bd. VIII, S. 1, 18).

8 Rezeption und Wirkungsgeschichte der *Histoire naturelle*

Im Gegensatz zu anderen Teilen der *Histoire naturelle*, zum Beispiel der *Histoire et théorie de la terre* und dem Supplementband *Des Époques de la nature*, deren Erscheinen insbesondere inhaltliche Diskussionen und Probleme mit der Zensur hervorruft,[771] ist die Rezeptionsgeschichte der *Histoire naturelle des animaux quadrupèdes* und der *Histoire naturelle des oiseaux* hauptsächlich mit dem Aspekt der Darstellungsweise verbunden.

Die *Histoire naturelle* insgesamt hat im 18. Jahrhundert gute Voraussetzungen, ein Publikumserfolg zu werden. „Jamais livre ne vint plus à son heure. Le public était tout préparé à se passionner pour ces sujets, et il découvrit un écrivain là où il ne pensait rencontrer qu'un savant."[772]

Tatsächlich wird die *Histoire naturelle* im 18. Jahrhundert ein großer Erfolg. Sie ist verbreiteter als Pluches *Spectacle de la Nature*, Diderots und d'Alemberts *Encyclopédie* und Voltaires und Rousseaus bekannteste Werke: „Buffon voulait toucher le grand public: il y avait pleinement réussi."[773] „Buffons Erfolg beruht zunächst auf der Einheit von Literatur und Wissenschaft."[774] Im *Ancien Régime* wird er „nicht zuletzt als Wissenschaftler akzeptiert, weil man ihn als Autor" bewundert.[775] Sprache und Stil sind also für den Erfolg entscheidend.[776] Insbesondere die Frauen, deren Meinung im Frankreich des 18. Jahrhunderts zählt, schätzen die *Histoire naturelle*.[777]

Gerade für die *Histoire naturelle des oiseaux* ist auch ein Erfolg voraussehbar, da das 18. Jahrhundert eine Zeit großen Interesses an Vögeln ist.[778] In der Kultur des 18. Jahrhunderts spielen Vögel eine große Rolle. Man beschäftigt sich mit der Aufzucht und Zubereitung von Hühnern, Enten und Gänsen oder jagt Vögel. Seit dem 17. Jahrhundert schon werden Vögel in Käfigen gehalten. Präparierte Vögel dienen als Sammelobjekt. Vögel erscheinen auf Wappenschilden, Porzellan, Textilien und Tapeten. Es gibt sogar mechanische Vogelspielzeuge. Im Bereich der Mode dienen Federn und ausgestopfte Vögel als Accessoires.[779]

---

[771] Marcel Hervier, „Buffon", in: Ders., *Les Écrvains français jugés par leurs contemporains*, Paris, 1942, Bd. II, S. 203–233, hier S. 208–227.

[772] Roger, *Sciences*, S. 527.

[773] Roger, *Buffon*, S. 249.

[774] Knabe, *Rezeption*, S. 261.

[775] Lepenies, *Ende*, S. 133.

[776] Janssen/Knabe, a.a.O., S. 134.

[777] Roger, *Buffon*, S. 249.

[778] Farber, *emergence*, S. 26.

[779] Farber, *emergence*, S. 1f.

Buffon und Montbeillard schaffen weitere Voraussetzungen für den Erfolg der *Histoire naturelle des oiseaux* durch ihre elegante, allgemeinverständliche Prosa und die wertvolle Gestaltung der Bücher.[780] Auch die *planches enluminées* tragen zum Erfolg bei.[781] In Frankreich stellt die *Histoire naturelle des oiseaux* alle anderen Vogelbücher in den Schatten.[782] Es erscheinen zahlreiche Ausgaben, Übersetzungen und auch Versionen für Kinder.[783] Buffon und Montbeillard tragen also mit Hilfe ihrer literarischen Darstellungsweise zur Popularisierung der Ornithologie bei.

Natürlich werden auch die anderen Teile der *Histoire naturelle* übersetzt. In Deutschland erscheint ab 1750 die erste Übersetzung der *Histoire naturelle* mit einem Vorwort von Haller.[784]

Während das breite Publikum von der *Histoire naturelle* begeistert ist, sind die Gelehrten über die Darstellungsweise geteilter Meinung. Rousseau bezeichnet Buffon als „la plus belle plume de son siècle"[785], d'Alembert dagegen nennt ihn den „grand phrasier"[786]. Buffon kritisiert die Naturalisten, die sich mit der Klassifikation der Lebewesen befassen, und der Erfolg der *Histoire naturelle* ist für sie wie eine Beleidigung.[787] Sie sehen Buffons Werk als Roman für junge Damen an.[788] Ähnlich schreibt Madame d'Epinay über die *Histoire naturelle des oiseaux*: „J'ai peur qu'il n'y ait plus de poésie que de vérité dans tout cela".[789] Buffon wird der „Pline français" genannt. „Die Verleihung dieses Beinamens schadet Buffon: der Verweis auf Plinius nämlich stellt die Beredsamkeit, der Rückgriff auf Aristoteles dagegen die scharfsichtige Beobachtungsgabe eines Naturforschers in den Vordergrund."[790]

Die *Histoire naturelle* wird „schon vor, besonders aber nach der Revolution als ein typisches Produkt adliger Wissenschaft" kritisiert.[791] Ende des 18. Jahrhunderts wird die Bewunderung für Linné mit einer Abwertung Buffons ver-

---

780 Farber, *emergence,* S. 121.

781 Jean Anker, *Bird Books and Bird Art. An outline of the literary history and iconography of descriptive ornithology*, Amsterdam 1979 [¹1938], S. 33.

782 Anker, a.a.O., S. 36.

783 Farber, *emergence*, S. 68f.

784 Gayon, a.a.O., S. 155.

785 Jean-Jacques Rousseau, „A Monsieur du Peyrou; le 4 9bre 1764", in: Ders.: *Correspondance générale,* hg. v. Théophile Dufour, Paris 1929, Bd. XII, S. 24–26, Zitat S. 25.

786 Zitiert nach: Roger, *Buffon*, S. 562.

787 Mornet, *nature*, S. 111f.

788 Robert Wohl, „Buffon and his Project for a New Science", in: *Isis* 51 (1960), S. 186–199, hier S. 186.

789 Louise d'Epinay, „Mme d'Epinay à Galiani; 6 novembre 1770", in: Ferdinando Galiani/ Louise d'Epinay, *Correspondance*, hg. v. Georges Dulac/Daniel Magetti, Paris 1992, Bd. I, S. 292–294, Zitat S. 293.

790 Lepenies, „Speicherung", S. 67.

791 Lepenies, *Ende*, S. 161.

bunden.[792] Es gibt auch unerschütterliche Anhänger Buffons wie Lacépède, Sonnini de Manoncourt und Virey.[793] Condorcet und Cuvier jedoch kritisieren Buffon scharf.[794]

Doch trotz aller Kritik steigen die Auflagen der *Histoire naturelle* bis 1860, dann sinken sie plötzlich.[795] Dafür gibt es mehrere Gründe. Darwin veröffentlicht 1859 *On the origin of species* und „in Frankreich zerbricht" im 19. Jahrhundert „die Einheit zwischen Literatur und Wissenschaft". In Deutschland besteht diese schon seit dem 18. Jahrhundert nicht mehr. Hier wird die „Art der Darstellung" der *Histoire naturelle* „trotz Bewunderung des Stils" schon ein Jahrhundert früher „als unwissenschaftlich angesehen".[796] Da im 19. Jahrhundert ebenfalls in Frankreich mehr Wert auf den wissenschaftlichen Gehalt gelegt wird, bleibt Buffon „der Nachruhm versagt".[797] Sein „Ansehen sinkt, weil er angeblich zu sehr Literat und zu wenig Gelehrter gewesen ist".[798] Im 20. Jahrhundert sind es hauptsächlich einige Literaturwissenschaftler und Wissenschaftshistoriker, die sich mit der *Histoire naturelle* beschäftigen. Ein breites Publikum wie zu ihrer Entstehungszeit findet die *Histoire naturelle* auch heute nicht.

Dagegen hat sie großen Einfluss auf spätere Werke. Die Wirkungsgeschichte der *Histoire naturelle* zeigt, dass Autoren sowohl der Literatur als auch der Wissenschaft auf sie zurückgreifen.

Balzac schreibt mit seiner *Comédie humaine* eine Sittengeschichte nach dem Vorbild der *Histoire naturelle*.[799] Auch Musset, Flaubert, Zola und schließlich Proust werden von ihr beeinflusst.[800]

Sowohl im *Dictionnaire de Trévoux* als auch in der *Encyclopédie* Diderots und d'Alemberts findet man zum Teil wörtliche Zitate Buffons.[801] Der *Premier Discours* der *Histoire naturelle* dient Diderot als Ausgangspunkt für viele Elemente seiner *Pensées sur l'interprétation de la nature*.[802] Auch Herder[803] und

---

[792] Lepenies, *Ende*, S. 158.
[793] Gayon, a.a.O., S. 643.
[794] Gayon, a.a.O., S. 640f.
[795] Lepenies, *Ende*, S. 139.
[796] Knabe, *Rezeption*, S. 260f.
[797] Knabe, *Rezeption*, S. 261.
[798] Lepenies, „Speicherung", S. 63.
[799] Lepenies, *Ende*, S. 129. – Wilda Anderson, „Error in Buffon", in: *Modern Language Notes* CXIV (1999), S. 691–701, hier: S. 701.
[800] Dimier, a.a.O., S. 92. – Lepenies, „Speicherung", S. 79.
[801] Farber, „Buffon and the Concept", S. 282.
[802] Gayon, a.a.O., S. 132.
[803] Mayr, a.a.O., S. 269f.

Kant[804] werden von der *Histoire naturelle* beeinflusst. Ebenfalls Goethe setzt sich mit der *Histoire naturelle* auseinander.[805]

Katharina von Russland schreibt Buffon, Newton habe den ersten Schritt gemacht und er den zweiten als einer der großen Wegbereiter der modernen Wissenschaft.[806]

Mit seiner *Histoire naturelle* wirft Buffon neue Fragen auf und führt neue Ideen ein.[807] Er ändert die Naturgeschichte von einem angenehmen Zeitvertreib in eine ernsthafte Wissenschaft.[808] Er legt die Grundlagen der Biogeographie.[809] „[...] il aborde le premier le problème de la distribution géographique des espèces, celui de leurs migrations et celui du peuplement du Nouveau Monde."[810] Buffons Überlegungen zum Artbegriff bleiben wichtig:

> Dans l'histoire des idées relatives à la notion d'espèce, Buffon a joué un rôle important en introduisant, pour la première fois, la notion d'interfécondité, comme critère de délimitation et de séparation des espèces. Ce concept a été définitivement intégré dans celui d'espèce biologique de Mayr dans la Théorie synthétique.[811]

Ernst Mayr legt dieses Konzept der biologischen Art 1942 vor.[812]

Dass Buffon wagt, Linné zu kritisieren, hat großen Einfluss auf die weitere Entwicklung der Biologie:

> C'est l'un des principaux mérites de naturalistes comme Buffon et Lamarck, puis plus tard Darwin, que d'être parvenus à soustraire l'étude du vivant au despotisme linnéen en proposant une approche nouvelle des choses de la nature qui prenne en compte la diversité et la complexité des processus biologiques et qui surtout les inscrive dans une histoire.[813]
>
> This shift of emphasis from contemplation of form to an inquiry into the physical nature of species and its interaction with the mutable environment made possible an entirely new set of questions regarding the relationship between species and their milieu as well as their natural origin. The history of nineteenth-century biology attests to the fruitfulness of this approach.[814]

---

804 Gayon, a.a.O., S. 155–162, 233.

805 Iwan Iwanowitsch Kanajew, „Goethe und Buffon", in: *Goethe* XXXIII (1971), S. 157–177.

806 Gayon, a.a.O., S. 162.

807 Roger, *Buffon*, S. 13.

808 Gayon, a.a.O., S. 7.

809 Gayon, a.a.O., S. 7.

810 Duris/Gohau, a.a.O., S. 78.

811 Gayon, a.a.O., S. 524. Das Kriterium der Kreuzbarkeit wurde schon 1676 von Locke angesprochen, aber verworfen; s. Loveland, a.a.O., S. 159.

812 Gayon, a.a.O., S. 516.

813 Duris/Gohau, a.a.O., S. 63.

814 Farber, „Buffon and the Concept", S. 284.

Mehrfach ist Buffon selbst nahe an einer Evolutionstheorie, entfernt sich jedoch im letzten Moment davon. Trotzdem hat er die Entwicklung des Evolutionsgedankens entscheidend beeinflusst. Es ist nicht überraschend, dass es Lamarck ist, ein Protegé Buffons, der die erste globale Evolutionstheorie vorlegt. Dass Buffon bei der Charakterisierung der Tiere alle Aspekte berücksichtigen will, hat beträchtlichen Einfluss auf die Studien der Naturgeschichte, ein Einfluss, der sich erst ganz gezeigt hat im modernen Zeitalter der Ökologie und der Verhaltensbiologie.[815]

Speziell die *Histoire naturelle des oiseaux* hat viel Einfluss auf die weitere Entwicklung der Ornithologie. In der *Encyclopédie méthodique*, die eine Erweiterung und Überarbeitung der *Encyclopédie* darstellt, schreibt Mauduyt den ornithologischen Teil, der eine Kompilation der *Histoire naturelle des oiseaux* und der Ornithologie Brissons wird.[816] Viele Autoren der Ornithologie benutzen die *Histoire naturelle des oiseaux* für ihre Werke. Ebenfalls die *planches enluminées* werden benutzt. Hierzu erscheinen auch Folgebände.[817] Die Ornithologien Brissons und Buffons dienen also als Modelle für Nachfolger. Gleichzeitig sichern sie eine empirische Basis der Ornithologie. Besonders nach der *Histoire naturelle des oiseaux* werden an die Darstellung der Ornithologie Forderungen gestellt. Beschreibungen müssen nun ausführlich sein oder von sorgfältigen Illustrationen begleitet werden. Auch sind einige grundlegende theoretische Fragen gestellt.[818]

Die Darstellung des Verhaltens der Tiere wird mit Buffon Bestandteil der Artbeschreibung:

> En décrivant ainsi le „naturel“ des animaux, Buffon allait à contre-courant de son temps, et il fut souvent critiqué pour avoir renoué avec l'anthropomorphisme des vieux naturalistes. Pourtant, nous l'avons vu, toutes ses observations ne sont pas anthropomorphiques. La naissance d'une discipline scientifique à part entière est un phénomène complexe, et nous ne dirons pas que Buffon a créé l'éthologie. Au moins pouvons-nous dire qu'avec lui, la description du comportement animal devient un élément obligé de la description d'une espèce, voire sa définition. Buffon est conscient de l'insuffisance des données qu'il possède et des expériences qu'il tente de faire sur des animaux qui ne sont pas dans leur habitat naturel. Ces expériences témoignent cependant d'une volonté scientifique, comme en témoigne son attitude critique à l'égard des récits merveilleux rapportés par les Anciens à propos du lion ou de l'éléphant. Attitude insuffisamment critique à nos yeux, sans doute, mais un naturaliste dans la situation de Buffon pouvait difficilement faire mieux.[819]

---

815 Gayon, a.a.O., S. 8f.

816 Farber, *emergence*, S. 69f.

817 Farber, *emergence*, S. 70. – Anker, a.a.O., S. 33, 116, 145, 151, 203f.

818 Farber, *emergence*, S. 26.

819 Roger, *Buffon*, S. 376.

9 Schlussbetrachtung

Die *Histoire naturelle* Buffons ist nicht nur ein immens großes Werk. Sie zeichnet sich ebenfalls durch Originalität, aber auch durch Widersprüche aus:

> La pensée de Buffon est une pensée solitaire. Non qu'il ait ignoré son siècle; mais les idées philosophiques ou scientifiques qu'il en a reçues, n'ont jamais été passivement acceptées. Elles n'ont été qu'un élément dans une réflexion toujours active, toujours entretenue par cette longue découverte de la nature qu'a été la rédaction de l'*Histoire naturelle*, au cours de laquelle le génie de l'auteur a pris conscience de ses forces et de son originalité. Mais dès le début de son œuvre, les tendances profondes de ce génie étaient manifestes, et il était visible aussi qu'elles s'accordaient mal avec celles de son temps. De cette contradiction intime entre le tempérament intellectuel de Buffon et les idées qu'il doit à son époque, proviennent à la fois l'originalité de son œuvre et les contradictions qu'on y rencontre.[820]

In der *Histoire naturelle* weist die Charakterisierung der Tiere teilweise schon auf die moderne Biologie hin, teilweise ist sie noch sehr unwissenschaftlich. Einerseits ist es leicht, schwerwiegende naturwissenschaftliche Fehler aufzudecken,[821] andererseits ist Buffon mit den Problemen, die er thematisiert, Vorläufer der modernen Biologen.[822]

> With one foot grounded in Aristotle's codified folkscience and the other already moving beyond Descartes and towards Darwin, Buffon contemplated the world from precisely that juncture where common sense leaves off and counter-intuition begins. He aimed to reinforce and extend ordinary understanding of the readily visible world with extraordinary insights into a nonphenomenal universe of astronomical, microscopic and evolutionary dimensions. This encouraged explanation of the known by the unknown, which is a hallmark of modern science.[823]

Während Buffon zunächst eine Zusammenfassung der Arten zu höheren taxonomischen Einheiten ablehnt, ordnet er im Verlauf der *Histoire des quadrupèdes* häufiger Arten von Vierfüßlern in Gruppen an. Dass er selbst Klassifikationen entwirft, wird besonders deutlich in den Artikeln *Nomenclature des Singes* und *De la dégénération des animaux*. Wie im *Plan de l'ouvrage* angekündigt, strebt Buffon eine natürliche Klassifikation der Vögel an. Die binäre Nomenklatur lehnt Buffon jedoch grundsätzlich ab, gibt sie aber als Synonym an. Dadurch, dass die Arten in der *Histoire naturelle* letztlich nicht als unveränderlich angese-

---

820 Roger, *Sciences*, S. 582.

821 Buffon, *Œuvres philosophiques*, S. XXXVI.

822 Muséum, a.a.O., S. 166.

823 Gayon, a.a.O., S. 224.

hen werden, wird ein gewisser Transformismus angenommen. Buffon geht aber nur aus von einer gemeinsamen Herkunft ähnlicher Arten und ist damit noch weit entfernt von unserer heutigen Vorstellung der Evolution. Während die Informationen über die Antike weniger biologisch interessant sind, ist die Methode des Vergleichs durchaus wissenschaftlich. Der Vorsatz, Fabeln in der Naturgeschichte zu eliminieren, ist im 18. Jahrhundert fortschrittlich. Buffon und Montbeillard sind aus unserer heutigen Sicht aber oft nicht kritisch genug. Die bereits im *Premier discours* angekündigten Themen sind größtenteils biologisch interessant. Hierzu zählen das Aussehen, die Anatomie, die Fortpflanzung, Habitat und geographische Verbreitung, Nahrung und Nahrungsbeschaffung und das Verhalten. Auch die natürlichen Feinde der Tiere werden erwähnt. Die Beschreibung der Jagd dagegen ist weniger biologisch interessant. Themen wie der Schaden, den die Tiere anrichten, oder der Nutzen, den sie dem Menschen bringen, zeigen schon die wichtige Rolle des Menschen in der *Histoire naturelle*. Durch Domestikation kann der Mensch die Tiere beeinflussen und sie durch Züchtung verändern.

Obwohl Mensch und Tier theoretisch „wesensmäßig verschieden" bleiben,[824] werden die Tiere immer wieder personifiziert. Dadurch ist es möglich, ihnen einen Charakter zu verleihen. In der Regel entspricht bei Buffon der Charakter der Tiere ihrem Aussehen. Bei der Entscheidung, ob ein Tier einen guten oder einen schlechten Charakter hat, ist für Buffon das Verhalten gegenüber dem Menschen sehr wichtig. Leicht zu domestizierende Arten haben gemäß Buffon oft einen besseren Charakter. Auch biologisch interessantere Verhaltensweisen wie die gegenüber Feinden, beim Nahrungserwerb, bei Konkurrenz, Kooperation, Paarung, Brutpflege und Aufzucht der Nachkommen werden dazu genutzt, den Tieren einen Charakter zuzuschreiben. Durch ihr Verhalten gegenüber Feinden werden die Tiere als mutig oder feige und als intelligent oder dumm charakterisiert. In der Regel haben Herbivore für Buffon einen besseren Charakter als Karnivore. In der *Histoire naturelle* gibt es sowohl Beispiele für intraspezifische als auch für interspezifische Konkurrenz. Buffon schätzt einerseits mutiges Verhalten, andererseits auch friedfertiges. Kooperierende Tiere haben nach Buffon einen positiven Charakter. Der Konkurrenzkampf um Fortpflanzungspartner wird in der *Histoire naturelle* manchmal mit Eifersucht assoziiert. Tiere mit konstantem Fortpflanzungspartner haben nach Buffon einen besonders positiven Charakter, weil sie treu sind. Ebenso haben Tiere, die sich intensiv um ihre Nachkommen kümmern gemäß Buffon einen guten Charakter. Oft stimmt also der den Tieren von Buffon zugeschriebene Charakter mit überlieferten Vorstellungen überein.

---

[824] Janssen/Knabe, a.a.O., S. 134.

Insbesondere werden die Vögel durch ihre Liebe vermenschlicht.[825] Dadurch können Buffon und Montbeillard ihre moralischen Vorstellungen einbringen.[826] Wissenschaft und Philosopie gehören für Buffon und Montbeillard zusammen.[827] „A chaque instant, à propos d'un animal, d'un détail de conformation ou de mœurs, la réflexion s'élève aux problèmes généraux de la science, et souvent aussi de la philosophie, de la politique et de la morale.[828]

Diese allgemeinen Überlegungen zeigen, dass für Buffon der Mensch im Mittelpunkt der Natur steht.

> On ne s'étonnera point que, l'homme étant le centre de la création, Buffon ne l'oublie pas en faisant le récit des mœurs, l'énumération des qualités des animaux. C'est en tant qu'ils se rapprochent ou s'écartent de nous, qu'ils nous plaisent ou nous déplaisent, qu'ils nous sont utiles ou nuisibles, que le naturaliste les étudie, que le coloriste les peint. Il semble même parfois qu'ils sont des hommes [...]: Buffon analyse presque leurs sentiments, leur naturel comme s'il avait joui ou souffert des uns, et pénétré l'autre. Il en est qu'il aime, il en est qu'il déteste. Il prononce des réquisitoires contre les uns, des plaidoyers en faveur des autres. Il y a donc de l'artifice dans ces descriptions, mais il y a aussi de l'éloquence, de la vie, de la passion, et parfois des effets dramatiques qui saisissent.[829]
>
> Certes, la pure connaissance scientifique devrait reposer sur une indifférence parfaite, mais peu de naturalistes ont été capables de la pratiquer. [...] S'il ignorait lui-même l'admiration, le respect, l'attendrissement, la crainte, il ne saurait pas faire „vivre" les animaux qu'il décrit. Ce n'est pas un hasard si Buffon a été un zoologiste [...]. Il se passionne pour les animaux parce que ceux-ci parlent à sa sensibilité comme à son intelligence, et finalement parce qu'ils lui parlent de l'homme. [...] Et il n'aurait pas pu intéresser tant de lecteurs à l'histoire naturelle s'il avait affiché cette indifférence inhumaine qui devrait théoriquement être l'idéal du savant. Ce que savent bien tous ceux qui, par l'écrit ou par l'image, passionnent aujourd'hui un vaste public pour la „vie des bêtes".[830]

Durch die Charakterisierung der Tiere will Buffon dem Leser seine „admiration respectueuse"[831] für die Natur vermitteln. Dazu tragen auch die Illustrationen der Vierfüßler und die *planches enluminées* der Vögel bei. Buffon erreicht einen großen Leserkreis nicht nur durch die Allgemeinverständlichkeit seiner Sprache, sondern vor allem durch seine elegante Prosa.[832] Buffon ist ein Meister der

---

825 Gascar, a.a.O., S. 175.

826 Gascar, a.a.O., S. 178.

827 Roger, *Sciences*, S. 751.

828 Roger, *Sciences*, S. 558.

829 Lebasteur, a.a.O., S. 110.

830 Roger, *Buffon*, S. 377.

831 Lazlo, a.a.O., S. 70.

832 Farber, *emergence*, S. 121.

Beschreibung.[833] Die für die französische Aufklärung charakteristische Einheit von Literatur und Wissenschaft zeigt sich in der *Histoire naturelle* besonders deutlich. Sie repräsentiert „not a simple confrontation of science and literature, but an unparalleled, virtually complete intermixture of the two".[834] Die Darstellungsweise entspricht den dargestellten Gegenständen. Buffon gelingt es durch seine Schilderungen, ein lebhaftes Bild der Tierwelt zu entwerfen.

Ernst Mayr bezeichnet die Säugetiermonographien als „sowohl literarisch als auch wissenschaftlich hervorragend"[835]. Gemäß Erik Nordenskiöld sind die Tiermonographien,

> jede für sich, von sehr verschiedenem Wert. Allen gemeinsam ist jedoch die glänzende Darstellung und die allseitige Behandlung des Stoffes, wodurch sie sich sowohl von den bunten Notizensammlungen der älteren Zoographen als auch von L i n n é s kurzen, summarischen Diagnosen weit unterscheiden. Als Naturschilderer ist B u f f o n von grundlegender Bedeutung, in gewisser Hinsicht heute noch unübertroffen. [...] es mag nur noch hervorgehoben werden, daß es nicht nur formale Verdienste waren, die den berechtigten Ruhm des Werkes begründeten, denn in vielen seiner Schilderungen, namentlich der Vögel, finden wir eine Menge scharfer und treffender Einzelbeobachtungen über die Lebensweise, die Fortpflanzung und andere biologisch interessante Verhältnisse.[836]

Jacques Roger bezeichnet Buffon als „le naturaliste le plus important entre Aristote et Darwin"[837].

> [...] Buffon [...] avait posé de nouvelles questions et imposé de nouvelles directions de recherche, que personne ne reprendra exactement dans les mêmes termes, mais que personne non plus ne pourra ignorer après lui. Aucun naturaliste sans doute, depuis Aristote, n'avait si profondément transformé sa science.[838]

Man kann Jacques Rogers Ansicht teilen:

> Il faut, et c'est l'opinion de beaucoup de bons esprits, mettre Buffon au même rang que les plus grands savants et les plus grands philosophes de son temps, au même rang que Réaumur, Haller ou Spallanzani, que Montesquieu, Voltaire, Rousseau ou Diderot. Il a ses mérites propres, qui sont aussi grands que les leurs. Et tous ces maîtres de la science et de la pensée du XVIIIe siècle ne s'y sont pas trompés, car tous, amis ou ennemis l'ont considéré comme leur égal.[839]

---

[833] Gayon, a.a.O., S. 7.

[834] Fellows/Milliken, a.a.O., S. 17.

[835] Mayr, a.a.O., S. 146.

[836] Erik Nordenskiöld, „Buffon", in: Ders.: *Geschichte der Biologie*, aus dem Schwedischen übers. v. Guido Schneider, Jena 1926, S. 220–231, Zitat S. 229.

[837] Roger, *Buffon*, S. 14.

[838] Roger, *Buffon*, S. 441.

[839] Buffon, *Époques*, S. V.

10 Bibliographie

10.1 Primärliteratur (chronologisch)

Buffon, Georges-Louis Leclerc, comte de/Daubenton, Louis, *Histoire naturelle, générale et particulière, avec la description du Cabinet du Roi*, 15 Bde., Amsterdam 1766–1771.

Buffon, Georges-Louis Leclerc, comte de, *Œuvres d'histoire naturelle*, 40 Bde., Bern 1792.

Ders., *Œuvres complètes*, hg. v. P. Bernard, 11 Bde., Paris 1804. Zitiert wurde nach dieser Ausgabe.

Ders., *Œuvres complètes de Buffon et de ses continuateurs*, Bd. I, Brüssel 1828.

Ders., „Buffon administrateur et homme d'affaires. Lettres inédites", hg. v. Gustave Michaut, in: *Annales de l'Université de Paris* 6.1 (1931), S. 15–36.

Ders., „Cinq lettres inédites", hg. v. W.F. Falls, in: *The Romanic Review* XXIV (1933), S. 336–340.

Ders., *Œuvres philosophiques*, hg. v. Jean Piveteau, Paris 1954.

Ders., *Les Époques de la nature*, hg. v. Jacques Roger, Paris 1962 [¹1778].

Ders., *Correspondance générale*, hg. v. Henri Nadault de Buffon, 2 Bde., Genf 1971 [¹1885].

Ders., *Des Manuscrits*, hg. v. Pierre-Jean-Marie Flourens, Genf 1971 [¹1860].

Ders., *Un autre Buffon*, hg. v. Jacques-Louis Binet/Jacques Roger, Paris 1977.

Ders., *Buffon. 1788–1988*, hg. v. Jean Dorst, Paris 1988.

Inzwischen erschienen/verfügbar:

Ders., *Œuvres*, hg. v. Michel Delon/Stéphane Schmitt, Paris 2007 (Bibliothèque de la Pléiade).

Ders., *Histoire naturelle*, 36 Bde., Reproduktion der Ausgabe Paris 1749–1789 bei <http://gallica.bnf.fr/>.

10.2 Sekundärliteratur

Bis 1954 erschienene Titel sind in der Bibliographie der Ausgabe von Jean Piveteau (s. Primärliteratur) aufgeführt.

Albalat, Antoine, „Les Corrections de Buffon et le travail de Montesquieu", in: Ders., *Le Travail du style enseigné par les corrections manuscrits des grands écrivains*, Paris ¹²1927, S. 152–169.

Albertan, Christian, „Le voyage à Buffon", in: *La Matière et l'Homme dans l'Encyclopédie. Actes du colloque de Joinville (10–12 juillet 1995)*, hg. v. Sylviane Albertan-Coppola/Anne-Marie Chouillet, Paris 1998, S. 315–320.

Alexandre, Bruno, „Propos sur Buffon", in: *Cahiers Diderot* 2 (1990), S. 97–112.

Allen, Elsa Guerdrum, „The History of American Ornithology before Audubon", in: *Transactions of the American Philosophical Society* 41 (1951), S. 387–591.

Anderson, Elisabeth, „La Collaboration de Sonnini de Manoncourt à l'*Histoire naturelle* de Buffon", in: *Studies on Voltaire and the Eighteenth Century* CXX (1974).

Anderson, Wilda, „Error in Buffon", in: *Modern Language Notes* CXIV (1999), S. 691–701.

Angelet, Christian, „Paysages philosophiques et rhétoriques. De Buffon à Baudelaire, en passant par Milton et quelques autres“, in: *Le paysage et ses grilles. Colloque de Cerisy*, hg. v. Françoise Chenet, Paris 1996, S. 89–99.

Anker, Jean, *Bird Books and Bird Art. An outline of the literary history and iconography of descriptive ornithology*, Amsterdam 1979 [[1]1938].

Antoine, Gérald, „Max Jacob: un utile contresens sur Buffon“, in: Ders., *Vis-à-vis ou le double regard critique*, Paris 1982, S. 53–64.

Baere, Benoît de, „La discipline de l'imagination: l'expérience de pensée chez Buffon“, in: *Immaginazione e conoscenza nel Settecento italiano e francese a cura di Sabine Verhulst*, hg. v. Sabine Verhulst, Mailand 2002, S. 97–108.

Barante, Amable-Guillaume Prosper Brugière de, *Tableau de la littérature française au dix-huitième siècle*, Paris [6]1842.

Barsanti, Giulio, „Linné et Buffon: deux images différentes de la nature et de l'histoire naturelle“, in: *Studies on Voltaire and the Eighteenth Century* 216 (1983), S. 306f.

Bassy, Alain-Marie, „À l'heure des grandes sythèses. L'œuvre de Buffon à l'Imprimerie royale, 1749–1789“, in: *L'art du livre à l'Imprimerie nationale*, hg. v. Julien Cain/Georges Bonnin, Paris 1973, S. 170–189.

Bouverot, Danielle, „Et si nous relisions Buffon: ‚le style est l'homme même'“, in: *Mélanges de langue et de littérature française offerts à Pierre Larthomas*, Vorwort von Jean-Pierre Seguin, Paris 1985, S. 61–66.

Bowler, Peter J., „Bonnet and Buffon: Theories of Generation and the Problem of Species“, in: *Journal of the History of Biology* 6 (1973), S. 259–281.

Bremner, Geoffrey, „Buffon and the casting out of fear“, in: *Studies on Voltaire and the Eighteenth Century* 205 (1982), S. 75–88.

Bremond d'Ars-Migré, *Un collaborateur de Buffon, l'Abbé Bexon*, Paris 1936.

Browne, Janet, „Georges-Louis Leclerc, Comte de Buffon (1707–88)“, in: *Endeavour* 12 (1988), S. 86–90.

Brunet, Pierre, „Gueneau de Montbeillard“, in: *Revue de Bourgogne*, 1926, S. 516–532.

Brunetière, Ferdinand, „Buffon“, in: *Revue des deux mondes* 89 (1888), S. 444–455.

Brunot, Ferdinand, „Les Résistances“, in: Ders., *Histoire de la langue française des origines à 1900*, Paris 1930, Bd. VI: *Le XVIIIe siècle*, 1. Teil, 2. Fasz., S. 587–596.

Buisson, Édouard-Charles, „Un collaborateur de Buffon, l'abbé Bexon“, in: *Bulletin de la Société Philomatique Vosgienne*, 1888–1889, S. 275–317.

Butler, Samuel, *Evolution, old and new; or the theories of Buffon, Dr. Erasmus Darwin, and Lamarck, as compared with that of Mr. Charles Darwin*, London 1879.

Charton, M. Édouard (Hg.), „Le chimpanzé“, in: *Le magasin pittoresque* XXIII (1855), S. 361–363.

Chauvin, R.P./Le Bidois, M.G., „Buffon“, in: Dies., *La littérature française par les critiques contemporains*, Paris 1902, S. 528–548.

Cherni, Amor, *Buffon. La nature et son histoire*, Paris 1998.

Ders., „Haller et Buffon: à propos des *Réflexions*“, in: *Revue d'histoire des sciences* 47/48 (3), 1995, S. 267–305.

Condorcet, Marie Jean Antoine Nicolas de Caritat, Marquis de, „Éloge de M. le comte de Buffon“ [1788], in: Ders., *Œuvres*, hg. v. A. Condorcet O'Connor/M.F. Arago, Stuttgart-Bad Cannstadt 1968, Bd. III, S. 327–371.

Courier, Paul-Louis, „Éloge de Buffon“, in: Ders., *Œuvres complètes*, Paris 1834, Bd. 4, S. 357–382.

Cuvier, Frédéric, „Nouveau Recueil de planches coloriées d'oiseaux, pour servir de suite ou de complément aux planches enluminées de Buffon, par M. Temminck, conservateur du cabinet d'histoire naturelle de Leyde, et M. Meiffren Laugier, baron de Chartrouse", in: *Journal des savans* 1832, S. 641–651.

Cuvier, Georges, „Buffon", in: *Biographie universelle, ancienne et moderne*, Brüssel 1843–1847, Bd. III, S. 239–241.

Ders., „De Buffon et de ses travaux", in: Ders., *Histoire des sciences naturelles depuis leur origine jusqu'à nos jours chez tous les peuples connus, commencée au Collège de France par Georges Cuvier, complétée par M. Magdeleine de Saint-Agy*, Westmead/Famborough/Hants 1970 [[1]1841–1845], Bd. IV, S. 157–184.

Ders., „Travaux particuliers des naturalistes de la seconde moitié du XVIIIe siècle", in: Ders., *Histoire des sciences naturelles depuis leur origine jusqu'à nos jours chez tous les peuples connus, commencée au Collège de France par Georges Cuvier, complétée par M. Magdeleine de Saint-Agy*, Westmead/Famborough/Hants 1970 [[1]1841–1845], Bd. V, S. 228–266.

Damas-Hinard, Jean-Joseph-Stanislas-Albert, „Buffon écrivain", in: *Revue critique et bibliographique* 1 (1864), S. 23–43.

Dastre, Albert, „Buffon et les critiques de l'*Histoire naturelle*", in: *Revue des deux mondes* 157 (1900), S. 202–217.

Daudin, Henri, „Les naturalistes français et les ‚méthodes': Buffon, Daubenton et la classification", in: Ders., *De Linné à Jussieu. Méthodes de la classification et idée de série en botanique et en zoologie (1740–1790)*, Paris 1926, S. 117–144.

Dawson, Virginia P., „The Limits of Observation and the Hypotheses of Georges Louis Buffon and Charles Bonnet", in: *Beyond History of Science. Essays in Honor of Robert E. Schofield*, hg. v. Elisabeth Garber, Bethlehem/London/Toronto 1990, S. 107–125.

Dimier, Louis, *Buffon*, Paris 1919.

Duchesneau, François, *Philosophie de la biologie*, Paris 1997.

Eddy, John H., Jr., „Buffon, Organic Alterations, and Man", in: *Studies in History of Biology* 7 (1984), S. 1–45.

Ders., „Buffon's *Histoire naturelle*. History? A Critique of Recent Interpretations", in: *Isis* 85 (1994), S. 644–661.

Ehrard, Jean, „Écriture de chats", in: *Dix-huitième siècle* 36 (2004), S. 435–448.

Ders., „Les nouveaux naturalistes: l'idée d'évolution", in: Ders., *L'idée de nature en France à l'aube des lumières*, Paris 1970.

Epinay, Louise d', „Mme d'Epinay à Galiani; 6 novembre 1770", in: Ferdinando Galiani/Louise d'Epinay, *Correspondance*, hg. v. Georges Dulac/Daniel Maggetti, Paris 1992, Bd. I, S. 292–294.

Espagne, Michel, „‚Le style et l'homme même.' *A priori* esthétique et écriture scientifique chez Buffon et Winckelmann", in: *Leçons d'écriture, ce que disent les manuscrits. Textes réunis par Almuth Grésillon et Michaël Werner en hommage à Louis Hay*, Paris 1985, S. 51–67.

Faguet, Emile, „Buffon", in: Ders., *Dix-huitième siècle. Etudes littéraires*, Paris 1890, S. 425–487.

Falls, William F., „Buffon et les premières bêtes du Jardin du Roi: Histoire ou Légende?", in: *Isis* 30 (1939), S. 491–494.

Ders., „Buffon, Franklin, et Deux Académies Américains", in: *The Romanic Review* 29 (1938), S. 37–47.

Farber, Paul Lawrence, „Buffon and Daubenton: Divergent Traditions within the *Histoire naturelle*“, in: *Isis* 66 (1975), S. 63–74.

Ders., „Buffon and the Concept of Species“, in: *Journal of the History of Biology* 5 (1972), S. 259–284.

Ders., *The emergence of ornithology as a scientific discipline: 1760–1850*, Dordrecht/Boston/London 1982.

Feller, François-Xavier de, *Examen critique de l'Histoire naturelle de M^r. de Buffon*, Luxemburg 1773.

Fellows, Otis, „Buffon and Rousseau: Aspects of a Relationship“, in: Ders., *From Voltaire to La Nouvelle Critique: Problems and Personalities*, Genf 1970, S. 33–53. [Nachdruck von: *Publications of the Modern Language Association* 75, 1 (1960), S. 184–196.]

Ders., „Buffon's place in the Enlightenment“, in: Ders., *From Voltaire to La Nouvelle Critique: Problems and Personalities*, Genf 1970, S. 54–71. [Nachdruck von: *Studies on Voltaire and the Eighteenth Century* 25 (1963), S. 603–629.]

Ders., „Encore un Détracteur de Buffon“, in: *Beiträge zur französischen Aufklärung und zur spanischen Literatur. Festgabe für Werner Krauss zum 70. Geburtstag*, hg. v. Werner Bahner, Berlin 1971, S. 83–95.

Ders., „Voltaire and Buffon: Clash and conciliation“, in: Ders., *From Voltaire to La Nouvelle Critique: Problems and Personalities*, Genf 1970, S. 22–32. [Nachdruck von: *Symposium* IX (1955), S. 222–235.]

Fellows, Otis E./Milliken, Stephen F., *Buffon*, New York 1972.

Flourens, Pierre-Jean-Marie, *Buffon. Histoire de ses travaux et de ses idées*, Paris 1844.

Ders., *De l'instinct et de l'intelligence des animaux*, Paris ²1845.

Foucault, Michel, „Classer“, in: Ders., *Les mots et les choses*, Paris 1967, S. 137–176.

Fraisse, Luc, „Discours sur le style: Marcel Proust lecteur de Buffon“, in: *Bulletin de la Société des Amis de Marcel Proust* XXXVIII (1988), S. 29–36.

Gaillard, Yann, *Buffon. Biographie imaginaire et réelle suivie de „Voyage à Montbard“ par Hérault de Séchelles*, Paris 1977.

Gascar, Pierre, *Buffon*, Paris 1983.

Gayon, Jean (Hg.), *Buffon 88. Actes du Colloque international pour le bicentenaire de la mort de Buffon*, Paris/Lyon 1992.

Gillispie, Charles Coulston, „The Jardin des Plantes“, in: Ders., *Science and polity in France at the end of the old regime*, Princeton/New Jersey 1980, S. 143–184.

Goodman, David, *Buffon's Natural History*, Stony Stratford 1980.

Göttingische Anzeigen von gelehrten Sachen, 1779, Bd. II, S. 698–701.

Goulemot, Jean-Marie/Launay, Michel, „Nature des lois et lois de la nature: Montesquieu et Buffon“, in: Dies., *Le siècle des lumières*, Paris 1968, S. 44–72.

Goyard-Fabre, Simone, „L'Histoire naturelle de Buffon“, in: Dies., *La Philosophie des Lumières en France*, Paris 1972, S. 172–182.

Guerlin de Guer, Charles, „Le Lexique du XVIIIe siècle“, in: *Le Français moderne* II (1934), S. 1–18.

Guyénot, Émile, *Les sciences de la vie aux XVIIe et XVIIIe siècles*, Paris 1941.

Hassler, Donald M., „Erasmus Darwin and Enlightenment origins of science fiction“, in: *Studies on Voltaire and the Eighteenth Century* CLIII (1976).

Hastings, Hester, *Man and beast in French thought of the eighteenth century*, Baltimore [usw.] 1936 (The Johns Hopkins Studies in Romance Literatures and Languages XXVII).

Hémon, Félix, *Cours de littérature XVII. Buffon*, Paris 1900.
Ders., „Buffon“, in: *Histoire de la langue et de la littérature française des origines à 1900*, hg. v. L. Petit de Julleville, Paris [4]1909, Bd. VI, S. 207–251.
Hervier, Marcel, „Buffon“, in: Ders., *Les Écrivains français jugés par leurs contemporains*, Paris 1942, Bd. II, S. 203–233.
Höhne, Ernst, *Der Stil Buffons*, Marburg 1914.
Hoquet, Thierry, „Une animalité en pièces. Spécimens empaillés et bocaux d'organes dans les planches de l'*Histoire naturelle* de Buffon (1749–1767)“, in: *Revue d'esthétique* 40 (2001), S. 15–23.
Janssen, Paul/Knabe, Peter-Eckhard, „Naturwissenschaften“, in: *Frankreich im Zeitalter der Aufklärung*, hg. v. Peter-Eckhard Knabe, Köln 1985, S. 105–139.
Kanajew, Iwan Iwanowitsch, „Goethe und Buffon“, in: *Goethe* XXXIII (1971), S. 157–177.
Kiernan, Colm, „The Science of the Enlightenment“, in: Ders., *Science and the Enlightenment in eighteenth-century France*, Banbury 1968 (Studies on Voltaire and the Eighteenth Century 59), S. 185–199.
Knabe, Peter-Eckhard, *Die Rezeption der französischen Aufklärung in den „Göttingischen Gelehrten Anzeigen“ (1739–1777)*, Frankfurt a.M. 1978.
Ders., *Schlüsselbegriffe des kunsttheoretischen Denkens in Frankreich von der Spätklassik bis zum Ende der Aufklärung*, Düsseldorf 1972.
Krantz, Émile, „Buffon“, in: Ders., *Essai sur l'esthétique de Descartes*, Paris 1882, S. 342–359.
Lanessan, Jean-Louis de, „Buffon et Darwin“, in: *Revue scientifique* 1889 (1), S. 385–391, 425–432.
Langellier, Bernard, „Images d'animaux chez Buffon et dans l'Encyclopédie“, in: *Encyclopédisme. Actes du Colloque d'Aube. Avril 1989*, hg. v. Denis Hüe, La Butte (Cahiers Diderot 2), S. 113–130.
Lazlo, Pierre, „Buffon et Balzac: variations d'un modèle descriptif“, in: *Romantisme* XVII, 58 (1987), S. 67–80.
Lebasteur, Henri, *Buffon*, Paris 1889.
Lepenies, Wolf, *Das Ende der Naturgeschichte*, München/Wien 1976.
Ders., „Die Speicherung wissenschaftlicher Traditionen in der Literatur. Buffons Nachruhm“, in: Ders., *Autoren und Wissenschaftler im 18. Jahrhundert*, München/Wien 1988, S. 63–89.
Lovejoy, Arthur Oncken, „Buffon and the problem of species“, in: *Forerunners of Darwin*, hg. v. Bentley Glass/Owsei Temkin/William Straus Jr., Baltimore 1968, S. 84–113.
Loveland, Jeff, *Rhetoric and natural history. Buffon in polemical and literary context*, Oxford 2001 (Studies on Voltaire and the Eighteenth Century 2001: 03).
Maine de Brian, „Points de vue de Buffon et de Bossuet sur les sensations animales“, in: Ders., *Œuvres*, hg. v. Pierre Tisserand, Paris 1949, Bd. XIII, S. 224–249.
Malesherbes, Chrétien-Guillaume de Lamoignon de, *Observations sur l'Histoire naturelle générale et particulière de Buffon et Daubenton*, 2 Bde., Genf 1971 [[1]1798].
Martin, Henri, „Buffon“, in: Ders., *Histoire de France depuis les temps les plus reculés jusqu'en 1789*, Paris [4]1855–1865, Bd. XVI, S. 22–41.
Michaut, Narcisse, *Éloge de Buffon*, Paris 1878.
Mornet, Daniel, *Les sciences de la nature en France au XVIIIe siècle*, Paris 1911.
Ders., „Les sciences expérimentales“, in: Ders., *La pensée française au XVIIIe siècle*, Paris [12]1969, S. 84–99.

Müller-Wille, Staffan, „Genealogie, Naturgeschichte und Naturgesetz bei Linné und Buffon“, in: Kilian Heck/Bernhard Jahn (Hg.), *Genealogie als Denkform in Mittelalter und Früher Neuzeit*, Tübingen 2000, S. 109–119.

Muséum National d'Histoire Naturelle (Hg.), *Buffon*, Paris 1952.

Nelson, Gareth, „From Candolle to Croizat: Comments on the History of Biogeography“, in: *Journal of the History of Biology* 11 (1978), S. 269–305.

Nordenskiöld, „Buffon“, in: Ders., *Geschichte der Biologie*, aus dem Schwedischen übers. v. Guido Schneider, Jena 1926, S. 220–231.

Perrier, Edmond, „Buffon“, in: Ders., *La Philosophie zoologique avant Darwin*, Paris 1884, S. 56–72.

Piveteau, Jean, „L'idée de nature chez Buffon et chez Lamarck“, in: *Hommage au Professeur Pierre-Paul Grassé. Evolution, histoire, philosophie*, hg. v. Yveline Leroy, Paris 1987, S. 37–42.

Poplin, François, „Buffon, Pasumot et le sommeil paradoxal du chat“, in: *Mémoires de l'Académie des sciences, arts et belles-lettres de Dijon* 130 (1989–1990), S. 297–308.

Rasoumovskaïa, Marguerite, „Conception de l'homme et image de l'animal: Buffon en Russie“, in: *L'Homme des Lumières de Paris à Petersbourg. Actes du Colloque International (Automne 1992)*, hg. v. Philippe Roger, Neapel 1995, S. 205–212.

Rat, Pierre et al., „Bicentenaire de Buffon“, in: *Mémoires de l'Académie des sciences, arts et belles-lettres de Dijon* 128 (1987–1988), S. 103–130.

Rémusat, Paul de, „La Fontaine naturaliste“, in: *Revue des deux mondes* LXXXIV (1869), S. 650–673.

Reynaud, Denis, „Pour une théorie de la description au 18e siècle“, in: *Dix-huitième siècle* 22 (1990), S. 347–366.

Rheinberger, Hans-Jörg, „Buffon: Zeit, Veränderung und Geschichte“, in: *History and Philosophy of the Life Sciences* 12 (1990), S. 203–223.

Rieppel, Olivier, „Georges-Louis Leclerc, Comte de Buffon (1707–1788)“, in: *Darwin & Co. Eine Geschichte der Biologie in Portraits*, hg. v. Ilse Jahn/Michael Schmitt, München 2001, Bd. I, S. 31–50.

Rivaud, Albert, „La naissance de la biologie moderne. Buffon“, in: Ders., *Histoire de la philosophie*, Bd. IV: *Philosophie française et philosophie anglaise de 1700 à 1830*, Paris 1962, S. 280–296.

Rödiger, Johannes, *Darstellung der geographischen Naturbetrachtung bei Fontenelle, Pluche und Buffon in methodischer und stilistischer Hinsicht*, Leipzig 1935.

Roger, Jacques, „Die Auffassung des Typus bei Buffon und Goethe“, in: *Die Naturwissenschaften* 52 (1965), S. 313–319.

Ders., „Buffon et le transformisme“, in: *La Recherche* 13/138 (1982), S. 1246–1254.

Ders., *Buffon. Un philosophe au jardin du Roi*, Paris 1989.

Ders., „Buffons Begriff von Natur und Naturgeschichte“, in: *Sitzungsberichte der Gesellschaft zur Beförderung der gesamten Naturwissenschaften zu Marburg* 82 (1960).

Ders., „The living world“, in: *The ferment of knowledge. Studies in the Historiography of Eighteenth-Century Science*, hg. v. G.S. Rousseau/Roy Porter, Cambridge 1980, S. 255–283.

Ders., *Les Sciences de la vie dans la pensée française du XVIIIe siècle*, Paris [2]1971.

Rookmaaker, L.C., „The zoological notes by Johann Reinhold and George Forster included in Buffon's *Histoire Naturelle* (1782)“, in: *Archives of Natural History* 12 (1985), S. 203–212.

Rostand, Jean, „Buffon“, in: Ders., *Esquisse d'une histoire de la biologie*, Paris 1945, S. 40–62.
Roucher, Francis, „A l'époque des Lumières: Roucher, Buffon et le rut du cerf“, in: *Cahiers Roucher – André Chenier* 1 (1980), S. 67–75.
Roule, Louis, *L'Histoire de la nature vivante d'après l'œuvre des grands naturalistes français*, Bd. I: *Buffon et la description de la nature*, Paris 1924.
Rousseau, Jean-Jacques, „A Monsieur Du Peyrou; le 4 9bre 1764“, in: Ders., *Correspondance générale*, hg. v. Théophile Dufour, Paris 1929, Bd. XII, S. 24–26.
Rudolph, Gerhard, „Wissenschaft und Wissenschaftsverständnis in der französischen Aufklärung“, in: *Sudhoffs Archiv* 61.1 (1977), S. 19–37.
Sainte-Beuve, Charles Augustin, „Dixième Leçon“, in: Ders., *Chateaubriand et son groupe littéraire sous l'Empire*, Paris 1948 [[1]1878], Bd. I, S. 203–220.
Ders., „Histoire des travaux et des idées de Buffon, par M. Flourens“, in: Ders., *Causeries du lundi*, Paris [5]1925–1929, Bd. IV, S. 347–368.
Ders., „Œuvres complètes de Buffon. Revues et annotées par M. Flourens“, in: Ders., *Causeries du lundi*, Paris [5]1925–1929, Bd. X, S. 55–73.
Salomon-Bayet, Claire, „Le ‚cas‘ Buffon: l'hypothétique et l'expérimental“, in: Dies., *L'institution de la science et l'expérience du vivant*, Paris 1978, S. 310–324.
Sartori, Eric, „Georges-Louis Leclerc, comte de Buffon (1707–1788)“, in: Ders., *Histoire des grands scientifiques français d'Ambroise Paré à Pierre et Marie Curie*, Paris 1999, S. 132–151.
Seguin, Jean-Pierre, *La langue française au XVIIIe siècle*, Paris/Brüssel/Montreal 1972.
Sermain, Jean-Paul, „La *disposition* est l'homme même, Marivaux, Buffon, et l'éloquence du for intérieur au XVIIIe siècle“, in: *Éloquence et vérité intérieure*, hg. v. Carole Dornier/Jürgen Siess, Paris 2002, S. 131–140.
Sloan, Phillip R., „Buffon, German biology, and the historical interpretation of biologial species“, in: *The British Journal for the History of Science* XII (1979), S. 109–153.
Ders., „The Buffon-Linnaeus Controversy“, in: *Isis* 67 (1976), S. 356–375.
Ders., „From logical universals to historical individuals: Buffon's idea of biological species“, in: *Histoire du concept d'espèce dans les sciences de la vie*, hg. v. Scott Atan, Paris 1987, S. 101–140.
Ders., „The impact of Buffon's taxonomic philosophy in German biology: the establishment of biological species concept“, in: *Proceedings of the XVth International Congress of the History of Science. Edinburgh 10–15 August 1977*, hg. v. E.G. Forbes, Edinburgh 1978, S. 531–538.
Stalnaker, Joanna, „Painting Life, Describing Death: Problems of Representation and Style in the *Histoire naturelle*“, in: *Studies in eighteenth-century culture* XXXII (2003), S. 193–227.
Starobinski, Jean, „La réaction et la machine animale (Hobbes, Glisson, Buffon)“, in: *Amicitia Scriptor. Littérature, Histoire des Idées, Philosophie. Mélanges offerts à Robert Mauzi*, hg. v. Annie Becq, Charles Porset, Alain Mothu, Paris 1998, S. 205–220.
Stemerding, Dirk, „How to Make Oneself Nature's Spokesman? A Latourian Account of Classification in Eighteenth- and Early Nineteenth-Century Natural History“, in: *Biology and Philosophy* 8 (1993), S. 193–223).
Strohl, Jean, „Buffon“, in: *La Nouvelle Revue Française* XLIV (1935), S. 837–851.
Strosetzki, Christoph, „Die geometrische Anordnung des Wissens. Von Pascals ‚esprit de géométrie‘ zu Diderots und d'Alemberts Enzyklopädie und Buffons Naturgeschich-

te“, in: Ders., *Konversation und Literatur. Zu Regeln der Rhetorik und Rezeption in Spanien und Frankreich*, Frankfurt a.M. 1988, S. 95–128.
Svagelski, Jean, „Buffon, unité de plan et compensation“, in: Ders., *L'idée de compensation en France. 1750–1850*, Lyon 1981, S. 185–220.
Théodoridès, Jean, „Buffon jugé par Stendhal“, in: *Stendhal Club* 10 (1967/68), S. 193–202.
Ders., „Deux grands naturalistes: Linné et Buffon“, in: Ders., *Histoire de la biologie*, Paris [7]2000, S. 41–47.
Thomas, Downing A., „Philosophy and style in Buffon and Condillac“, in: *Studies in Voltaire and the Eighteenth Century* 346 (1996), S. 367–370.
Trabant, Jürgen, „Le style est l'homme même. Quel homme?“, in: *Comparatio* 2/3 (1991), S. 57–72.
Varloot, Jean, „Buffon et Diderot“, in: *Présence de Diderot. Internationales Kolloquium zum 200. Todesjahr von Denis Diderot an der Universität-GH-Duisburg vom 3.-5. Oktober 1984*, hg. v. Siegfried Jüttner, Frankfurt a.M. 1990, S. 298–315.
Vinet, A., „Buffon“, in: Ders., *Histoire de la littérature française au dix-huitième siècle*, Paris [2]1876, Bd. II, S. 149–159.
Weinrich, Harald, „Le style c'est l'homme c'est le diable“, in: *Actualité de la stylistique*, hg. v. Maarten van Buuren, Amsterdam/Atlanta, GA 1997, S. 5–18.
Wilkie, J.S., „Buffon, Lamarck and Darwin: The originality of Darwin's theory of evolution“, in: *Darwin's biological work*, hg. v. P.R. Bell, Cambridge 1959, S. 262–307.
Ders., „The Idea of Evolution in the Writings of Buffon“, in: *Annals of Science* 12 (1956), I.: S. 48–62, II.: S. 212–227, III.: S. 255–266.
Wohl, Robert, „Buffon and his Project for a New Science“, in: *Isis* 51 (1960), S. 186–199.
Wokler, Robert, „Tyson and Buffon on the orang-utan“, in: *Studies on Voltaire and the Eighteenth Century* 155 (1976), S. 2301–2319.
Wood, Paul B., „Buffon's Reception in Scotland: the Aberdeen Connection“, in: *Annals of Science* 44 (1987), S. 169–190.

10.3 Literatur zur Biologie und ihrer Geschichte

Duris, Pascal/Gohau, Gabriel, *Histoire des sciences de la vie*, Paris 1997.
Franck, Dierk, *Verhaltensbiologie*, Stuttgart [3]1997.
Giordan, André et al., *Histoire de la biologie*, 2 Bde., Paris Bd. 1 1987, Bd. 2 [2]1991.
Grzimek, Bernhard (Hg.), *Grzimeks Tierleben*, 13 Bde., Augsburg 2000 [Nachdruck der Ausgabe von 1979/80].
Jahn, Ilse (Hg.), *Geschichte der Biologie*, Jena [3]1998.
Jahn, Ilse, *Grundzüge der Biologiegeschichte*, Jena 1990.
Mc Farland, David, *Biologie des Verhaltens*, Heidelberg/Berlin [2]1999.
Mayr, Ernst, *Die Entwicklung der biologischen Gedankenwelt*, aus dem Englischen übers., Berlin 1984.

10.4 Literatur zu Stilistik und Rhetorik

Asmuth, Bernhard/Berg-Ehlers, Luise, *Stilistik*, Düsseldorf 1974.

Barthes, Roland, „Science versus Literature", in: *Introduction to Structuralism*, hg. v. Michael Lane, New York 1970, S. 410–416.

Cressot, Marcel, *Le Style et ses techniques*, Paris [8]1974.

Gaonkar, Dilip Parameshwar, „The Idea of Rhetoric in the Rhetoric of Science", in: *Southern Communication Journal* 58 (1993), S. 258–295.

Gross, Alan G., *The Rhetoric of Science*, Cambridge/London 1990.

Perelman, Chaïm, „Analogie et métaphore en science, poésie et philosophie", in: Ders., *Rhétoriques*, Brüssel 1989, S. 395–410.

Plett, Heinrich F., *Einführung in die rhetorische Textanalyse*, Hamburg [6]1985.

Reboul, Olivier, *La Rhétorique*, Paris 1984.